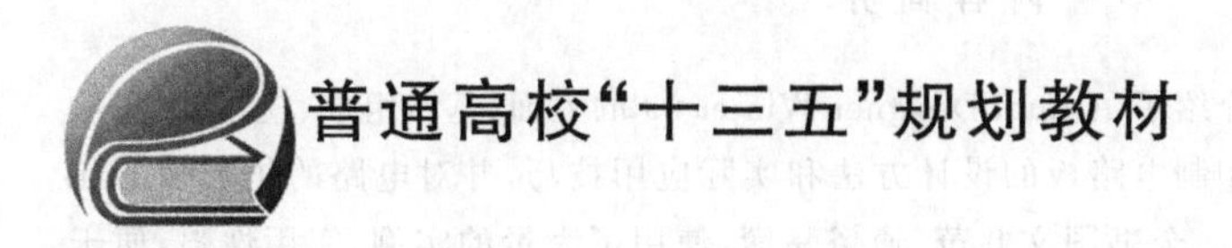

Altium Designer Winter 09 电路设计与仿真教程（第2版）

李秀霞 主 编

詹 仪 马文婕 副主编

北京航空航天大学出版社

内容简介

本书从实用角度出发，全面介绍了 Altium Designer Winter 09 的界面、基本组成、使用环境等，着重讲解了电路原理图的绘制、印制电路板的设计方法和实际应用技巧，并对电路的仿真和 PCB 的信号完整性分析做了详细介绍。全书图文并茂、通俗易懂，使用了大量的实例，实用性强，便于读者快速掌握 Altium Designer Winter 09 的设计方法。本书是再版书，相比旧版，修订了上版中的错误，并进行了适当补充。

本书可作为从事电路板制作的工程师、对电路板设计感兴趣的电子爱好者及高等院校相关专业的参考书。

图书在版编目(CIP)数据

Altium Designer Winter 09 电路设计与仿真教程/李秀霞主编. --2 版. -- 北京：北京航空航天大学出版社，2018.12

ISBN 978-7-5124-2927-7

Ⅰ.①A… Ⅱ.①李… Ⅲ.①印刷电路—计算机辅助设计—应用软件—教材 Ⅳ.①TN410.2

中国版本图书馆 CIP 数据核字(2019)第 018813 号

Altium Designer Winter 09 电路设计与仿真教程(第 2 版)

李秀霞 主 编

詹 仪 马文婕 副主编

责任编辑 董立娟

*

北京航空航天大学出版社出版发行

北京市海淀区学院路 37 号(邮编 100191) http://www.buaapress.com.cn

发行部电话：(010)82317024 传真：(010)82328026

读者信箱：emsbook@buaacm.com.cn 邮购电话：(010)82316936

北京建宏印刷有限公司印装 各地书店经销

*

开本：710×1 000 1/16 印张：23.5 字数：501 千字

2019 年 1 月第 2 版 2022 年 8 月第 3 次印刷 印数：4 001～4 500 册

ISBN 978-7-5124-2927-7 定价：59.00 元

第 2 版前言

自 2016 年本书第 1 次出版以来，受到读者的广泛好评，被很多高校的电子信息工程、电子科学与技术等相关专业的电子系统 CAD 课程选作教材，而且对本书提出了很多宝贵的意见和建议，在此深表感谢。

根据目前高校电子信息相关专业的教学现状及印制电路板的发展状况，在广大读者宝贵意见和建议的基础上，对本书进行了适当的修订和补充：

① 保留第 1 版的结构体系，仍坚持由浅入深、通俗易懂的原则，便于读者自学。

② 对全书各章节文字内容进行了润色，修改了口语化的一些词句，删减了某些段落。

③ 对不规范的表述进行了修改，对书中个别印刷错误进行了更正等。

本书由李秀霞、马文婕主编，邵作运、韩牧哲、张艺蔓、张伟、刘华等进行了资料整理、测试、验证、审查等工作。本书的撰写和修订得到曲阜师范大学传媒学院领导的大力支持，在此一并表示感谢！本书由曲阜师范大学教材建议基金资助出版。

由于我们的能力水平所限，书中还会有疏漏、欠妥和错误之处，敬请广大同仁和读者批评指正。

李秀霞

2018 年 9 月

前言

随着信息技术的蓬勃发展,EDA 技术设计思想已渗透到中小型企业及各级相关大专院校。Protel 就是一套建立在 PC 环境下的 EDA 电路集成设计系统。Altium Designer Winter 09 是 Altium 公司的 Protel 最新版本,全面继承了以往 Protel 软件的功能,优化了设计浏览器平台,并且具备了许多先进的设计特点,为用户提供了全新的电路设计方案。Altium Designer Winter 09 将从设计概念到完成所需的全部功能合并在一个应用产品中,利用 Altium Designer Winter 09 可以完成从原理图设计到 PCB 板级设计的整个过程,并且可以实现 VHDL 和 FPGA 设计。

本书从实用角度出发,以丰富、专业的电路实例为基础,由浅入深,循序渐进地讲解了从基础的原理图设计到复杂的印制电路板的设计与应用。同时注重与 Protel 老版本的联系,便于熟悉使用 Protel 老版本的设计者利用自己的设计原件库。

全书共分 11 章:

第 1 章介绍 Altium Designer Winter 09 的发展历史、组成、特点、文件类型与服务器、运行环境及安装。

第 2 章介绍 Altium Designer Winter 09 绘图环境、文件管理、窗口管理和画面管理及环境参数设置等。

第 3 章介绍了原理图设计的一般过程,讲述了原理图编辑器及原理图环境参数的设置方法,并在介绍制作原理图元件的基础上给出了原理图的设计示例。

第 4 章介绍了层次原理图的设计方法。

第 5 章介绍了原理图的电气规则检查、各种报表文件的生成及其打印输出等。

第 6 章讲述了 Altium Designer Winter 09 仿真工具的设置和使用,以及电路仿真的基本方法。

第 7 章介绍与电路板设计密切相关的一些基本概念、设计流程、设计原则,以及经常在 PCB 设计时使用到的一些相关概念,并结合 Altium Designer Winter 09 软件的使用,讲述了一些基本的操作方法。

第 8 章介绍了制作 PCB 的布线知识和绘图工具,并结合实例具体讲述了使用 Altium Designer Winter 09 制作 PCB 的方法。

第 9 章介绍了创建元件封装的两种方法:手工创建和利用元件封装向导创建。

还介绍了把元件封装从 Protel99 中的元件库导入 Altium Designer Winter 09 元件库的方法。

第 10 章介绍了各种报表的生成及 PCB 文件的打印输出操作。

第 11 章主要讲述了如何使用 Altium Designer Winter 09 进行 PCB 信号完整性分析。

各章节循序渐进，具有较强的操作性和实用性，做到了多角度、全方位地将 Altium Designer Winter 09 的强大功能呈现在广大读者面前。

本书由李秀霞、马文婕编写，邵作运、韩牧哲、张艺蔓、张伟、刘华等进行了资料整理、测试、验证、审查等工作。限于编者水平，书中的疏漏和不足在所难免，敬请广大同仁和读者批评指正。

李秀霞

2015 年 10 月

目 录

第5章 电气规则检查、报表文件生成及原理图打印

第6章 电路的信号仿真

第9章 制作元件封装

第10章 报表的生成与PCB文件的打印

第11章 信号完整性分析

第1章

Altium Designer Winter 09 软件简介

随着电子技术的迅速发展和芯片工艺的不断提高，电路板的设计变得越来越复杂，这使得电子工程师靠手工方式设计电子线路板已经难以适应发展的需要。计算机辅助设计/制造(CAD/CAM)迅速发展，电子线路自动设计(EDA)工具就是CAD的一个分支。

目前，国内最流行的板级设计工具是Altium Designer，其功能强大，界面友好，操作简便，成为设计者的首选软件。本章主要介绍Altium Designer Winter 09的发展、组成、特点、文件类型、服务器、运行环境及安装。

1.1 Altium Designer Winter 09的发展历史

Altium Designer软件是原Protel软件开发商Altium公司推出的一体化的电子产品开发系统，是印刷电路板设计的首选软件。在20世纪80年代末期到90年代初，经过从DOS操作系统的TANGO软件包到最初Windows系统下的Protel For Windows产品的转变，Protel软件逐步成为PC平台上最流行的EDA软件。从Protel For Windows版到引进了客户机/服务器体系结构的Protel 98版，其所有的应用程序代码从16位升级到32位，性能大大提高。

1999年Protel公司又推出了Protel 99版，引入了设计文档智能管理和设计团队概念的新版本；随后进一步完善该系列，于2000年推出了Protel 99SE，改进功能集中表现在印刷电路板设计方面，如增加了工作层的数目、增强了PCB的打印功能和电路板的3D预览功能等。

2001年，Protel公司正式更名为Altium。此公司在2002年下半年又推出了Protel DXP。Protel DXP是继Protel 99SE之后公司近3年技术研发的结果，为用户提供了板级的全线解决方案，是多方位实现设计任务的、面向PCB设计项目的EDA软件。

2004年，Protel得到进一步增强，推出了最新版本Protel DXP 2004。Protel DXP 2004的电路设计和PCB设计功能不但提高了PCB布线的速度和成功率，而且还集成了 VHDL 和 FPGA 设计模块，使得 Protel 成为模拟和数字电路设计的重要平台。

2005 年底，Altium 公司推出新品 Altium Designer 6.0。这款产品除了全面继承包括 99SE、Protel 2004 在内的先前一系列版本的功能和优点以外，还增加了许多改进和很多高端功能，比如增加了很多板级设计功能，大大增强了处理复杂板卡设计和支持高速数字信号的能力。

此后，Altium 公司相继推出了 Altium Designer 6.3、Altium Designer 6.6、Altium Designer 6.7、Altium Designer 6.8、Altium Designer 6.9、Altium Designer 08、Altium Designer Winter 09 等升级版本，体现了 Altium 公司全新的产品开发理念，更加贴近电子设计师的应用需求，更加符合未来电子设计发展的趋势要求。

1.2　Altium Designer Winter 09 简介

1.2.1　Altium Designer Winter 09 的组成

Altium Designer Winter 09 主要由 4 大部分组成：

① 原理图设计系统：主要用来设计电路原理图，也可用来绘制电路仿真原理图。

② 印刷电路板设计系统：主要用来设计印制电路板，而生成的文件可直接送到加工厂加工。

③ 可编程逻辑门阵列(FPGA)设计系统：主要用来设计数字电路，相对于原理图设计系统和印刷电路板设计系统来说，它是一个比较独立的设计系统。

④ 硬件描述语言(VHDL)设计系统：主要是使用 VHDL 语言开发可编程逻辑器件，并进行仿真分析。

1.2.2　Altium Designer Winter 09 的特点

Altium Designer Winter 09 是一款优秀的 EDA 软件，为电子产品的开发提供了一个完整的环境。它把电子设计与开发所需的工具全部整合到一个应用软件中，可以完成板级和 FPGA 系统设计、基于 FPGA 和分立处理器的嵌入式软件开发以及 PCB 版图设计、编辑和制造；并集成了现代数据管理功能，使其成为电子产品开发的完整解决方案。Altium Designer Winter 09 的特点如下：

(1) 层次化多信道原理图编辑环境

Altium Designer Winter 09 的原理图编辑环境支持针对板级 PCB 或 FPGA 级的设计解决方案。扩展的项目导航特性和错误检查允许用户以一个合理的方式，即从顶部到底部或从底部到顶部设计支持的方式进行设计。对原理图的数量和层次深度没有任何限制，用户可以实现任意复杂的设计。

(2) 混合模式的 SPICE 3F5 /Xspice 仿真

Altium Designer Winter 09 使集成的信号仿真成为现实。用户可以直接从原理图编辑环境运行混合信号 SPICE 3F5/Xspice 仿真,并且可以完整地实现仿真分析。

(3) 布局前后的信号完整性分析

初步的阻抗和反射仿真可以在最终板级布线之前的原理图中实现,允许对潜在的问题进行仿真分析。当信号完整性问题被发现时,结果顾问(Termination Advisor)会通过应用不同的信号到有问题的网络来仿真其效果,从而帮助设计人员选择最好的方法进行修改。

(4) 规则驱动的板级布线和编辑

使用的规则驱动 PCB 布线和编辑环境,用户可以使用 49 个不同规则定义用户板,也可以完全控制板级设计过程。在布线时,可以修改线宽(Track width)和绝缘(Clearance)的规则,从而确保用户设计没有违反规则。

(5) 基于 FPGA 设计的现场交互开发

Altium Designer Winter 09 具有基于 FPGA 的元件库,使得不需要 VHDL(硬件描述语言)也能完成一个基于 FPGA 的设计。Altium Designer Winter 09 也支持基于 VHDL 的 FPGA 器件的开发过程。

Altium Designer Winter 09 可以和 Altium 公司独有的 NanoBoard 一起工作,从而实现交互执行和调试用户的 FPGA 设计。在现场交互设计(Live Design)开发中,Altium 会调用实时交互设计过程,即当用户改变电路时,只需要重新下载设计到 NanoBoard 便可进一步调试。这种现场交互设计允许用户快速开发基于 FPGA 的应用,而不用基于 VHDL 的仿真。

(6) PCB 和 FPGA 项目之间的自动 FPGA 管理同步

在 PCB 和 FPGA 项目之间,繁重而易错的任务可以由系统自动处理,并且多个 FPGA 扫描特性使用户可以自动优化基于 FPGA 的板级设计。

(7) 强大的自动布线器

Altium Designer Winter 09 的交互式布线功能更加强大。新的布线引擎具有高速绕过走线和环绕的功能,支持对当前路径物件的绕过、对现有布线进行环绕并生成新的路径、对路径物件(包括过孔)的推挤、对布线路径的智能完成。用户可以在交互式布线的同时实现差分对和单闭端的引脚交换。新的引擎同时也保证了布线的速度和流畅性。

(8) 即插即用软件平台搭建器

Altium 公司在 Altium Designer Winter 09 版本中提出了即插即用的软件平台搭建器的概念。通过 Altium NanoBoard 可重构硬件平台,工程师可以很容易地"整合"出硬件平台上所需的软件服务。这包括了电子设计中常见的设计元素,例如,外设、通信模块以及支持正常工作所需要的各种驱动规则(由 NanoBoard 提供)。

(9) 增强 PCB 建模功能

Altium Designer Winter 09 扩充了实时三维 PCB 设计功能,支持三维建模的纹理映射,用户能够对设计板和元件进行表面处理。此外,过孔功能也进行了增强,不同信号层上可以放置不同尺寸的焊盘,这样,通过过孔的叠加能够支持更高的跟踪密度。

1.3 Altium Designer Winter 09 的文件类型与服务器

1.3.1 Altium Designer Winter 09 的文件类型

在 Protel 99SE 中,整个电路图设计项目是以数据库形式存放的,从 Protel DXP 2004 开始就不再采用这种存放格式,而是采用工程管理的方式组织管理文件。它把任何一个电路图设计都认为是一个项目工程,而将其他文件都存放在项目工程文件所在的文件夹中。所以,在介绍文件之前先介绍项目管理。Altium Designer Winter 09 的项目有 6 种类型:PCB 项目、FPGA 项目、Core 项目、嵌入式系统项目、集成元件库和 Script 项目,它们的图标和文件格式分别是:

*.PrjPCB　　*.PrjFpg　　*.PrjCor

*.LibPkg　　*.PrjEmb　　*.PrjScr

Projects 面板中打开的项目文件可以生成一个项目组,因此不必保存在同一路径下,也可以方便打开、调用前次工作环境、工作文档。

在 Altium Designer Winter 09 中,工程文件和其他设计文档都是独立的文件,虽然保存时可以存放在读者要放置的任何文件中,但是为了便于设计和以后的阅读修改,建议读者为设计项目新建一个文件夹,然后把设计中新建的所有文档都保存在该文件夹中。

在上述各项文件里都可以添加各种类型的设计文件,其文件扩展名如表 1-1 所列。

表 1-1　Altium Designer Winter 09 的设计文件扩展名

设计文件	扩展名	设计文件	扩展名
电路原理图文件	*.SchDoc	元器件集成库文件	*.IntLib
PCB 印制电路板文件	*.PCBDOc	PCB 项目工程文件	*.PRJPCB
原理图元器件库文件	*.SchLib	FPGA 项目工程文件	*.PRJFPG
PCB 元器件库文件	*.PCBLib		

还有一些文件格式是通过 Altium Designer Winter 09 运行程序产生的,比如一些报告文件可以生成 *.xls 编辑软件的文件类型,可以由 Excel 工具软件打开编辑等。Altium Designer Winter 09 还支持多种第三方软件的文件格式,设计者可以利

用 File→Import 菜单项来进行外部文件的交换。

1.3.2　Altium Designer Winter 09 的服务器类型

在 Altium Designer Winter 09 菜单栏的最左端有一个向下的按钮 DXP，单击此按钮则会弹出环境设置的下拉菜单，如图 1-1 所示。选中 System Info 命令，则弹出如图 1-2 所示的系统支持的工具服务器种类。

单击图 1-2 右上角的 Menu 按钮则弹出浮动菜单，选择 Properties 选项卡，则显示该工具的属性对话框(如图 1-3 所示)，列出对应的编辑对象和功能。

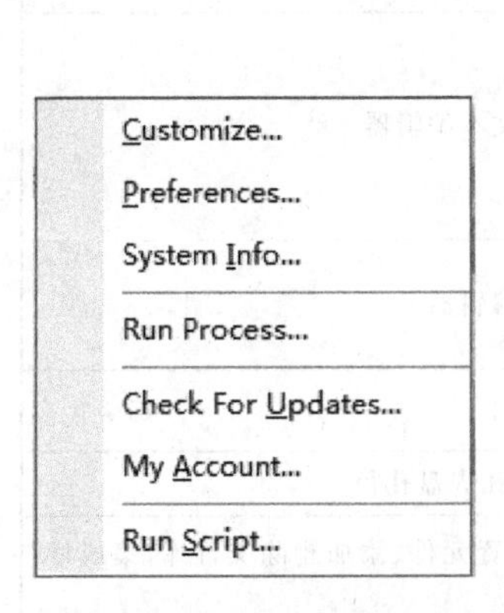

图 1-1　Altium Designer Winter 09 环境设置下拉菜单

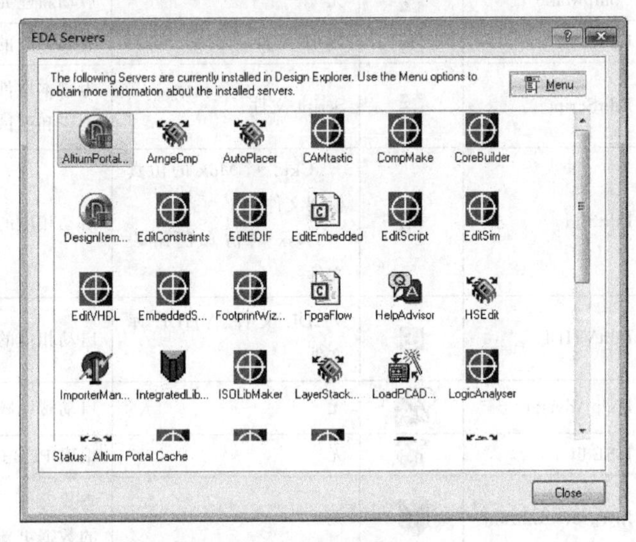

图 1-2　EDA 工具列表

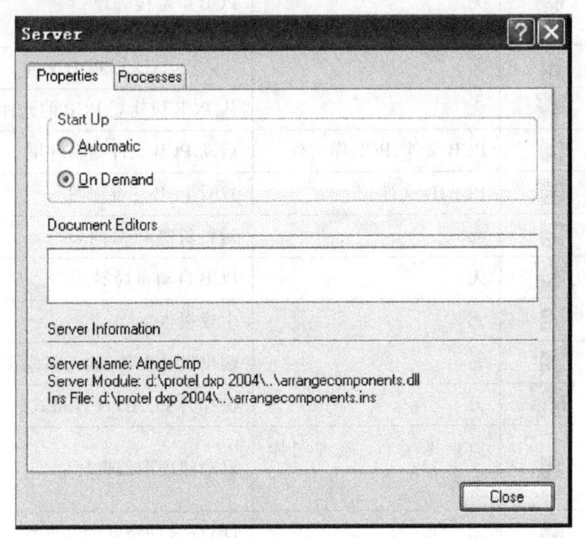

图 1-3　EDA 工具属性设置

由于 Altium Designer Winter 09 的服务器种类很多，下面只做简单介绍，如表1-2所列。

表1-2 服务器工具列表

工具名称	所用图标	编辑对象文件	功 能
ArngeCmp		无	按元件封装排列元件
AutoPlacer		无	启动自动布局器
CAMtastic		CAMtastic 文件	启动 CAM 编辑系统
CompMake		无	启动新建元件封装向导
EditEDIF		EDIF 文件	启动相应的文本编辑器和编译
EditScript		Script 文件	为脚本文件设置断点进行调试，编译运行、显示进程和测试结果
EditSim		*.Ckt、*.Mdk 的仿真模型文件 *.Nsx 的仿真网络表文件	启动相应的文本编辑器
EditVHDL		VHDL 文件、VHDL 库文件	启动相应的编辑器
HelpAdvisor		无	启动帮助顾问
HSEdit		无	编辑 PCB 过孔焊盘孔径
IntegratedLibrary		无	查找元件、放置元件、添加删除文件库，集成库的数据更新
LayerStackupAnalyzer		无	PCB 层堆栈管理
LoadPCADPCB		无	导入 PCAD 的 PCB 文件
MakeLib		无	从 PCB 板建立 PCB 的元件库
PCB		PCB 文件、PCB 库文件	启动 PCB 文件编辑环境
PCB3D		PCB3D 文件	查看 PCB 三维视图
PCBMaker		无	运行新建 PCB 向导
Placer		无	PCB 自动布局器
ReportGenerator		无	生成报告
RouteCCT		无	输出设计文件、输入布线文件
SavePCADPCB		无	保存为 PCAD 文件格式的 PCB
Sch		原理图文件、原理图库文件	启动原理图编辑环境
SchDwgUtility		无	DWG 文件格式的文件导入导出

续表 1-2

工具名称	所用图标	编辑对象文件	功 能
SignalIntegrity		无	启动信号完整性分析器
SIM		无	启动数模混合仿真
SimView		仿真数据结果	仿真波形查看
TextEdit		文本文件、Protel 网络表文件	启动文本编辑环境
Wave		波形文件	波形查看时对波形进行调整、变换
WorkspaceManager		所有类型的项目文件、项目组文件	工作区的环境管理

1.4 Altium Designer Winter 09 的运行环境及安装

1.4.1 Altium Designer Winter 09 的运行环境

Altium Designer Winter 09 支持 Windows XP SP2 专业版及以后的版本，支持 Windows Vista 操作系统，不支持 Windows 2000。

系统最低配置要求如下：

- CPU 主频：1.8 GHz(或更高)；
- 1 GB 内存；
- 3.5 GB 硬盘空间；
- 显示屏分辨率：1 024×768 分辨率。

推荐系统配置如下：

- CPU 主频：2.4 GHz；
- 2 GB 内存；
- 10 GB 硬盘空间；
- 图形显示卡：1 680×1 050 或 1 600×1 200(4:3)屏幕分辨率，256 MB 显存。

1.4.2 Altium Designer Winter 09 的安装

Altium Designer Winter 09 虽然对硬件的要求比较高，但由于它是真正的 Windows 应用程序，安装十分简单。Altium 公司提供了两种 Altium Designer Winter 09 软件，一种是 Altium Designer Winter 09 正式版，另一种是 Altium Designer Winter 09 的 30 天试用版。Altium Designer Winter 09 正式版安装方法非常简单，只需在 Altium Designer Winter 09 软件的光盘中双击 setup.exe 文件，启动 Altium Designer Winter 09 的安装程序，按照提示一步步执行下去便可成功安装，步骤如下：

① 进入 Altium Designer 文件夹执行 autorun. exe 文件，则显示器上出现如图 1-4所示的安装界面。

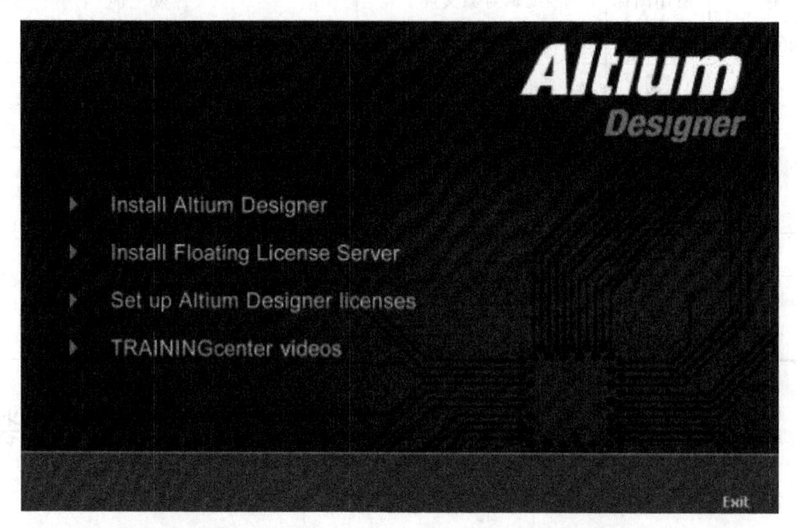

图 1-4 Altium Designer Winter 09 安装界面

② 单击 Install Altium Designer，则弹出如图 1-5 所示的安装向导欢迎界面。

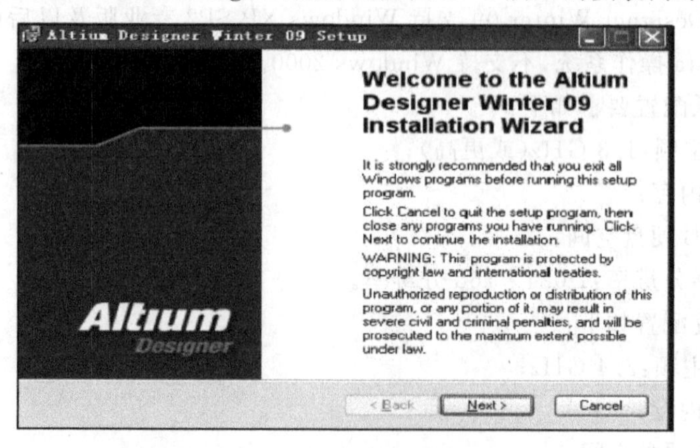

图 1-5 安装向导欢迎界面

③ 单击 Next 按钮，则弹出如图 1-6 所示的 License Agreement 界面。

④ 选择 I accept the license agreement 单选项，同意该协议，并单击 Next 按钮，则显示如图 1-7 所示的 User Information 界面。

⑤ 在 Full Name 文本框内输入用户名称，在 Organization 文本框内输入单位名称，在使用权限选项中选择使用权限的范围：Anyone who uses this computer 项表示这台计算机上的所有用户都能使用 Altium Designer，Only for me 项则表示只有在当前安装 Altium Designer 的用户帐号下才能使用 Altium Designer 软件。单击 Next 按钮，则显示如图 1-8 所示的 Destination Folder 界面。

⑥ 图 1-8 的 Destination Folder 栏显示了即将安装 Altium Designer Winter 09

Altium Designer Winter 09 Setup
License Agreement
You must agree with the license agreement below to proceed.
End-User License Agreement
IMPORTANT - READ CAREFULLY
THIS ALTIUM LIMITED END-USER LICENSE AGREEMENT ("EULA") IS A LEGAL AGREEMENT BETWEEN YOU (EITHER AN INDIVIDUAL PERSON OR A SINGLE LEGAL ENTITY, REFERRED TO HEREIN AS "YOU") AND ALTIUM LIMITED ("ALTIUM" HEREIN) FOR THE USE OF CERTAIN COMPUTER TECHNOLOGY DEVELOPED AND DISTRIBUTED BY ALTIUM, WHETHER IN THE FORM OF COMPUTER SOFTWARE, HARDWARE, FIRMWARE OR ANY OTHER FORM. PLEASE READ THIS DOCUMENT CAREFULLY BEFORE INSTALLING, USING OR REGISTERING TO USE THE LICENSED MATERIALS. BY INSTALLING, USING OR REGISTERING TO USE THE LICENSED MATERIALS, YOU ARE AGREEING TO BE BOUND BY THE TERMS OF THIS EULA, INCLUDING, BUT NOT LIMITED TO, OWNERSHIP AND GRANT OF LICENSE TERMS IN SECTIONS 2 AND 4, THE LICENSE RESTRICTIONS IN SECTION 3, THE CONFIDENTIALITY PROVISIONS IN SECTION 5, AND
Other Languages
I accept the license agreement
I do not accept the license agreement
< Back
Next >
Cancel

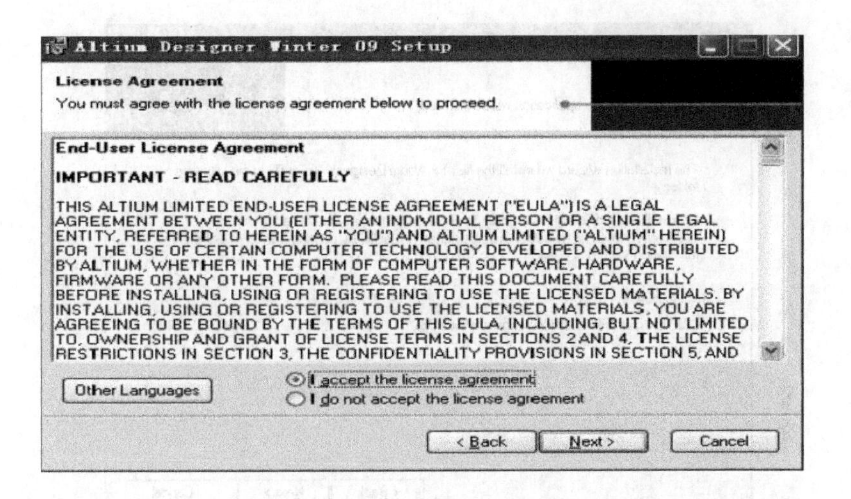

图 1-6　License Agreement 界面

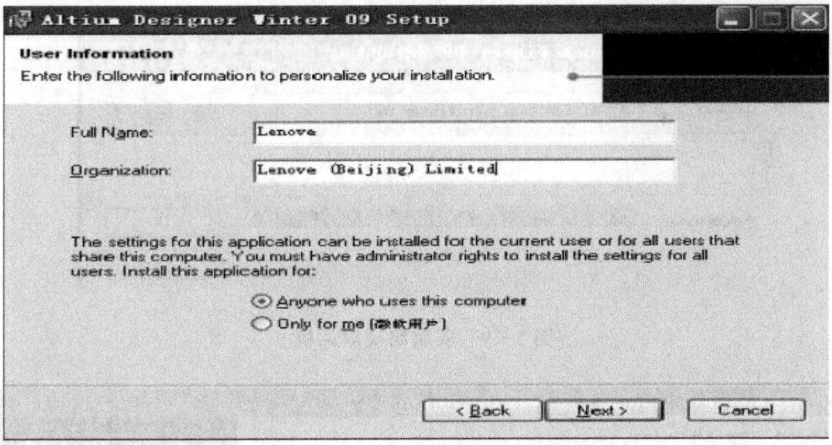

Altium Designer Winter 09 Setup
User Information
Enter the following information to personalize your installation.
Full Name:
Lenove
Organization:
Lenove (Beijing) Limited
The settings for this application can be installed for the current user or for all users that share this computer. You must have administrator rights to install the settings for all users. Install this application for:
Anyone who uses this computer
Only for me (微软用户)
< Back
Next >
Cancel

图 1-7　User Information 界面

的安装路径,若想更改安装路径,则可单击 Browse 按钮,打开如图 1-9 所示的安装路径选择对话框。

⑦ 选择软件安装的路径后单击 OK 按钮,则显示如图 1-10 所示 Board-Level Libraries 界面。

⑧ 如果需要安装板级的库文件,则选中图 1-10 的 Install Board-Level Libraries 项,并单击 Next 按钮,则弹出如图 1-11 的 Ready to Install the Application 界面。

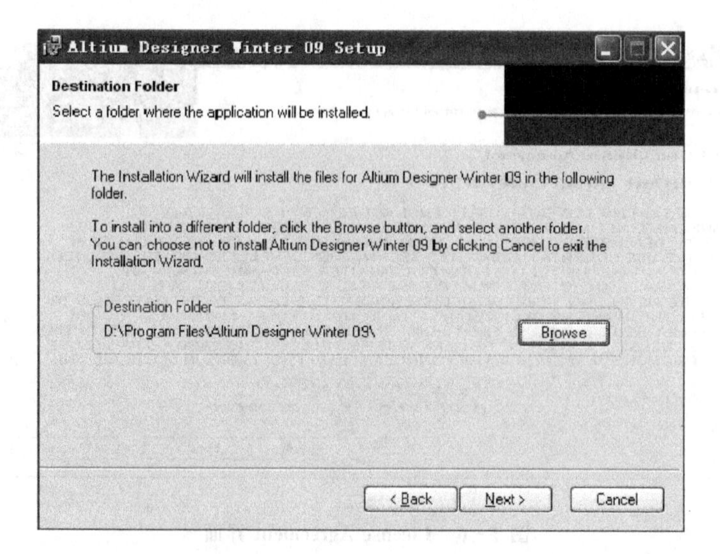

图 1-8　Destination Folder 界面

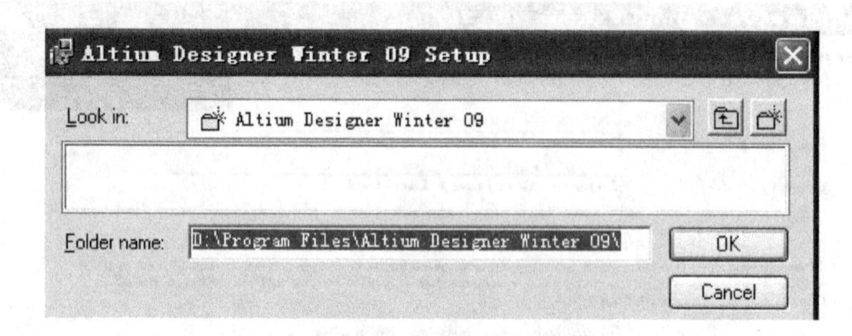

图 1-9　安装路径对话框

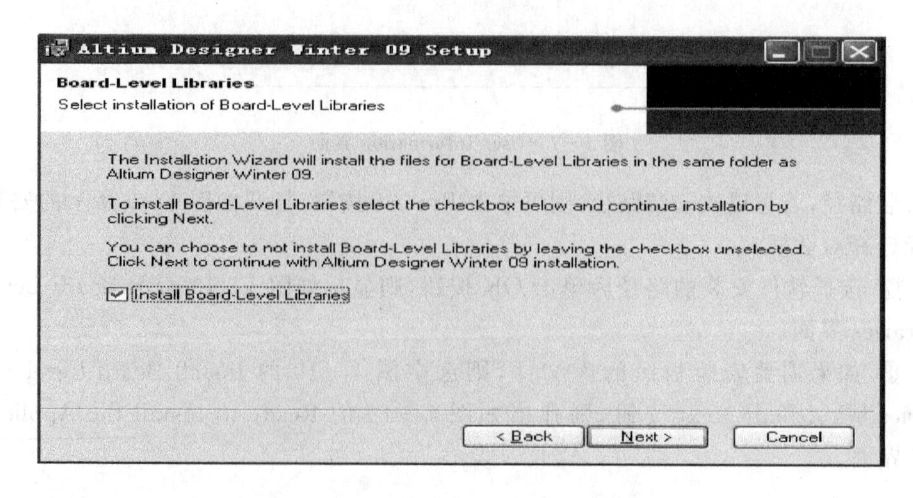

图 1-10　Board-Level Libraries 界面

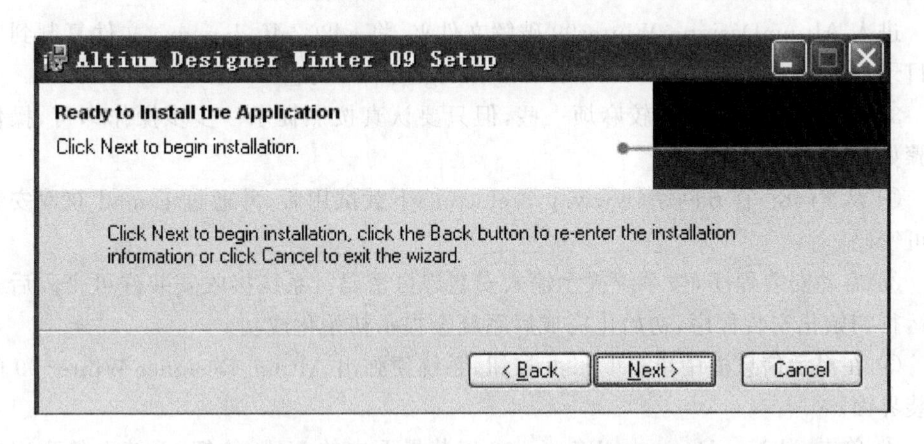

图 1-11 Ready to Install the Application 界面

⑨ 确定以上安装信息设定无误后,单击 Next 按钮开始安装,如图 1-12 所示。

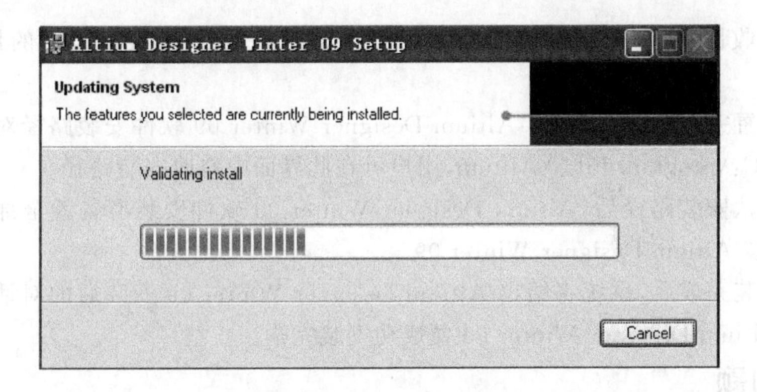

图 1-12 安装进度视图

⑩ 文件复制完毕,则系统弹出安装完毕界面,单击 Finish 按钮结束安装,如图 1-13 所示。

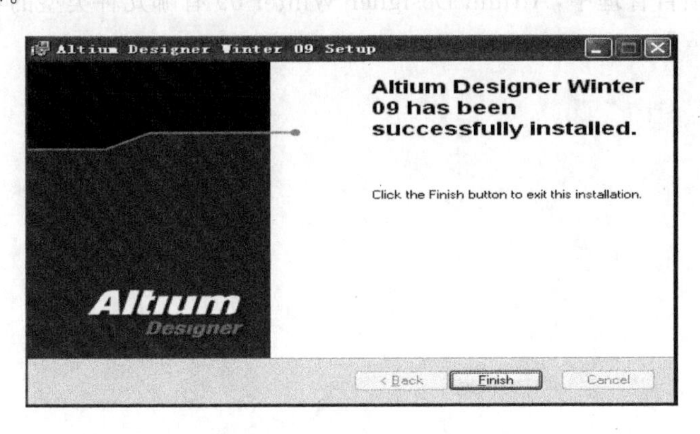

图 1-13 安装结束界面

进入 AltiumDesignerWinter09 破解文件夹,将 ad80.alf、dxp.exe 文件复制到安装目录下(如 D:\program Fiels\Altium Designer\)即可。

30 天试用版安装过程较麻烦一些,但只要认真按照提示一步步操作即可,操作步骤如下:

① 从 Protel 官方网站(www.protel.com)下载试用版,并通过 E-mail 获取安装许可密码。

② 启动安装程序,按系统提示输入安装许可密码。系统接收安装许可密码后开始运行初始化安装程序,初始化完成后系统会提示初始化成功。

③ 在提示信息框中单击 Finish 按钮,系统便弹出 Altium Designer Winter 09 的安装界面。

④ 单击 Altium Designer Winter 09 安装界面中的 Next 按钮,系统会给出安装许可协议,只有接收其安装许可协议,Altium Designer Winter 09 才能最终完成安装。

⑤ 接收协议后,系统给出一个用户信息对话框,用户可根据自己的情况进行设置。

⑥ 设置完成后,系统给出 Altium Designer Winter 09 软件安装路径对话框,默认路径为 C:\program Files\Altium,用户可在此界面中修改安装路径。

⑦ 确认安装路径后,Altium Designer Winter 09 软件安装准备就全部完成,系统开始安装 Altium Designer Winter 09。

⑧ 安装完成后,系统将给出 Altium Designer Winter 09 安装后的对话框,确认完成后,Altium Designer Winter 09 便成功安装完毕。

练习题

1.1 Altium Designer Winter 09 由哪些部分组成?

1.2 Altium Designer Winter 09 有哪些特点?

1.3 在项目管理中,Altium Designer Winter 09 有哪几种类型的项目?

第2章

Altium Designer Winter 09 使用基础

本章主要介绍 Altium Designer Winter 09 绘图环境、文件管理及环境参数设置，为后面原理图设计、PCB 制板及信号仿真的学习奠定基础。

2.1 进入 Altium Designer Winter 09

当用户启动 Altium Designer Winter 09 后，系统将进入 Altium Designer Winter 09 工作组设计环境。图 2-1 是未打开文档时的集成开发环境，与以往版本的 Protel 软件的界面风格完全不同。Altium Designer Winter 09 是基于 Windows XP 设计风格的界面，更具有可观性，操作更简便。在图 2-1 中，可以创建 PCB 项目、原理图和 PCB 文档、FPGA 项目，并进行信号完整性分析及仿真等操作。

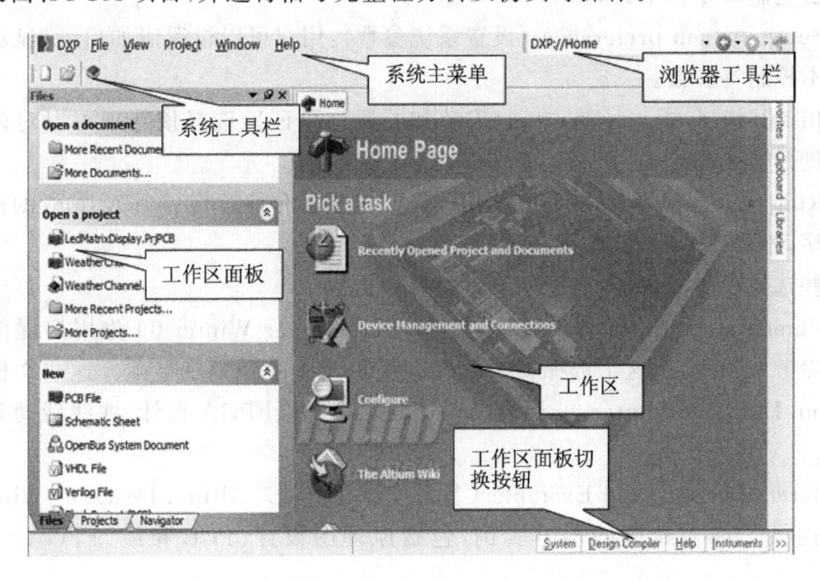

图 2-1 Altium Designer Winter 09 工作组设计环境

2.1.1 Altium Designer Winter 09 主界面

Altium Designer Winter 09 提供了一个友好的主界面(DXP Home Page),如图 2-1 所示,可以使用该页面进行项目文件的操作,如创建新项目、打开文件、配置 Altium Designer 等。如果需要显示该页面,则可以选择 View→Home 菜单项,或者单击右上角的 图标。

Recently Opened Project and Documents(近期打开的项目和文档):选中该选项后,系统会弹出一个对话框,用户可以很方便地从对话框中选择需要打开的文件。当然用户也可以在 File 菜单中选择近期打开的文档、项目和工作空间文件。

Device Management and Connection(器件管理和连接):选中该选项可查看系统连接的器件(如硬件设备和软件设备)。

Configure(配置):选中此选项后,系统会在主界面弹出系统配置选择项,如图 2-2所示,此时用户可以选择自己需要的操作。当然,这些操作也可以在 DXP 菜单中选择。

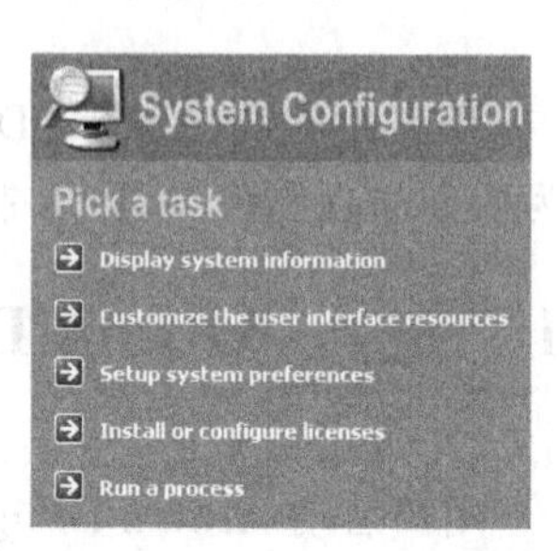

图 2-2 Altium Designer 系统配置选择项

- Display system information(显示系统信息):用户可以显示当前 Altium 软件包含的模块。
- Customize the user interface resources(定制用户接口资源):此时用户可以自己定制命令和工具条。
- Setup system preferences(设置系统参数):用户可以设置诸如启动、显示和版本控制等参数。
- Install or configure licenses(安装和配置许可证):选择该选项可以对许可证进行安装和配置。
- Run a process(运行一个进程):选择该选项后允许运行一个 Altium 的模块程序,如原理图的放置元件命令等。

这些选择项的操作也可以在 DXP 菜单中选取。

Documentation Library(文件库):Altium Designer Winter 09 为用户提供了各种设计参考文档库,从这个选择项中可以进入文档库命令显示界面。这些文档库包括 Altium Designer Winter 09 原理图设计、PCB 设计、FPGA 设计、在线帮助等参考文档。

Reference Design and Examples(参考设计和实例):Altium Designer Winter 09 为用户提供了许多经典的参考实例,包括原理图设计、PCB 布线、FPGA 设计等实例。

Printed Circuit Board Design(印制电路板设计):选择该选项后,系统会弹出如图 2-3 所示的印制电路板设计的命令选项列表,用户可以使用右边的 和 按钮弹出和隐藏命令项。

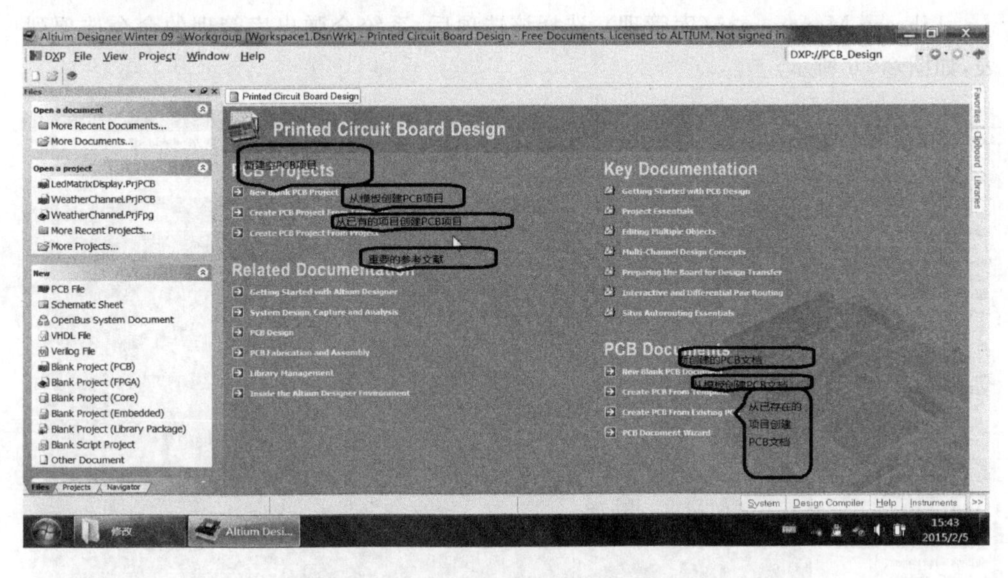

图 2-3　印制电路板设计的命令选项列表

FPGA Design and Development(FPGA 设计与开发):选择该选项后,系统会弹出如图 2-4 所示的 FPGA 设计与开发命令选项列表。

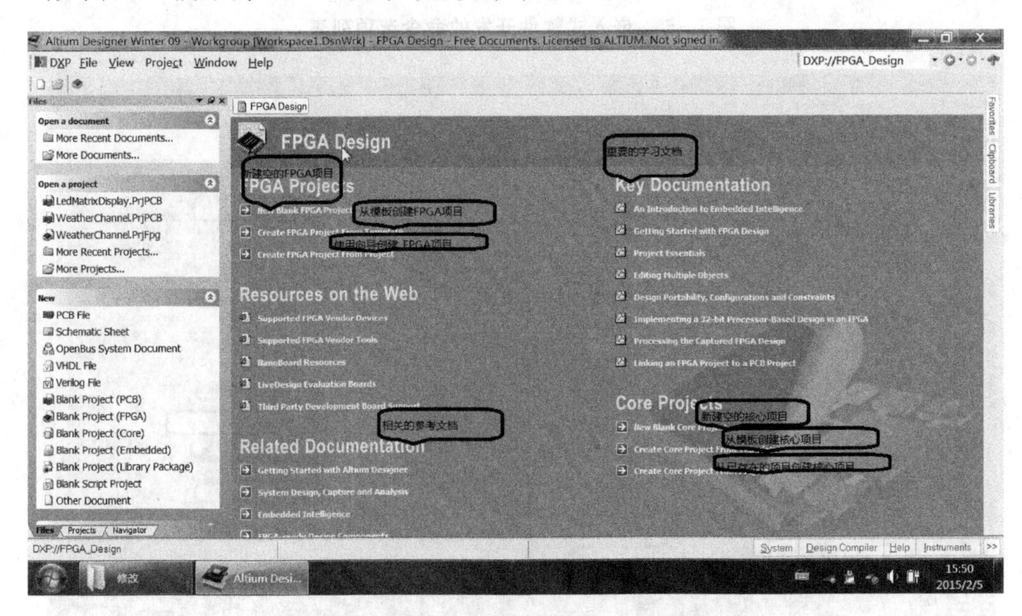

图 2-4　FPGA 设计与开发命令选项列表

Embedded Software Development(嵌入式软件开发):选中该选项后,系统会弹出如图 2-5 所示的嵌入式软件开发的命令选项列表,用户可以使用右边的 [icon] 和按钮弹出和隐藏命令项。嵌入式工具选项包括汇编器、编译器和链接器。

Library Managemen(库管理):选择该选项后,系统会弹出库管理的命令选项列表,如图2-6所示。

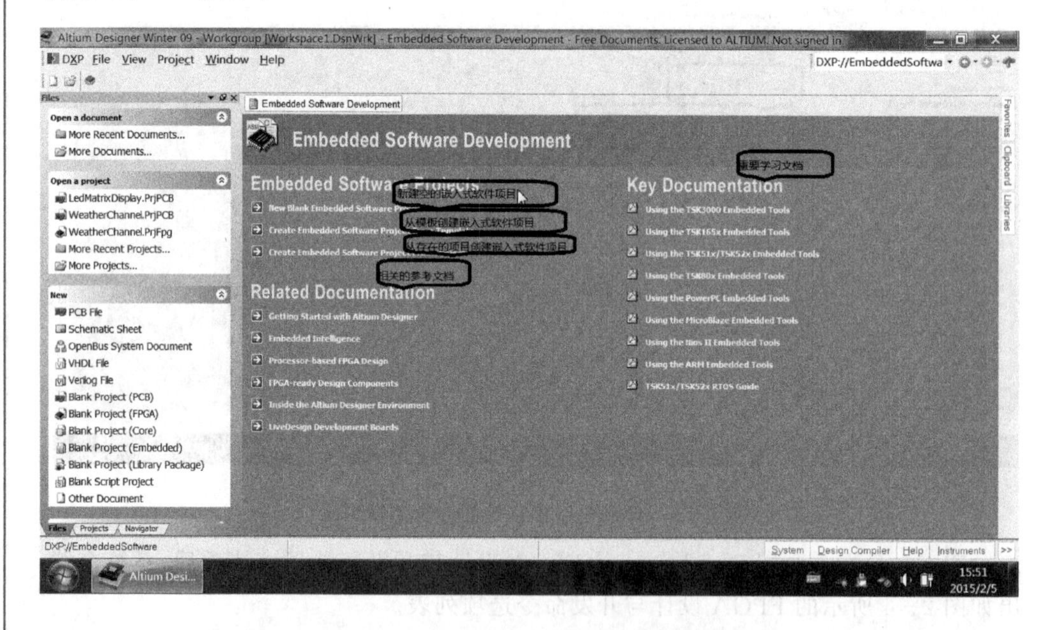

图2-5 嵌入式软件开发的命令选项列表

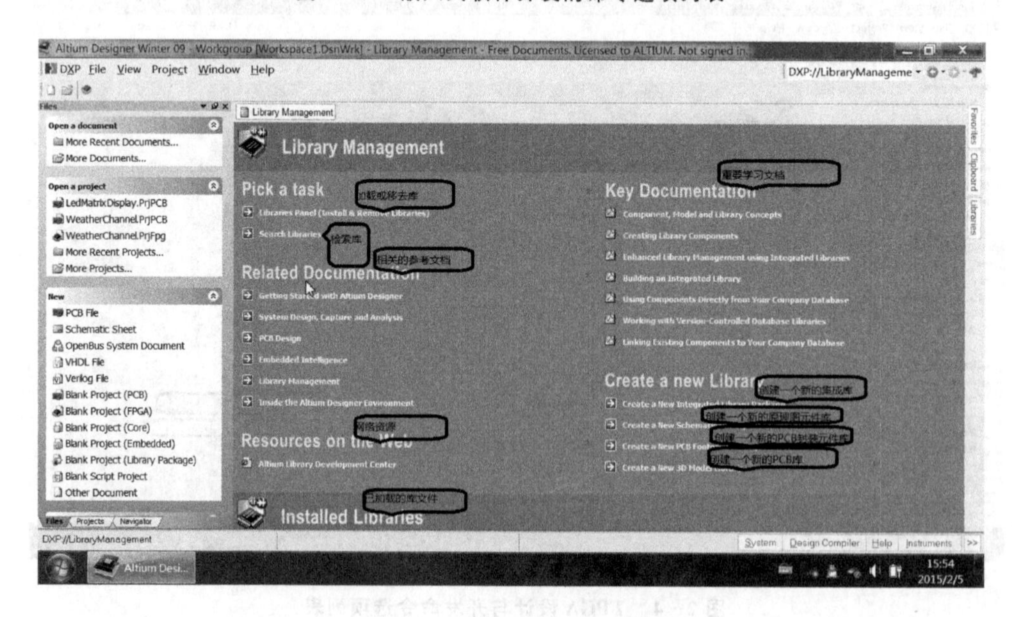

图2-6 库管理命令选项列表

Altium Designer Winter 09的库管理包括创建集成库(Integrated Library)、原

理图元件库(Schematic Library)、PCB 封装库(PCB Footprint Library)和 PCB3D 库,如图 2-6 所示。

另外,用户还可以选择查找库(Search Library)和移去库(Install or Remove libraries),以及在已加载库(Installed Libraries)列表中查看当前已加载的库。

注意,如果选项没有在图中显示出来,用户可以单击 按钮隐藏上部的选项,然后就能显示该选项。

Script Development(脚本开发):选择该选项后,系统会弹出 DXP 脚本操作的命令选项列表。用户可以分别选择创建脚本的相关命令。

2.1.2 Altium Designer Winter 09 的菜单栏

Altium Designer Winter 09 菜单栏的功能主要是进行各种命令操作、设置各种参数、进行各种开关的切换等,主要包括 DXP、File、View、Favorites、Project、Help 等菜单项。

1. File 菜单

如图 2-7 所示,File 菜单主要用于文件及项目的管理,包括文件及项目的新建、打开、保存,也可以利用此菜单退出 Altium Designer Winter 09。

File 菜单的主要选项及功能如下:

➢New 命令:新建一个空白文件及项目。此命令是一个级联菜单,如图 2-8 所示。

➢ Open 命令:打开并装入一个已经存在的文件,以便进行修改。

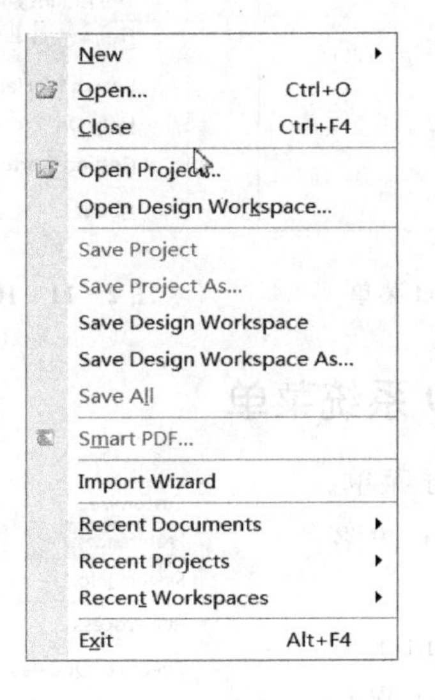

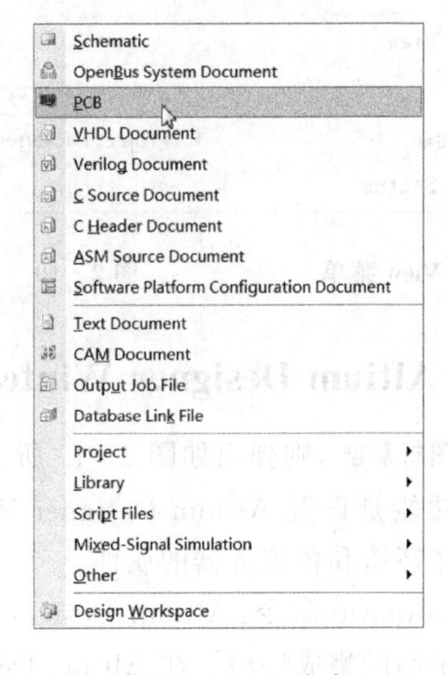

图 2-7 File 菜单　　　　图 2-8 New 命令

➢ Open Project 命令:打开已经存在的项目。

➢ Open Design Workspace 命令:打开已经存在的工作台。

➢ Save Project 命令:保存新建的项目。

➢ Save Design Workspace 命令:保存新建的工作台。

➢ Recent Documents 命令:最近使用过的所有文件。

➢ Recent Project 命令:当前所有的项目。

➢ Recent Workspace 命令:当前所有的工作台。

➢ Exit 命令:退出 Altium Designer Winter 09。

2. View 菜单

View 菜单用于切换设计管理器、状态栏、命令行的打开与关闭,每一项都是开关量,即鼠标每点一次,其状态改变一下,如图 2-9 所示。

3. Project 菜单

添加、删除项目,如图 2-10 所示。

4. Help 菜单

用于打开帮助文件,如图 2-11 所示。

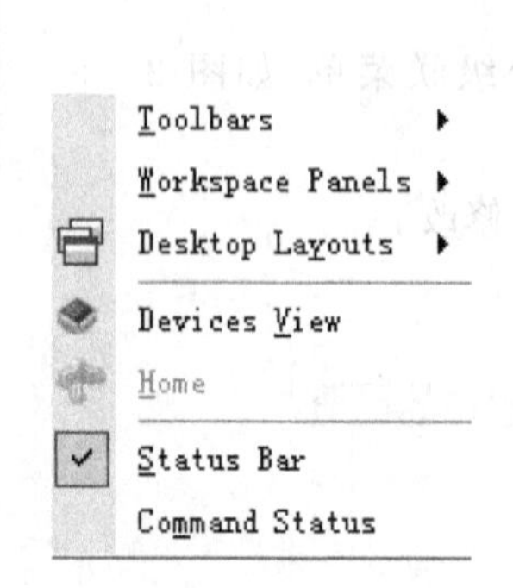

图 2-9 View 菜单

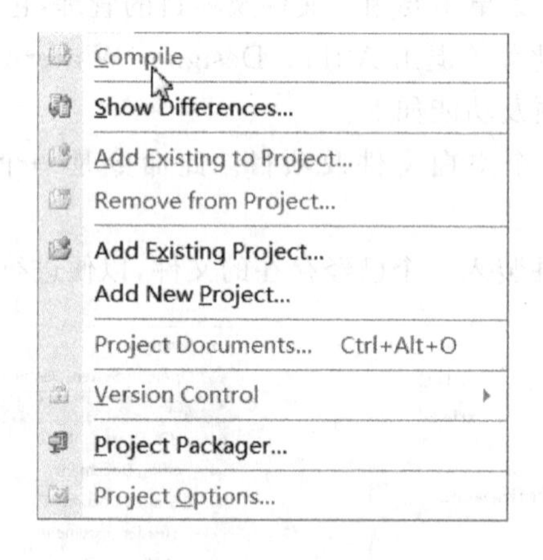

图 2-10 Project 菜单

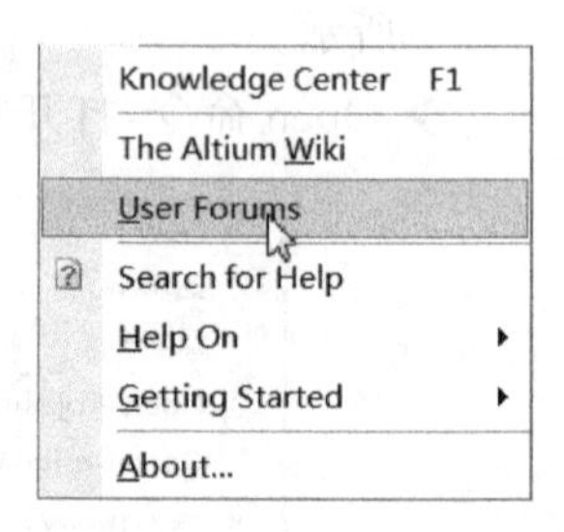

图 2-11 Help 菜单

2.1.3 Altium Designer Winter 09 系统菜单

单击图标 DXP ,则弹出如图 2-12 所示的子菜单。它的主要功能是设置 Altium Designer Winter 09 客户端的工作环境和各服务器的属性。

① Customize 命令:Altium Designer Winter 09 是一个可定制的集成环境。在 Altium Designer Winter 09 客户/服务器框架体系中,对于所有服务器来说,所有菜单、工具栏、快捷键都是客户端的资源,且

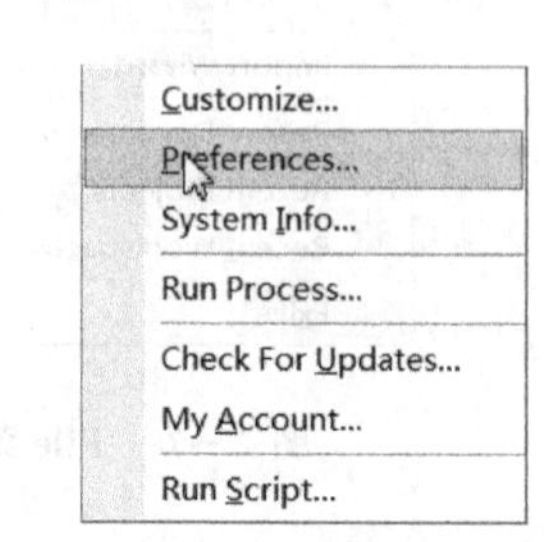

图 2-12 Design Explorer 菜单

都是设定为可修改的。单击该项后将弹出如图 2－13 所示的对话框，可以对各种资源进行创建、修改、删除等。

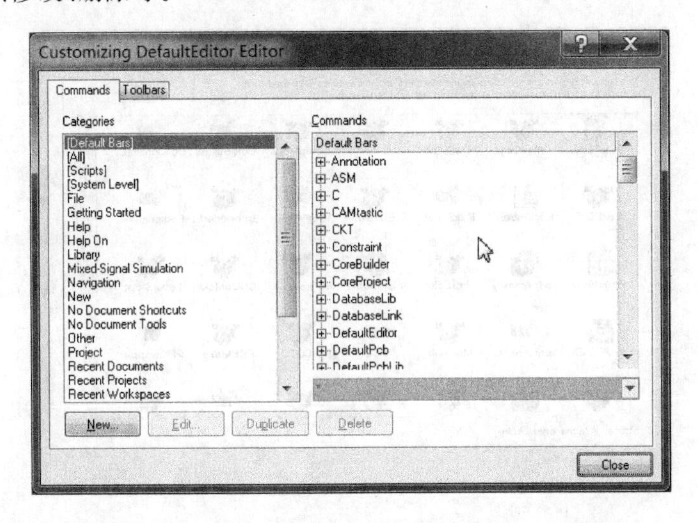

图 2－13　Customizing DefaultEdit Editor 对话框

② Preferences 命令：用于设置系统的相关参数，如是否需要备份、显示工具栏等，以及设置系统字体。单击该项后会弹出如图 2－14 所示的对话框。

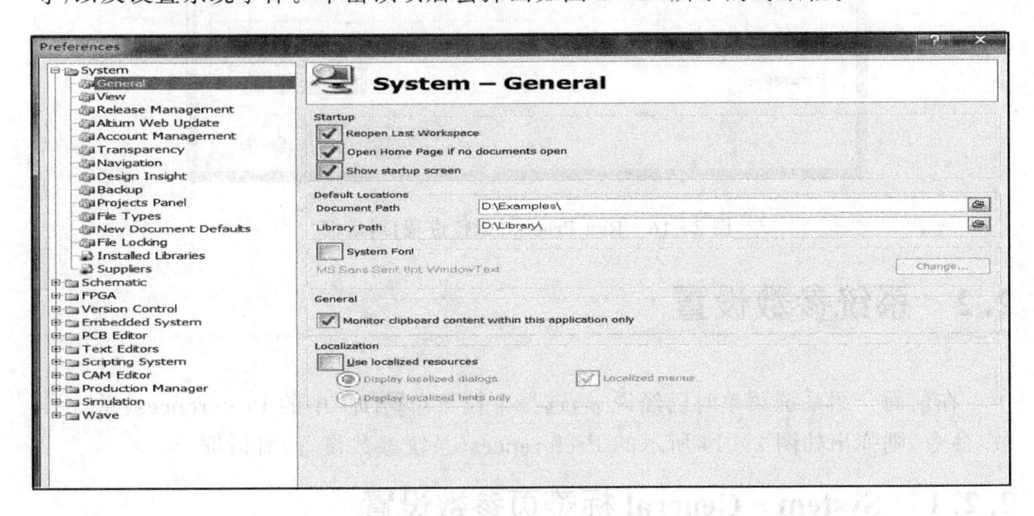

图 2－14　Preferences(系统参数设置)对话框

③ System Info 命令：它是 Altium Designer Winter 09 的服务器设置编辑器，管理着 Altium Designer Winter 09 的所有服务器，包括安装、打开、停止、移走、设置安全性、属性以及观察员角度等。单击该项会出现如图 2－15 所示的对话框。在图 2－15中，先选定服务器，然后单击图标 Menu 即可弹出命令菜单，可以实现服务器的管理和编辑。

④ Run Process 命令:在 Altium Designer Winter 09 中,允许用户手工运行多个进程。用户要运行某个进程,只需要单击该项就会弹出如图 2-16 所示的对话框。

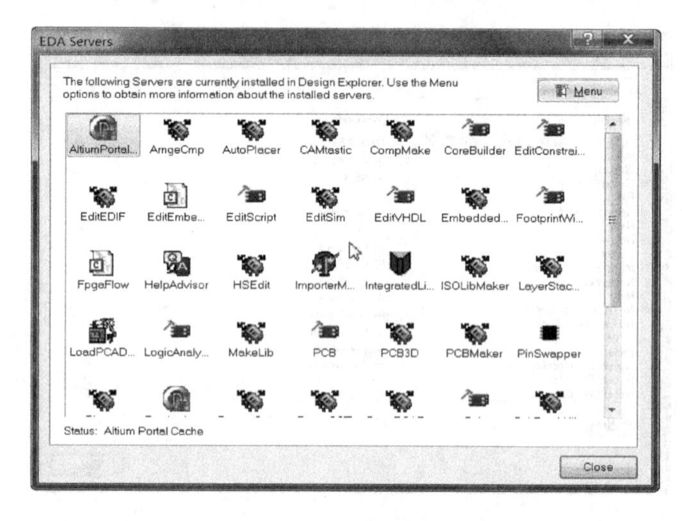

图 2-15 EDA Servers(服务器设置)对话框

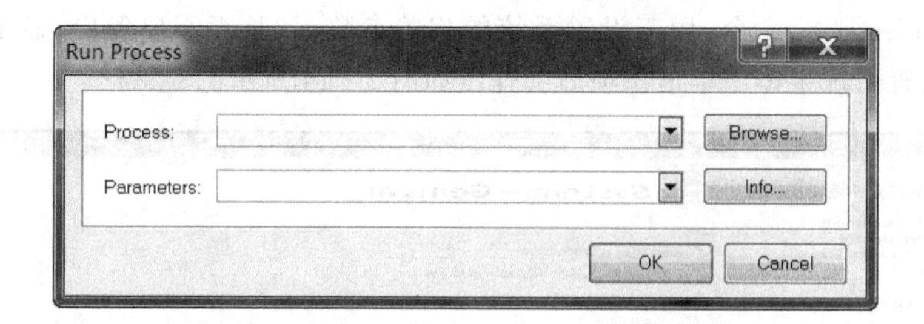

图 2-16 Run Process(运行进程)对话框

2.2 系统参数设置

在前面介绍系统菜单时已经说过,选择下拉菜单 DXP 中的 Preferences(系统参数)命令,则弹出如图 2-14 所示的 Preferences(系统参数设置)对话框。

2.2.1 System - General 标签页参数设置

系统参数设置对话框中 System - General 标签页的各项参数的意义如下:

(1) Startup 选项组

该选项组中的 Reopen Last Workspace 复选框的功能是 Altium Designer Winter 09 系统在启动时是否自动打开上次打开过的项目工程组。

(2) Splash Screen 选项组

该选项组有 2 个复选框,分别用来设置系统和各种编辑器启动时是否显示启动画面。

➢ Show startup screen 复选框：用来选择 Altium Designer Winter 09 启动时是否显示系统的启动画面，当选择了该复选框时，系统在启动时以动画形式显示系统的版本信息(如图 2－17 所示)，提示用户 DXP 系统正在加载。该复选框的系统默认值是选中状态。

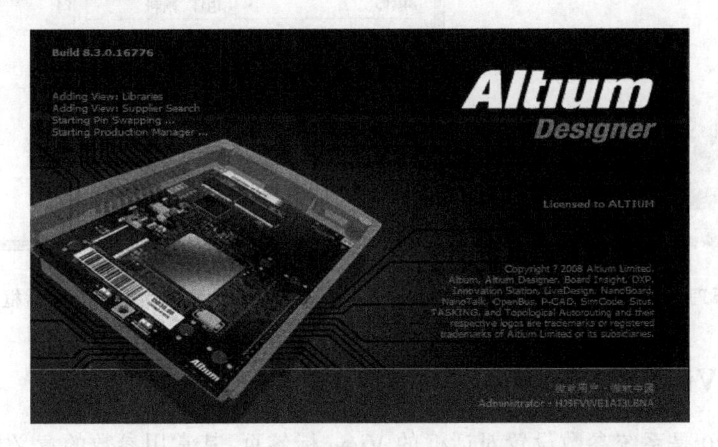

图 2－17　Altium Designer Winter 09 系统的启动画面

➢ Show Product splash screens 复选框：用来选择 DXP 集成的各种软件工具(如原理图编辑器、印制电路板 PCB 编辑器、电路仿真系统模块等)在启动时是否显示该组件的启动画面，当选择了该复选框时，系统在启动原理图编辑器时，将产生如图 2－18 所示的启动画面。该复选框的系统默认值是选中状态。

(3) Default Locations 选项组

该选项组用来设置打开或保存 DXP 的各种文档、工程文件、工程组文件时的默认路径。单击 Document Path 文本框右边的按钮，可以选择不同的目录，系统默认的路径是“C:\PROGRAN. FILES\ALTIUM\Examples\”。一旦设置好文件保存的默认路径，在进行电路设计时就可以快速打开或保存 DXP 的各种文档，为操作带来很大方便。

(4) System Font 选项组

该选项组用来设置 DXP 系统本身所使用的字体、字型和字号。当选择了 System Font 复选框后，可以单击右边的 Change 按钮，弹出如图 2－19 所示的字体设置对话框，可以在该对话框中设置需要的字体，然后单击“确定”按钮，更新 DXP 系统的字体。

这里一般采用 DXP 的系统默认字体，只有当一些对话框中的字体显示不正常时才需要修改该项设置。DXP 默认的字体是 MS Sans Serif、8pt、Window Text。

图 2-18 原理图编辑器的启动画面

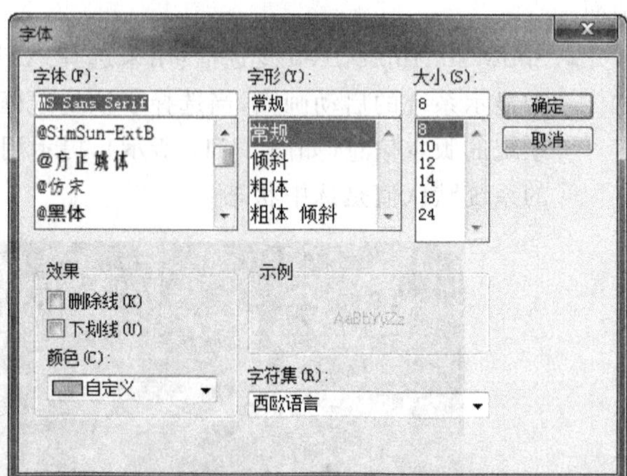

图 2-19 系统字体设置对话框

2.2.2 View 标签页参数设置

图 2-20 是系统参数设置对话框的 View 标签页，其常用参数的意义如下：

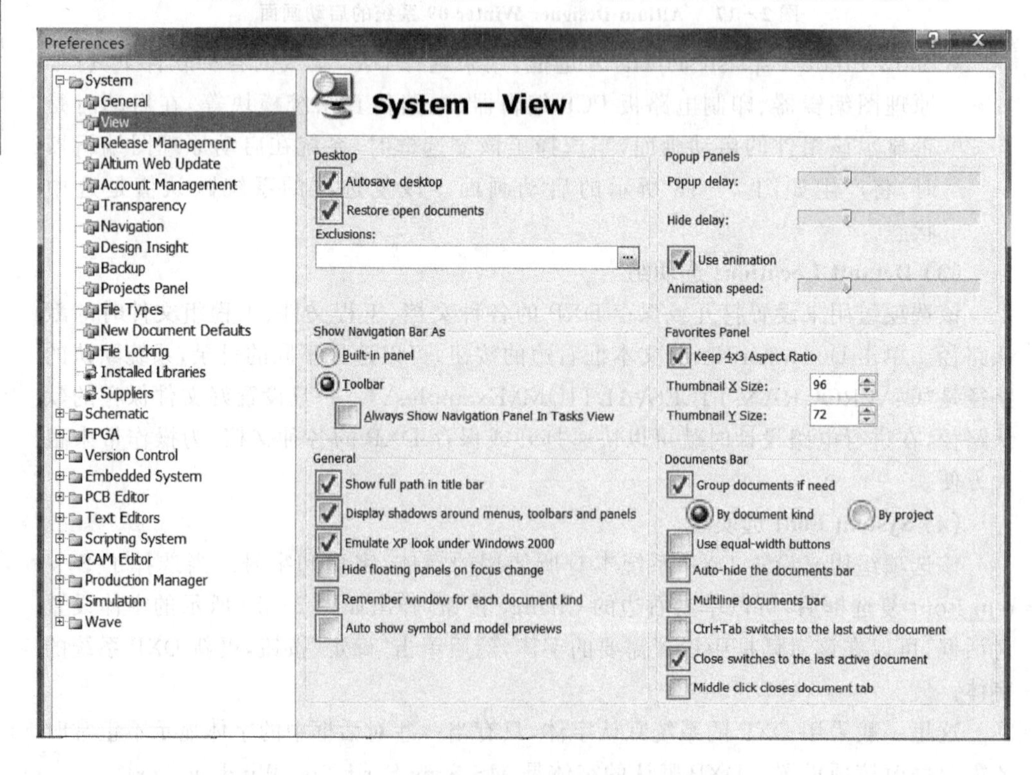

图 2-20 View 标签页

(1) Desktop 选项组

该选项组中的 Autosave Desktop 选项用来设置当 DXP 系统关闭时,是否需要自动保存定义的桌面(实际上就是工作区)。如果选择该复选框,当系统关闭时将自动保存自定义桌面和文档窗口的位置、尺寸,此处的桌面包括各种面板、文档工作区以及工具栏的位置可见性。系统默认是选中状态。

(2) Popup Panels 选项组

该选项组用来设置系统的弹出式面板的弹出和隐藏过程的等待时间,还可以选择是否使用动画效果。

- Popup delay 选项:调节 Popup delay 选项右边的滑块可以改变面板显示的等待时间。滑块向右滑,等待时间变长;滑块向左滑,等待时间变短。
- Hide delay 选项:调节 Hide delay 选项右边的滑块可以改变面板隐藏的等待时间。滑块向右滑,等待时间变长;滑块向左滑,等待时间变短。
- Use animation 复选框:当选择该复选框时,系统显示或隐藏面板时采用动画方式。选中 Use animation 复选框后,可以调节该复选框下边的 Animation speed 右边的滑块来调节动画的速度。滑块向右滑,动画速度快;滑块向左滑,动画速度慢。

(3) General 选项组

该选项组中常用的 2 个复选框的意义如下:

- Show full path in title bar 复选框:选择该复选框,编辑器将在标题栏显示当前激活文档的完整路径;如果不选择该复选框,编辑器将在标题栏上只显示当前激活文档的名称。系统默认是选中状态。
- Display shadows around menus, toolbars and panels 复选框:选择该复选框,系统的菜单、工具栏、面板周围将显示阴影,具有立体效果;否则,将不显示阴影效果。如果计算机的配置不够高,建议取消阴影效果。

2.2.3 Transparency 标签页参数设置

图 2-21 是系统参数设置对话框的 Transparency 标签页,其主要参数的意义如下:

(1) Transparent floating windows 复选框

如果选择该复选框,当调用一个交互式过程时,编辑器工作区上的浮动工具栏和其他对话框将以透明效果显示。例如,使用原理图编辑器在原理图上放置一个元器件,假设原理图工具栏处于浮动状态并在工作区内,当鼠标带着欲放置的元器件移到原理图工具栏上面时,该工具栏将自动变为透明。

(2) Dynamic Transparency 复选框

如果选择该复选框,系统将采用动态透明效果。

- Highest transparency 选项:调节 Highest transparency 选项右边的滑块可以

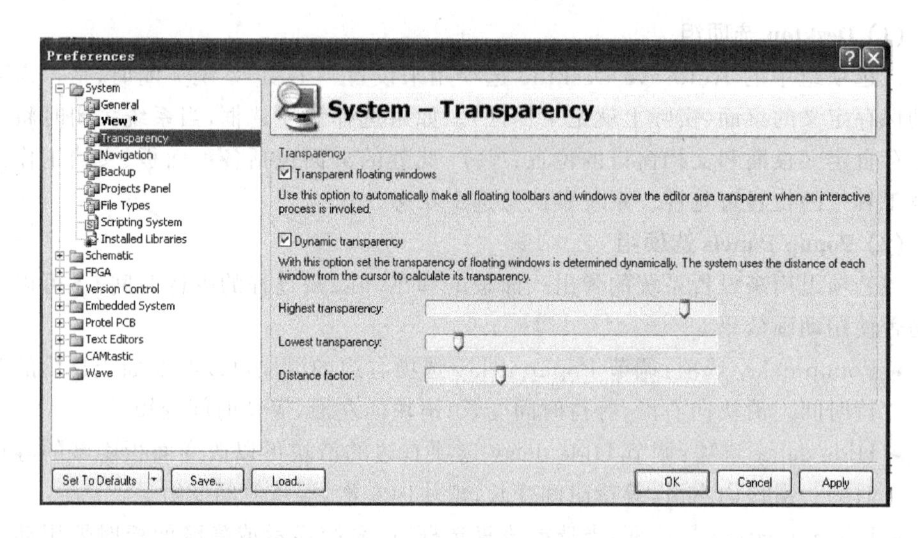

图 2-21 Transparency 标签页

设置最高透明度。滑块向右滑,最高透明度增加。

➢ Lowest transparency 选项:调节 Lowest transparency 选项右边的滑块可以设置最低透明度。滑块向右滑,最低透明度减小。

➢ Distance factor 因子:该因子用来设置光标距离浮动工具栏、浮动对话框或浮动面板为多少时,透明效果消失。

2.2.4 Projects Panel 标签页参数设置

图 2-22 是系统参数设置对话框的 Projects Panel 标签页,用来设置面板的状态选项、文档操作以及文档管理形式。

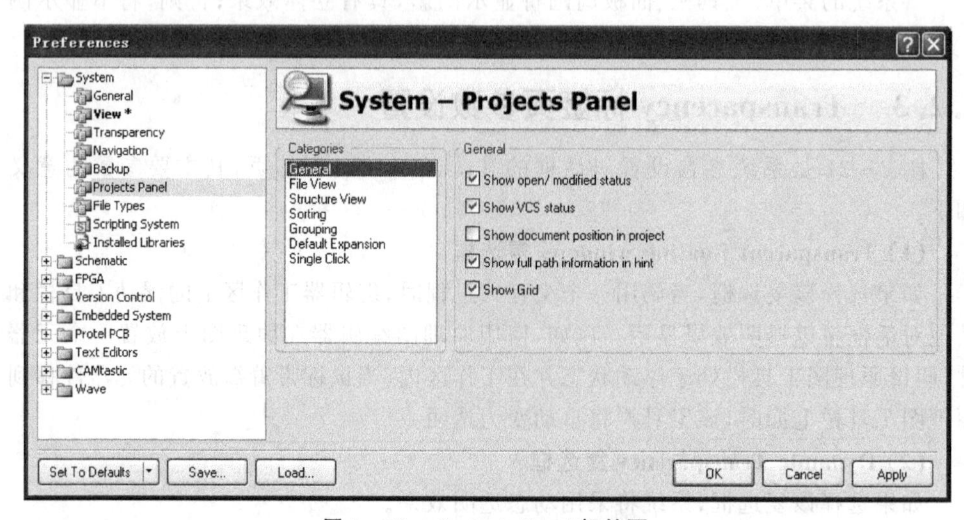

图 2-22 Projects Panel 标签页

(1) General 选项组

- Show open/modified status 复选框:选择该复选框,在项目工程管理面板上将显示各个设计文档被编辑、保存或打开等的状态。
- Show VCS status 复选框:选择该复选框,在项目工程管理面板上将显示各个设计文档的 VCS 状态。
- Show document position in project 复选框:选择该复选框,在项目工程管理面板将显示各个文档在项目工程中的位置。
- Show full path information in hint 复选框:选择该复选框,在项目工程管理面板上,当光标指向某设计文档时,将在提示信息内显示文档的完整路径。
- Show Grid 复选框:选择该复选框,在项目工程管理面板上将显示栅格。

(2) Single Click 选项组

- Does nothing 单选按钮:选择该单选按钮,在项目工程管理面板上单击某个文档时将不引起任何动作。
- Activates open documents/objects 单选按钮:选择该单选按钮,在项目工程管理面板上单击某个已打开的文档时,将激活该文档。
- Opens and shows documents/objects 单选按钮:选择该单选按钮,在项目工程管理面板上单击某个未打开的文档时,将打开该文档。

(3) Grouping 选项组

- Do not group 单选按钮:选择该单选按钮,项目工程中的文档将不进行分类管理。
- By class 单选按钮:选择该单选按钮,项目工程中的文档将按照类别进行管理。
- By document type 单选按钮:选择该单选按钮,项目工程中的文档将按文档类型进行管理。

(4) Sorting 选项组

- Project order 单选按钮:选择该单选按钮,项目工程中的文档将按添加到工程中的顺序进行排序。
- Alphabetically 单选按钮:选择该单选按钮,项目工程中的文档将按字母顺序进行排序。
- Open/modified status 单选按钮:选择该单选按钮,项目工程中的文档将按打开、正在编辑、未打开的顺序进行排序。
- VCS Status 单选按钮:选择该单选按钮,项目工程中的文档将按 VCS 状态进行排序。
- Ascending 复选框:选择该复选框,项目工程中的文档将按升序排列。

2.3 设置原理图工作区环境

前面已经简单介绍了如何启动各种服务器,现在就用前面介绍的方法来启动原理图设计服务器。选择 File→New→Schematic 菜单项,系统就创建一个新的原理图文件,默认文件名为 Sheet1. SchDoc;创建多个原理图文件时,默认的文件名按序号依次排列。下面在原理图的工作环境中对以下方面进行简单介绍。

2.3.1 网格系统设置

(1) 设置网格的可见性

如果用户想设置网格是否可见,则可以选择 Design→Document Options 菜单项,系统将弹出 Document Options 对话框,在其中选择 Sheet Options 选项卡进行设置,如图 2-23 所示。

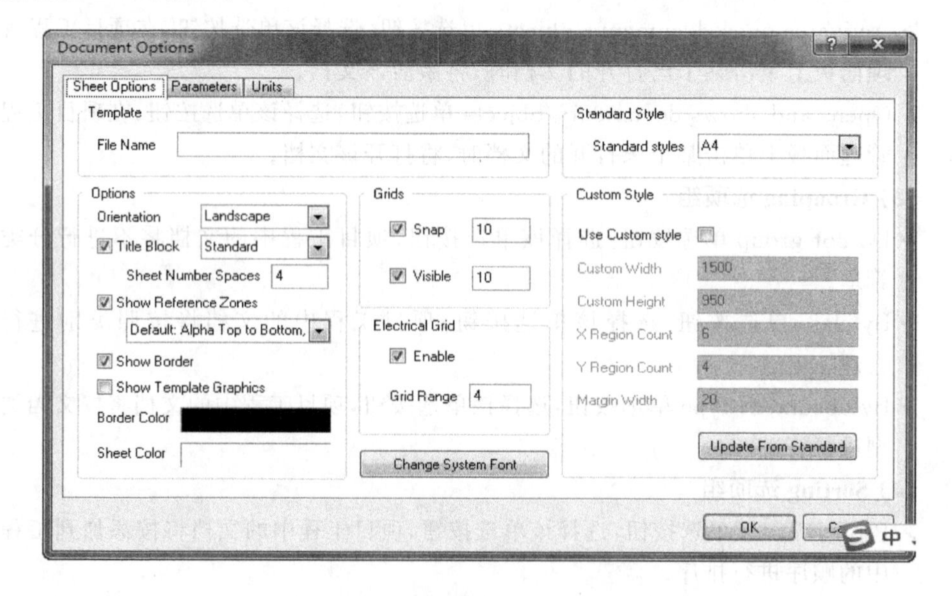

图 2-23 文档选项——图纸选项卡

在 Grids 操作框中对 Snap 和 Visible 两个复选框进行操作,就可以设置网格的可见性。

- Snap 复选框图:这项设置可以改变光标的移动间距,不选此项,光标以 1 mil 为基本单位移动;选中此项则表示光标移动时以 Snap 右边的设置值为基本单位移动,系统默认值为 10 mil。

这里可以使用两种单位,即英制单位和公制单位。英制单位为 in(英寸),在 Altium Designer 中一般使用 mil,即微英寸,1/1 000 in。公制单位一般为 mm(毫米),1 in 为25. 4 mm,而 1 mil 为 0. 025 4 mm。

➤ Visible 复选框图:选中此项表示网格可见,可以通过在其右边的设置框内输入数值来改变图纸网格间的距离,若不选此项表示在图纸上不显示网格。

如果将 Snap 和 Visible 设置成相同的值,那么光标每次移动一个网格;如果将 Snap 设置为 10 mil,而将 Visible 设置为 20 mil 的话,那么光标每次移动半个网格。

(2) 设置网格的形状

Altium Designer Winter 09 提供了两种不同形状的网格,分别是点状(Dot)和线状(Line)网格,如图 2-24 和图 2-25 所示。

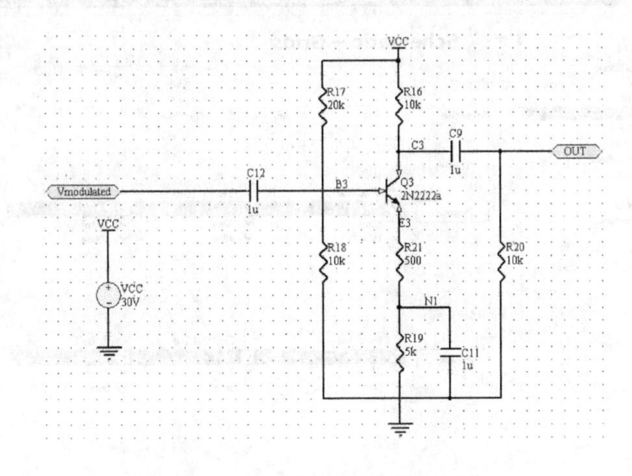

图 2-24 点状网格的原理图

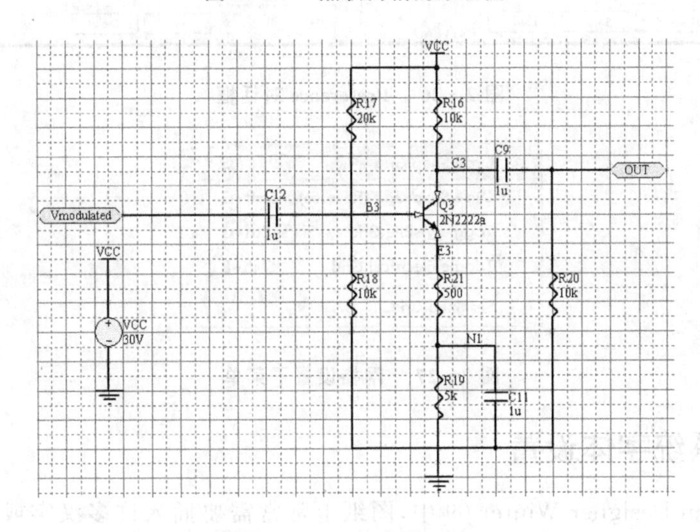

图 2-25 线状网格原理图

设置网格可以使用 Tools1→Schematic Preferences 菜单项来实现,执行该命令后系统将弹出如图 2-26 所示的 Preference 对话框。单击左边 Schematic 文件夹下的 Grids,在 Grid Options 选项卡中的 Visible Grid 选项中选择 Line Grid 或 Dot

Grid，即可出现线状或点状的网格。同理，若想改变网格颜色，可以单击 Grid Options 选项卡中的 Grid Color，选择想要的颜色。不过设置网格的颜色时，要注意不要设置太深，否则会影响后面的绘图工作。

另外，选择 View→Toolbars→Utilities 菜单项，则弹出实用工具栏，单击 按钮，则对应的网格设置子菜单会显示出来，如图 2-27 所示。可以通过以上命令对网格进行设置。Set Snap Grid 命令可以设置网格的间距。

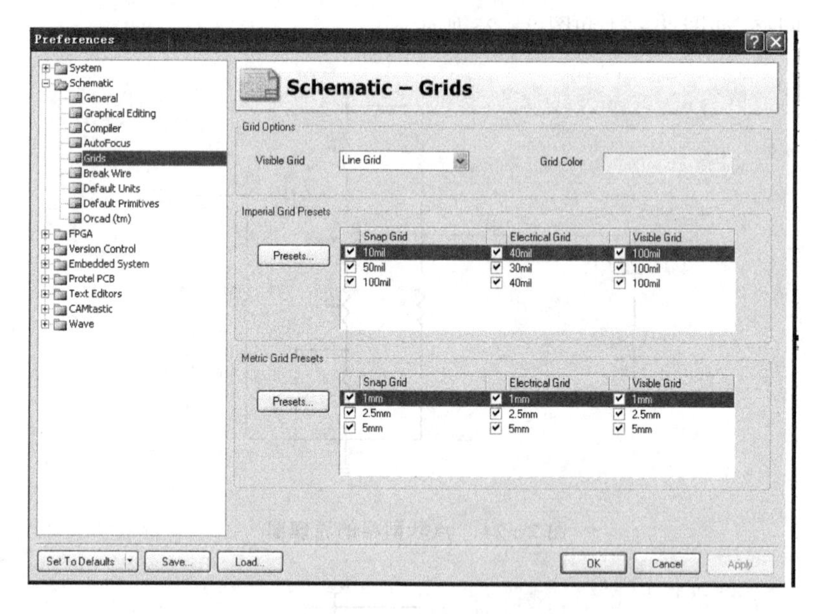

图 2-26　Preference 对话框

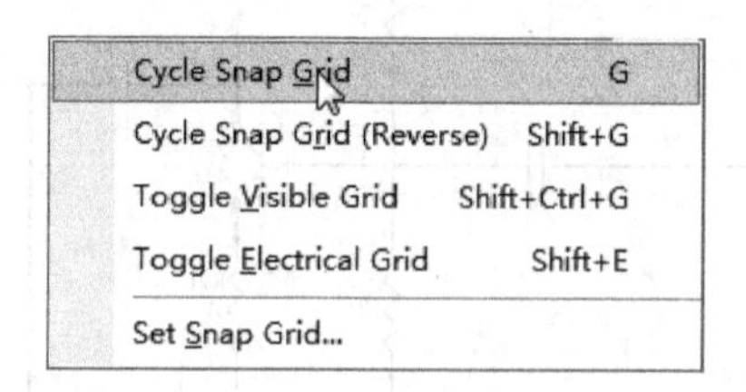

图 2-27　网格设置子菜单

2.3.2　系统字体设置

在 Altium Designer Winter 09 中，图纸上常常需要插入许多汉字或英文字，系统可以为这些插入的字设置字体，如果在插入文字时不单独修改字体，则默认使用系统的字体。系统字体的设置可以使用字体设置模块来实现。

设置系统字体同样在图 2-23 所示的对话框中进行，单击 Change System Font 按钮，系统将弹出如图 2-28 所示的“字体设置”对话框，此时就能设置系统的字体。

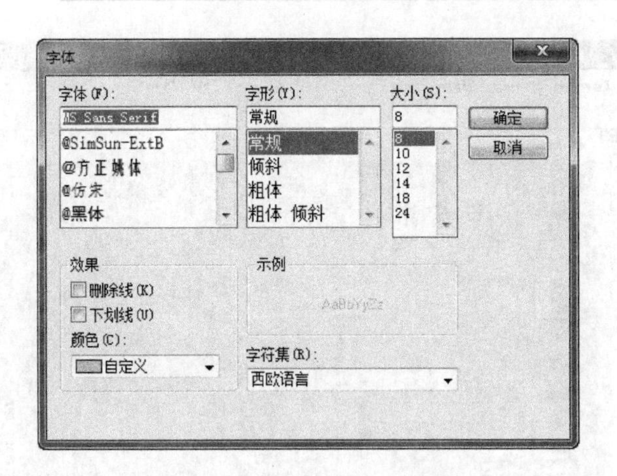

图 2-28　字体设置对话框

2.4 文件管理

在进入具体的设计操作之前,用户可以根据需要创建新的设计项目。下面主要讲述文件的管理。

用户启动 Altium Designer Winter 09 后,可以选择 File→New,从 New 子菜单中选择建立哪种目标文件,包括 PCB、Schematic、FPGA、VHDL 以及相关的库(Library)文件,也可以从桌面的操作板上选择建立的文件对象。图 2-29 建立了一个 PCB 项目文件,此时可以通过执行 File 菜单中的命令,实现项目文件的保存、向项目中添加新的文件对象等操作。

① 保存项目文件(Save Project):新建立一个设计项目后,该项目文件默认的文件名为 * * * Project. Prj * * *,其中,* * * 表示创建的项目类型,不同的项目该字符串不同。图 2-29 中创建的 PCB 设计项目以 PCB 表示,此时执行 Save Project 命令,在系统弹出的对话框中选择保存目录并输入文件名即可保存该文件。

注意,在创建新文件时,除了可以创建项目文件外,用户也可以直接创建设计对象文件,比如直接创建原理图(Schematic)文件,此时文件就不是以项目来表示,而是一个单独的设计对象文件,图 2-30 即为直接创建的原理图设计文件。

② 打开文件(Open):打开已经存在的设计项目库或其他文件。选择 File→Open 菜单项,则系统将弹出打开文件对话框,用户可以选择需要打开的文件对象或设计项目文件。

③ 关闭当前已经打开的设计文件或项目文件(Close):可使用如图 2-31 所示的快捷菜单,要弹出该菜单,只需要将鼠标放置在项目文件面板上右击即可,也可以通过选择 File→Close Project 菜单项来关闭项目。

选择 File→Open Project 菜单项,则用户只可以打开各种项目文件。

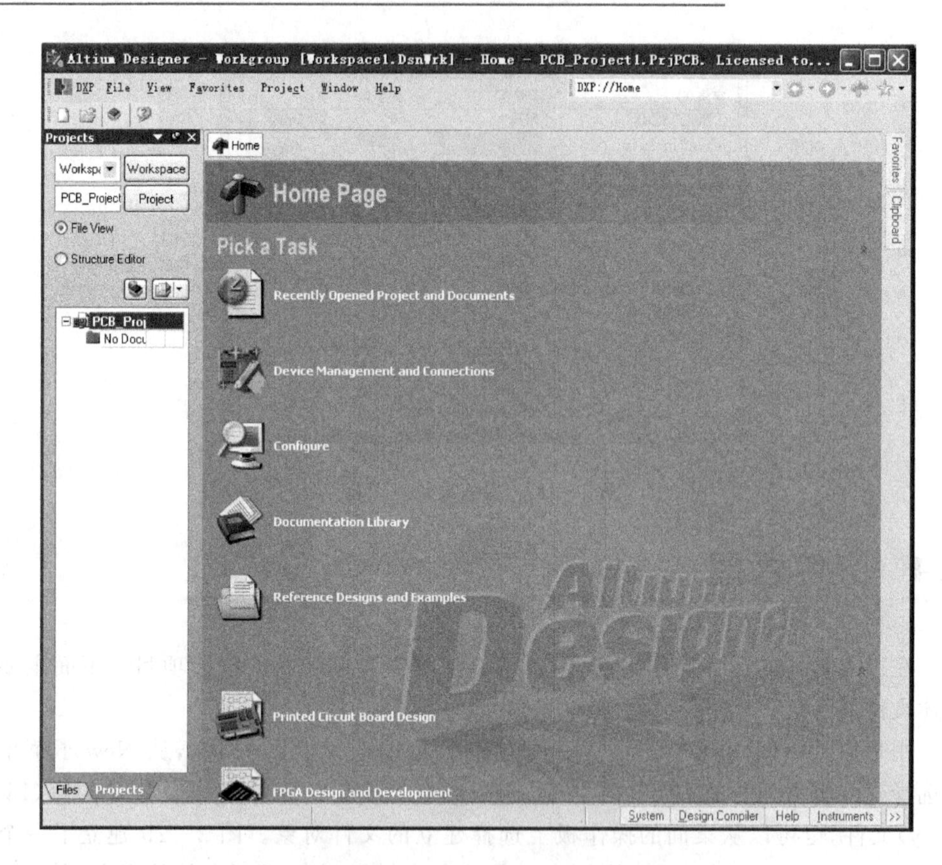

图 2-29　建立一个新的项目文件

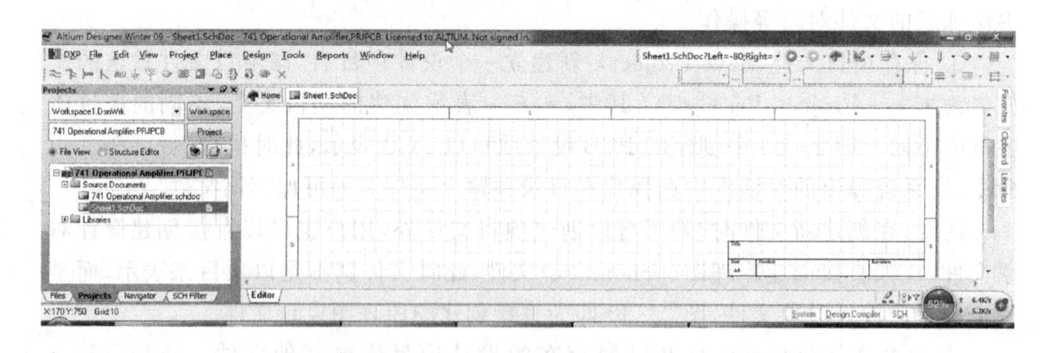

图 2-30　创建单个原理图设计文件

当用户关闭一个正在编辑操作的文件时，可以将鼠标放置在文件名处右击，系统将弹出如图 2-32 所示的快捷菜单，然后单击 Close 命令即可关闭该文件。用户也可以将鼠标移到打开的文件标签上并右击，则系统将弹出如图 2-33 所示的快捷菜单，然后选择关闭选项命令即可。

④ 导入文件 Import，将其他文件导入到当前设计数据库，成为当前设计数据库

中的一个文件。选择 File→Import 菜单项,则弹出 Import File 对话框,如图 2-34 所示。用户可以选择所需要的任何文件,将此文件包含到当前设计数据库中。

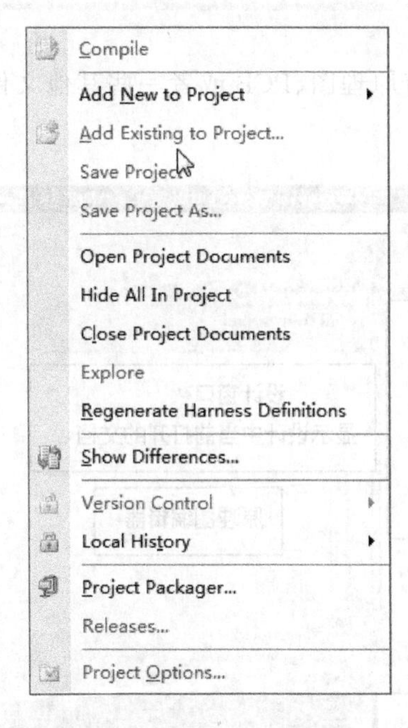

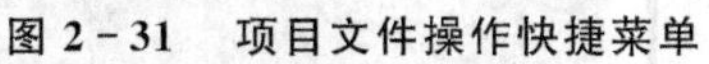

图 2-31　项目文件操作快捷菜单

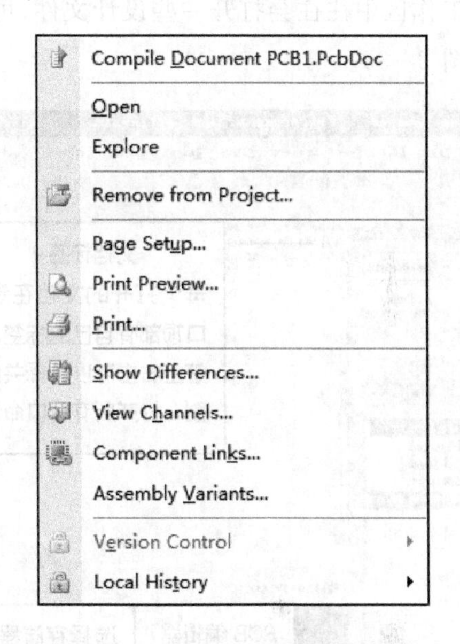

图 2-32　对象文件操作快捷菜单

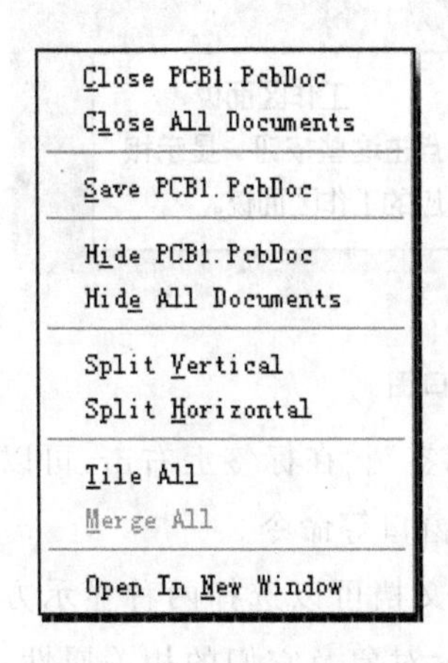

图 2-33　文件操作快捷菜单

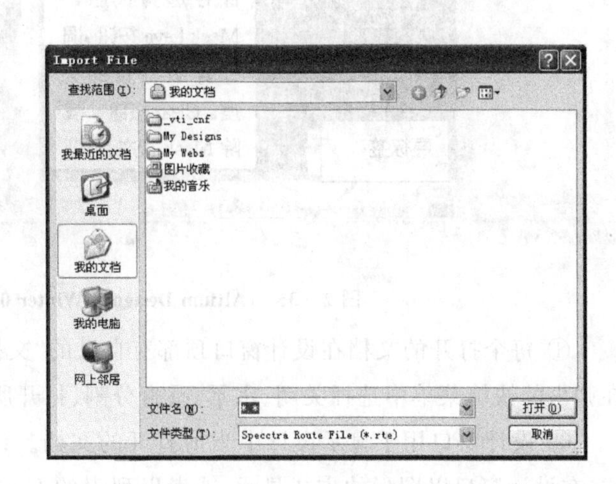

图 2-34　**Import File 对话框**

⑤ 用户可以直接从 File 菜单中打开最近使用过的文件,Altium Designer 分别提供了 Recent Documents、Recent Projects 和 Recent Project Groups 子菜单,可以很方便地打开使用过的文件或项目文档。

2.5 窗口管理

工作区中往往会打开一些设计文件,可能有原理图、PCB 或者一些其他文件,可参考图 2-35。

图 2-35 Altium Designer Winter 09 窗口图

① 每个打开的文档在设计窗口顶部有自己的"文档标签"。在标签上右击,可以在弹出的快捷菜单中选择关闭、水平/垂直分割、打开所有窗口等命令。

② 设计窗口用于显示设计中当前打开的文档。设计文档可以选择两种显示方式:在设计窗口以图形的方式显示,或者以列表的方式显示对象及它们的相关属性,或者两者都有显示。每个 PCB 层有自己的层标签。

③ 单击工作区面板按钮,显示相应的工作区面板。

④ 选择存储器按钮保存选择状态。状态栏中的 Mask Level 按钮用于调整屏蔽对象的亮度,Clear 按钮用于清除 Mask 状态。

⑤ 工作区左下角显示状态栏信息，包括当前光标的坐标及网格设置信息。工作区下部中间显示当前执行操作的状态。状态栏的开启/关闭可以通过选择 View→Status 菜单项进行控制，为了便于在工作区内定位操作，其默认状态为开启。

⑥ 可以选择 View→Command Status 菜单项来控制命令栏的开启/关闭。为了节省工作区域，其默认状态为关闭。

⑦ 与当前模块相适应的工具栏，通过选择 View→Toolbars 菜单项来控制其开启/关闭。激活工具栏，可由用户自由拖动到工作区任意位置。当工具栏处于固定状态时，比如固定在顶部、左右边界时，用鼠标左键按住工具栏左部或顶部的点划线，移动到适宜的工作区位置即可，如图 2-36 所示。如果是处于工作区中浮动状态的工具栏，用鼠标左键按住工具栏顶部的蓝条，移动到适宜的工作区位置即可，如图 2-37所示。

⑧ View 菜单下提供一系列视图命令（如图 2-38 所示），可以使设计者快速定位到适宜的工作窗口。如选择 Fit Document 命令，则窗口适合整个打开文档；选择 Selected Objects 命令，则窗口适合所有选中的对象；命令 200%则使工作区处于放大 2 倍的视图状态等。

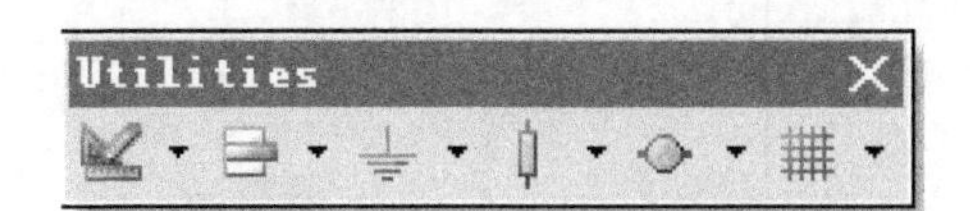

图 2-36　在工作工处于固定位置的工具栏

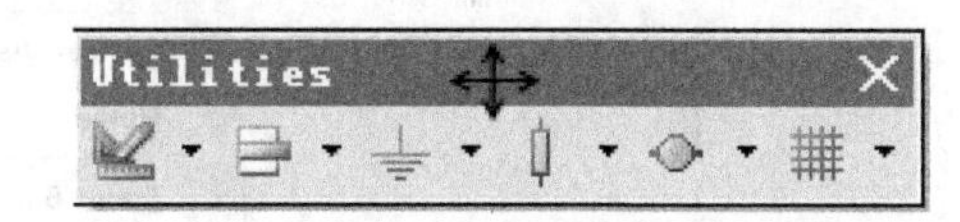

图 2-37　在工作区处于浮动位置的工具栏

⑨ File 菜单中提供了所有关于项目和文件等的新建、打开、保存、导入、打印等功能。

⑩ Edit 菜单提供了各种编辑命令，诸如各种选择、复制、粘贴、删除、改变、移动、排列、跳转、查找类似对象等功能。

所有的菜单命令都可以使用菜单快捷进入。注意，各菜单命令字母下的下划线就是进入相应命令的快捷键。比如，按 E 键，则弹出 Edit 菜单。想执行复制命令（有处于选择状态的对象），按 E 键，再按 C 键，则直接进入等待复制状态，出现十字光标，单击复制对象参考点，则复制对象放入剪贴板中。还有一系列键盘快捷键，参见附录。

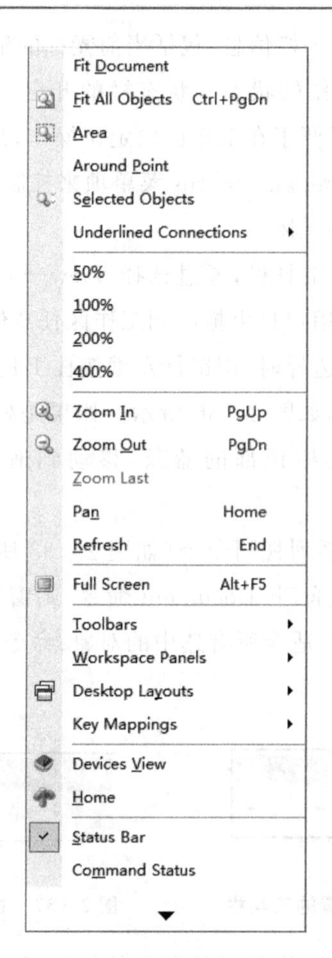

图 2－38 View 菜单定位工作区窗口

2.6 画面的管理

2.6.1 工具栏的打开与关闭

在原理图设计过程中，将用到 Altium Designer Winter 09 提供的各种工具和管理器。例如：原理图标准工具栏(Schematic)、走线工具栏(Wiring)、实用工具栏(Utilities)和混合信号仿真工具栏。其中，实用工具栏包括多个子菜单，即绘图子菜单(Drawing)、元件位置排列子菜单(Alignment)、电源及接地子菜单(Power Sources)、常用元件子菜单(Digital Devices)、信号仿真源子菜单(Simulation Sources)、网格设置子菜单(Grids)等。充分利用这些工具和管理器将会使操作更加简便，可以极大地方便设计。因此,有必要了解这些工具栏和管理器的打开与关闭的方法。它们被全部打开后会弹出原理图绘制工具栏说明,如图 2-39 所示。

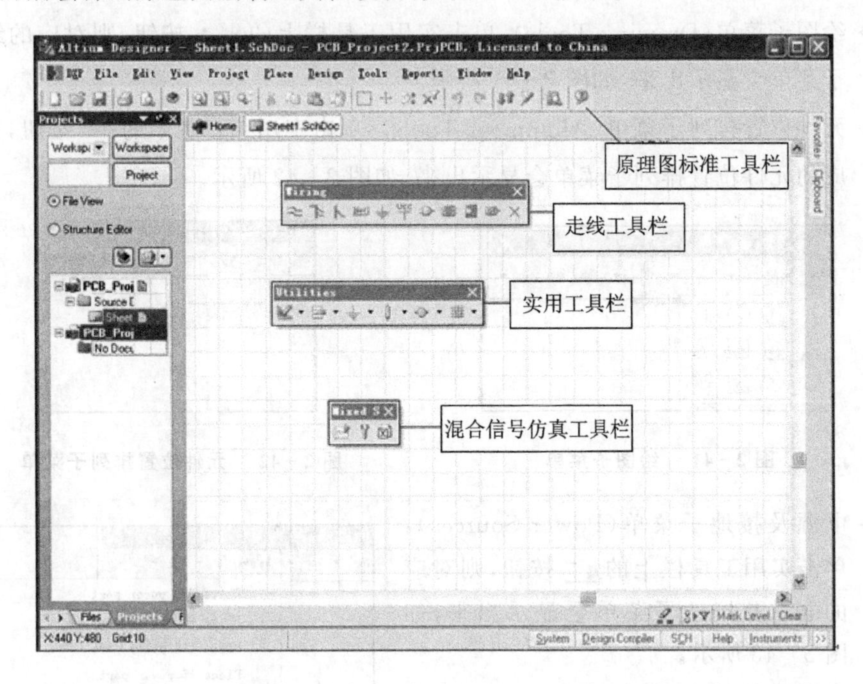

图 2-39 原理图绘制(走线)工具栏说明

(1) 原理图标准工具栏

可通过选择 View→Toolbars→Schematic Standard 菜单项来打开或关闭原理图标准工具栏,如图 2-40 所示。

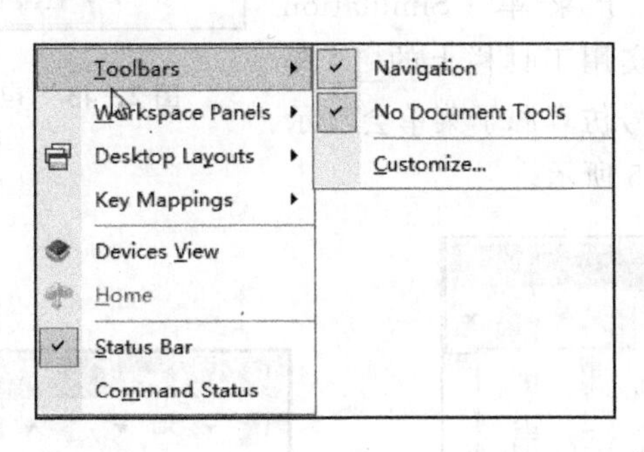

图 2-40 原理图工具栏的打开与关闭

(2) 走线工具栏

可通过选择 View→Toolbars→Wiring 菜单项打开或关闭走线工具栏,如图 2-39所示的走线工具栏。

(3) 实用工具栏

该工具栏包含多个子菜单选项,如下所示:

➢ 绘图子菜单(Drawing Tools):单击实用工具栏上的 按钮,则对应的绘图子菜单会显示出来,如图 2-41 所示。

➢ 元件位置排列子菜单(Alignment Tools):单击实用工具栏上的 按钮,则对应的元件位置排列子菜单会显示出来,如图 2-42 所示。

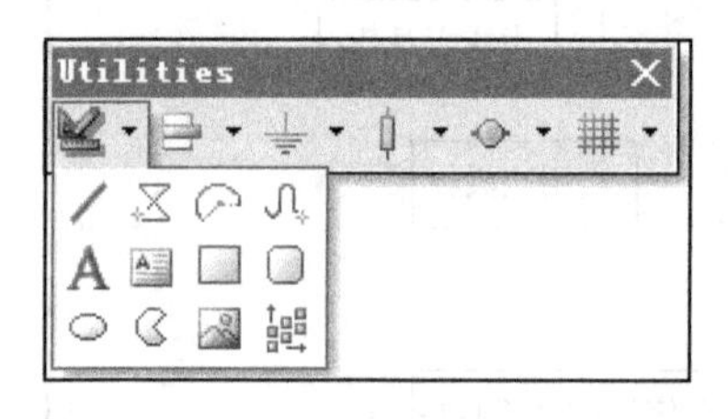

图 2-41 绘图子菜单

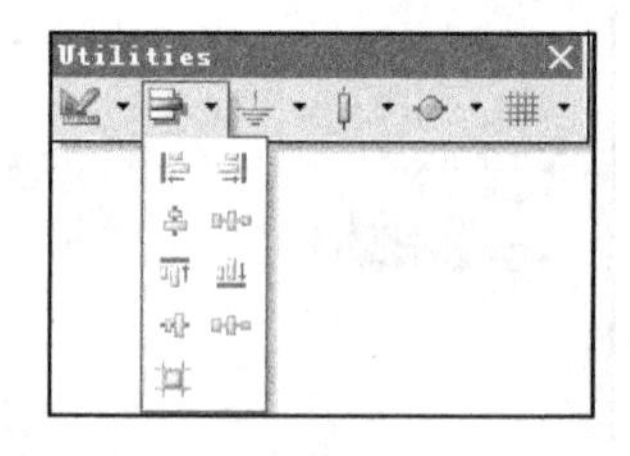

图 2-42 元件位置排列子菜单

➢ 电源及接地子菜单(Power Sources):单击实用工具栏上的 按钮,则对应的电源及接地子菜单会显示出来,如图 2-43 所示。

➢ 常用元件子菜单(Digital Devices):单击实用工具栏上的 按钮,则对应的常用元件子菜单会显示出来,如图 2-44 所示。

➢ 信号仿真源子菜单(Simulation Sources):单击实用工具栏上的 按钮,则对应的信号仿真源子菜单会显示出来,如图 2-45 所示。

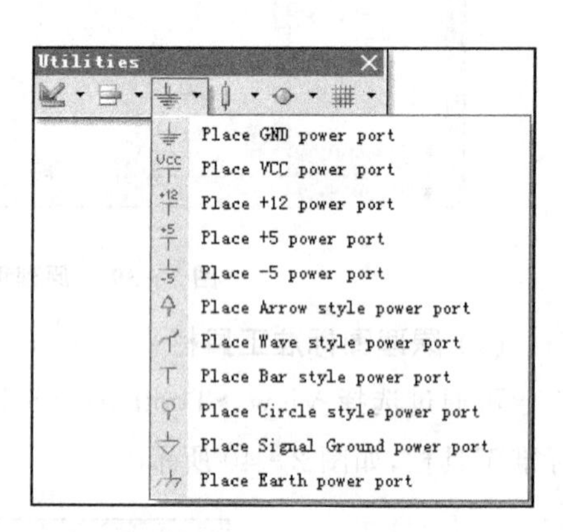

图 2-43 电源及接地子菜单

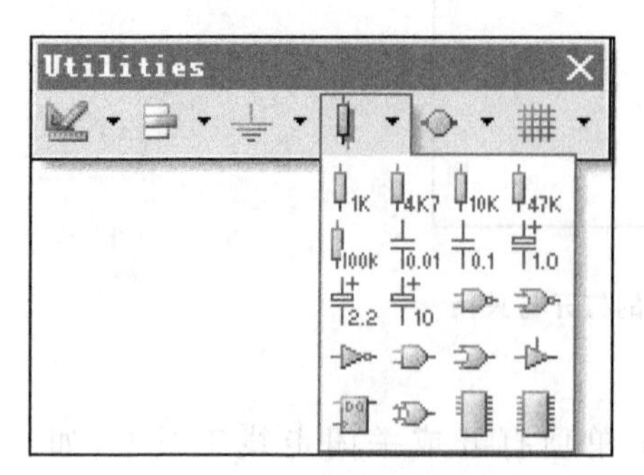

图 2-44 常用元件子菜单

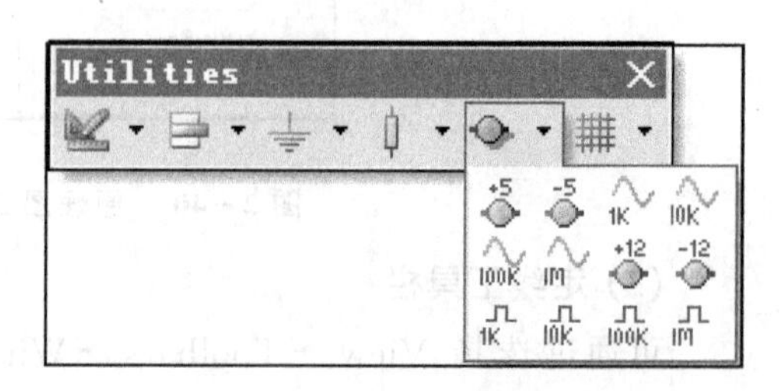

图 2-45 信号仿真源子菜单

➢ 网格设置子菜单(Grids):单击实用工具栏上的▦▾按钮,则对应的网格设置子菜单会显示出来,如图 2-46 所示。

(4) 信号仿真工具栏

选择 View→Toolbars→Mixed Sim 菜单项可实现打开或关闭混合信号仿真工具栏,如图 2-39 所示。

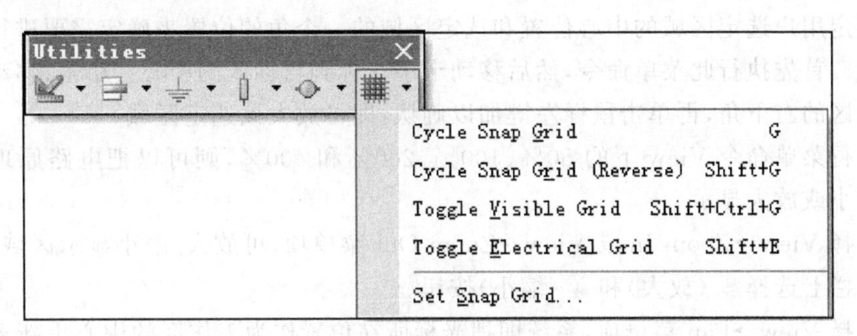

图 2-46　网格设置子菜单

2.6.2　画板显示状态的缩放

用户在进行原理图设计时,经常需要查看整张原理图,以便规划整体布局;有时又需要看原理图的一部分,来放置元件和布线等。所以要经常改变显示状态,使绘图区放大或缩小,以满足工作的不同需要。下面介绍几种画板显示状态的缩放的方法。

(1) 命令状态下的缩放

当系统处于其他绘图命令下时,用户无法用鼠标去执行一般的命令,此时要缩放显示状态,必须要用功能热键来完成此项工作。具体操作如下:

➢ 放大:按 PageUP 键可以放大绘图区域。
➢ 缩小:按 PageDown 键可以缩小绘图区域。
➢ 居中:按 Home 键可以从原来光标下的图纸位置移动到工作区的中心位置显示。
➢ 更新:按 End 键对绘图区的图形进行更新,恢复正确的显示状态。
➢ 移动当前位置:按↑键可上移当前查看的图纸上部位置,按↓键可下移当前查看的图纸下部位置,按←键可左移当前查看图纸的左边位置,按→键可右移当前查看图纸的右边位置。

(2) 闲置状态下的缩放命令

当没有执行其他命令而处于闲置状态时,可以用菜单里的命令或主工具栏里的按钮,当然也可以使用功能热键。下面介绍菜单中的主要命令功能。

选择 View→Fit Document 菜单项可以用来查看整张原理图。

选择 View→Fit All Objects 菜单项可在工作区内显示电路原理图上的所有元器件。

选择 View→Area 菜单项可以放大显示用户设定的区域。这种方式通过确定用户选定区域中对角线上两个角的位置来确定需要进行放大的区域。首先执行此菜单命令,然后移动十字光标到目标上左上角位置,再拖动鼠标,将光标移动到目标的右下角适当位置,单击鼠标左键加以确认,即可放大所框选的区域。

选择 View→Around Point 菜单项,可以放大显示用户设定的区域。这种方式是通过确定用户选定区域的中心位置和选定区域的一个角的位置来确定需要进行放大的区域。首先执行此菜单命令,然后移动十字光标到目标区的中心并单击;移动光标到目标区的右下角,再单击鼠标左键加以确认,即可放大该选定区域。

执行菜单命令 View 下的 50%、100%、200%和 400%,则可以把电路原理图按比例缩小或放大显示。

选择 View→Zoom In 或 View→Zoom Out 菜单项,可放大/缩小显示区域,可以在工具栏上选择 (放大)和 (缩小)按钮。

选择 View→Pan 菜单项,系统即把光标所在位置作为工作区的中心重新显示该电路原理图。在执行此命令前,要将光标移动到目标点,然后选择 View→Pan 菜单项,目标位置就会移动到工作区的中心位置显示。也就是以该目标点为屏幕中心,显示整个屏幕。

在绘制电路原理图的过程中,有时由于缩小或放大电路原理图、移动画面、放置元器件等操作,画面会存在一些残留的图案,这虽然不影响电路原理图的正确性,但是妨碍绘制工作。这时可以选择 View→Refresh 菜单项,则系统执行刷新操作,重画电路原理图,即可消除残留的图案。

练习题

2.1 在系统参数设置中,主要有哪几种参数设置?

2.2 Altium Designer Winter 09 提供的设置网格形状包括哪几种形式?如何设置?

2.3 在原理图设计过程中,需要用到哪几种工具栏?

2.4 在文件管理中,如何保存项目文件?

第3章 原理图设计基础

通过前面的学习，读者对Altium Designer Winter 09的功能、界面及一些基本的操作已经有了初步的认识。本章主要介绍原理图设计的相关知识。电路原理图是元器件的连接图，本质是元器件和连线。在绘制原理图时，通常需要考虑元器件的原理图是否正确、元器件摆放的位置、连线是否清晰等问题。

3.1 设计原理图的一般步骤

电路原理图设计不仅是整个电路设计的第一步，也是电路设计的根基，决定了后面工作的进展。原理图的设计过程一般可以按如图3-1所示的设计流程进行。

① 启动原理图编辑器：用户必须首先启动原理图编辑器，才能进行设计绘图工作，即选择File→New→Schematic菜单项。

② 设置图纸：根据实际电路的复杂程度来设置图纸的大小，设置图纸的过程实际是一个建立工作平面的过程。

③ 放置元件：这个阶段就是用户根据实际电路的需要，从元件库里取出所需的元件放置到工作平面上。用户可以根据元件之间的走线等关系对元件在工作平面上的位置进行调整、修改，并对元件的编号、封装进行定义和设定等，为下一步工作打好基础。

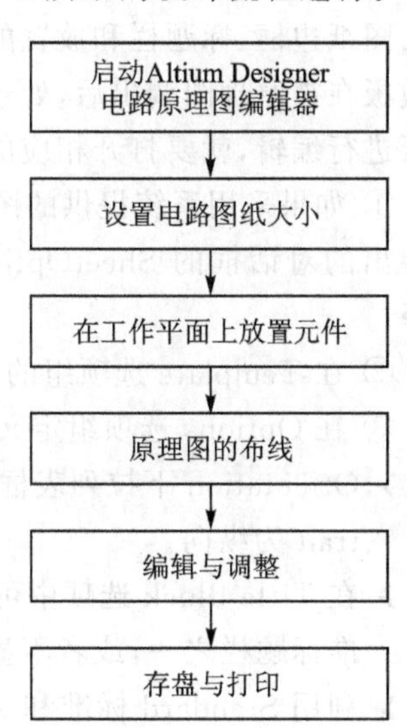

图3-1 原理图设计一般流程

④ 原理图的布线：该过程实际就是一个画图的过程。用户利用Altium Designer Winter 09提供的各种工具指令进行布线，将工作平面上的元件用具有电气意义的导线、符号连接起来，构成一个完整的电路原理图。

⑤ 编辑与调整：在这一阶段，用户利用Altium Designer Winter 09提供的各种

强大功能对所绘制的原理图进行进一步调整和修改,以保证原理图的正确和美观。这就需要对元件位置进行重新调整,导线位置的删除、移动,以及更改图形尺寸、属性及排列等。

⑥ 原理图的输出:该部分是对设计完的原理图进行存盘、输出打印,以供存档。这个过程实际是对设计的图形文件输出的管理过程,是一个设置打印参数和打印输出的过程。

3.2 启动原理图设计系统

(1) 建立新的原理图文件

当建立了新的项目文件后,就可以选择 File→New 菜单项的相关命令,或从快捷菜单中执行相关命令,建立新的设计文件。

(2) 将原理图添加到项目中去

如果已经绘制了一张原理图,并且保存为一个文件,那么就可以将文件直接添加到项目中。用户只需要选择 Project→Add New to Project 菜单项即可,选择已有的原理图文件,可直接添加到项目中。

3.3 图纸模板的设置

图纸边框、标题栏和放置的图形组成了图纸模板,供用户在设计出图时调用。图纸模板在被原理图调出后,处于不可编辑状态,以保证图纸套用的一致性。如果要对模板进行编辑,就要打开相应的模板源文件。

① 如果采用系统提供的图纸模板,则选择 Design→Document Options 菜单项,在弹出的对话框的 SheetOption 选项卡中 Standard Style 选项组的下拉列表框中选择。

② 在 Template 选项组的 File name 框中显示当前套用图纸模板的名称。

③ 在 Options 选项组定义图纸模板的显示方式。

- Orientation 下拉列表框中设置图纸模板的放置方向,Landscape 为横向,Portrait 为纵向。
- 在 Title Block 选项中可选择 Altium Designer Winter 09 预先提供的两种标准标题栏之一,或者不显示。
- 利用 Standard 标准和 ANSI 标准可显示标题栏中的一些信息,如图纸尺寸、文件名和创建时间等参数信息,在启用特殊字符串转换时可自动填写。
- Show Reference 选项决定是否显示图纸分区。分区号一般横向为数字 1、2、3 等,纵向为字母 A、B、C 等。
- Show Border 选项定义是否显示图纸边框。因为并非所有输出设备都能够较好地打印出图纸的边框。例如,激光打印机通常在可打印区域外保留 0.15 in (4.0 mm)的空白。这样,在使用标准图纸模板比如 A4 时,如果按 100% 比例输出,就无法打印出全部 ANSI 标准边框。此时,可通过调整打印比例来与打印机的最大可打印区域匹配。

➢ Show Template Graphics 选项决定是否显示模板中的图标信息。模板中可以加自己定制的图形块作为标题栏,可以加公司图标等图形信息。这里决定是否显示这些信息。

➢ Border Color 选项确定板框的颜色,双击颜色条进入选择颜色对话框,可以从 Basic(基本色)、Standard(标准色)、Custom(定制色)3 个选项卡中选出要改变的板框颜色。默认设置为黑色。

➢ Sheet Color 选项确定图纸幅面的颜色,双击颜色条进入 Choose Color(选择颜色)对话框(如图 3-2 所示)设置图纸颜色。默认颜色为白色。

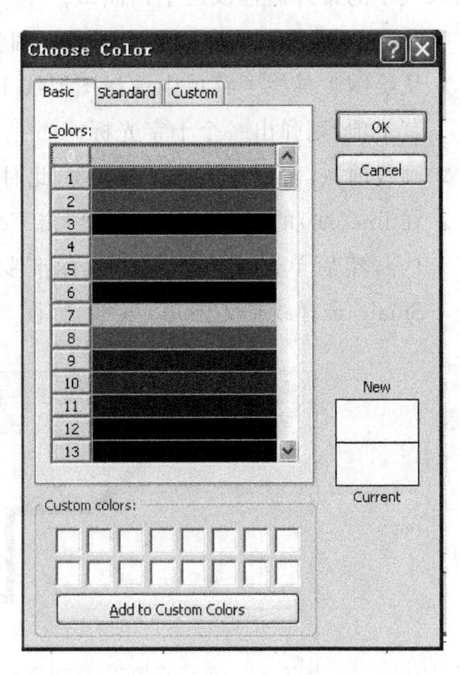

图 3-2 Choose Color 对话框

3.4 用户自定义图纸模板

由于 Altium Designer Winter 09 的定制是对用户开放的,所以支持用户根据自己的需要定制,将自己单位使用的标准化模板定义好保存起来,供今后出图时调用。

示例 1 建立用户定制模板

采用下列步骤定制用户模板:

① 按照前面介绍的方法建立 PCB 项目文件,保存项目为 MyTemplate.PrjPCB,并建立原理图文件图纸为 GB1-A3.DOT。然后建一个国标格式 1 的 3 号幅面的图纸模板。

② 选择 Design→Document Options 菜单项,在 Document Options(文档选项)对话框的 Sheet Options(图纸选顶)选项卡,输入图纸幅面宽度 420 mm、高度 297 mm的换算值。由 1 in=25.4 mm,原理图一个基本单位为 1/100 in,代入公式可得宽度为 420/25.4×100=1 654 原理图基本单位,高度=297/25.4×100=1 169 原

理图基本单位。

③ 在 Sheet Options 选项卡的 Options 选项组中,设置图幅方向为 Landscape,选中 Show Border 显示板边框线,其他都不选。单击 OK 按钮,这时屏幕就会出现前面输入大小的带外边框线的空白图纸。

④ 按照标准尺寸要求放置图框线、绘制图框及标题栏格线:

➢ 从绘图工具栏子菜单中选择图形线工具或选择 Place→Drawing Tools→Line 菜单项,则弹出一个十字光标。

➢ 画线前按 Tab 键设置线的属性,此时出现 line(线)的属性对话框。

➢ 在 line(线)的属性对话框中,单击 Color 颜色框,打开颜色选择器,选择 3(黑色),然后单击 OK 按钮。按标准要求设置线宽。粗线选 Medium,细线选 Small,选择线形为 Solid 实线,如图 3-3 所示。然后,单击 OK 按钮。

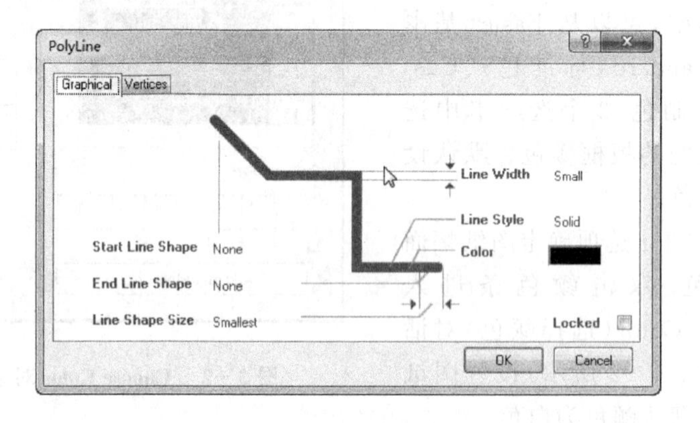

图 3-3 设置线形、线宽、线色

➢ 观察坐标,置光标到放置线位置起始点,单击鼠标开始放置第一条线段。反复执行放线命令,并注意更改线宽。

⑤ 放置文本内容:

➢ 选择 Place→Text String 菜单项,则弹出十字光标。

➢ 在放置文本之前,按 Tab 键修改文本属性。单击 Color 颜色框,打开颜色选择器,选择 3(黑色),然后单击 OK 按钮。Font(字体)部分单击 Change 按钮,按需要选择字体、字形、字号,单击"确定"按钮。在 Text 文本框内,使用自己熟悉的汉字输入方式,输入需要的文本内容(如图 3-4 所示),然后单击 OK 按钮。

➢ 输入的字体浮在光标上,将光标放在标题栏的适当位置,单击 OK 按钮。

➢ 按 Tab 键再次弹出 Annotation 对话框,依次输入所需文本内容。

➢ 按 Esc 键退出文本注释命令,结果如图 3-5 所示。

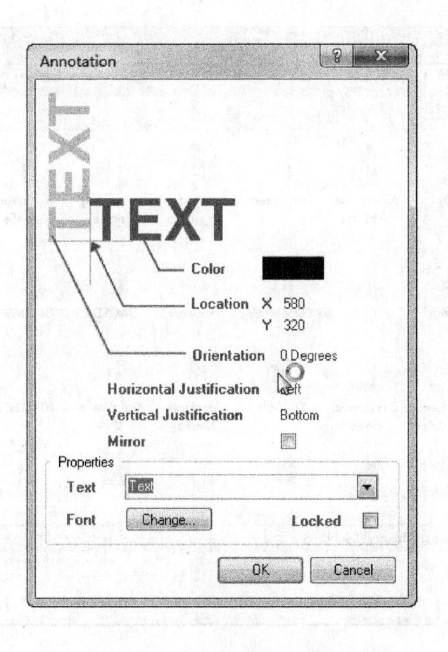

图 3-4 “文本属性”对话框

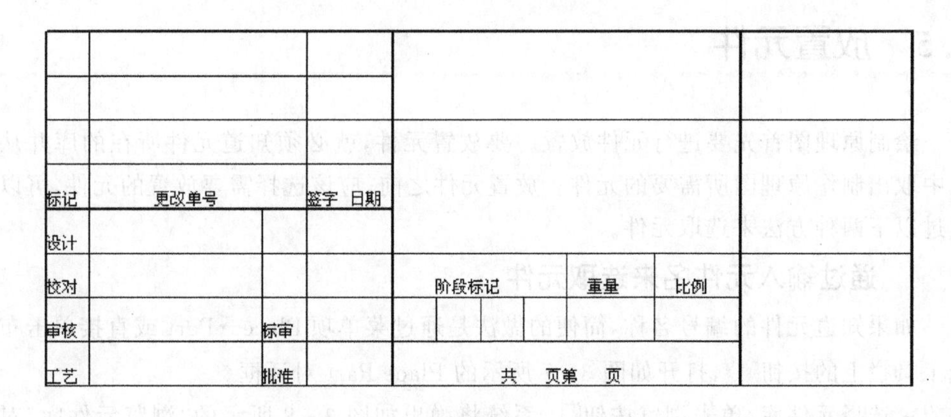

标记	更改单号	签字 日期		
设计				
校对			阶段标记 重量 比例	
审核	标审			
工艺	批准		共 页第 页	

图 3-5 绘制好的新标题栏信息

➢ 恢复 Snap 选项。选择 Design→Document Options 菜单项，在 Document Options对话框的 Sheet Options 选项卡中选中 Snap 项。

⑥ 保存模板文件：选择 File→Save As 菜单项，则弹出如图 3-6 所示的保存文件的对话框，可以将图纸保存为模板。设置保存类型为原理图模板二进制文件（*.Schdot)，单击 OK 按钮。扩展名.dot 用于定义该文件为图纸模板。现在该模板可以用于新图纸或已存在的图纸。完成后关闭模板文件。

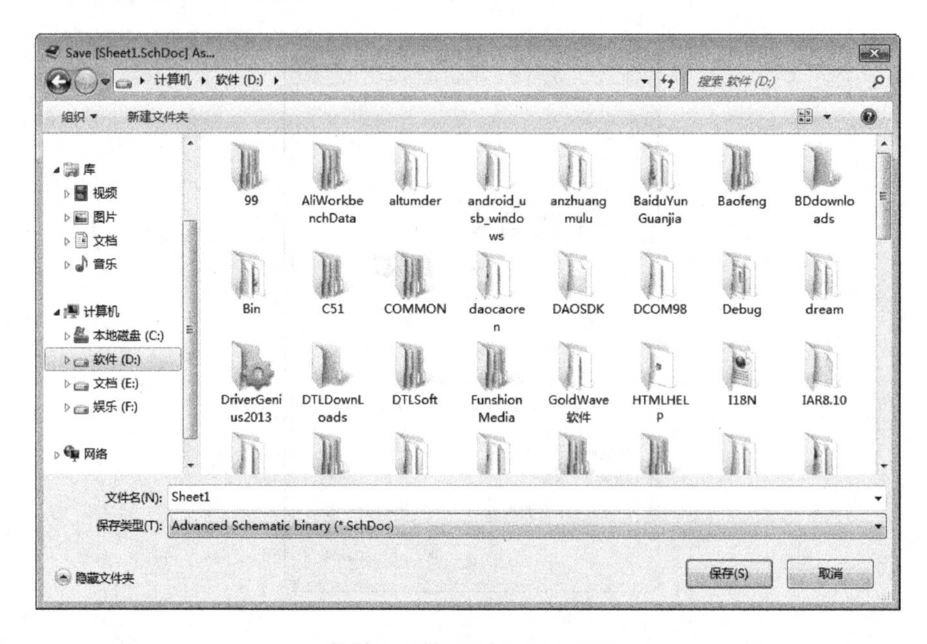

图 3-6 保存文件的对话框

3.5 放置元件

绘制原理图首先要进行元件放置。要放置元件，就必须知道元件所在的库并从库中取出制作原理图所需要的元件。放置元件之前，应该选择需要放置的元件，可以通过以下两种方法来选取元件。

1. 通过输入元件名来选取元件

如果知道元件的编号名称，简便的做法是通过菜单项 Place→Part 或直接单击布线工具栏上的按钮 ，打开如图 3-7 所示的 Place Part 对话框。

- 选择元件库：单击浏览按钮 ，系统将弹出如图 3-8 所示的“浏览元件库”对话框，在这里用户可以选择需要放置的元件的库。此时也可以在图 3-8 所示的对话框中单击 ··· 按钮加载元件库，此时系统会弹出如图 3-9 所示的“装载→卸载元件库”对话框。

单击图 3-8 中的 Find 按钮可以打开如图 3-10 所示的“查找元件”对话框。

- 选择元件：选择了元件库后，可以在 Component Name 列表中选择自己需要的元件，在预览框中可以查看元件图形。
- 输入流水号码：选择元件后单击 OK 按钮，系统返回到如图 3-7 所示的对话框，此时可以在 Designator 编辑框中输入当前元件的流水序号(例如 Q2)。

注意，无论是单张或多张图纸的设计，都绝对不允许两个元件具有相同的流水序

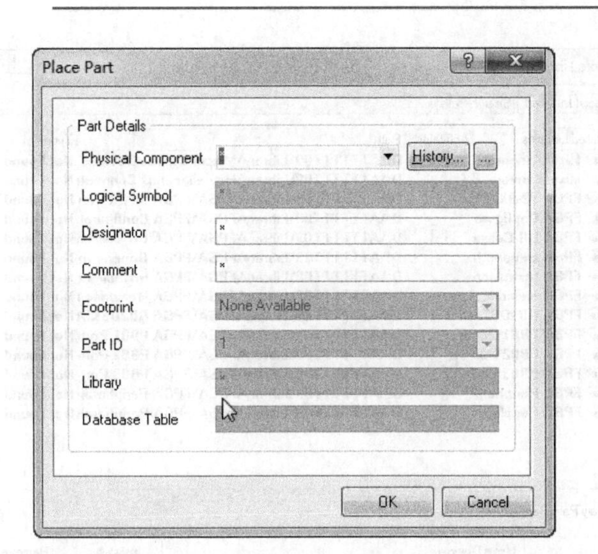

图 3-7 **Place Part 对话框**

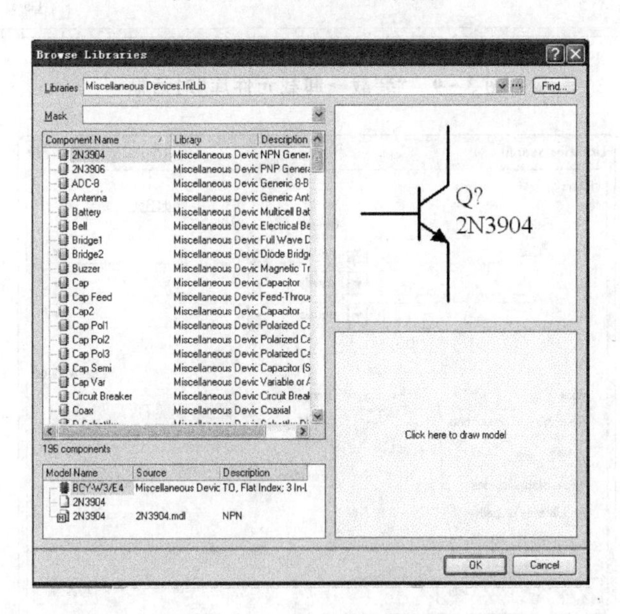

图 3-8 **"浏览元件库"对话框**

号。在当前的绘图阶段可以不输入流水号，即直接使用系统默认值 Q?。等到完成电路全图之后，再使 Schematic 内置的重编流水序号(选择 Tools→Annotate 菜单项实现)功能，就可以轻易地将原理图中所有元件的流水序号重新编号一次。

假如现在为这个元件指定流水序号(例如 Q1)，则在以后放置相同形式的元件时，其流水序号将自动增加(例如 Q2、Q3、Q4 等)，如果选择的元件是多个子模块集成，系统自动增加的顺序是 Q1A、Q1B、Q1C、Q1D、Q2A、Q2B…。设置完毕后，单击

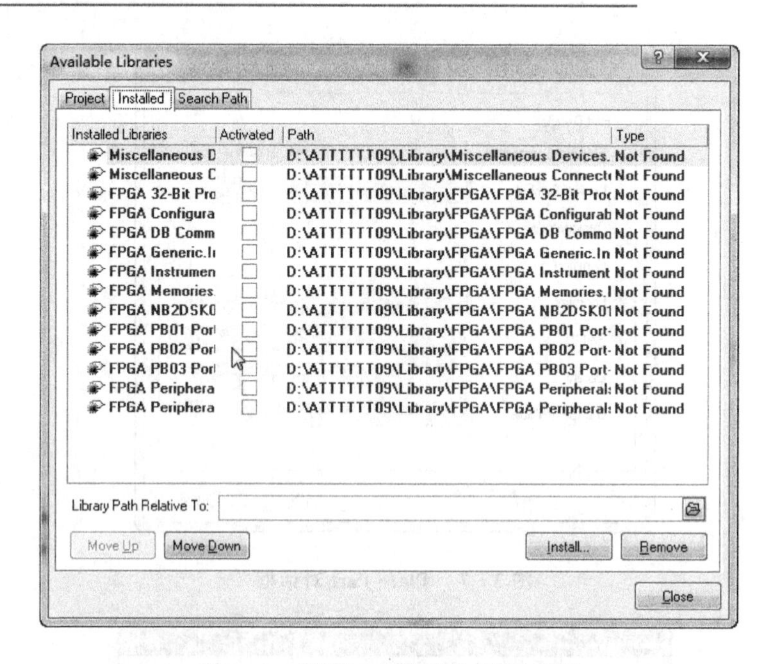

图 3-9 “装载→卸载元件库”对话框

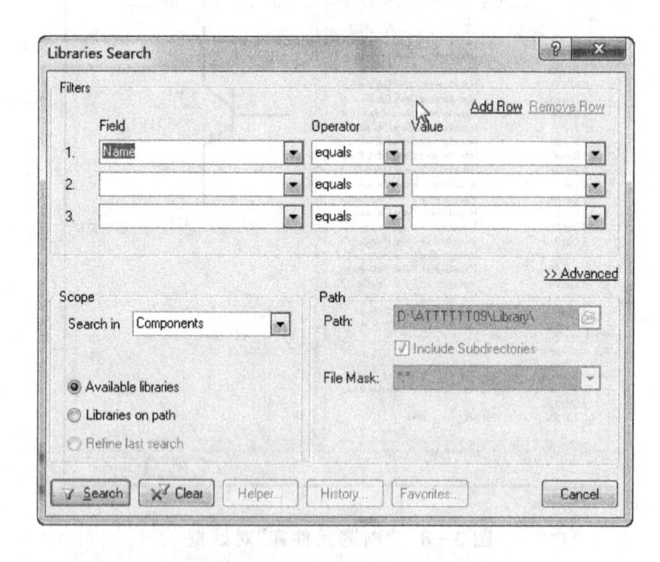

图 3-10 “查找元件”对话框

上述对话框中的 OK 按钮，屏幕上将出现一个可随鼠标指针移动的元件符号，将它移到适当的位置，然后单击使其定位即可。

➢ 元件注释：在 Comment 编辑框中可以输入元件的注释，这将显示在图纸上。

➢ 封装类型显示：在 Footprint 框中显示了元件的封装类型。

➢ 元件的子模块选择：如果元件由多个子模块集成，则可以在 Part ID 下拉列表框中选择需要放置的模块。

完成放置一个元件的动作之后，系统会再次弹出图3-7所示的Place Part(放置元件)对话框，等待输入新的元件编号。假如现在还要继续放置相同形式的元件，就直接单击OK按钮，新出现的元件符号会依照元件封装自动增加流水序号。如果不再放置新的元件，可直接单击Cancel按钮关闭对话框。

技巧：当放置一些标准元件或图形时，可以在绘制前调整位置。快捷方法为：在选择了元件但还没有放置前，按住Space键，即可旋转元件，选择需要的角度放置元件。如果按Tab键，则会进入“元件属性”对话框，用户可以在其中进行设置。

2. 从元件管理器的元件列表中选取

另外一种选取元件的方法是直接从元件列表中选取，该操作必须通过设计库管理器窗口的元件库管理列表来进行。

下面以示例讲述如何从元件库管理面板中选取一个放大器元件，如图3-11所示。首先在面板上的Libraries栏的下拉列表框中选取Miscellaneous Connectors.IntLib库，然后在零件列表框中使用滚动条找到“Header 15 * 2H”并选定它。然后右击，从快捷菜单中选择Place命令，此时屏幕上会出现一个随着鼠标指针移动的元件图形，将它移动到适当的位置后单击使其定位即可。也可以直接在元件列表中双击“Header 15 * 2H”将其放置到原理图中，这样更方便。具体放置地方可以根据设计要求来定。

放置了两个放大器后的原理图如图3-11所示，如果从元件管理器中选中该元件再放置到原理图中的话，流水号为“U?”，用户可以单击Tab键进入元件属性对话框设置流水号。如果不再继续放置元件，则可以按鼠标右键结束该命令的操作。

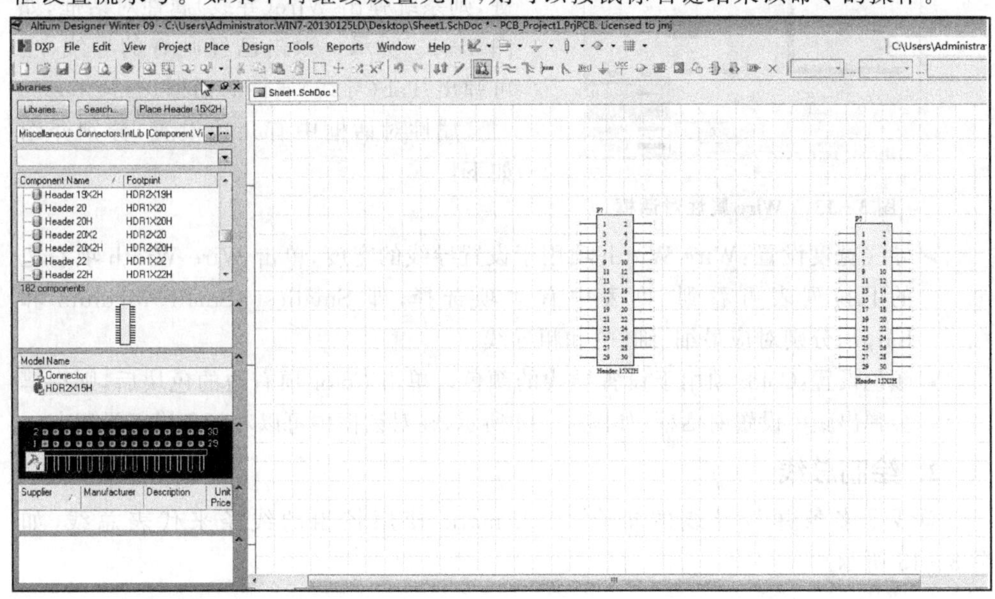

图3-11 选取元件

使用工具栏也可以放置元件。用户不仅可以使用元件库来实现放置元件,系统还提供了一些常用的元件,这些元件可以通过 Utilities 工具栏的常用元件子菜单来选择装载。图 3-12 为常用元件子菜单。放置这些元件的操作与前面所讲的元件放置操作类似,只要选中了某元件,就可以使用鼠标进行放置操作。

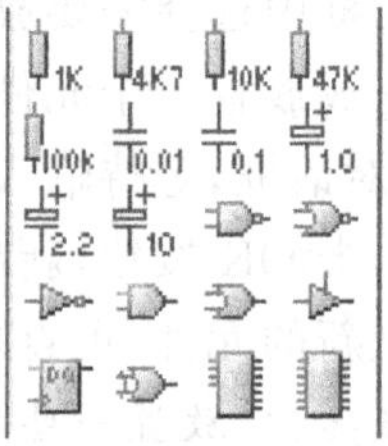

图 3-12 常用元件子菜单

3.6 电路绘图工具

在 Altium Designer Winter 09 中,电路原理图中所放置的对象可分为两类:具有电气特性的和不具有电气特性的对象。Wiring Tools 工具栏中包括的均为具有电气特性的对象。下面主要介绍 Wiring Tools 工具栏的使用。

1. 绘制导线

(1) 画导线

单击 图标,或选择 Place→wire 菜单项,则光标变成十字形。单击鼠标来确定导线的起点,并在导线的终点处单击鼠标确定终点,右击就完成了一段导线的绘制。此时仍为绘制状态,将光标移到新导线的起点单击,按前面的步骤可绘制另一条导线,最后右击两次退出绘制状态。

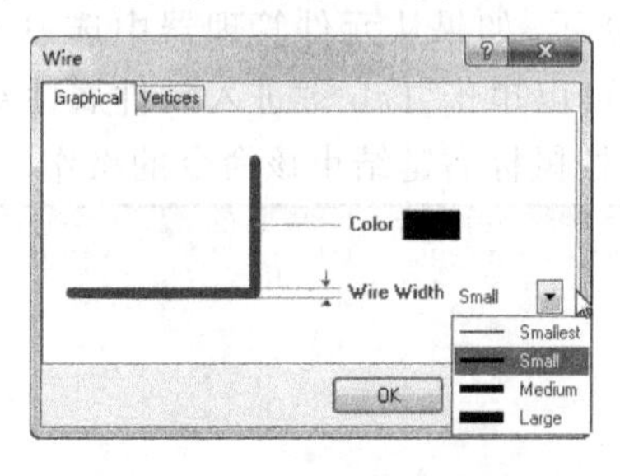

图 3-13 Wire 属性对话框

(2) 导线的属性设置

当系统处于画导线状态时按下 Tab 键,则系统弹出 Wire(导线)属性对话框,如图 3-13 所示。双击已经画好的导线,也可弹出 Tab(导线)属性对话框。

属性对话框中有几项设置,分别介绍如下:

- 导线宽度设置:Wire Width 项用于设置导线的宽度,单击 Wire Width 项右边的下拉列表可看到,列表中有 4 项选择,即 Smallest、Small、Medium 和 Large,分别对应最细、细、中和粗导线。
- 颜色设置:Color 项用于设置导线的颜色。单击 Color 项右边的色块后,则屏幕会弹出颜色设置对话框,如图 3-14 所示,在对话框中可以对颜色进行设置。

2. 绘制总线

总线是多条并行导线的集合。Schematic 使用较粗的线条来代表总线,如图 3-15 所示。

(1) 单击 图标

选择 Place→Bus 菜单项，总线的绘制方法同导线的绘制相同。

(2) 总线的属性设置

➢ 当系统处于画总线状态时，按下 Tab 键则弹出 Bus(总线)属性对话框。

➢ 双击已经画好的总线，也可弹出 Bus(总线)属性对话框，如图 3-16 所示。Bus(总线)属性的设置与导线的设置基本相同，不再阐述。

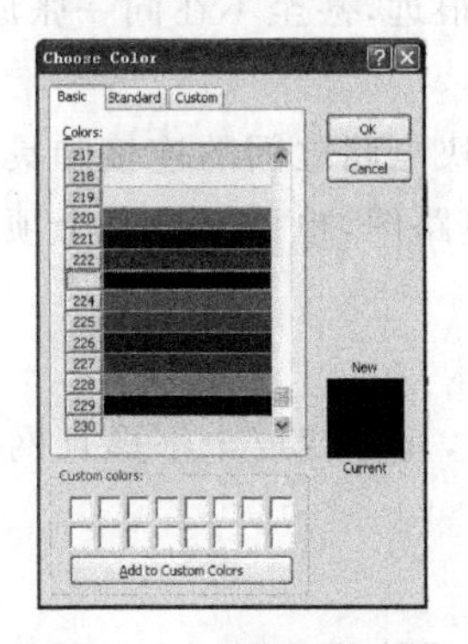

图 3-14　导线颜色设置

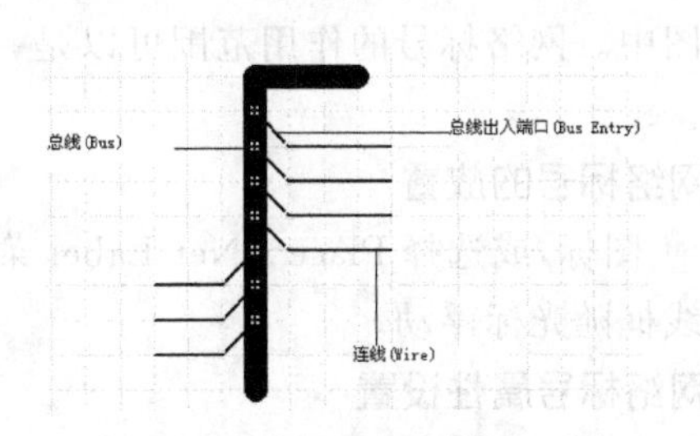

图 3-15　总线与总线出入端口

3. 绘制总线分支线

(1) 总线分支线的绘制

➢ 单击 图标，光标变成十字形，此时可按空格键、X 键、Y 键改变方向，在适当的位置单击即可放置一个总线分支线。此后可继续放置，最后右击鼠标退出放置状态。

➢ 选择 Place→Bus Entry 菜单项，以下操作同上。

(2) 总线分支线的属性设置

当系统处于画总线分支线状态时按下 Tab 键，则系统弹出 Bus Entry(总线分支线)属性对话框。双击已经画好的总线分支线，也可弹出 Bus Entry(总线分支线)属性对话框，如图 3-17 所示。

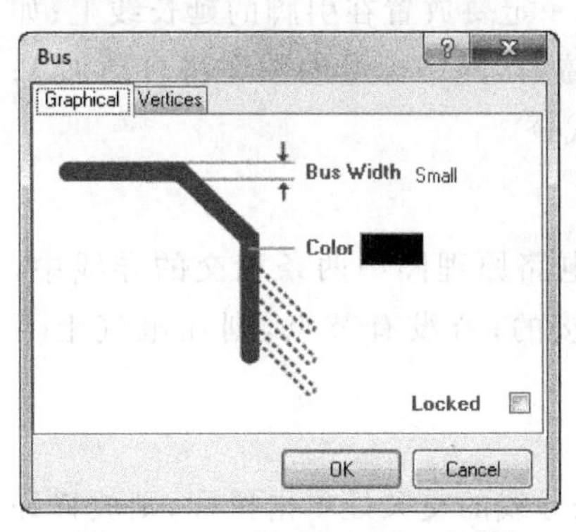

图 3-16　总线属性设置对话框

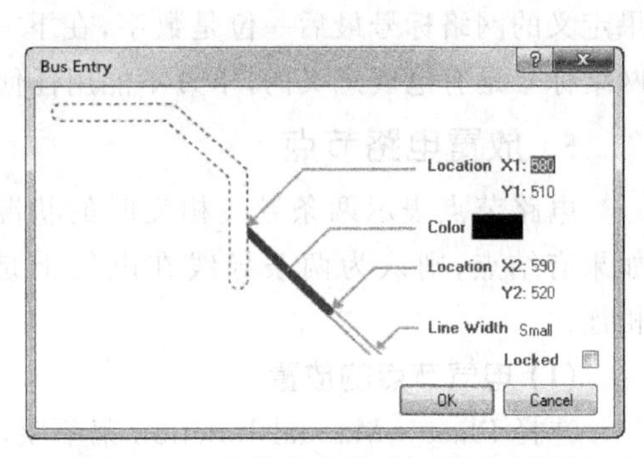

图 3-17　总线分支线属性设置对话框

Bus Entry(总线分支线)属性对话框的设置与导线的设置基本相同,其中:

- Location X1、Location Y1:总线分支线的起点位置。
- Location X2、Location Y2:总线分支线的终点位置。

4. 放置网络标号

总线中聚集了多条并行导线,怎样表示这些导线之间的具体连接关系呢?在比较复杂的原理图中,有时两个需要连接的电路距离很远,甚至不在同一张原理图上,这时就要用到网络标号。

网络标号多用于层次式电路、多重式电路各模块电路之间的连接和具有总线结构的电路图中。网络标号的作用范围可以是一张电路图,也可以是一个项目中的所有电路图。

(1) 网络标号的放置

单击Net1 图标,或选择 Place→Net Label 菜单项,光标变成十字形且网络标号表示为一虚线框随光标浮动。

(2) 网络标号属性设置

当系统处于网络标号放置状态时按 Tab 键,则系统弹出 Net Label(网络标号)属性对话框,如图 3-18 所示。双击已放置好的网络标号,系统也可弹出 Net Label(网络标号)属性对话框。图 3-18 中各项含义如下:

- Net:网络标号名称。
- Location X、Y:网络标号的位置。
- Orientation:设置网络标号的方向,共有 4 种方向:0 Degrees、90 Degrees、180 Degrees、270 Degrees。
- Color:设置网络标号的颜色。
- Font:设置网络标号的字体、字号。

设置完毕,单击 OK 按钮。网络标号仍为浮动状态,按空格键可改变其方向;在适当位置单击鼠标放置好网络标号,右击鼠标退出放置状态。

注意,网络标号不能直接放在元件的引脚上,一定要放置在引脚的延长线上;如果定义的网络标号最后一位是数字,在下一次放置时,网络标号的数字将自动加 1;网络标号是有电气意义的,千万不能用任何字符代替。

5. 放置电路节点

电路节点表示两条导线相交时的状况。在电路原理图中两条相交的导线中,如果有结点,则认为两条导线在电气上是相连接的;若没有节点,则在电气上不相连。

(1) 电气节点的放置

选择 Place→Manual Junction 菜单项,在两条导线的交叉处单击鼠标,则放置好一个节点;此时仍为放置状态,可继续放置,右击鼠标则退出放置状态。

(2) 电气节点属性编辑

在放置过程中按 Tab 键，则系统弹出 Junction(节点)属性设置对话框，如图 3-19所示。双击已放置好的电路节点，也可弹出 Junction(节点)属性设置对话框。Junction(节点)属性设置对话框中各项含义如下：

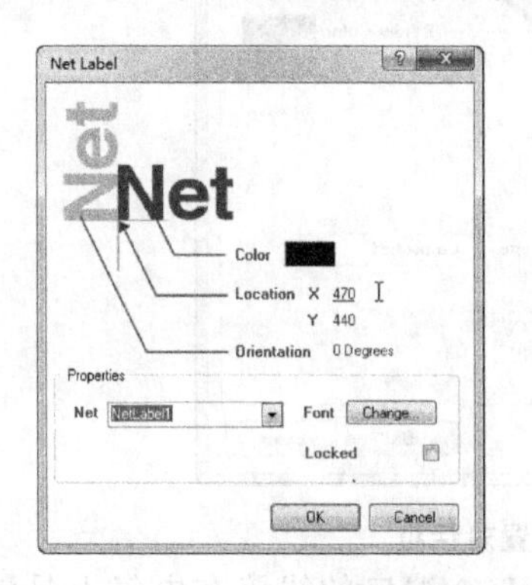

图 3-18 网络标号属性设置对话

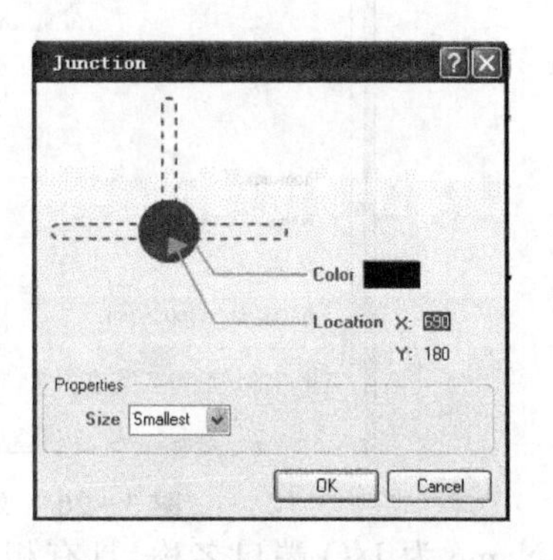

图 3-19 电气节点属性对话框

- Location X、Y：设置节点位置。
- Size：设置节点大小，共有 4 种选择，即 Smallest、Small、Medium 和 Large，分别对应最细、细、中和粗节点。
- Color：设置节点颜色。

6. 放置端口

如前所述，用户可以通过设置相同的网络标号，使两个电路具有电气连接关系。此外，用户还可以通过制作 I/O 端口，并且使某些 I/O 端口具有相同的名称，从而使它们被视为同一网络，而在电气上具有连接关系。

(1) 放置端口

单击 图标，或选择 Place→Port 菜单项，此时光标变成十字形，且一个浮动的端口粘在光标上随光标移动，单击鼠标来确定端口的左边界，在适当的位置单击鼠标来确定端口右边界；现在仍为放置端口状态，单击鼠标继续放置，右击鼠标退出放置状态。

(2) 端口属性编辑

端口属性编辑包括端口名、端口形状、端口电气特征性等内容的编辑。在放置过程中按下 Tab 键，则系统弹出 Port(端口)属性设置对话框，如图 3-20 所示。双击已放置好的端口，也可弹出 Port(端口)属性设置对话框。Port(端口)属性设置对话框中几个主要选项含义如下：

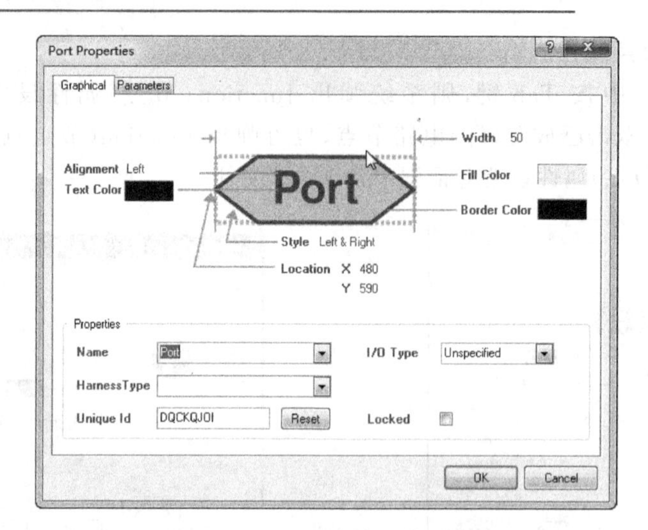

图 3-20　端口属性设置对话框

- Name 为 I/O 端口名称，具有相同名称的 I/O 端口的线路在电气上是连接在一起的。
- Style 为端口外形的设定。I/O 端口的外形种类一共有 8 种，如图 3-21 所示。

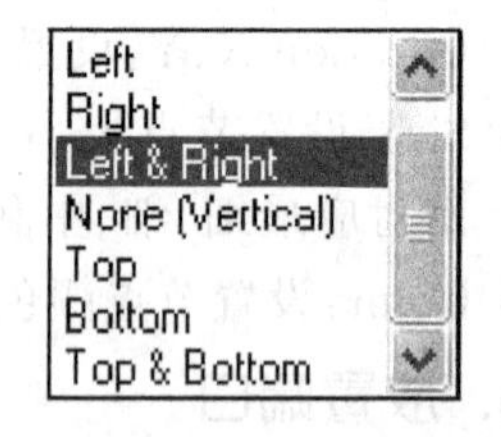

图 3-21　端口属性设置对话框

- I/O Type 为设置端口的电气特性。设置端口的电气特性也就是对端口的 I/O 类型设置，它会为电气法则测试(ERC)提供依据。例如，当两个同属 Input 输入类型的端口连接在一起时，电气法则检测时产生错误报告。端口的类型设置有以 4 种：Unspecified 为未指明或不确定；Output 为输出端口型；Input 为输入端口型；Bidirectional 为双向型。
- Alignment 为设置端口的形式。端口的形式与端口的类型是不同的概念，端口的形式仅用来确定 I/O 端口的名称在端口符号中的位置，而不具有电气特性。端口的形式共有 3 种：Center、Left 和 Right。

其他项目的设置包括 I/O 端口的宽度、位置、边线的颜色、填充颜色及文字标注的颜色等，这些可以根据要求来设置。

3.7　原理图编辑

3.7.1　元件属性编辑

Schematic 中所有的元件对象都具有自身的特定属性，在设计绘制原理图时常常需要设置元件的属性。在真正将元件放置在图纸之前，元件符号可随鼠标移动，如

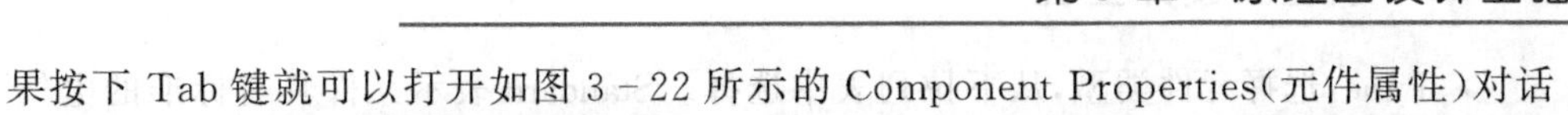

果按下 Tab 键就可以打开如图 3-22 所示的 Component Properties(元件属性)对话框,可在对话框中编辑元件的属性。

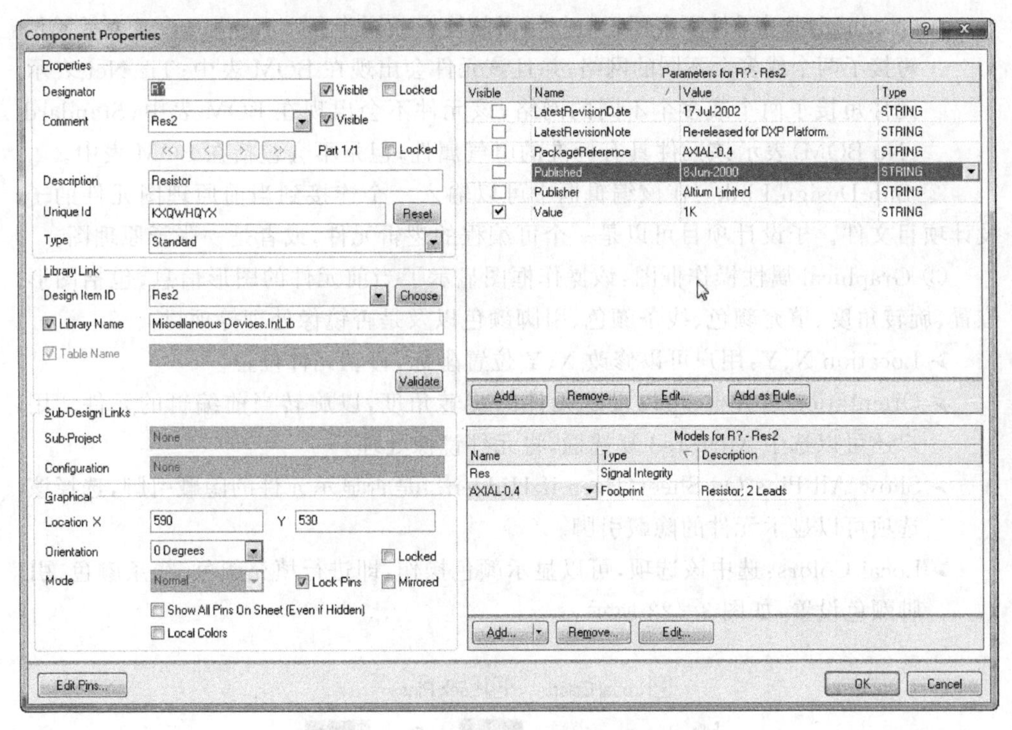

图 3-22 Component Properties 对话框

如果已经将元件放置在图纸上,需要更改元件的属性,可以选择 Edit→Change 菜单项来实现。该命令可将编辑状态切换到对象属性编辑模式,此时只须将鼠标指针指向该对象,然后单击鼠标即可打开 Component Properties 对话框。另外,双击元件也可以弹出 Component Properties 对话框,然后用户就可以进行元件属性编辑操作。

① Properties(属性)操作框图:该操作框图中的内容包括以下选项:

➢ Designator:元件在原理图中的流水序号,选中其后的 Visible 复选框,则可以显示该流水号,否则不显示。

➢ Comment:该编辑框可以设置元件的注释,如前面放置的元件注释为 LM324N,可以选择或者直接输入元件的注释,选中其后面的 Visible 复选框,则可以显示该注释,否则不显示。

对于有多个相同或不同的子模块组成的元件,如 XC2S300E-6PQ208C 具有 3 个子模块,一般以 A、B、C 来表示,此时可以选择 [<<] [<] [>] [>>] 按钮来设定。

➢ Library Ref:在元件库中定义的元件名称。

➢ Library:显示元件所在的元件库。

➢ Description:该编辑框为元件属性的描述。

➢ Unique Id:设定该元件在设计文档中的 ID,是唯一的。

➢ Type:选择元件类型,从下拉列表中选择。Standard 表示元件具有标准的电气属性;Mechanical 表示元件没有电气属性,但会出现在 BOM(材料表)表中;Graphical 表示元件不会用于电气错误的检查或同步;Tie Net in BOM 表示元件短接了两个或多个不同的网络,并且该元件会出现在 BOM 表中;Tie Net 表示元件短接了两个或多个不同的网络,该元件不会出现在 BOM 表中;Standard(No BOM)表示该元件具有标准的电气属性,但是不会包括在 BOM 表中。

② Sub-Design Links:在该编辑框中可以输入一个连接到当前原理图元件的子设计项目文件。子设计项目可以是一个可编程的逻辑元件,或者是一张子原理图。

③ Graphical 属性操作框图:该操作框图显示了当前元件的图形信息,包括图形位置、旋转角度、填充颜色、线条颜色、引脚颜色以及是否镜像处理等项目。

➢ Location X、Y:用户可以修改 X、Y 位置坐标,移动元件位置。

➢ Orientation 选择框:可以设定元件的旋转角度,以旋转当前编辑的元件。用户还可以选中 Mirrored 复选框,将元件镜像处理。

➢ Show All Pins On Sheet(Even if Hidden):是否显示元件的隐藏引脚,选择该选项可以显示元件的隐藏引脚。

➢ Local Colors:选中该选项,可以显示颜色操作,即进行填充颜色、线条颜色、引脚颜色设置,如图 3-23 所示。

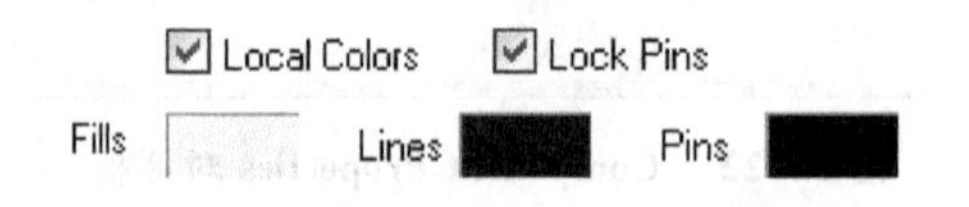

图 3-23　选中 Local Colors 复选框后的操作界面

➢ Lock Pins:选中该选项即可锁定元件的引脚,此时引脚无法单独移动,否则引脚可以单独移动。

④ 元件参数列表(Parameters list):Componebt Properties 对话框的右侧为元件参数列表,其中包括一些与元件特性相关的参数,用户也可以添加新的参数和规则。如图 3-24 所示,如果选中了某个参数左侧的复选框,则会在图形上显示该参数的值,图 3-25 所示的元件即显示了前面选定的参数值。

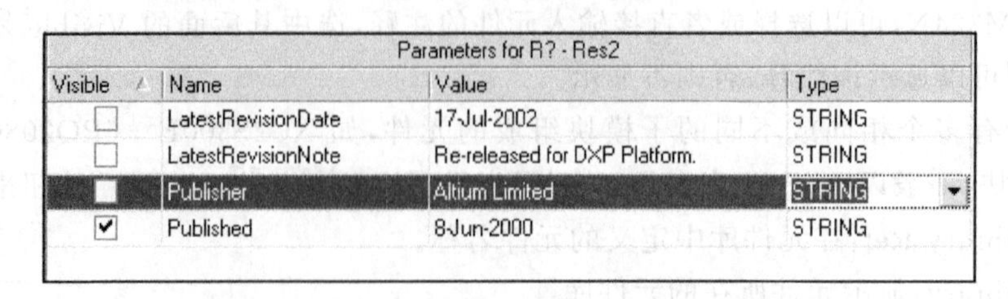

Parameters for R? - Res2

Visible	Name	Value	Type
☐	LatestRevisionDate	17-Jul-2002	STRING
☐	LatestRevisionNote	Re-released for DXP Platform.	STRING
☐	Publisher	Altium Limited	STRING
☑	Published	8-Jun-2000	STRING

图 3-24　元件参数列表

⑤ 元件的模型列表（Models list）：Componebt Properties对话框的右下侧为元件的模型列表，其中包括一些与元件相关的封装类型、三维模块和仿真模型，用户也可以添加新的模型。

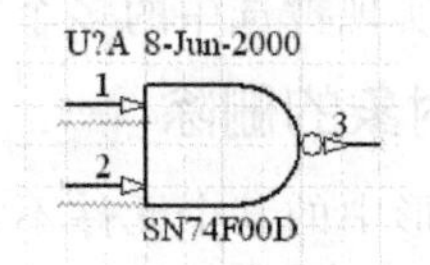

图 3－25　显示了参数值的元件

3.7.2　对象的选择、移动、删除、复制、剪切与粘贴

1. 对象的选择

对象被选中时周围出现绿线框，如图 3－26 所示，具体操作过程如下：

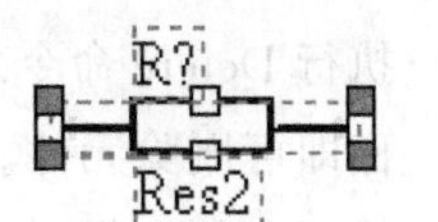

图 3－26　选中的对象

➢ 按住鼠标左键并拖动，此时屏幕出现一个虚线框，松开鼠标左键后虚线框内的所有对象全部被选中。

➢ 单击主工具栏上的 图标，光标变成十字形；在适当位置单击鼠标，确定虚线框的一个顶点；在虚线框另一对角线单击鼠标确定另一顶点，这样也可将虚线框内的所有对象全部选中。

➢ 选择 Edit→Select，在下一级菜单中选择有关命令：

Inside Area：选择区域内的所有对象。

Outside Area：选择区域外的所有对象，操作同上，只是选择的对象在区域外面。

All：选择图中的所有对象。

Connection：选择一个物理连接。执行命令后光标变成十字形，在要选择的一段导线上单击鼠标，则与该导线相连的导线均被选中。

Toggle Selection：切换式选取。执行该命令后，光标变成十字形，在某一元件上单击鼠标，如果该元件以前已被选中，则元件的选中状态被取消；如果该元件以前没有被选中，则该元件被选中。

2. 对象的移动

➢ 选择 Edit→Move→Move 菜单项，光标变成十字形，在要移动的对象上单击鼠标，则完成了对象的移动操作。

➢ 选中需要移动的对象，选择 Edit→Move→Move 菜单项，光标变成十字形，在选中的对象上单击鼠标，则该对象随着光标移动；在适当的位置单击鼠标，完成了对象的移动操作。

➢ 选中需要移动的多个对象后，用鼠标左键单击被选中元件组中的任意一个元件不放，待十字光标出现即可移动被选择的元件组到适当的位置，然后松开鼠标左键便可完成任务。另外，可以选择 Edit→Move→MoveSelection 菜单项来实现被选中的多个元件的移动操作。

3. 对象的删除

当图形中的某个元件不需要或错误时,可以对其进行删除。删除元件可以使用Edit菜单中的两个删除命令实现,即Clear和Delete命令。

- Clear命令的功能是删除已选取的元件。执行Clear命令之前需要选取元件,执行Clear命令之后,已选取的元件立刻被删除。
- Delete命令的功能也是删除元件,只是执行Delete命令之前不需要选取元件,执行Delete命令之后光标变成十字状,将光标移到所要删除的元件上单击鼠标即可删除元件。
- 使用鼠标左键单击元件,选中元件后元件周围会出现虚框,按Delete键即可实现删除。
- 另外一种删除元件的方法是:选中对象后,单击工具栏中的 也可将元件删除。

4. 对象的复制

选中要复制的对象,选择Edit→Copy菜单项,光标变成十字形,在选中的对象上单击鼠标确定参考点。参考点的作用是在粘贴时以参考点为基准。此时选中的对象被复制到剪贴板上。

5. 对象的剪切

选中要剪切的对象,选择Edit→Cut菜单项,光标变成十字形,在选中的对象上单击鼠标确定参考点。此时选中的对象被剪切到剪贴板上,与复制不同的是选中的对象也随之消失。

6. 对象的粘贴

单击主工具栏上的 图标,或选择Edit→Paste菜单项,光标变成十字形,且被粘贴对象处于浮动状态粘在光标上,在适当的位置单击鼠标来完成粘贴。

3.7.3 元件的排列与对齐

Altium Designer Winter 09提供了一系列排列和对齐命令,它们可以极大地提高用户的工作效率。

(1) 对象左对齐

选中要排列整齐的所有对象,选择Edit→Align→Align Left菜单项,则所选对象以最左边的对象为基准处于同一垂直线上,如图3-27和图3-28所示。

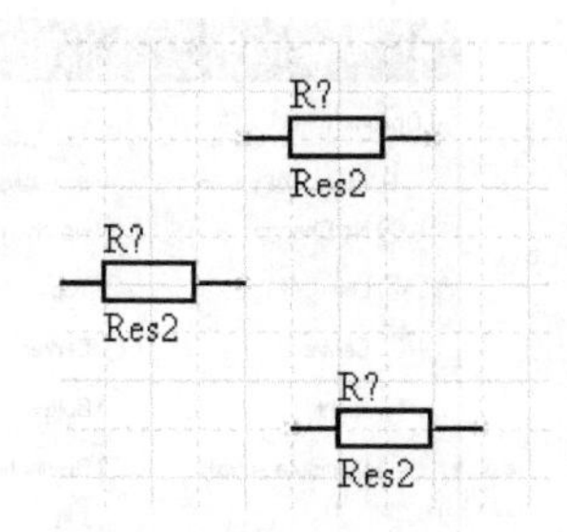

图3-27 未排列之前

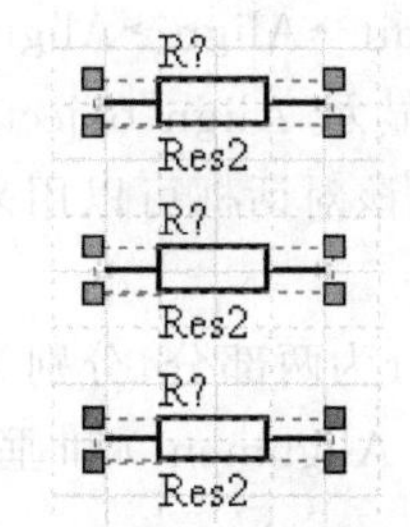

图3-28 排列之后

(2) 对象右对齐

选中要排列的所有对象，选择 Edit→Align→Align Right 菜单项，则所选对象以最右边的对象为基准处于同一垂直线上。

(3) 对象按水平中心线对齐

选中要排列的所有对象，选择 Edit→Align→Center Horizontal 菜单项，则所选对象以水平中心为基准处于同一水平线上。

(4) 对象水平等间距分布

选中要排列的所有对象，选择 Edit→Align→Distribute Horizontally 菜单项，则所选对象沿水平方向等间距分布。执行此命令后对象只在水平方向上等间距分布，并没有对齐的操作。

(5) 对象顶端对齐

选中要排列的所有对象，选择 Edit→Align→Align Top 菜单项，则所选对象以最上面的对象为基准处于同一水平线上。

(6) 对象底端对齐

选择需要对齐的元件后，选择 Edit→Align→Align Bottom 菜单项，该命令使所选取的元件底端对齐。

(7) 对象按垂直中心线对齐

选择需要排列的元件后，选择 Edit→Align→Center Vertical 菜单项，则所选对象以垂直中心为基准处于同一条直线上。

(8) 对象垂直等间距分布

选择需要对齐的元件后，选择 Edit→Align→Distribute Vertical 菜单项，则所选取的对象沿垂直方向等间距分布。执行此命令后对象只在垂直方向上等间距分布，并没有对齐的操作。

(9) 同时进行排列和对齐

上面介绍的几种方法，一次只能做一种操作，如果要同时进行两种不同的排列或对齐操作，则可以使用 Align objects 对话框来进行。

① 选择 Edit→Select→Inside Area 菜单项，选取元件。

② 选择 Edit→Align→Align 菜单项。

③ 于是，显示 Align objects 对话框，如图 3-29 所示，该对话框可以用来同时进行排列和对齐设置。

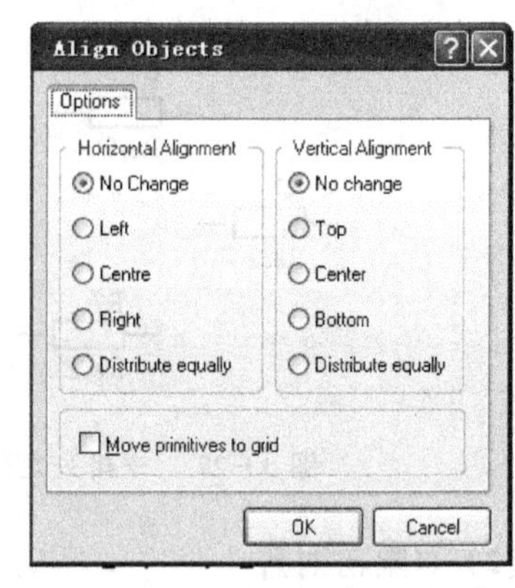

图 3-29　Align Objects 对话框

该对话框分为两部分，分别为水平排列选项(Horizontal Alignment)和垂直排列选项(Vertical Alignment)。

➢ 水平排列(Horizontal Alignment)选项有：
  No Change：不改变位置；Left：全部靠左边对齐；Right：全部靠右边对齐；Centre：全部靠中间对齐；Distribute equally：平均分布。
➢ 垂直排列(Vertical Alignment)选项有：
  No Change：不改变位置；Top：全部靠顶端对齐；Bottom：全部靠底端对齐；Center：全部靠中间对齐；Distribute equally：平均分布。

3.7.4　字符串查找与替换

Altium Designer Winter 09 提供了一些非常实用的字符串查找、替换方法，下面逐一介绍它们的使用方法。

1. 字符串查找

要在原理图中迅速地查找某个字符串，如元件标号，可使用字符串查找功能。选择 Edit→Find Text 菜单项，则系统弹出 Find Text 对话框，如图 3-30 所示，各选项含义如下：

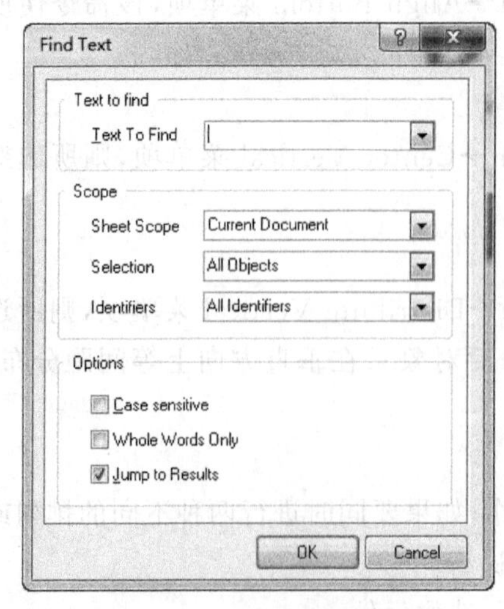

图 3-30　Find Text 对话框

① Text to find 区域：输入要查找的字符串。

② Scope 区域：查找范围。

➢ Sheet Scope 的下拉菜单中有 4 个选项：Current Document、Project Documents、Open Documents 和 Documents On Path。
➢ Selection 的下拉菜单中有 3 个选项：
  All Objects：在所有的对象中查找。
  Selected Objects：在被选中的对象中查找。
  Deselected Objects：在未被选中的

对象中查找。

③ Options 区域：

➢ Case sensitive：是否区分大小写，选中表示区分。

➢ Restrict To Net Identify：选中表示仅限于在网络标志中查找。

设置好对话框后单击 OK 即可查到所要查的字符串。

2. 字符串替换

利用字符串替换功能可以很方便地对字符进行修改，如将元件标号 C1 改为 D1。选择 Edit→Replace Find Text 菜单项，则系统弹出 Find And Replace Text 对话框，如图 3-31 所示，各选项含义如下：

① Text 区域：

➢ Text To Find：输入要被替换的原字符串。

➢ Replace With：输入要替换的新的字符串。

② Options 区域：

➢ Prompt On Replace：找到指定字符串后替换前是否提示确认，选中表示显示提示。

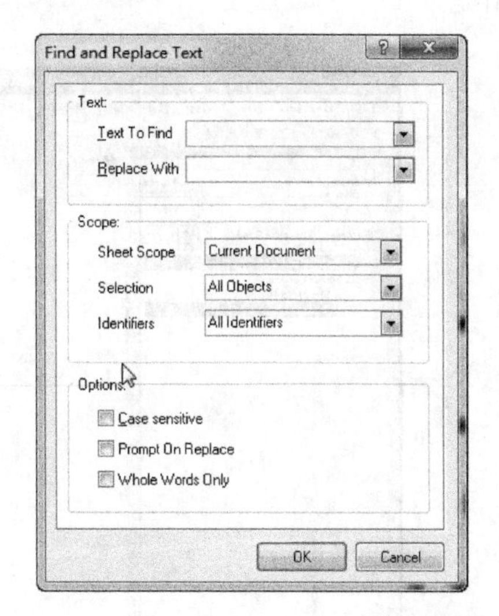

图 3-31 Find And Replace Text 对话框

其余选项的含义与字符串查找中的含义相同。

3.8 制作原理图元件

设计绘制电路原理图时，常常需要建立新的元件。Altium Designer Winter 09 提供了一个功能强大、完整的建立元件的工具。下面介绍如何使用元件编辑库来生成元件。

3.8.1 启动原理图元件编辑器

制作元件需要使用 Altium Designer Winter 09 的元件编辑器来进行，在进行元件制作前，先熟悉一下元件库编辑器。选择 File→New→Library→Schematic Library 菜单项，就可以进入原理图元件库编辑工作界面。

3.8.2 元件编辑器界面介绍

当用户启动元件库编辑器后，屏幕将出现如图 3-32 所示的元件库编辑器界面。

元件库编辑器与原理图设计编辑器界面相似，主要由元件管理器、主工具条、菜单、常用工具条、编辑区等组成。不同的是在编辑区有一个十字坐标轴，将元件编辑区划分为4个象限。象限的定义和数学上的定义相同，即在右上角为第一象限，左上角为第二象限，左下角为第三象限，右下角为第四象限，一般在第四象限进行元件的编辑工作。

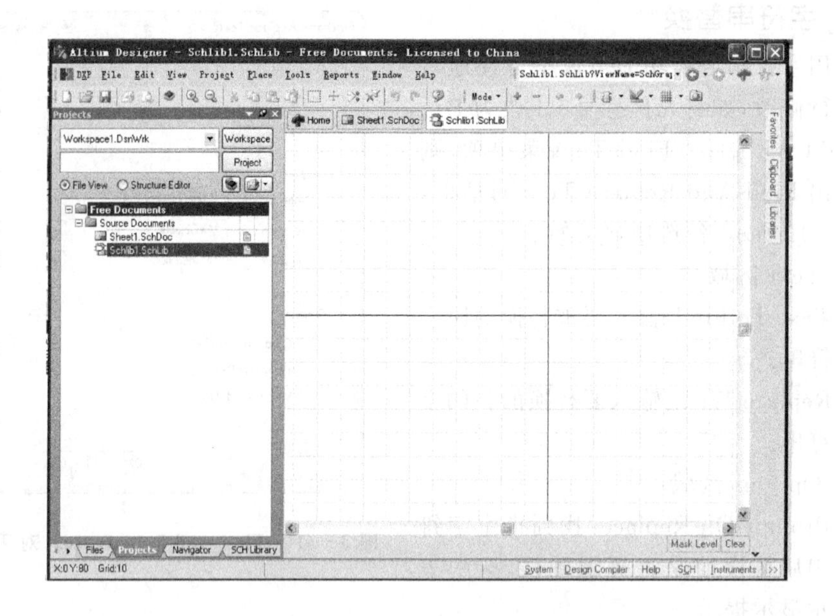

图3-32　元件库编辑器界面

除了主工具栏以外，元件库编辑器提供了两个重要的工具栏，即如图3-33和图3-34所示的绘图工具栏和IEEE符号工具栏。

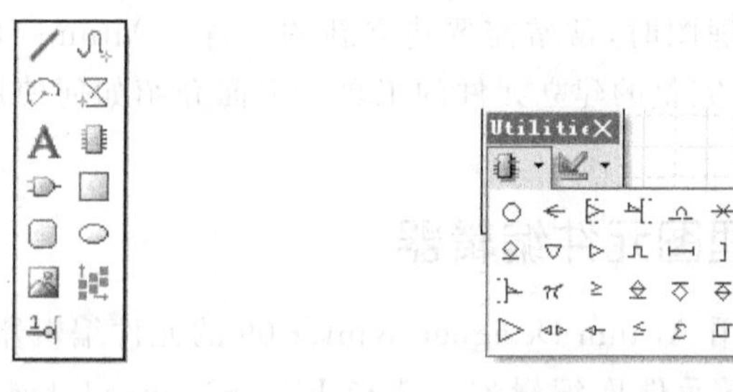

图3-33　绘图工具栏　　　　图3-34　IEEE工具栏

3.8.3　元件绘制工具

制作元件可以利用绘图工具来进行，常用的工具包括一般绘图工具和IEEE符号工具。

1. 一般绘图工具

图 3-33 为一般绘图工具条。绘图工具条的打开与关闭可以先通过选择 View→Toobars→Utilities 菜单项来打开 Utilities 工具条,在此工具条中单击 的下拉按钮即可打开一般绘图工具,也可以通过 Place 菜单上的各命令来选择不同的绘图工具。工具条上各按钮的功能如表 3-1 所列。

表 3-1 绘图工具栏的按钮及其功能

按 钮	对应菜单命令	功 能
	Place→Line	绘制直线
	Place→Bezier	绘制贝塞尔曲线
	Place→Elliptical Arcs	绘制椭圆弧线
	Place→Polygons	绘制多边形
A	Place→Text String	插入文字
	Tools→New Component	插入新部件
	Place→Part	添加新部件到当前显示的元件
	Place→Rectangle	绘制实心直角矩形
	Place→Round Rectangle	绘制实心圆角矩形
	Place→Ellipses	绘制椭圆形及圆形
	Place→Graphic	插入图片
	Edit→Paste Array	将剪贴板上的内容矩阵排列

2. IEEE 符号

图 3-34 为元件库系统中的 IEEE 工具。IEEE 工具的打开与关闭可以通过选取实用工具栏里的 按钮来实现。

IEEE 工具栏上的命令也对应 Place 菜单中 IEEE Symbols 子菜单上的各命令,所以也可以从 Place 菜单上直接选取命令。工具栏上各按钮的功能如表 3-2 所列。在制作元件时,IEEE 符号代表着元件的电气特性。

表 3-2 放置 IEEE 工具栏各项功能

图 标	功 能	图 标	功 能
○	放置低态触发器	]⊢	放置低态触发输出符号
←	放置左向信号	π	放置π符号
▷	放置上升沿触发时钟脉冲	≥	放置大于等于号
⊣[	放置低态触发输入符号	◇	放置具有提高阻抗的开集性输出符号
⊓	放置模拟信号输入符号	◇	放置开射极输出符号
⋇	放置无逻辑性连接符号	◇	放置具有电阻接地的开射极输出符号
¬	放置具有暂缓性输出的符号	#	放置数字输入信号
◇	放置具有开集性输出的符号	▷	放置反相器符号
▽	放置高阻抗状态符号	◁▷	放置双向符号
▷	放置高输出电流符号	←	放置数据左移符号
⊓⊔	放置脉冲符号	≤	放置小于等于号
⊢⊣	放置延时符号	Σ	放置Σ符号
]	放置多条 I→O 线组合符号	¬	放置施密特触发输入特性的符号
}	放置二进制组合的符号	◇	放置数据右移符号

3.8.4 元件管理与编辑

现在利用前面介绍的制作工具来绘制一个原理图元件。绘制的实例为图 3-35 所示的触发器，并将它保存在 schlib1. lib 元件库中，具体操作步骤如下：

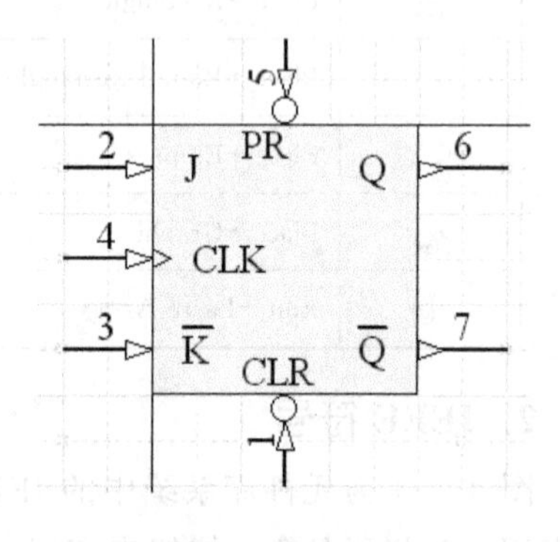

图 3-35 最终的元件图

示例 2 制作原理图元件

步骤如下：① 选择 File→New→Library→Schematic Library 菜单项，就会进入原理图元件库编辑工作界面，默认名为 schlib1. SchLib。

② 选择 View→Zoom In 菜单项或按 PageUp 键将元件绘图页的 4 个象限相交点处放大到足够程度，因为一般元件均是放置在第四象限，而象限交点即为元件基准点。

③ 选择 Place→Rectangle 菜单项或单击一般绘图工具条上的□ 按钮来绘制一个直角矩形。将编辑状态切换到画直角矩形模式，此时鼠标旁边会出现一个大十字符号，单击鼠标把它定为直角矩形的左上角；移动鼠标到矩形的右下角再单击鼠标，则结束这个矩形的绘制过程。绘制的矩形如图 3-36 所示。

④ 接下来绘制元件的引脚。选择 Place→Pins 菜单项或单击一般绘图工具条上的 按钮,可将编辑模式切换到放置引脚模式,此时鼠标旁边会出现一个大十字符号及一条短线,接着分别绘制 7 根引脚,如图 3-37 所示。放置时可以按 Space 键使引脚按 90°旋转。

⑤ 双击需要编辑的引脚,或者先选中引脚,然后右击,从快捷菜单中选取 Properties 命令进入引脚属性对话框,如图 3-38 所示,在对话框中对引脚进行修改。具体修改方式如下:

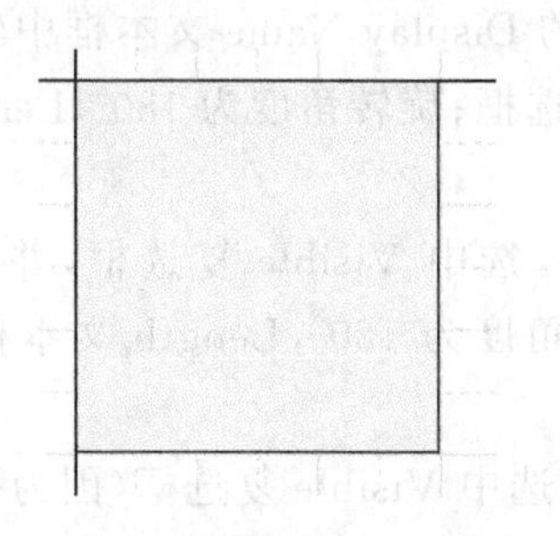

图 3-36　绘制矩形

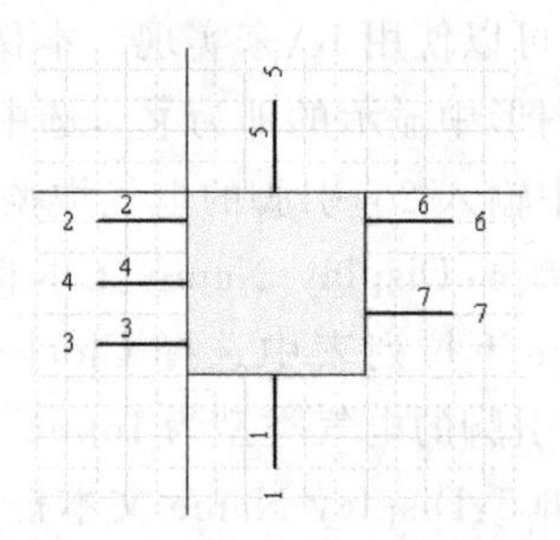

图 3-37　放置了引脚后的图形

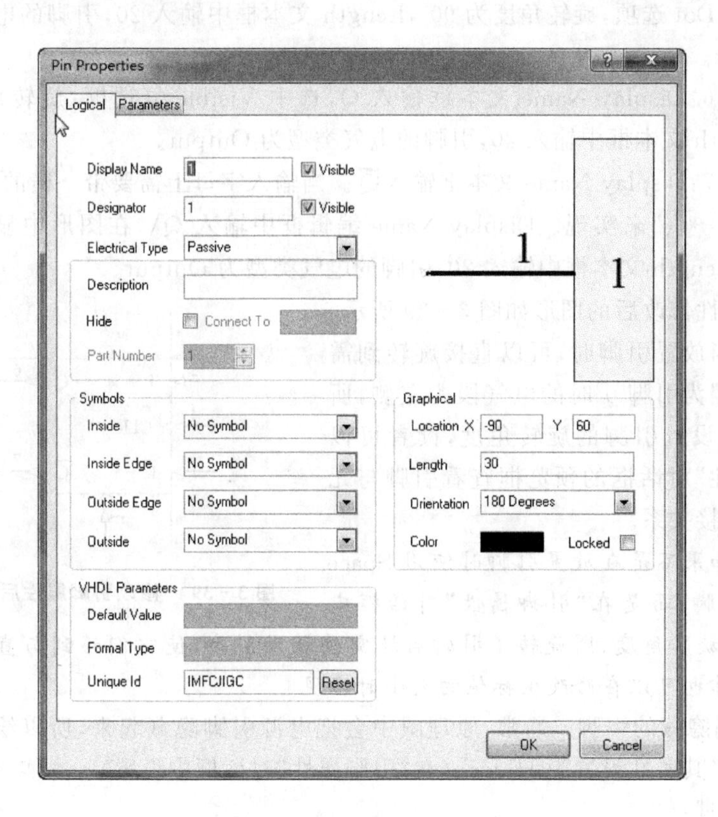

图 3-38　"引脚属性"对话框

➢ 引脚1:Display Name 文本框输入 CLR,不选中 Visible 复选框(因为引脚名一般是水平布置的,而旋转后名称也旋转了),并在 Outside Edge 下拉列表中选择 Dot 选项,旋转角度为 270°,Length 文本框中输入 20,即引脚长设为 20,引脚的电气类型为 Input。

➢ 引脚2:Display Name 文本框输入 J,选中 Visible 复选框;旋转角度为 180°,Length 文本框中输入 20,引脚的电气类型为 Input。

➢ 引脚3:Display Name 文本框输入 K。当用户需要输入字母上带一横的字符时,可以使用 K\来实现。本例中引脚 3 的 Display Name 文本框中输入 K\,在图形中显示的即为 $\overline{K}$,选中 Visible 复选框;旋转角度为 180°,Length 文本框中输入 20,引脚的电气类型为 Input。

➢ 引脚4:Display Name 文本框输入 CLK,选中 Visible 复选框,并在 Inside Edge 下拉列表中选择 Clock 选项,旋转角度为 180°,Length 文本框中输入 20,引脚的电气类型为 Input。

➢ 引脚5:Display Name 文本框输入 PR,不选中 Visible 复选框(因为引脚名一般是水平布置的,而旋转后名称也旋转了),并在 Outside Edge 下拉列表框中选择 Dot 选项,旋转角度为 90°,Length 文本框中输入 20,引脚的电气类型为 Input。

➢ 引脚6:Display Name 文本框输入 Q,选中 Visible 复选框;旋转角度为 0°,Length 文本框中输入 20,引脚的电气类型为 Output。

➢ 引脚7:Display Name 文本框输入$\overline{Q}$。当输入字母上需要带一横的字符时,可使用"*\"来实现。Display Name 编辑框中输入 Q\,在图形中显示的即为 $\overline{Q}$,Length 文本框中输入 20,引脚的电气类型为 Output。

引脚属性修改后的图形如图 3-39 所示。

注意,当放置引脚时,可以直接旋转到需要的角度,因为引脚 0°时的电气段为左侧,所以需要旋转设置引脚的旋转角度,读者可以在"引脚属性"对话框的预览框查看引脚与元件边框的连接关系。

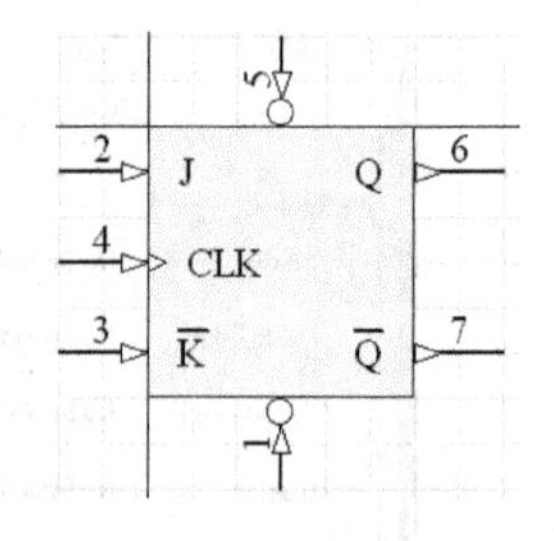

图 3-39　修改引脚属性后的图形

说明:如果不是在放置引脚时使用 Space 键来旋转引脚,而是在"引脚属性"对话框中设置引脚的旋转角度,则旋转了引脚后还需要移动引脚,使它们移到与直角矩形相交,这个操作也可以在修改坐标值的大小时实现。

⑥ 绘制隐藏的引脚。通常,原理图中会把电源引脚隐藏起来,所以绘制电源引脚时,需要将其属性设置为 Hidden(在"引脚属性"对话框中设置)。本实例分别绘制两个电源引脚:

引脚 16 的名称为 VCC,电气特性为 Power,引脚旋转角度为 180°。

引脚8的名称为GND,电气特性为Power,引脚旋转角度为0°。

⑦ 电源引脚有时候在元件图中不显示,本实例绘制的元件图就不显示这两个电源引脚,所以可以分别双击引脚8和引脚16,或选择快捷菜单的Properties命令,进入“引脚属性”对话框中选中Hidden复选框,引脚8和引脚16将不会显示出来,图形与图3-39一样。

说明:引脚1和5的名称分别为CLR和PR,也没有显示,但是与隐藏不一样,而是不选择Display Name后的Visible复选框。

⑧ 从图3-39可以看出,引脚1和5的名称因为没有显示出来,所以必须分别向这两个引脚添加文本,即选择Place→Text String菜单项,或直接从绘图工具栏上选择放置文本的命令,分别在引脚1和5的名称端放置CLR和PR文字。

放置文本时,按Tab键进入“文本属性”对话框,将其属性修改如下:

引脚1的文本:Text文本修改为CLR,Location X修改为22,Location Y修改为-58,颜色修改为黑色。

引脚5的文本:Text文本修改为PR,Location X修改为25,Location Y修改为-12,颜色为黑色。

插入注释文字后的元件如图3-39所示,这就是最终的元件图。

⑨ 如果元件是复合封装的,则可以选择Tools→New Part菜单项,即可向该元件中添加绘制封装的另一部分,过程与上面一致,不过电源通常是共有的。

⑩ 保存已绘制好的元件。选择Tools→Rename Component菜单项,打开New Component Name对话框,如图3-40所示,将元件名称改为74LS109,然后选择File→Save菜单项将元件保存到当前元件库中。

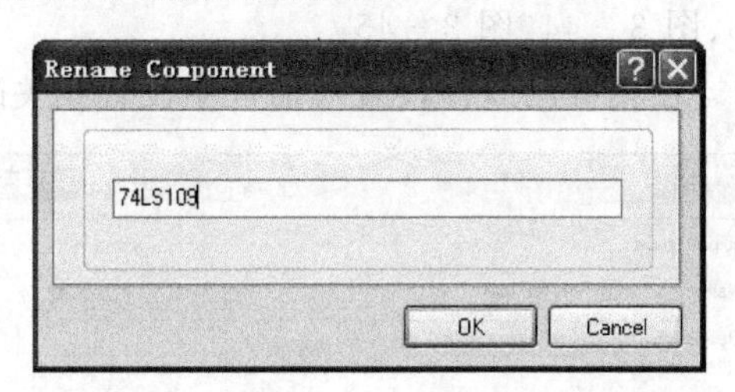

图3-40　New Component Name对话框

⑪ 最后还需要设置一下元件的描述特性。在原理图元件编辑器的工作界面的右下角单击SCH Library,则弹出元件库编辑管理器界面,在元件管理器中选中该元件,然后单击Edit按钮,则系统弹出如图3-41所示的对话框。此时可以设置默认流水号,元件封装形式以及其他相关描述。

- Designator(流水号):元件默认流水号为“U?”。
- Description(描述):元件的描述为“双J-K正边缘触发器”。
- Parameters list(参数表):单击Add按钮可以添加参数,如图3-41所示,所有均不选中。

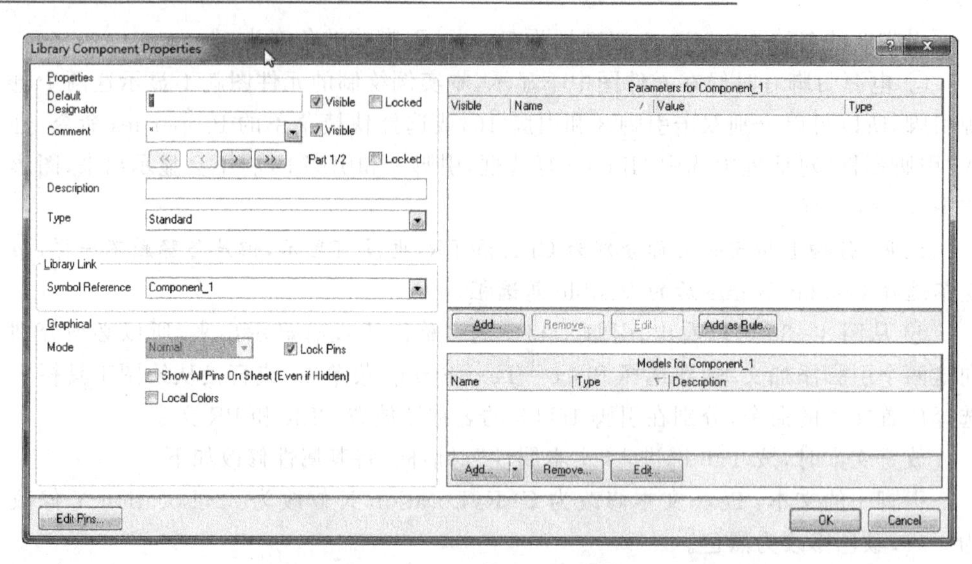

图 3-41 "元件属性"对话框

➢ Models list(模式表):本实例绘制的元件,设置了4种模式,包括PCB封装、仿真和信号完整性及PCB3D。具体操作为:单击Add按钮,然后在如图3-42所示的对话框中选择需要添加的类型;然后单击OK按钮,系统将弹出各模式属性设置对话框,分别如图3-43、图3-44、图3-45和图3-46所示。在相应的属性设置对话框中设置相关的属性。

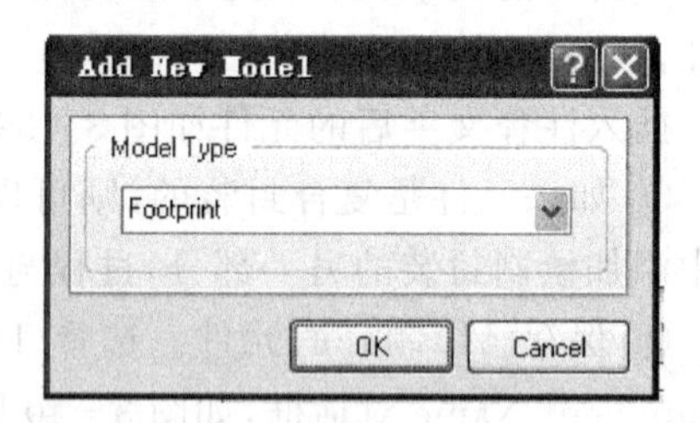

图 3-42 "添加新模式"对话框

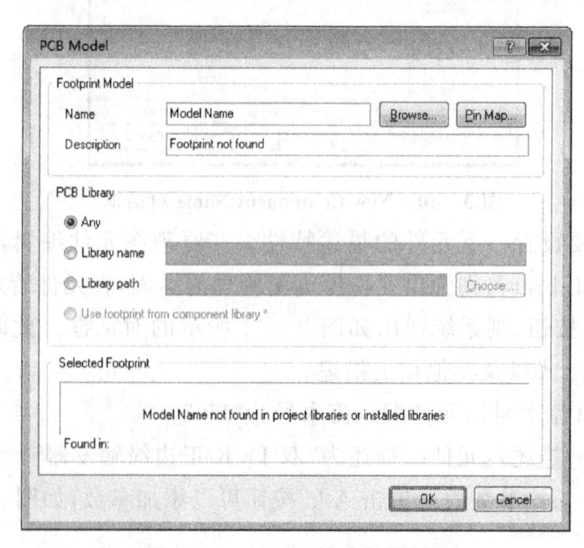

图 3-43 "PCB 模式"对话框

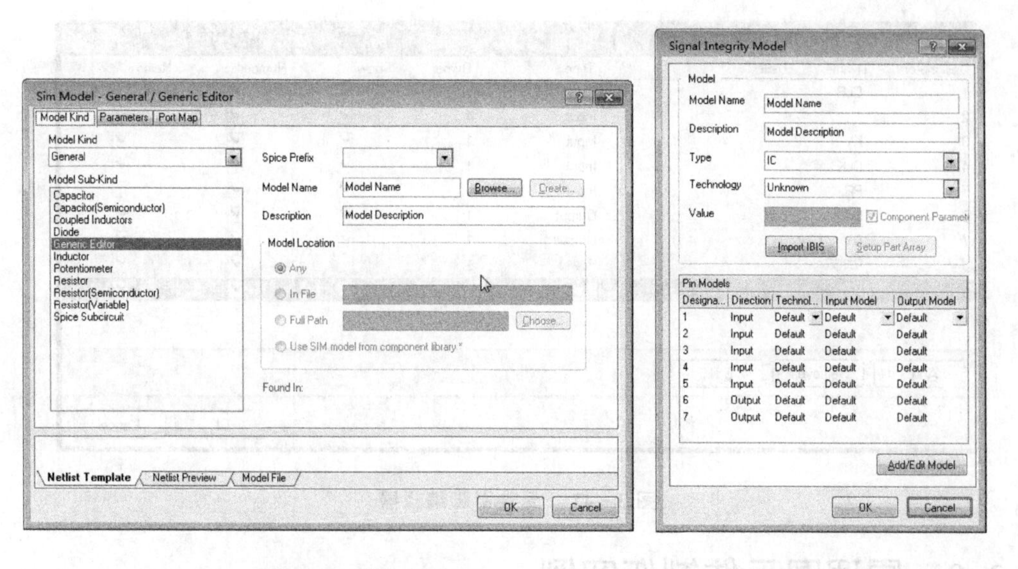

图 3-44 “信号仿真模式”对话框　　图 3-45 “信号完整性模式”对话框

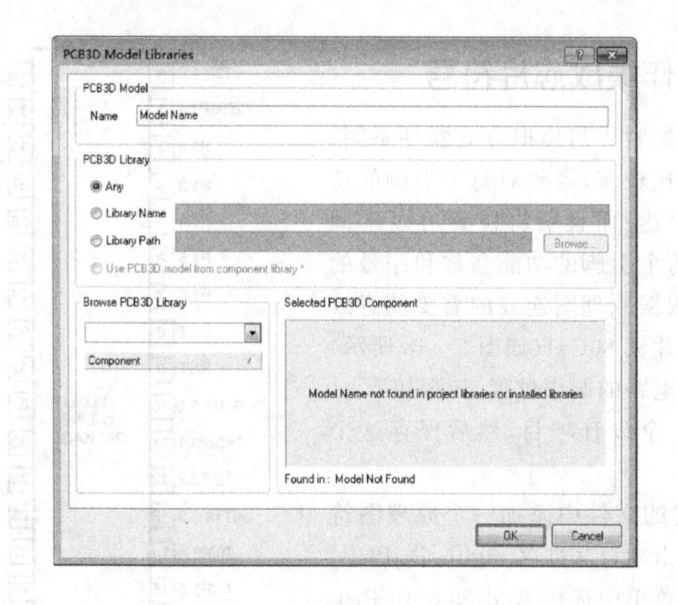

图 3-46 “PCB3D 模式”对话框

⑫ 元件引脚的集成编辑。当用户单击图 3-41 所示的对话框中的 Edit Pins 按钮时,系统将弹出如图 3-47 所示的元件引脚编辑器,此时可以对所有元件引脚进行编辑。

Component Pin Editor

Designator	Name	Desc	Type	Owner	Show	Number	Name
1	CLR		Input	1	☑	☑	☐
2	J		Input	1	☑	☑	☑
3	K\		Input	1	☑	☑	☑
4	CLK		Input	1	☑	☑	☑
5	PR		Input	1	☑	☑	☐
6	Q		Output	1	☑	☑	☑
7	Q\		Output	1	☑	☑	☑
8	GND		Power	1	☐	☑	☑
16	VCC		Power	1	☐	☑	☑

Add... Remove... Edit... OK Cancel

图 3-47 元件引脚编辑器

3.9 原理图元件制作实例

3.9.1 制作集成芯片符号

集成芯片的制作与模拟分立器件不同，集成芯片引脚比较多，需要对每个引脚的功能进行名称表达；而且引脚位置可以不固定，只要保证每个引脚的功能名称和序号的正确性，就可根据原理图连线的需要随意放置。下面以单片机 80C51(如图 3-48 所示)为例介绍集成电路的制作过程，步骤如下：

① 新建一个设计项目，然后保存这个项目。

② 在新建的文件中添加一个原理图符号库文件。右击项目文件名 mylib. PrjPCB，在弹出的级联菜单中选择 Add New to Project→Schmatic Library，如图 3-49 和图 3-50 所示，进入原理图元件库编辑工作界面，然后保存这个库文件。

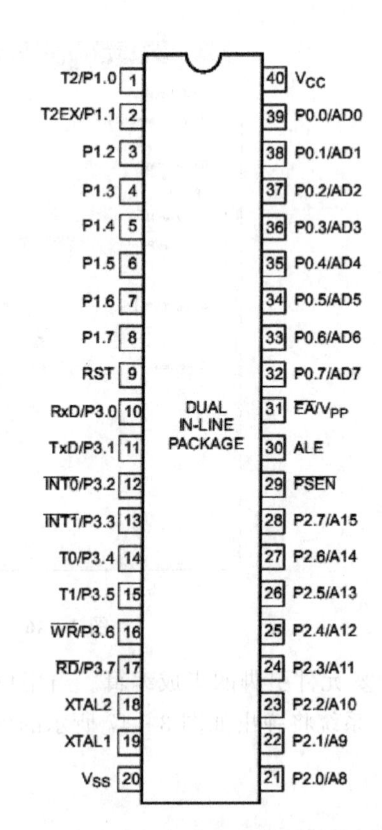

图 3-48 80C51 引脚功能名称和序号

在原理图符号编辑器中绘制原理图符号。原理图符号编辑器提供了很多绘制工具，详见 3.8.3 小节。下面开始绘制出如

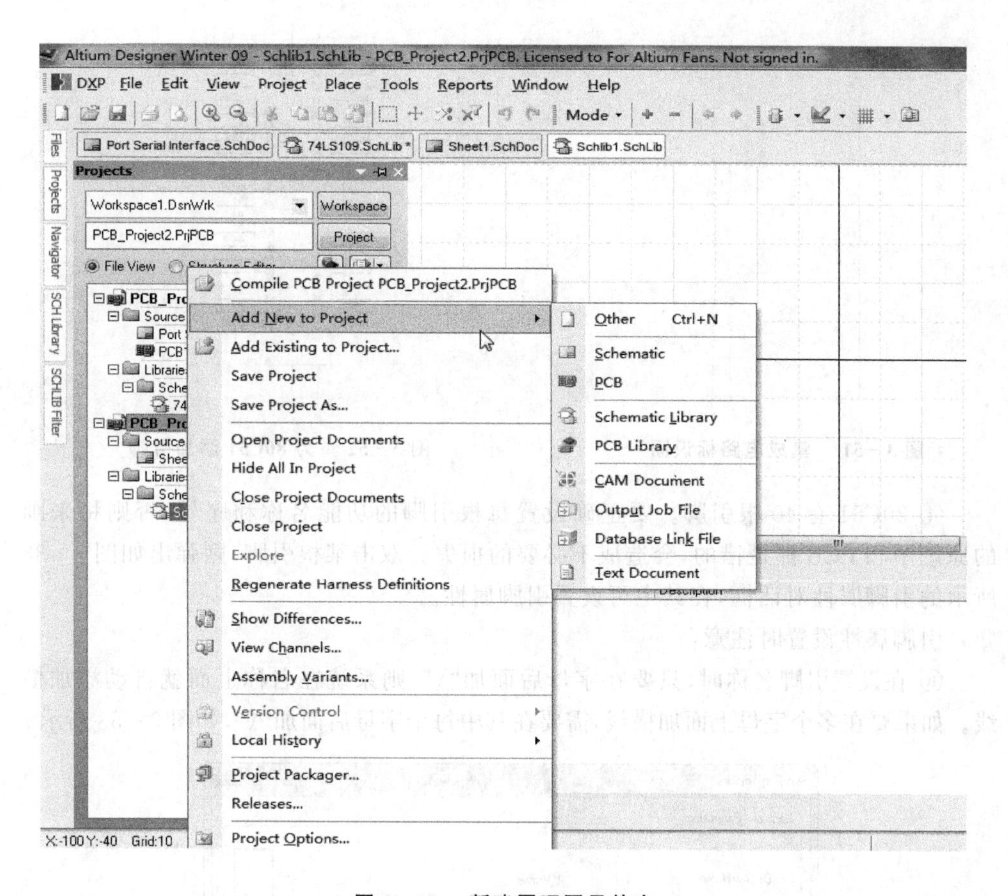

图 3 - 49　新建原理图元件库

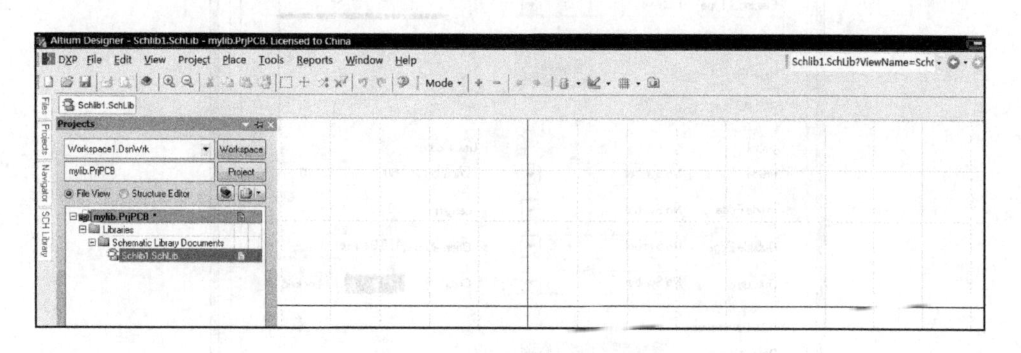

图 3 - 50　原理图元件编辑界面

图 3 - 48所示的元件标识图。单击绘图工具栏中的□ 按钮，放置一个代表集成电路标识图的方框，如图 3 - 51 所示。

③ 为 80C51 添加引脚，如图 3 - 52 所示。

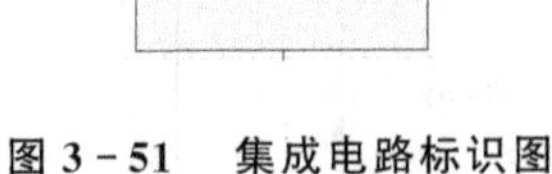

图 3-51 集成电路标识图

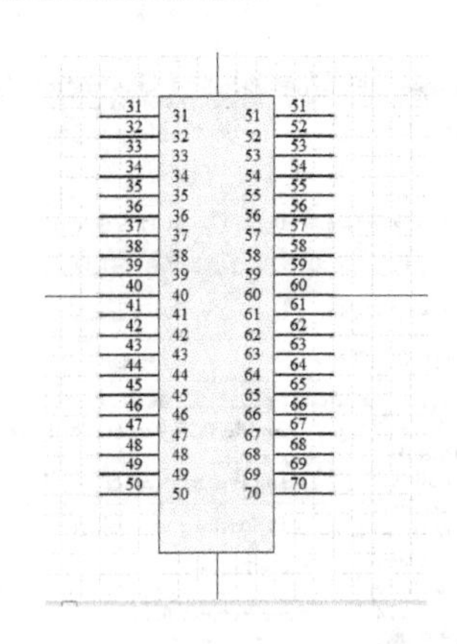

图 3-52 为 80C51 添加引脚

④ 80C51 有 40 根引脚。要正确设置每根引脚的功能名称和序号,否则将来画的原理图和 PCB 都是错的,会造成不必要的损失。双击某根引脚,则弹出如图 3-38 所示的引脚属性对话框,在其中可设置引脚属性。

引脚属性设置时注意:

ⓐ 在设置引脚名称时,只要在字母后面加"\",则系统在名称上面就自动添加横线。如果要在多个字母上面加横线,需要在其中每个字母后面加"\",如图 3-53 所示。

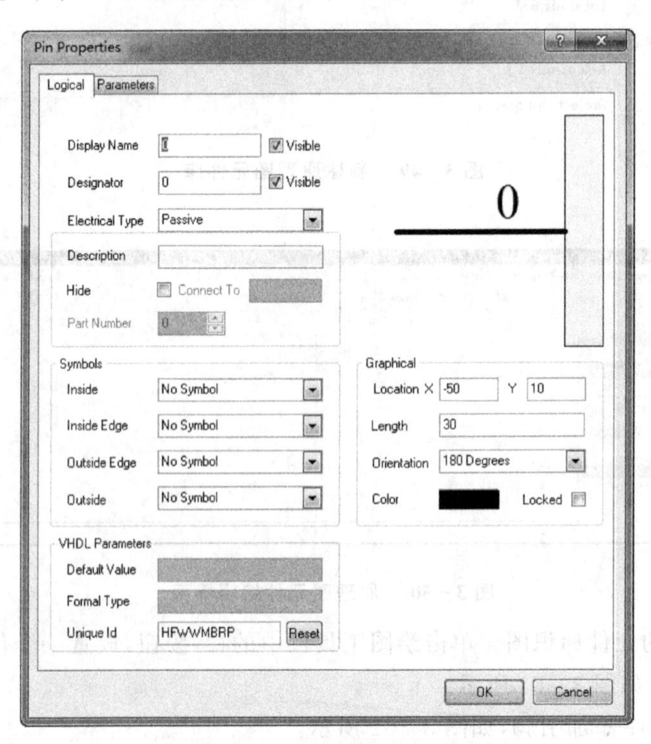

图 3-53 设置引脚名称

ⓑ 在设置引脚名称时，只要在 Symbols 选项组中将 Outside Edge 设置为 Dot，就会在引脚根部加上小圆圈，如图 3－54 所示。在电路中，加小圆圈一般表示低电平有效。在 80C51 单片机中没有需要加小圆圈的引脚，这里只是为了说明。

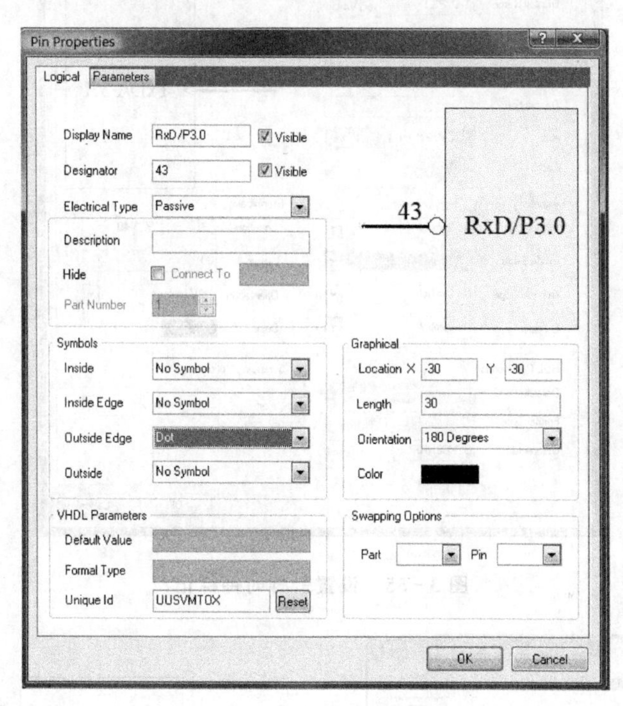

图 3－54　设置引脚低电平有效

ⓒ 在设置引脚名称时，只要在 Symbols 选项组中将 Inside Edge 设置为 Clock，就会在引脚根部加上时钟标记，如图 3－55 所示。同样，在 80C51 单片机中没有需要加时钟标记的引脚，这里也只是为了说明。

ⓓ 在设置引脚名称时，只要单击 Color 选项，弹出如图 3－56 所示的颜色选项框，选中某种颜色再单击 OK，就会为该引脚、名称及序号加上颜色。

ⓔ 放置许多电气属性基本相同的引脚（如 D0～D7）时，可使用阵列粘贴（ 按钮）功能。使用它可以一次绘制出多个电气属性相同的引脚。

⑤ 移动引脚至集成芯片标识图上。习惯上把数据总线 D0～D7 按顺序排列在一起。

⑥ 调整标识图中的方框大小，则完成了引脚设置，如图 3－57 所示。选择 Tools→Rename Component 菜单项，则弹出如图 3－58 所示的对话框，为所画元件命名为 80C51，并保存该元件。

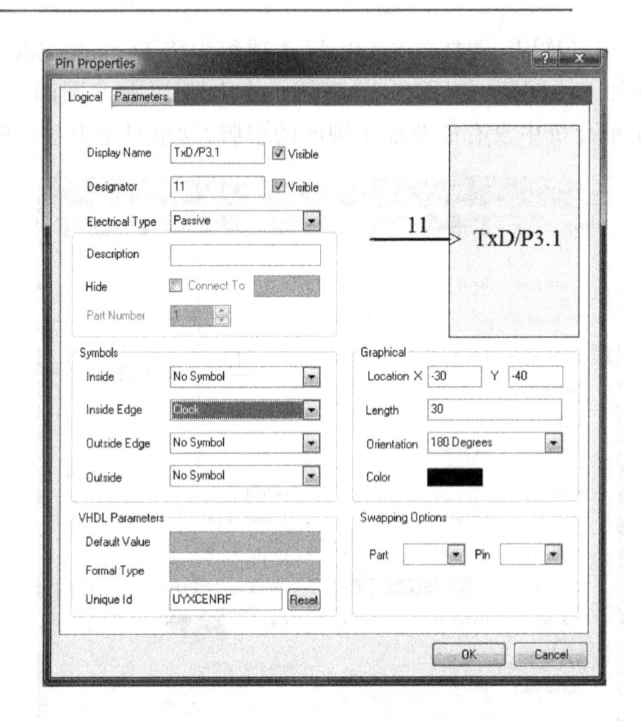

图 3-55　设置引脚时钟标记

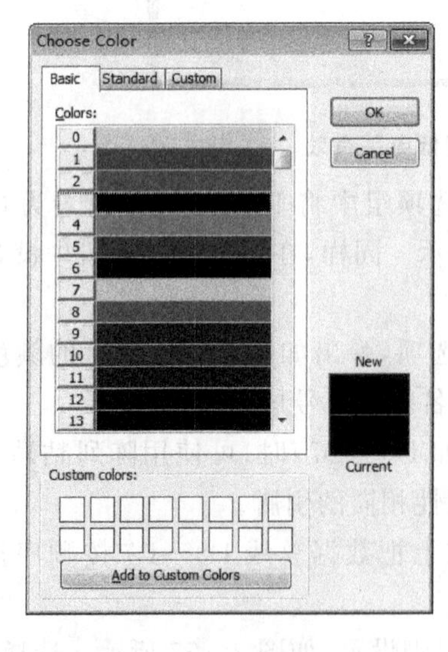

图 3-56　设置引脚颜色

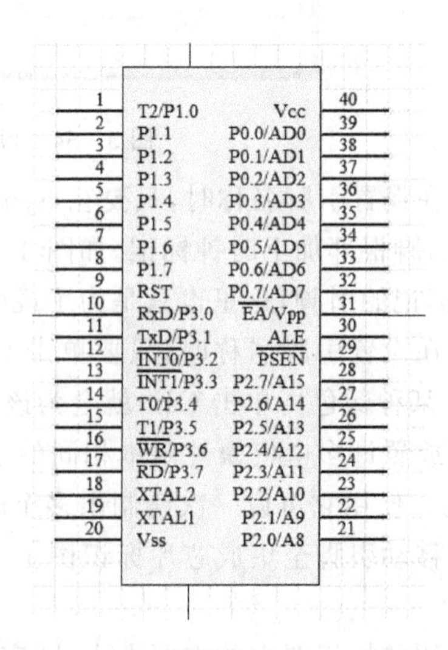

图 3-57　完成引脚设置

在如图 3-59 的界面选中元件 80C51，单击 Edit 按钮，则弹出如图 3-41 所示的属性设置对话框。设置完毕后，单击 OK 并保存文件。至此，除了封装之外，80C51 单片机原理图符号制作完毕，在原理图设计中放置的 80C51 符号如图 3-60 所示。

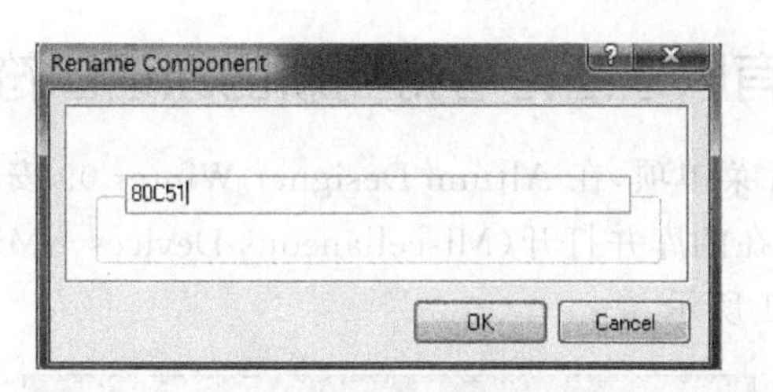

图 3－58　元件命名

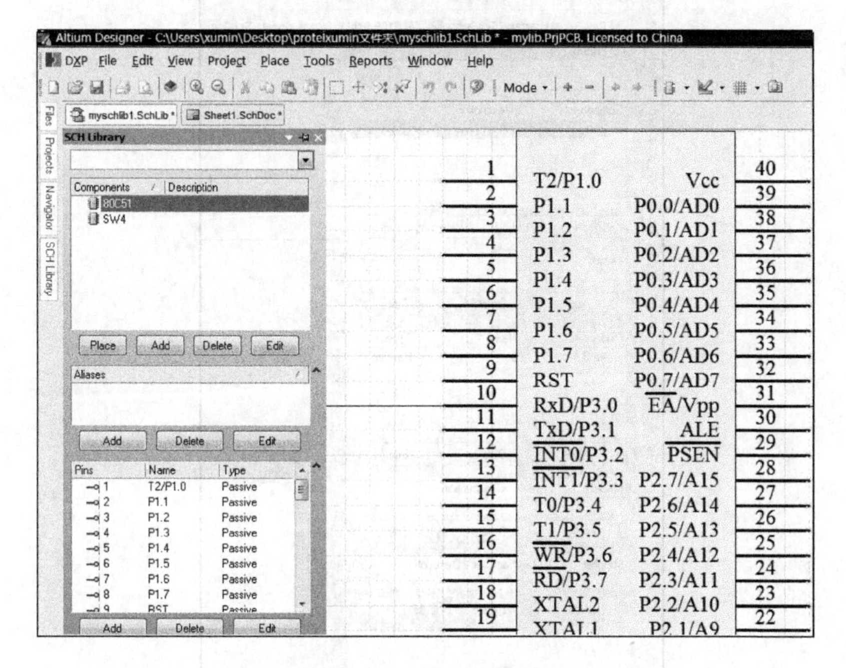

图 3－59　为元件添加属性

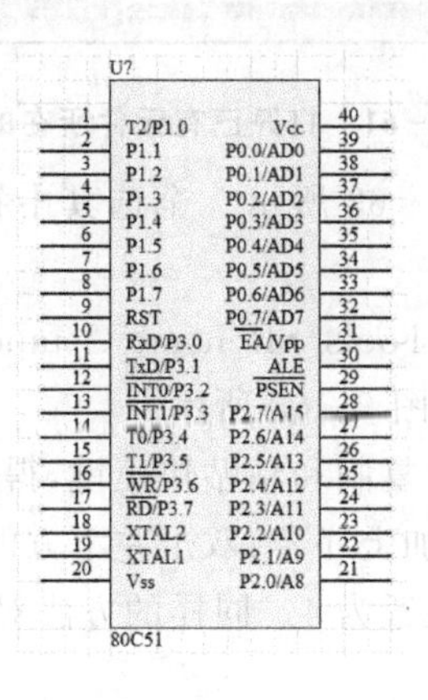

图 3－60　在原理图编辑器中调用的符号

3.9.2 修改已有原理图符号得到新的原理图符号

选择 File→Open 菜单项，在 Altium Designer Winter 09 安装目录下原理图库文件中找到已有元件所在的库并打开(Miscellaneous Devices→Miscellaneous Devices.SCHLIB)，如图 3-61 所示。

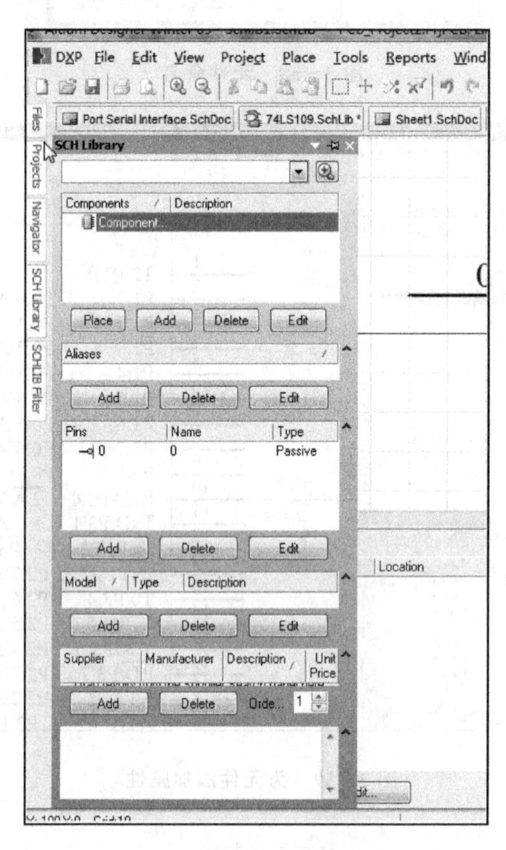

图 3-61 打开已有元件所在的库

查找开关元件符号，如图 3-62 所示。全选其中符号，执行命令 Ctrl+C 复制，并关闭该库文件。

在自己建的库文件中选择 Tools→Rename Component 菜单项，在弹出的文本框中输入 SW4，单击 OK 完成，如图 3-63 所示。

选中按钮的两个引脚，应用复制和粘贴快捷键，得到如图 3-64 所示的 4 引脚按钮开关符号。为新添加的引脚加上序号：双击左下方的引脚，则弹出如图 3-65 所示的引脚属性设置对话框，将其设置为 4。同样的方法对右下方的引脚进行设置。

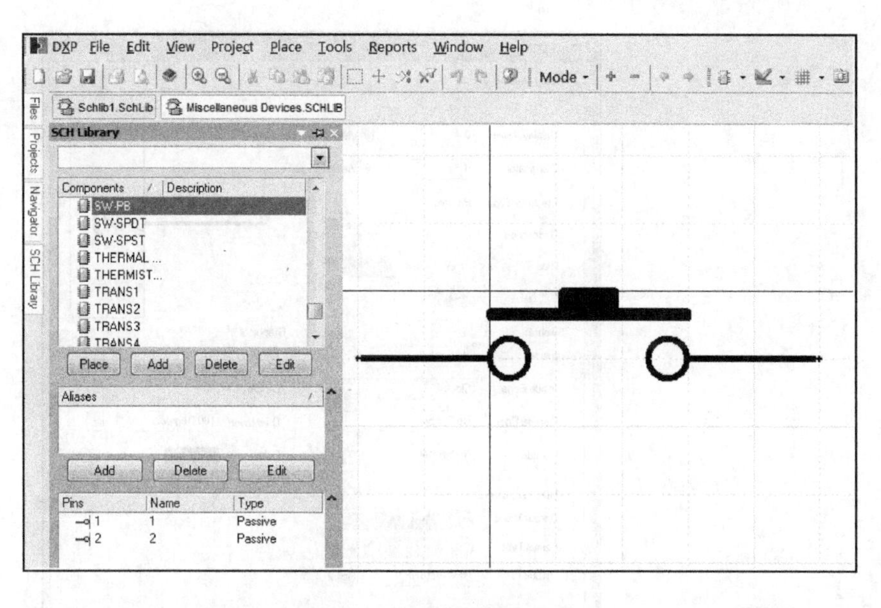

图3-62　查找需要的元件

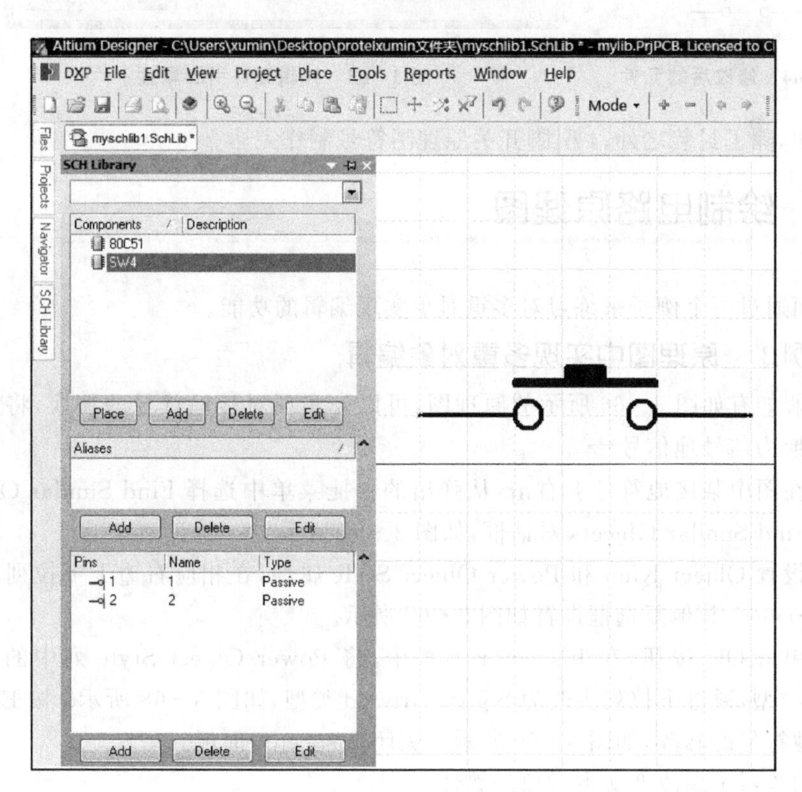

图3-63　将所需元件复制到原理图元件编辑器中

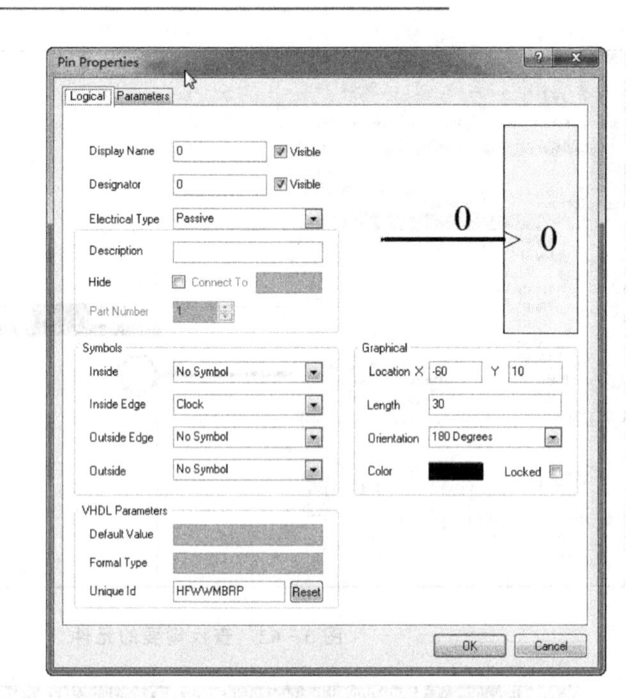

图 3-64 修改后的元件　　　　图 3-65 编辑元件引脚属性

至此，除了封装之外，4 引脚开关原理图符号制作完毕。

3.10 绘制电路原理图

下面通过一个例子来练习对多重对象实现编辑的功能。

示例 3 原理图中实现多重对象编辑

① 假如有如图 3-66 所示的原理图，可以先实现对接地符号的替换，将电源地符号 换为信号地信号 。

② 在图中某接地符号上右击，从弹出的快捷菜单中选择 Find Similar Objects，则弹出 Find Similar Objects 对话框，如图 3-67 所示。

③ 设置 Object Kind 和 Power Object Style 属性，在相应右边上下拉列表中选择相同 Same。其他复选框设置如图 3-67 所示。

④ 单击 OK 按钮，在 Inspector 面板中，将 Power Object Style 列中的 Power Ground 类型，通过下拉列表改为 Signal Ground 类型，如图 3-68 所示。按 Enter 键完成接地符号的修改，如图 3-69 所示。关闭 Inspector 面板。

下面练习全局改变文本对象的属性。

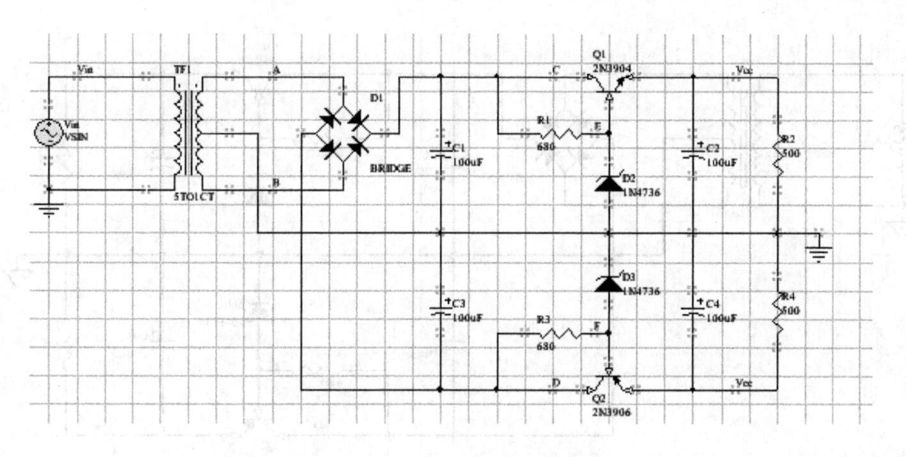

图 3-66 未修改前的原理图

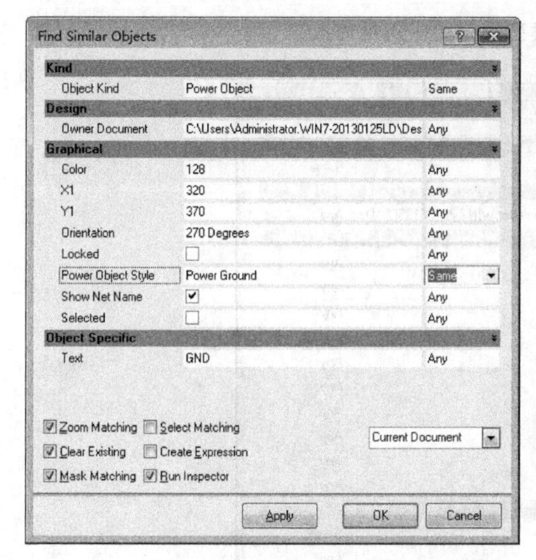

图 3-67 选择与 Power Ground 相同样式的电源符号

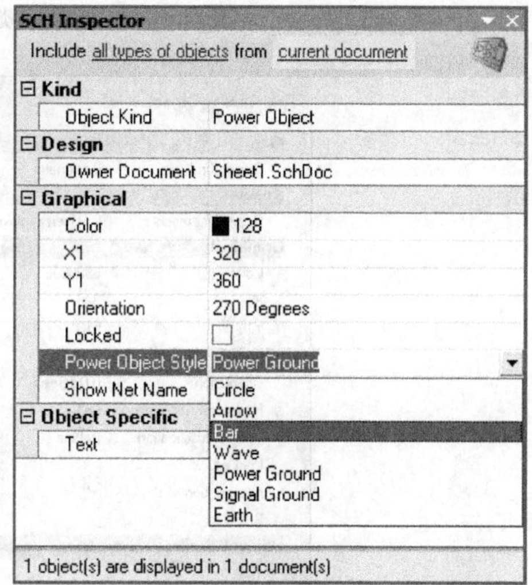

图 3-68 在 Inspector 面板中修改接地符号的样式

① 下面一次性地将运放的元件标号一起改变。例如改变“R *”为“N *”,比如相应地将 R1 改为 N1、R2 改为 N2 等。修改文本对象时,使用文本替换的方式更为方便。

② 在图 3-70 中某运放元件标号上右击,从弹出的快捷菜单中选择 Find Similar Objects,则弹出 Find Similar Objects 对话框。

③ 在 Find Similar Objects 对话框 Text 栏中改变原始属性,R 后面的数字改为通配符 *,然后在右边相应的下拉列表中选择相同 Same。使 Object Kind 栏选择与 Designator 相同,在右边相应的下拉列表中也选择 Same。其他复选框设置如

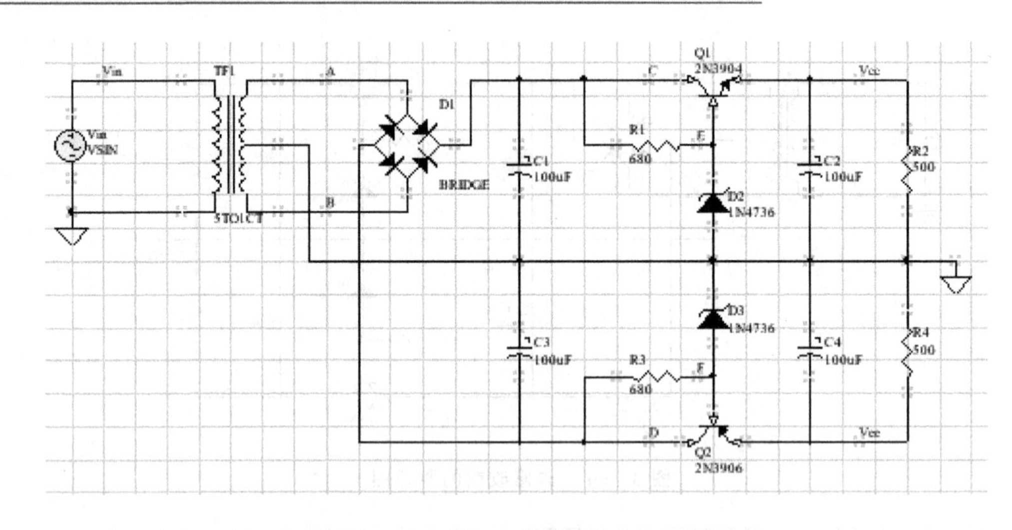

图 3-69　完成同类型符号的一次性修改

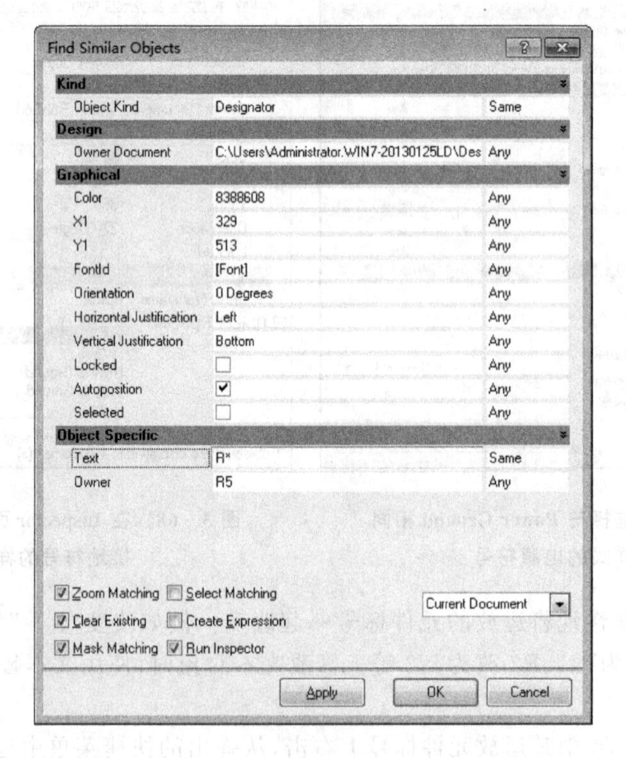

图 3-70　设置相似对象的条件

图 3-70 所示。

注意，在 R 后面加通配符 * 的意义在于要找到所有以 R 为元件标号前缀的那些元件标号，如 R1、R2、R3 等。这里可以看出，查找相似对象对话框内显示的原始属性也可以更改，以便找到最适合的对象。

④ 单击 OK 按钮，这时图纸上所有以 R 为元件标号前缀的元件标号均被选出，按 Ctrl＋A 键将它们全部选中，如图 3－71 所示。

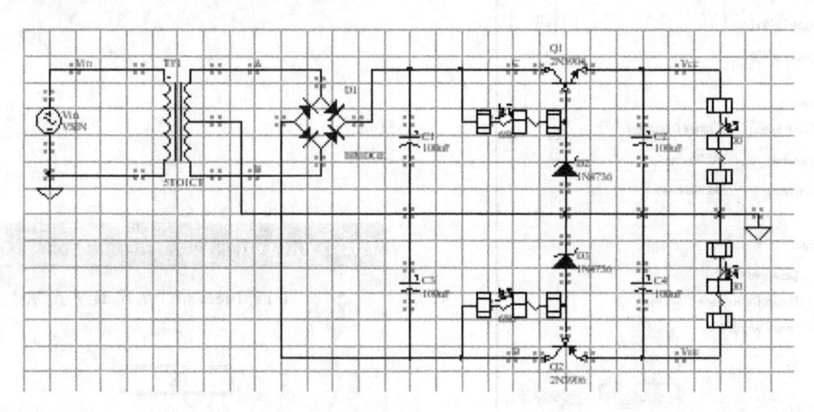

图 3－71　准确定位要编辑对象

⑤ 选择 Edit→Replace Text 菜单项，则弹出如图 3－72 所示的 Find and Replace Text 对话框。

⑥ 在文本查找 Text Find 栏中键入要查找的文本信息，然后键入“R＊”。

⑦ 如果要将每一个字符完全替换为另一个字符，只需要简单地替换为 Replace With 栏中输入的新字符串即可。然而，现在要做的是做字符串的部分替换，所以需要使用下面的句法实现：

{R＝N}

大括号中的等式指明了字符串的替换部分，等号前的符号是源字符串中将要被替换的部分，等号后的符号是替换后的字符串。对于每一个被找到的字符串，被替换部分的前面或者后面的字符都不会改变。例如，R1 会变成 N1、R2 会变成 N2 等。

由于图纸中还有其他以 R 开头的文本字符串，因此，我们将应用范围 Scope 选项组中的 Selection 下拉列表框内容，从下拉列表中设置为 Selected Objects。也就是说，只应用到通过查找相似对象中找到的处于选择状态的元件标号。

⑧ 设置完成后单击 OK 按钮，则屏幕出现替换提示信息的对话框，如图 3－73 所示。

⑨ 单击 OK 按钮确认替换，则图中所有以 R 开头的元件标号替换为 N，如图 3－74 所示。

⑩ 单击设计工作区窗口右下角的 Clear 标签，清除图纸中的屏蔽显示状态，如图 3－75 所示。

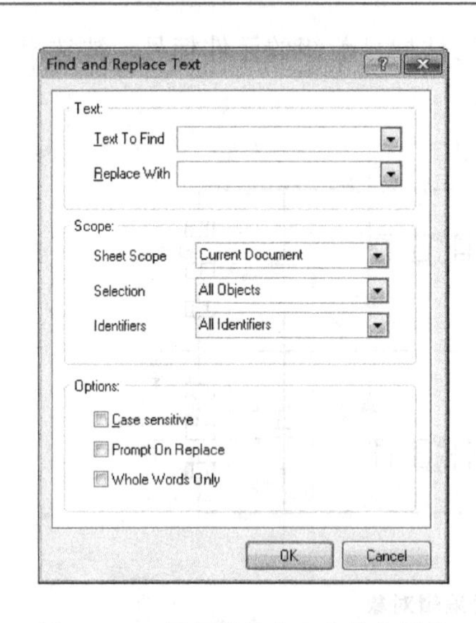

图 3-72 设置替换文本字符串属性

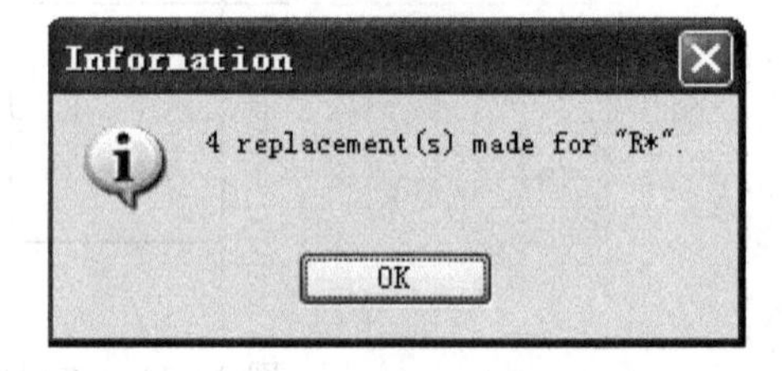

图 3-73 替换提示信息的对话框

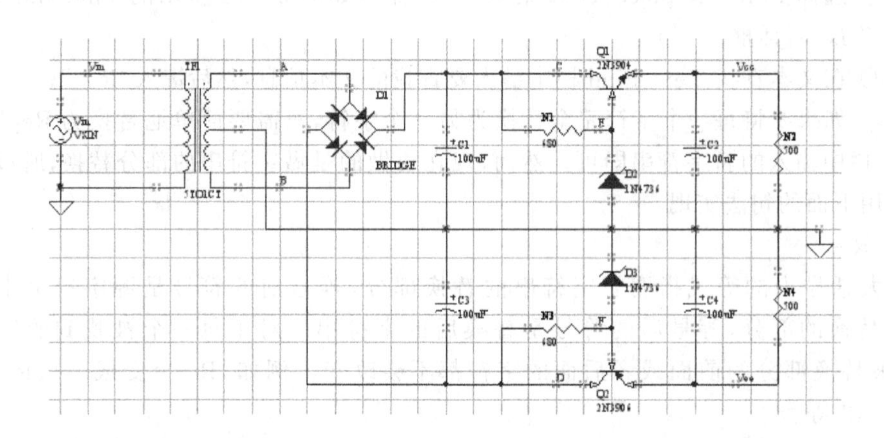

图 3-74 完成从 R 到 N 的元件标号替换

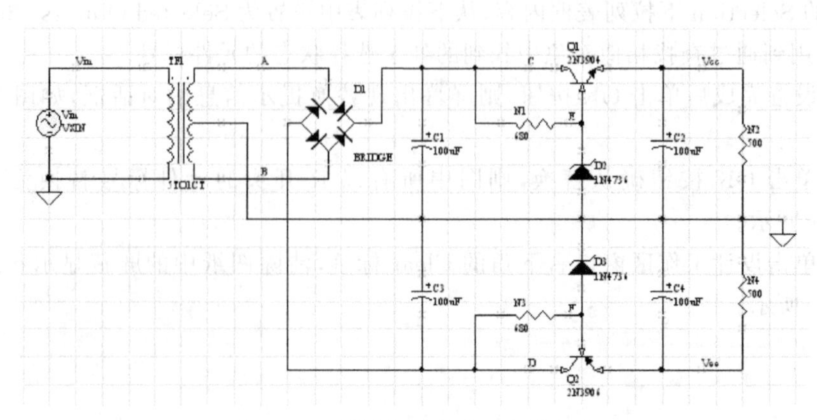

图 3-75 清除图纸的屏蔽显示状态

⑪ 保存文件，退出。

3.11　设置原理图环境参数

一张原理图绘制的正确性和效率，常常与环境参数的设置有重要关系。设置原理图的环境参数可以选择 Tools→Schematic Preferences 菜单项来实现，执行该命令后，系统将弹出如图 3－76 所示的"参数设置"对话框。通过该对话框可以设置原理图环境、图形编辑环境以及默认原始状态设置等，分别可通过 Schematic 选项卡、Graphical Editing 选项卡和 Compiler 等选项卡实现。下面分别对这 3 个选项卡的操作进行简单介绍。

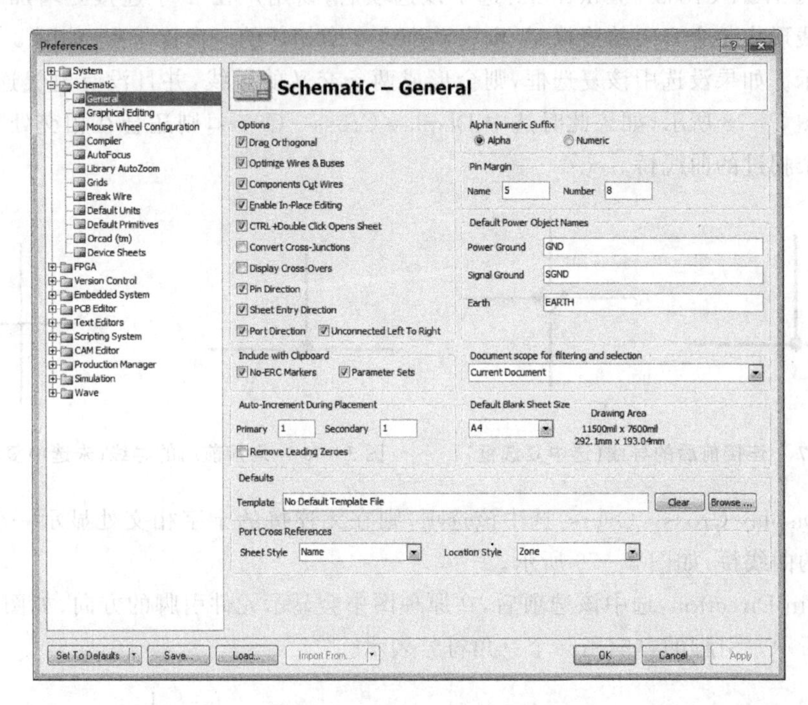

图 3－76　"参数设置"对话框

3.11.1　设置原理图环境

原理图环境设置通过 Schematic 选项卡来实现，如图 3－76 所示，该选项卡可以设置的参数如下：

① Options 选项设置，该操作框有 11 个复选框，其意义如下：

➢ Drag Orthogonal：选中该复选框，则只能以正交方式拖动、插入元件，或者绘制图形对象；如果不选中该复选框，则以环境所设置的分辨率拖动对象。

➢ Optimize Wires & Buses：选中该复选框，则可以防止多余的导线、多段线或总线相互重叠,相互重叠的导线和总线等会被自动去除。

- Component Cut Wires:选中 Optimize Wires & Buses 复选框,则 Component Cut Wires 选项也可以操作。选中 Component Cut Wires 复选框后,可以拖动一个元件到原理图上,导线将被切割成两段,并且各段导线能自动连接到该元件的敏感引脚上。
- Enable In - Place Editing:选中该复选框后,用户可以对嵌套对象进行编辑,即可以对插入的连接对象实现编辑。
- Ctrl+Double Click Opens Sheet:选中该选项后,双击原理图中的符号(包括元件或子图),则会选中元件或打开对应的子原理图,否则会弹出属性对话框。
- Convert Cross - Junctions:选中该选项后,当用户在 T 字连接处增加一段导线形成 4 个方向的连接时,则自动产生 2 个相邻的三向连接点,如图 3 - 77 所示。如果没选中该复选框,则会形成两条交叉的导线,并且没有电气连接,如图 3 - 78 所示,如果此时选中 Display Cross - Overs,则还会在相交处显示一个拐过的曲线桥。

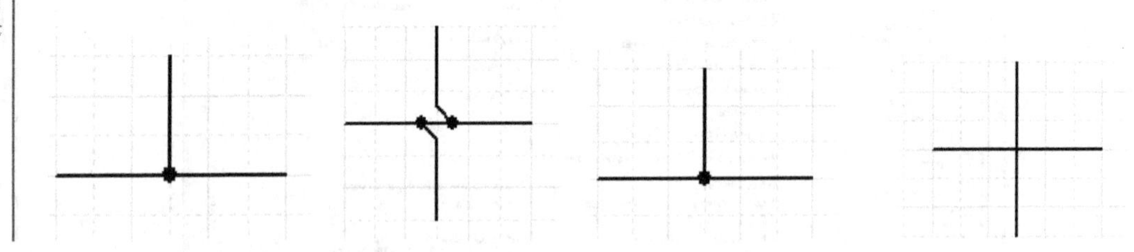

图 3 - 77 连接前后的导线(选中复选框)　　图 3 - 78 连接前后的导线(未选中复选框)

- Display Cross - Overs:选中该选项,则在无连接的十字相交处显示一个拐过的曲线桥,如图 3 - 79 所示。
- Pin Direction:选中该选项后,在原理图中会显示元件引脚的方向,如图 3 - 80 所示。引脚的方向用一个三角符号表示。

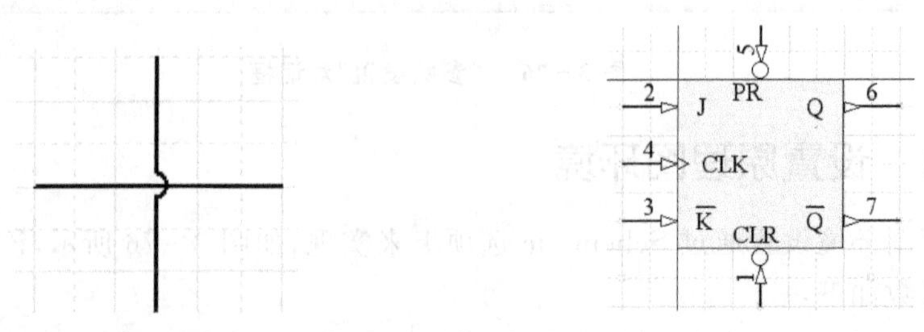

图 3 - 79 十字连接的相关点处的曲线桥　　图 3 - 80 显示元件引脚的方向

- Sheet Entry Direction:选中该选项后,则层次原理图中入口的方向会显示出来,否则只显示入口的基本形状,即双向显示。

➢ Port Direction:选中该选项,则端口属性对话框中的样式(Style)的设置被I/O类型选项覆盖。

➢ Unconnected Left To Right:该选项只有在选择了Port Direction后才有效。若没选中该选项,则原理图中未连接的端口将显示为由左到右的方向。

② Alpha Numeric Suffix:设置多元件流水号的后缀,有些元件内部是由多个元件组成的,比如74LS04就是由6个非门组成,则通过该编辑框就可以设置元件的后缀。

➢ Alpha:选中该单选按钮,则后缀以字母表示,如A、B等。

➢ Numeric:选中该单选按钮,则后缀以数字表示,如1、2等。

③ Pin Margin:设置引脚选项,通过该操作项可以设置元件的引脚号和名称离边界(元件的主图形)的距离。

➢ Name:在该文本框输入数值,可以设置引脚名称离元件边界的距离。

➢ Number:在该文本框输入数值,可以设置引脚号离元件边界的距离。

④ Default Power Object Names:该操作框中各操作项用来设置默认的电源的接地名称。

➢ Power Gound:该文本框用来设置电源地名称,如GND。

➢ Signal Gound:该文本框用来设置信号地名称,如SGND。

➢ Earth:该文本框用来设置地球的名称,如EARTH。

⑤ Include with Clipboard:该操作框的设置项用来设置粘贴和打印的相关属性。

➢ NO-ERC Markers:选中该选项,则复制设计对象到剪贴板或打印时,会包括非ERC标记。

➢ Parameter Sets:选中该选项,则复制设计对象到剪贴板或打印时,会包括参数集。

⑥ Document scope for filtering and selection:该操作框用来选择应用到文档的过滤和选择集的范围,可以分别选择应用到当前文档或任意打开的文档。

⑦ Auto-Increment During Placement:该操作框用来设置放置元件时元件号或元件引脚号的自动增量大小。

➢ Primary:设置该选项的值后,在放置元件时,元件号会按设置的值自动增加。

➢ Secondary:该选项在编辑元件库时有效。设置该项的值后,在编辑元件库时,放置的引脚号会按照设定的值自动增加。

⑧ Default Blank Sheet Size:该操作框用来设置默认的空白原理图纸大小。用户可以在其下拉列表中选择。下一次新建原理图文件时,就会自动选取默认图纸大小。

⑨ Default Template Name:该操作框可以用来设置默认的模板文件。设置了该文件后,下次进行新的原理图设计时,就会调用该模板文件来设置新文件的环境变量。单击Browse按钮,则可以从一个对话框中选择模板文件,单击Clear按钮则清除模板文件。

⑩ Port Cross References：用于设置端口参照类型，包括图纸类型和位置类型两项内容，可单击右侧的下拉按钮 进行设置。

3.11.2　设置图形编辑环境

图形编辑环境设置可以通过 Graphical Editing（图形编辑）选项卡来实现，如图 3－81所示。

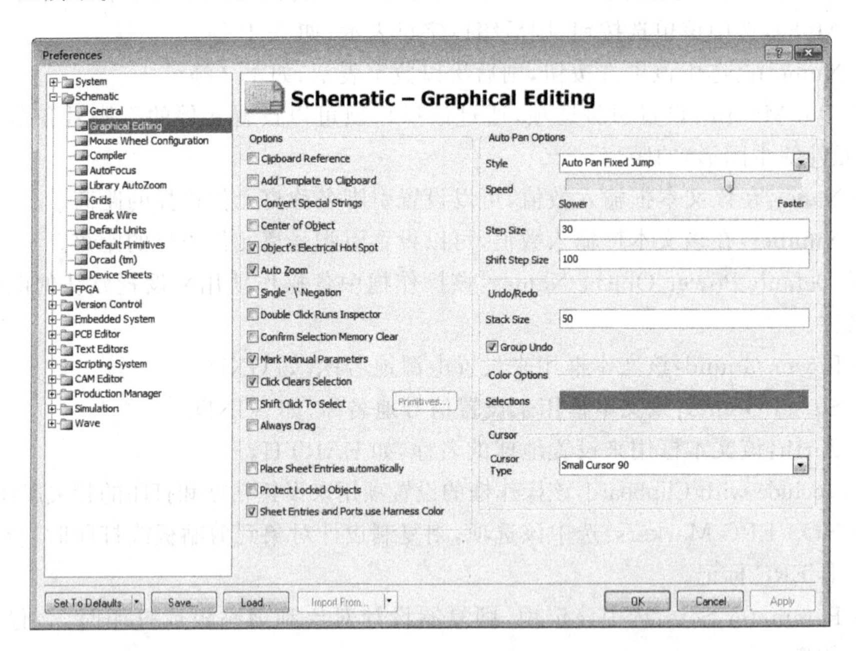

图 3－81　图形编辑选项卡

① Options 选项操作框可用来设置图形编辑环境的一些基本参数，分别介绍如下：

- Clipboard Reference：剪贴板参考，选中该复选框后，则当用户选择 Edit→Copy 或 Cut 菜单项时，将会被要求选择一个参考点，这对于复制一个将要粘贴回原位置的原理图部分很重要。该参考点将是粘贴时被保留部分的点，建议用户选中该复选框。
- Add Template to Clipboard：添加模板到剪贴板，选中该复选框后，当用户选择 Edit→Copy 或 Cut 菜单项时，系统将会把模板文件添加到剪贴印制电路板上。建议用户也选中该复选框，以便保持环境的一致性。
- Convert Special Strings：转换特殊字符串，选中该复选框后，用户将可以在屏幕上看到特殊字符串的内容。
- Center of Object：选中该复选框后，将可以使对象通过参考点或对象的中心进行移动或者拖动。
- Object Electrical Hot Spot：选中该复选框后，将可以使对象通过与对象最近的电气点进行移动或拖动。

➢ Auto Zoom：选中该复选框，则当插入元件时，原理图可以自动实现缩放。

➢ Single '\'Negation：选中该复选框后，则可以用"\"表示某字符为非或负。

➢ Double Click Runs Inspector：选中该复选框后，则在一个设计对象上双击鼠标时，将会激活一个 Inspector(检查器)对话框，而不是"对象属性"对话框。

➢ Confirm Selection Memory Clear：选中该选项后，选择集存储空间可以用于保存一组对象的选择状态。为了防止一个选择集存储空间被覆盖，应该选择该选项。

➢ Mark Manual Parameters：当用一个点来显示参数时，这个点表示自动定位已经被关闭，并且这些参数被移动或旋转。选择该选项则显示这种点。

➢ Click Clears Selection：选中该复选框后，则单击原理图的任何位置就可以取消设计对象的选中状态。

➢ Shift Click To Select：当选择该选项后，则必须使用 Shift 键，同时使用鼠标才能选中对象。

② Color Options：该操作框用来设置所选择的对象和栅格的颜色。

③ Auto Pan Options：该操作框中各操作项用来自动移动参数，即绘制原理时，常常要平移图形，通过该操作框可设置移动的形式和速度。

④ Undo/Redo：设置撤销操作和重操作的最深堆栈次数。设置了该数目后，则用户可以执行此数目的撤销和重操作。

3.12 原理图绘制实例——单片机的 D/A 扩展电路

单片机的 D/A 扩展电路完整电路原理图如图 3-82 所示。

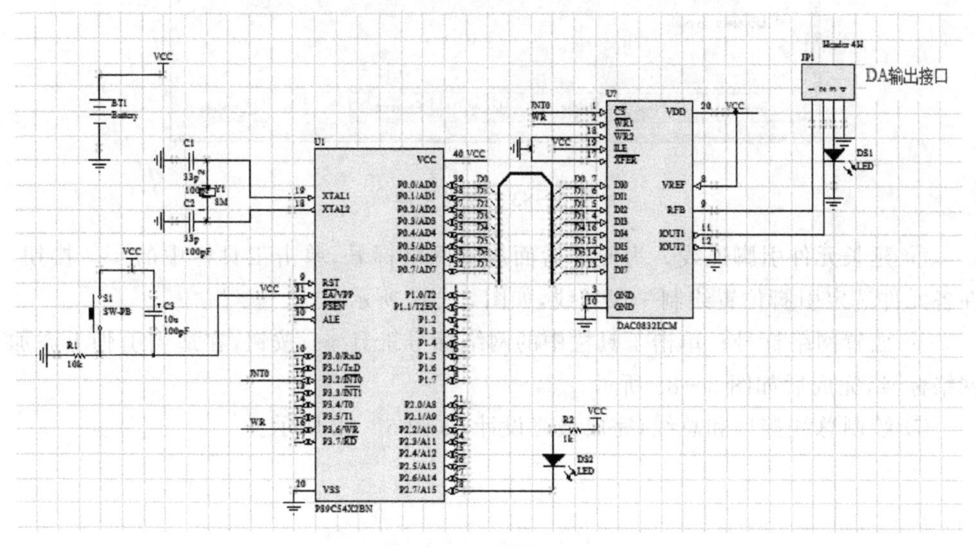

图 3-82 完整原理图

绘制单片机 D/A 扩展电路原理图的步骤如下：

① 新建电路设计项目，命名为 mypcb. PRJPCB 并保存。

② 创建新的原理图文件。在 Protel DXP 2004 文件工作面板中，创建新的原理图文件 mypcb. SCHDOC。

③ 设置工作环境。根据实际电路的复杂程度来设置图纸的大小，本例将电路原理图大小设置为常用的 A4 纸张大小。

④ 添加元件库和放置元件。根据需要放置元件，并添加所需元件相应的元件库。放置 P89C54X2BN 单片机、8 位 D/A 转换集成芯片 DAC0832LCM 及外围必要的元件，单击工具栏按钮或右侧工作区面板中的 Libraries，在弹出界面中单击 Search... 按钮，然后按 Advanced 按钮进入元件搜索界面，如图 3-83 所示。输入所需元件名称，单击左下角 Search 按钮进入搜索过程，得到如图 3-84 所示的结果。选择所需类型元件并放置，单击 Place P89C54X2BN 按钮后弹出如图 3-85 所示的界面，提示是否安装该元件所在的元件库，根据需要进行选择。按照同样方法放置其他元件和电源符号，并进行布局，如图 3-86 所示。

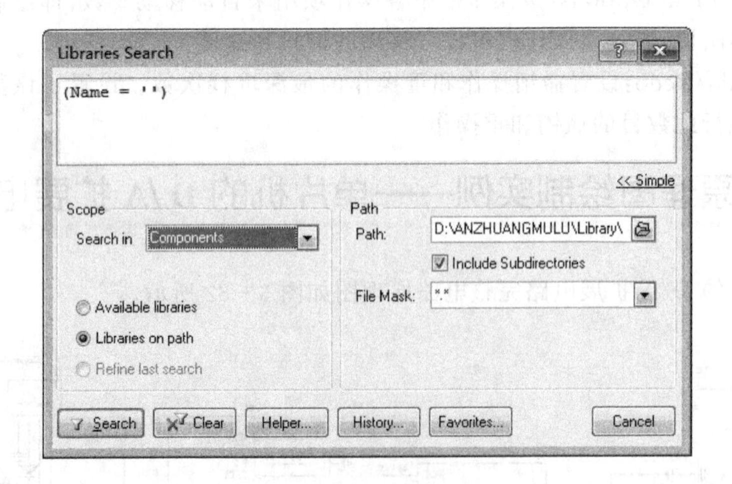

图 3-83　查找元件

⑤ 延长元件引脚连线。为便于后面放置网络标号，单击工具栏中的按钮，在各元件选定引脚位置绘制一段导线，如图 3-87 所示。

⑥ 放置网络标号。单击工具栏中的网络标号工具 Net 按钮，在适当引脚上添加网络标号，完成后如图 3-88 所示。

⑦ 绘制总线接口和总线，完成最终设计，如图 3-82 所示。

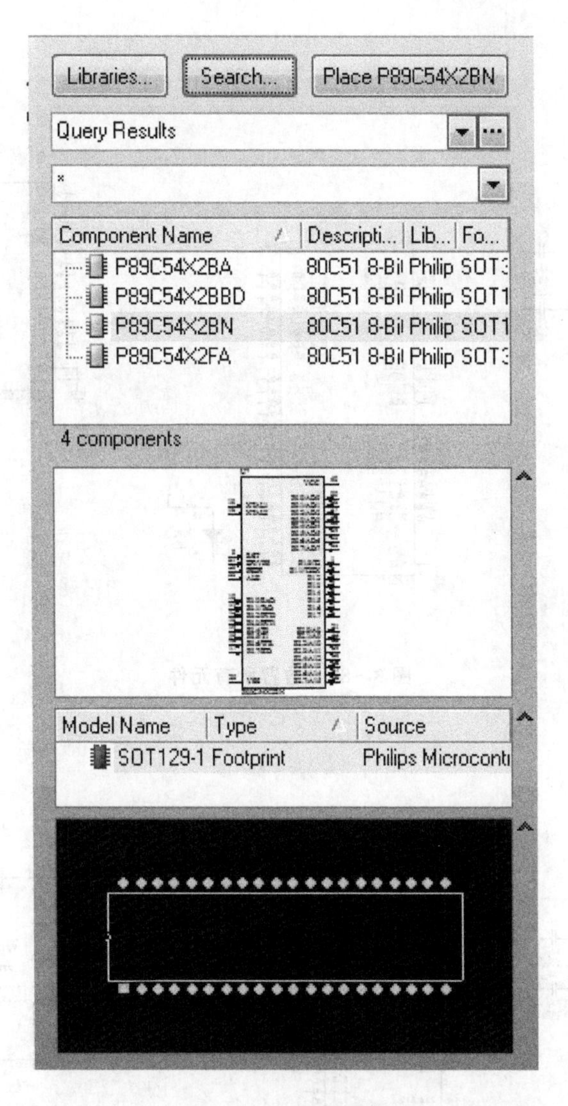

图 3-84　放置元件

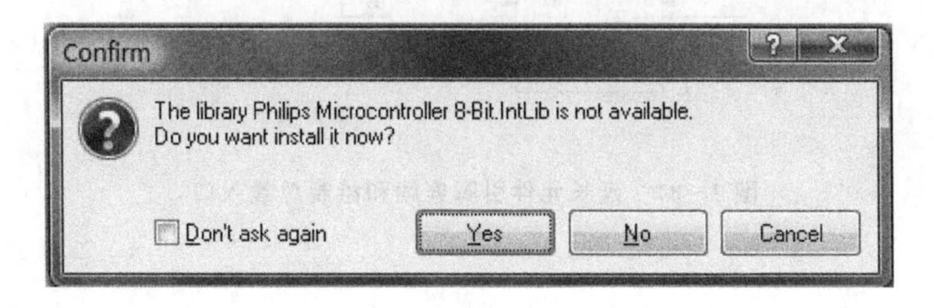

图 3-85　添加元件库

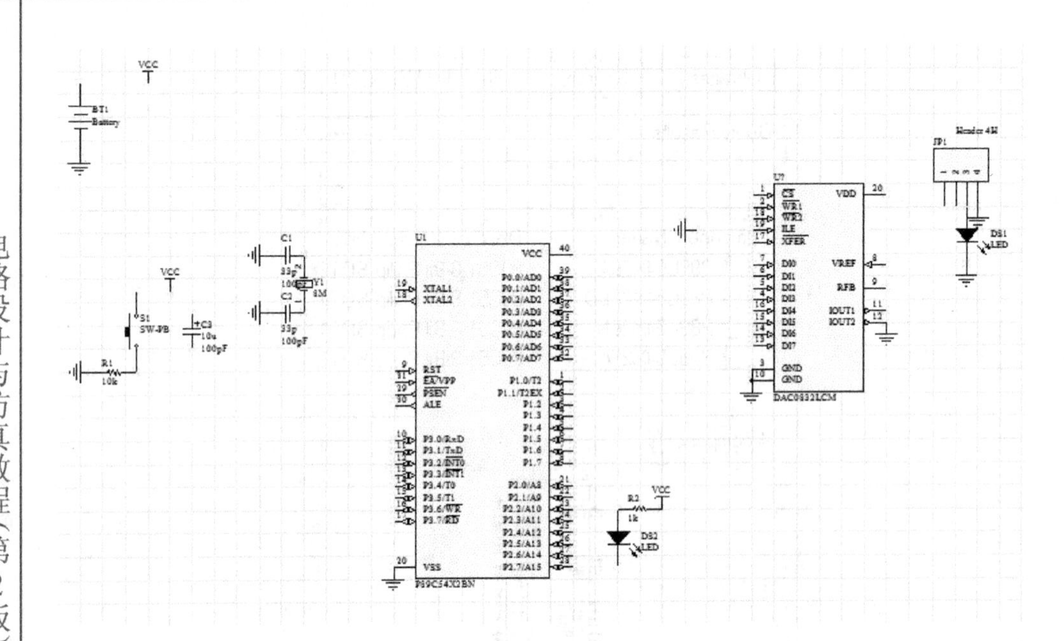

图 3－86　放置所有元件

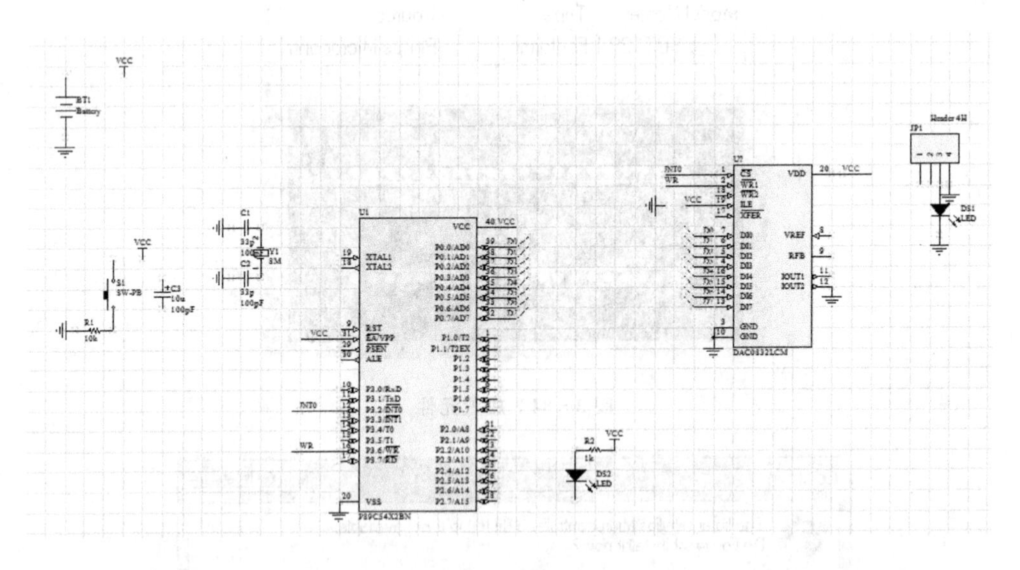

图 3－87　延长元件引脚连线和绘制总线入口

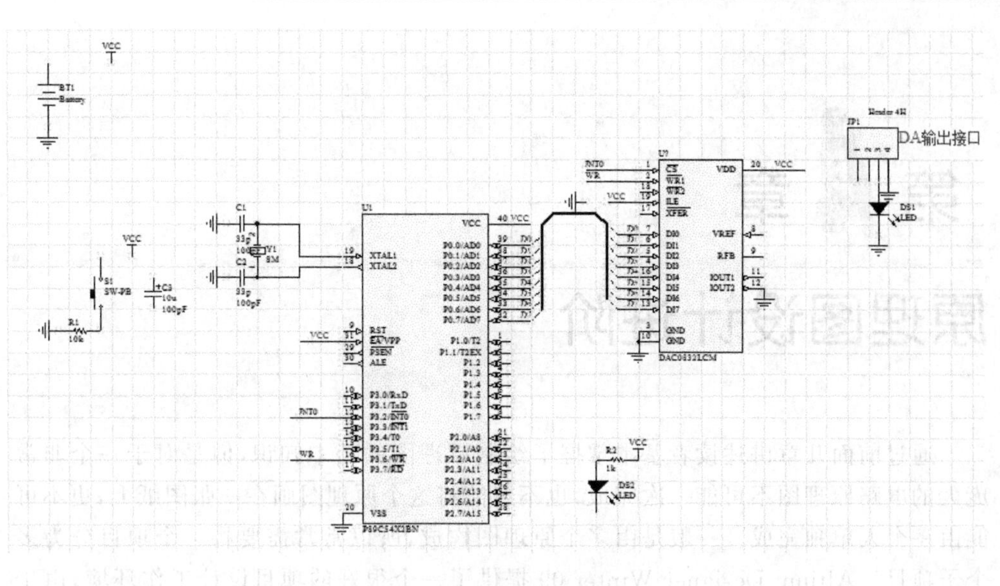

图 3-88　绘制总线

练习题

3.1　电路原理图设计不仅是整个电路设计的第一步，也是电路设计的根基。写出电路原理图的一般设计流程。

3.2　在 Altium Designer Winter 09 中，电路原理图中所放置的对象可分为哪几类?

3.3　在 Altium Designer Winter 09 中，绘制如图 3-89 所示的数码显示管。

3.4　请练习绘制如图 3-90 所示的电路原理图。

3.5　放置元件有哪些方法?

3.6　如何调用自己制作的模板?

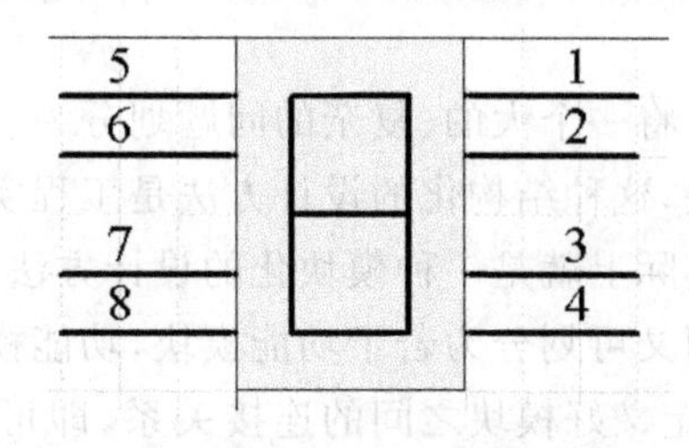

图 3-89　题 3.3

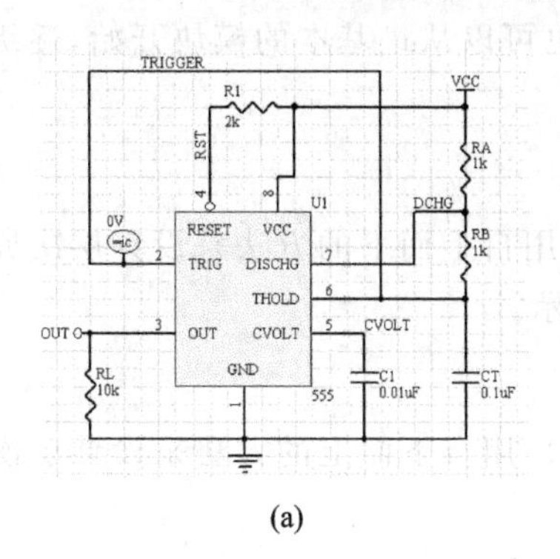

(a)

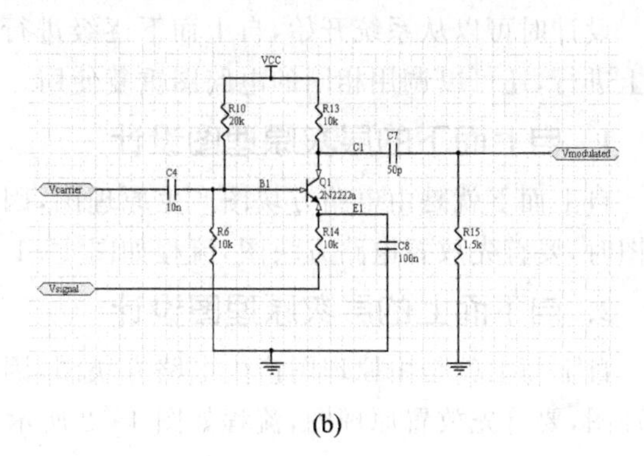

(b)

图 3-90　题 3.4

第4章

原理图设计进阶

通过前面几章讲述读者基本掌握了绘制原理图的基本知识，但是对于一个非常庞大的电路原理图不可能一次完成，也不可能将这个原理图画在一张图纸上，更不可能由一个人单独完成。一般是由多个原理图构成，所以常常需要将一个项目分为多个子项目。Altium Designer Winter 09 提供了一个很好的项目设计工作环境，由于网络的广泛应用，整个项目可以多层次并行设计，使得设计进程大大加快。本章就主要讲述层次原理图的设计。

4.1 层次原理图的设计方法

将一个大的、复杂的问题划分为若干个容易解决的子问题，然后分而治之，逐个解决，这种结构化的设计方法是工程实践中经常使用的手段。层次原理图的设计方法实际上就是一种模块化的设计方法。用户可以将系统划分为多个子系统，子系统下面又可划分为若干功能模块，功能模块再细分为若干个基本模块。设计好基本模块、定义好模块之间的连接关系，即可完成整个设计过程。Altium Designer Winter 09 提供了强大的层次原理图功能，整张大图可以分成若干张子图，某张子图还可以进一步细分。同一个工程中可以包含无限分层深度的无限张子图。

设计时可以从系统开始，自上而下逐级进行，也可以从最基本的模块开始，逐级向上进行，还可以调用相同的电路图重复使用。

1. 自上而下的层次原理图设计

自上而下就是由电路方块图产生原理图，因此用自上而下的方法来设计层次原理图时，要首先放置电路方块图，流程如图 4-1 所示。

2. 自下而上的层次原理图设计

自下而上就是由原理图产生电路方块图，因此采用自下而上的方法来设计层次原理图，要首先放置原理图，流程如图 4-2 所示。

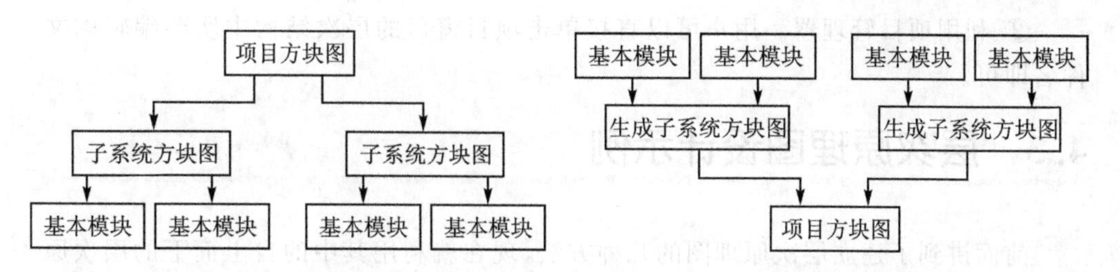

图 4-1　自上而下的层次原理图设计流程　　**图 4-2　自下而上的层次原理图设计流程**

3. 多通道层次原理图的设计方法

Altium Designer 引入了一个多通道设计系统，可以支持与其他通道相嵌的通道设计。许多设计包含重复的电路，一块电路板可能会重复使用一个模块 30 多次，也许会包含 4 个一样的子模块，每个子模块又有 8 个子通道。设计人员必须努力使这种设计在原理图级与 PCB 布线关联起来。尽管简单的重复和粘贴原理图部分是相当容易的，但是修改或更新这些原理图部分会带来很繁重的任务。Altium Designer 提供了一个真正的多通道设计，意味着用户可以在项目中重复引用一个原理图部分。如果需要改变这个被引用的原理图，只需要修改一次即可。无论如何，Altium Designer 不但支持多通道设计，而且还支持多通道的嵌套。典型的多通道层次原理图如图 4-3 所示。

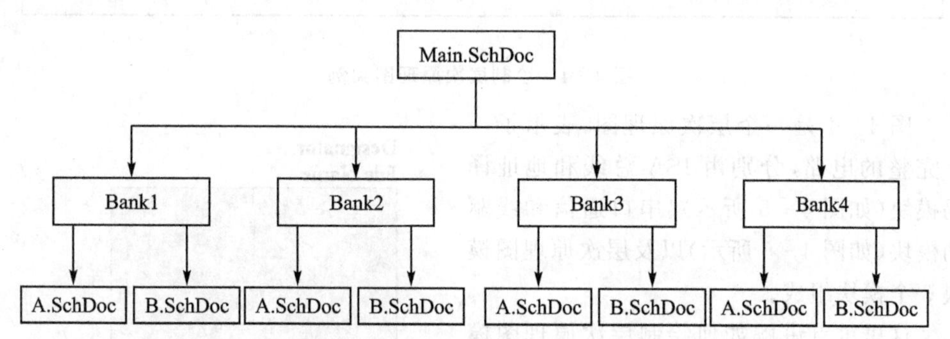

图 4-3　重复性层次原理图的示意图

4.2　不同层次电路之间的切换

在同时读入或编辑层次电路的多张原理图时，不同层次电路图之间的切换是必不可少的。切换的方法如下：

① 选择 Tools→Up/Down Hierarchy 菜单项，或单击主工具栏的 按钮，于是，光标变成了十字形状。如果是上层切换到下层，则只须移动光标到下层方块电路的某个端口上并单击，即可进入下一层。如果是下层切换到上层，只须移动光标到上层方块电路的某个端口上并单击，即可进入上一层。

② 利用项目管理器。用户可以直接单击项目窗口的层次结构中所要编辑的文件名即可。

4.3　层次原理图设计示例

前面讲到了建立层次原理图的几种方法，现在就利用其中的自上而下的层次原理图设计方法，以图 4-4 为例，详细介绍绘制层次原理图的一般过程。

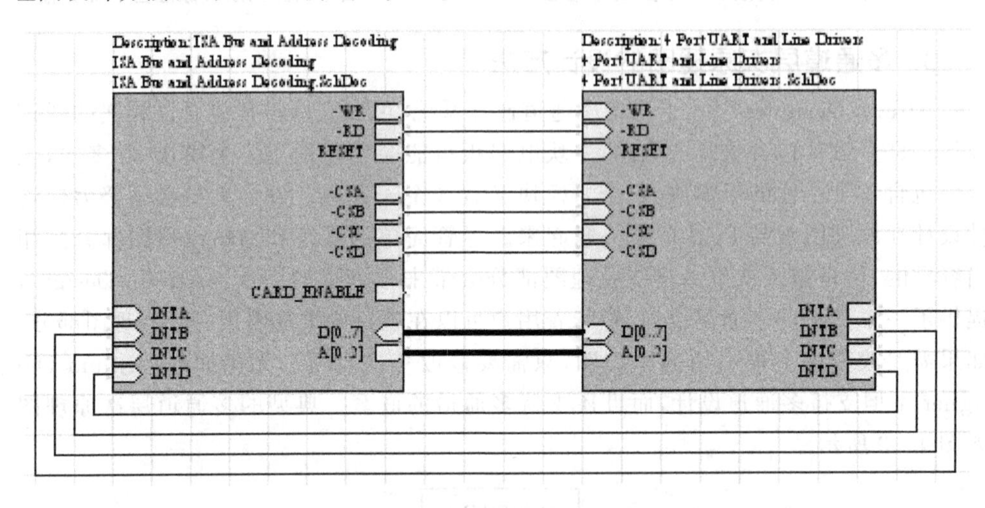

图 4-4　绘制层次原理图实例

图 4-4 是一个层次原理图，表示了一张完整的电路，分别由 ISA 总线和地址译码模块(如图 4-5 所示)、串口通信和线驱动模块(如图 4-6 所示)以及层次原理图模块 3 个模块组成。

这里重点讲解如何绘制层次原理图模块，该模块图的作用就是将各子模块连接起来，形成一个完整的原理图。

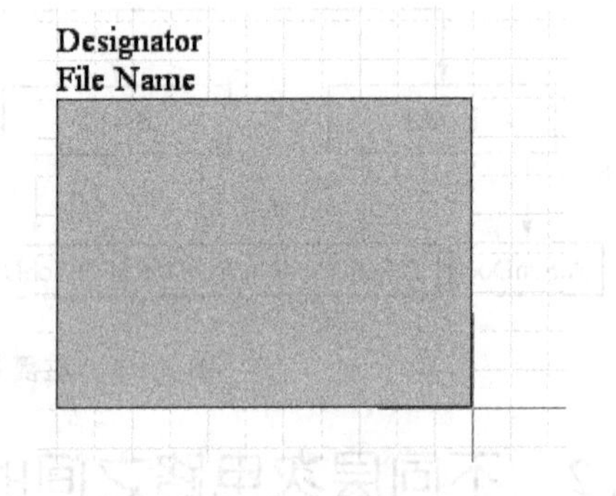

图 4-5　放置方块电路的状态

绘制层次原理图的一般步骤如下：

① 启动原理图设计管理器，建立一个名为 Port Serial Interface. SchDoc 的层次原理图文件。

② 在工作平面上打开布线工具栏(Wiring Tools)，执行绘制方块电路命令，即单击 Wiring Tools 中的 按钮或选择 Place→Sheet Symbol 菜单项。

③ 执行该命令后，光标变成十字形状并带着方块电路，如图 4-7 所示。

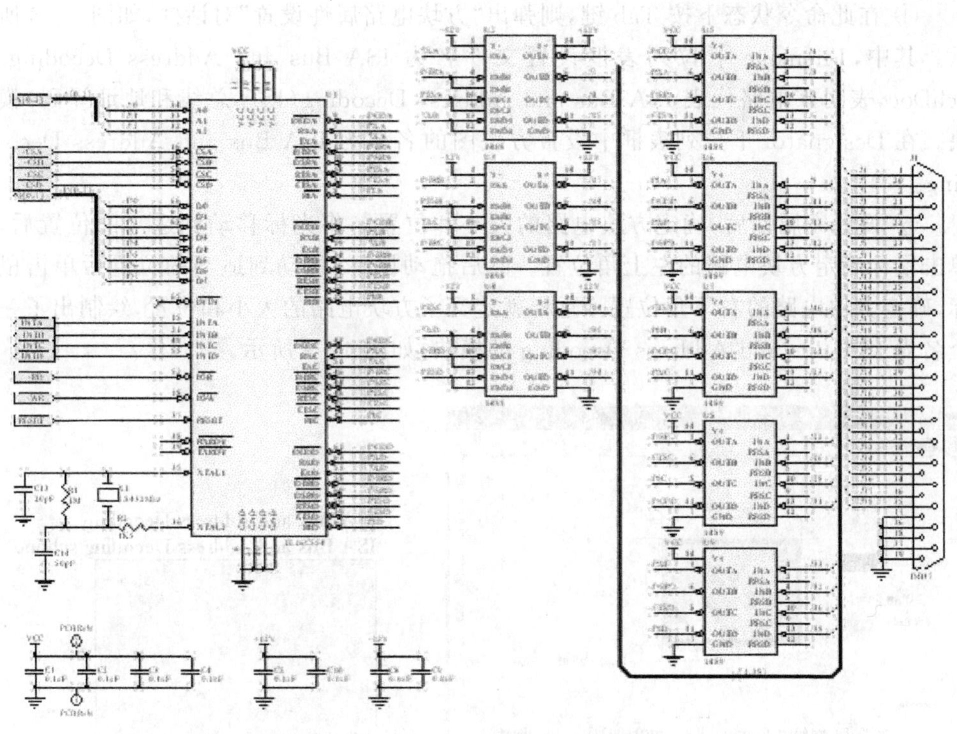

图 4－6　ISA 总线和地址译码模块

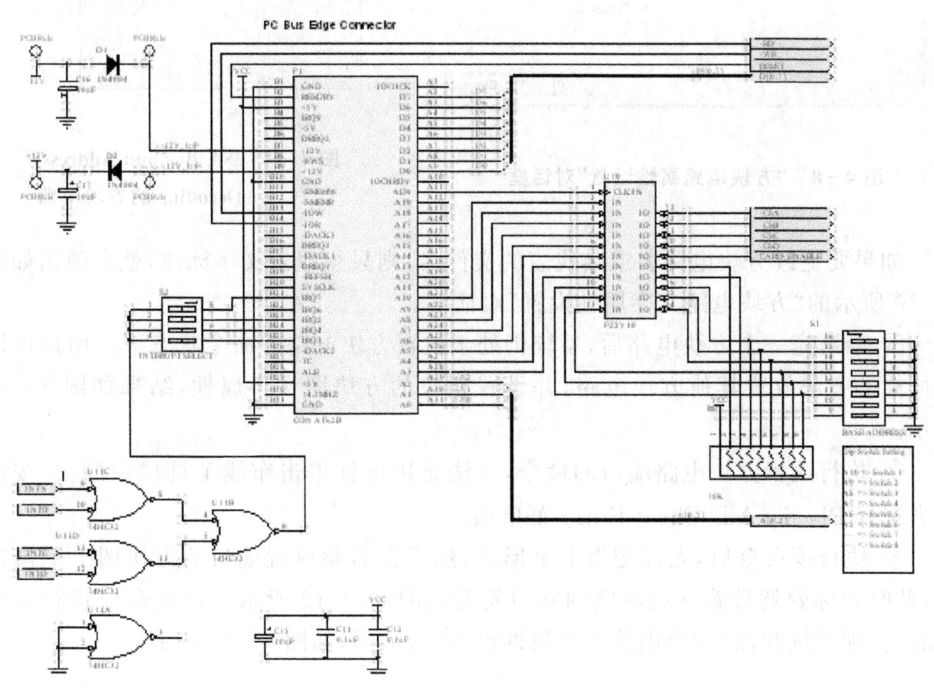

图 4－7　串口通信和线驱动

④ 在此命令状态下按 Tab 键,则弹出“方块电路属性设置”对话框,如图 4－8 所示。其中,Filename 下拉列表框设置文件名为 ISA Bus and Address Decoding. SchDoc,表明该电路代表 ISA Bus and Address Decoding(ISA 总线和地址译码)模块。在 Designator 下拉列表框中设置方块图的名称为 ISA Bus and Address Decoding。

⑤ 设置完属性后,确定方块电路的大小和位置。将光标移动到适当的位置后,单击鼠标确定方块电路的左上角位置。然后拖动鼠标,移动到适当的位置后单击鼠标,确定方块电路的右下角位置。这样就定义了方块电路的大小和位置,绘制出了一个名为 ISA Bus and Address Decoding 的模块,如图 4－9 所示。

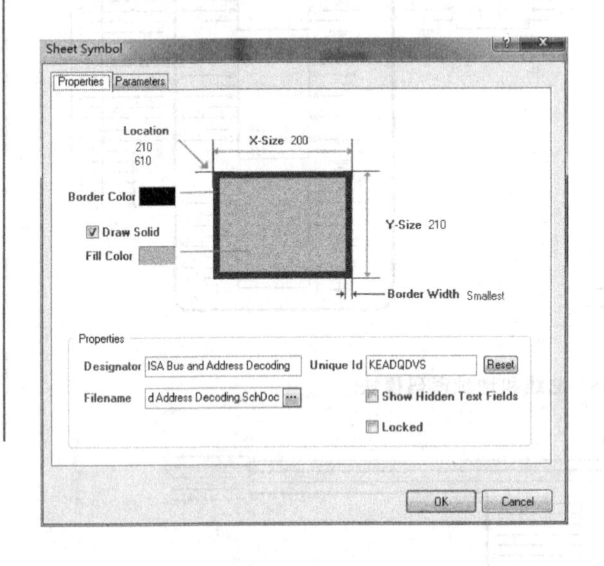

图 4－8　“方块电路属性设置”对话框

ISA Bus and Address Decoding
ISA Bus and Address Decoding.schdoc

图 4－9　ISA Bus and Address Decoding 的方块电路

如果要更改方块电路名或其代表的文件名,则只须双击文字标注,就会弹出如图 4－10 所示的“方块电路文字属性设置”对话框。

⑥ 绘制完一个方块电路后,系统仍处于放置方块电路的命令状态下。用户可以用同样的方法放置其他方块电路,并设置相应的方块图文字属性,结果如图 4－11 所示。

⑦ 执行放置方块电路端口的命令,方法是用鼠标单击布线工具栏中的 按钮或者选择 Place→Add Sheet Entry 菜单项。

⑧ 执行该命令后,光标变为十字形状,然后在需要放置端口的方块图上单击鼠标,此时光标处就带着方块电路的端口符号,如图 4－12 所示。在此命令状态下按 Tab 键,则系统弹出“方块电路端口属性设置”对话框,如图 4－13 所示。

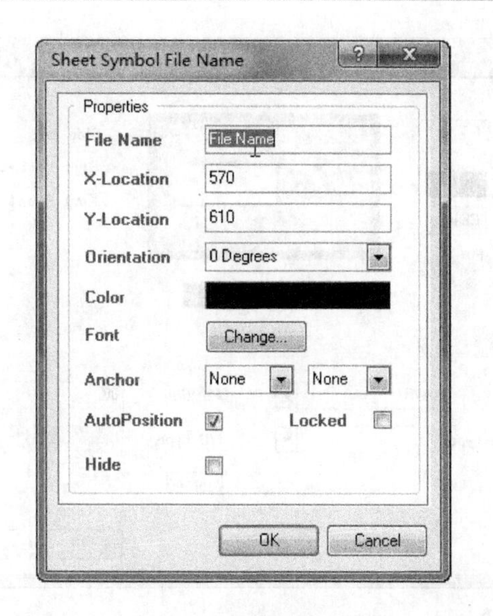

图 4-10 "方块电路文字属性设置"对话框

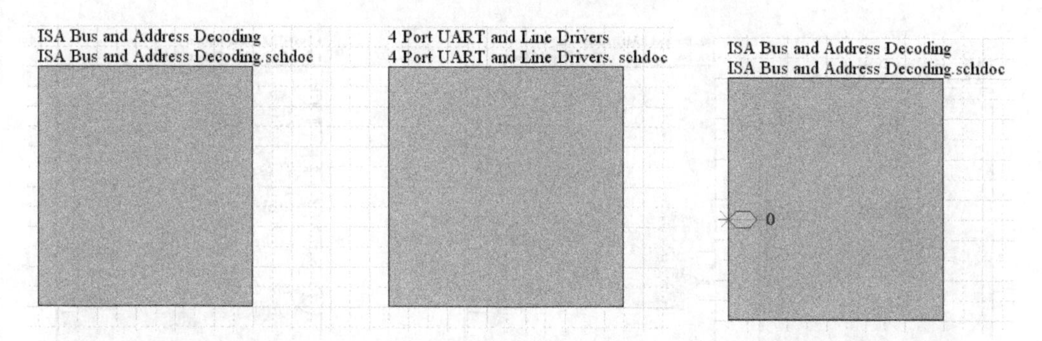

图 4-11 绘制完所有的方块电路

图 4-12 放置方块电路 I/O 端口的状态

在该对话框中,将端口名(name)下拉列表框设置为-WR,即将端口名设为写选通信号;I/O Type 选项有不指定(Unspecified)、输出(Output)、输入(Input)和双向(Bidirectional)4 种。这里设置为 Output,即可将端口设置为输出;端部形状(Side)设置为 Right。

⑨ 设置完属性后,将光标移动到适当的位置后单击鼠标将其定位,如图 4-14 所示。同样根据实际电路的安排,在此模块上放置其他端口,重复上述操作,设置其他方块电路,如图 4-15 所示。

通过上述步骤,我们就建立了一个层次原理图。

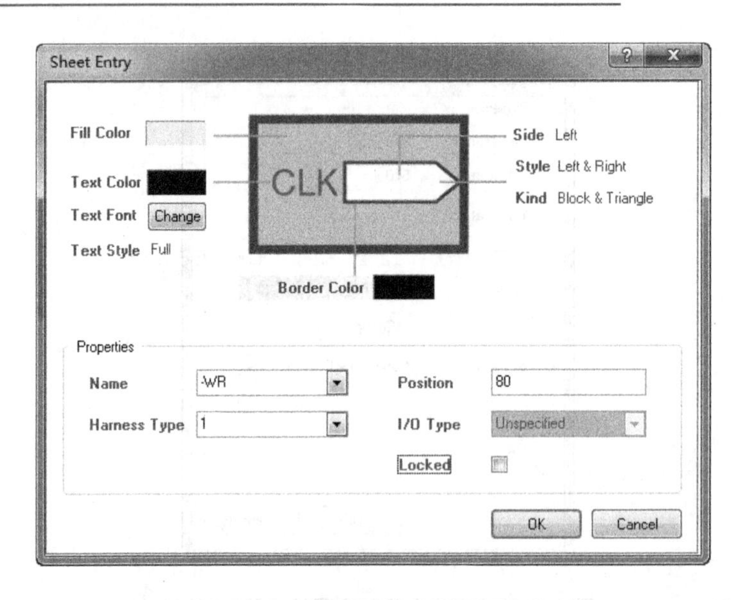

图 4-13　“方块电路端口属性设置”对话框

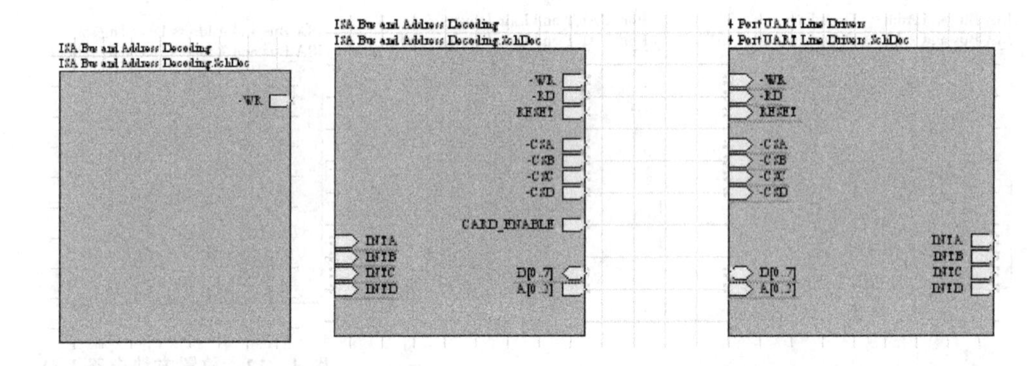

图 4-14　放置完一个端口　　　　图 4-15　放置完所有端口的原理图

4.4　由方块电路符号产生新原理图的 I/O 端口符号

采用自上而下的设计层次原理图方法时,应先建立方块电路,再制作该方块电路对应的原理图文件。而制作原理图时,其 I/O 端口符号必须和方块电路上的 I/O 端口符号相对应。Altium Designer 提供了一条捷径,即由方块电路符号直接产生原理图文件的端口符号。

以图 4-16 为例,介绍其一般步骤:

① 选择 Design→Create sheet From Sheet 菜单项,则光标变成了十字形状,移动光标到方块电路 CPU 上,如图 4-17 所示。

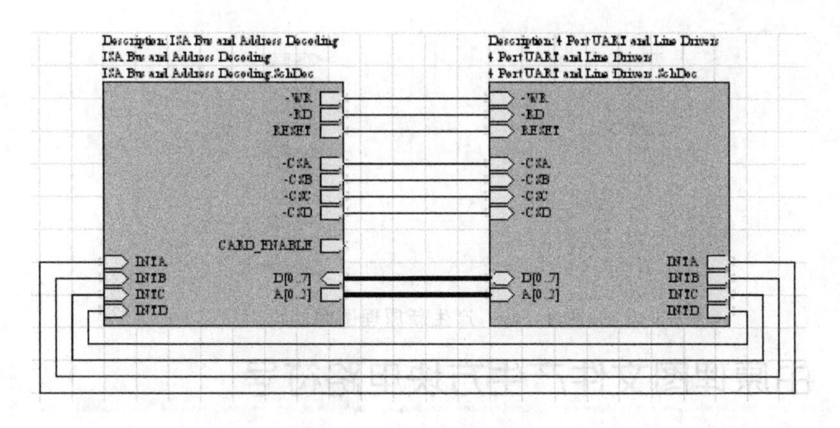

图 4-16　层次原理图

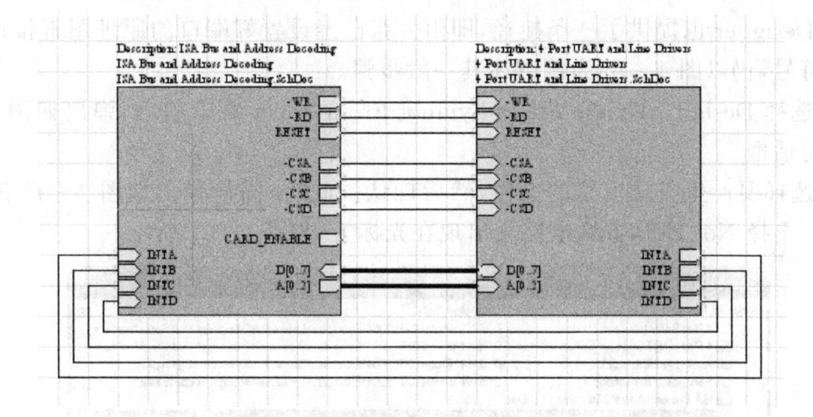

图 4-17　移动光标至方块电路

② 如果单击鼠标,则弹出现如图 4-18 所示的对话框。单击 Yes 按钮,则产生与原来方块电路中相反的 I/O 端口的电气特性,即输出变为输入。单击图 4-18 的 No 按钮所产生的 I/O 端口电气特性与原来的方块电路中相同,即输出仍为输出。这里单击 No 按钮,则 Altium Designer 自动生成一个文件名为 ISA Bus and Address Decoding. SchDoc 的原理图文件,并布置好 I/O 端口,如图 4-19 所示。

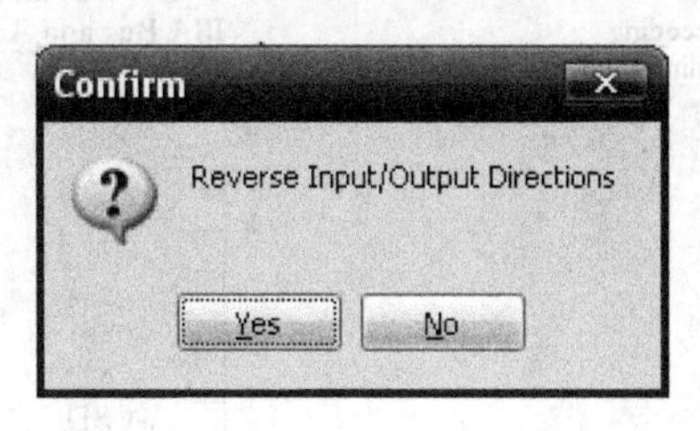

图 4-18　"确认端口 I/O 属性"对话框

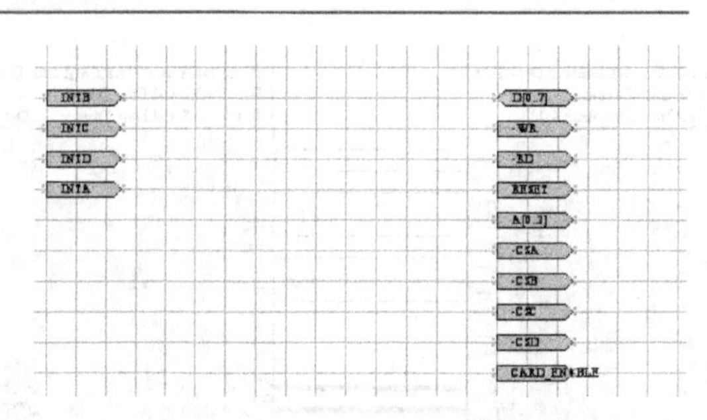

图 4-19　产生新原理图的端口

4.5　由原理图文件产生方块电路符号

如果设计中采用自下而上的设计方法，则应先设计原理图，再设计方块电路。Altium Designer 也提供了一条捷径，即由一张已经设置好端口的原理图直接产生方块电路符号，仍以图 4-16 为例讲述其一般步骤。

① 选择 Design→Create Sheet Symbol From Sheet 菜单项，则弹出如图 4-20 所示的对话框。

② 选择要产生方块电路的文件，然后确认。此时，同样弹出如图 4-18 所示的对话框。选择 No 按钮，方块电路会出现在光标上，如图 4-21 所示。

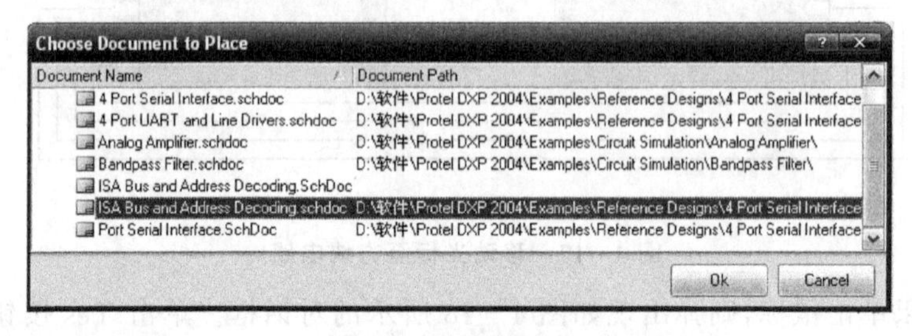

图 4-20　选择产生方块电路的文件

③ 移动光标至适当位置，按照前面放置方块电路的方法，单击鼠标将其定位，则可自动生成名为 ISA Bus and Address Decoding 的方块电路，如图 4-22 所示。

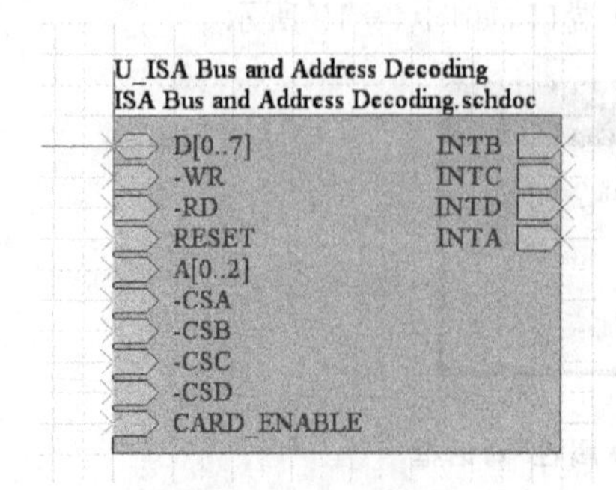

图 4-21　由原理图文件产生的方块电路符号的

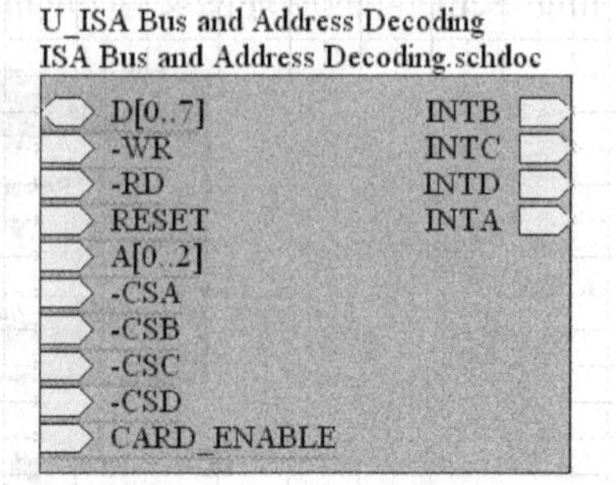

图 4-22　产生的方块电路

注意:不要改动生成的方块电路的 Filename,否则方块图与原理图就不对应。

本章介绍了有关层次原理图的一些概念和操作,读者可以在实际应用中不断摸索,逐步掌握层次原理图的设计技巧。

练习题

4.1　练习绘制如图 4-23 所示的电路原理图,(依次保存为 a)CPU.Sch、b)Power.Sch、c)CPUclk.Sch、d)PPL.Sch、e)Serial.Sch、f)Sbandclk.Sch、g)Memory.Sch),并以它们为子图绘制图 4-24 所示的层次原理图,即自上而下的方式。

4.2　设计层次原理图的方法有几种,对应的流程是怎样的?

4.3　请回答层次原理图的主要作用,并体会本书介绍的几种建立层次原理图的方法。

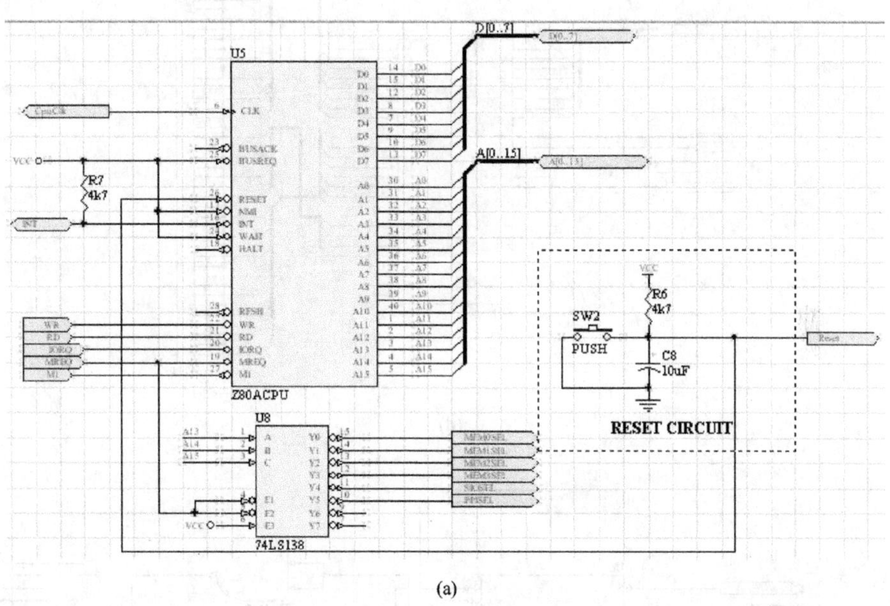

(a)

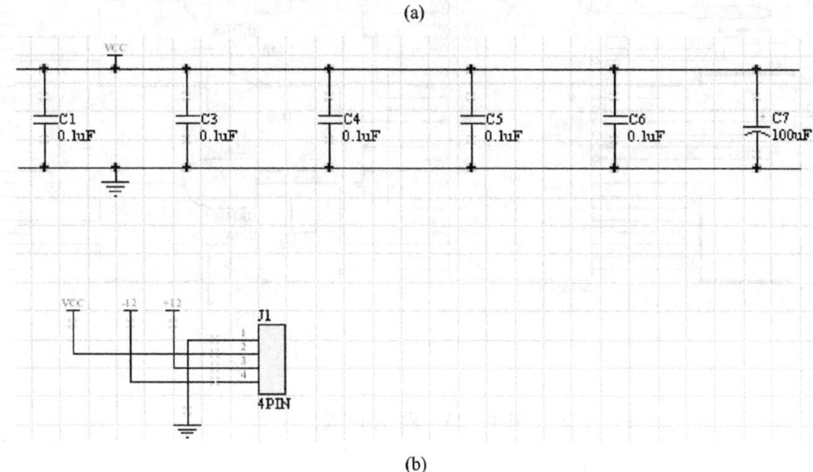

(b)

图 4-23　题 4.1

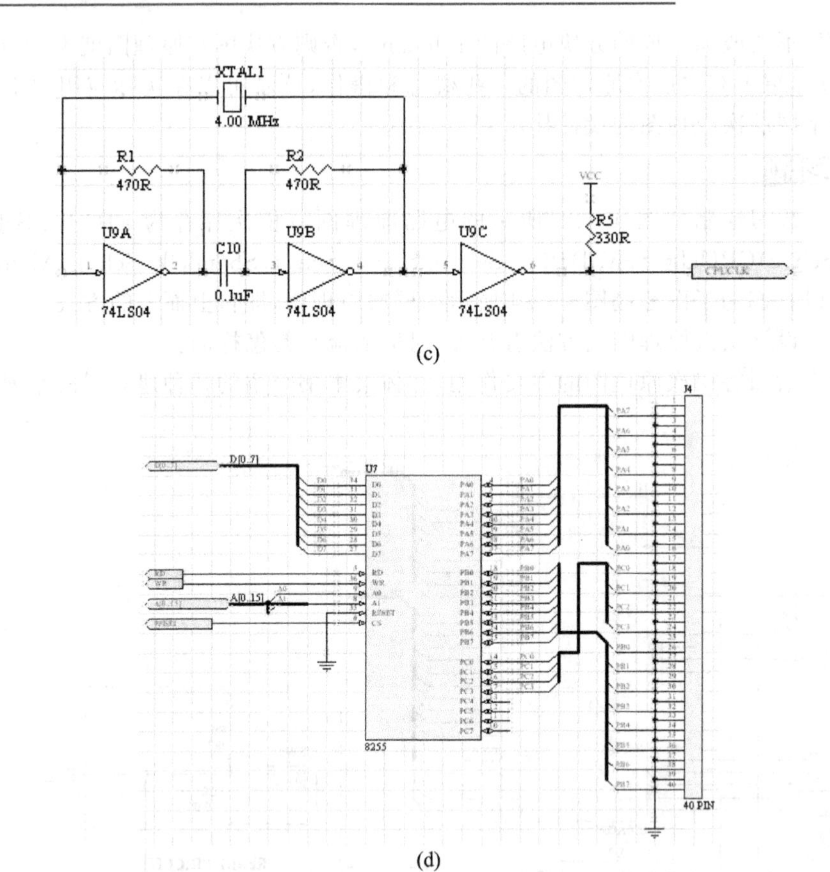

(c)

(d)

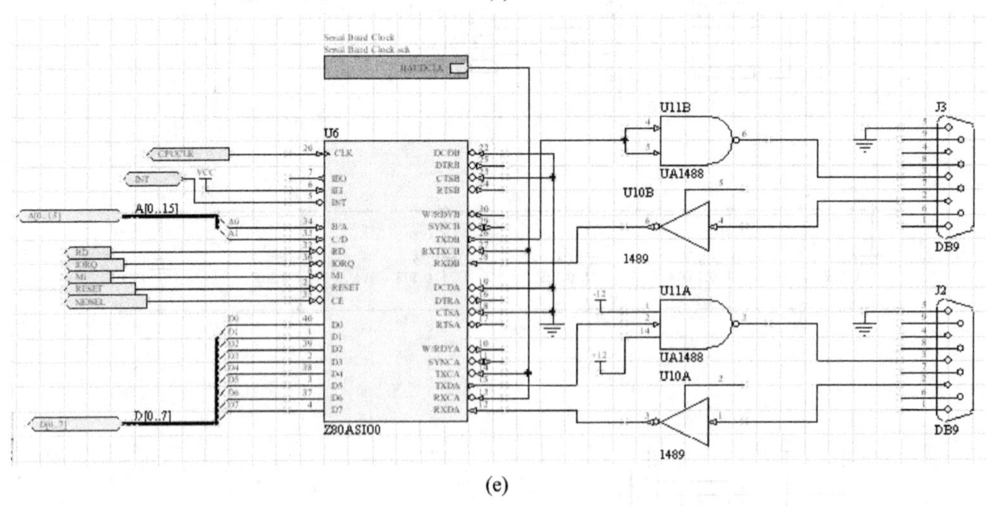

(e)

图 4-23　题 4.1(续)

Altium Designer Winter 09
电路设计与仿真教程(第2版)

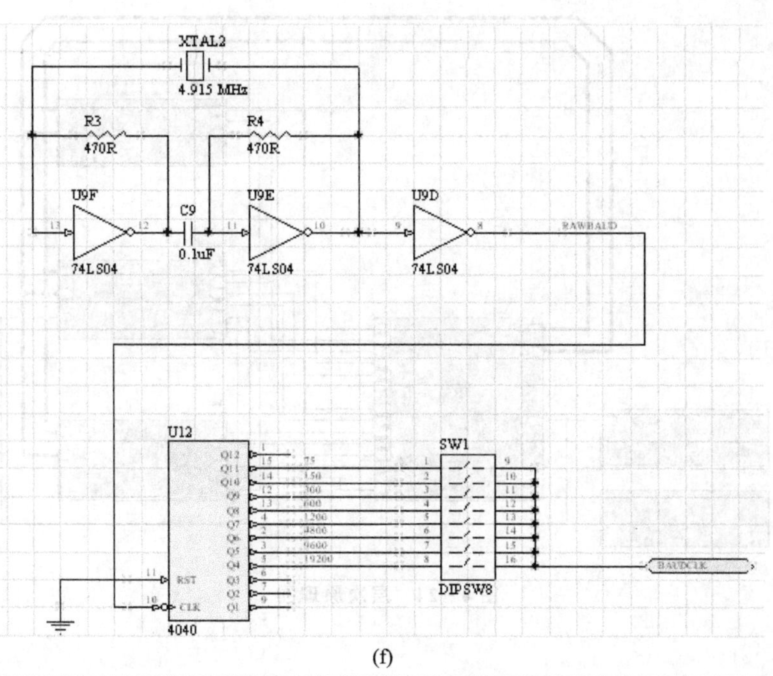
XTAL2
4.915 MHz
R3
470R
R4
470R
U9F
U9E
U9D
C9
0.1uF
74LS04
74LS04
74LS04
RAWBAUD
U12
SW1
DIPSW8
4040
BAUDCLK
RST
CLK

(f)

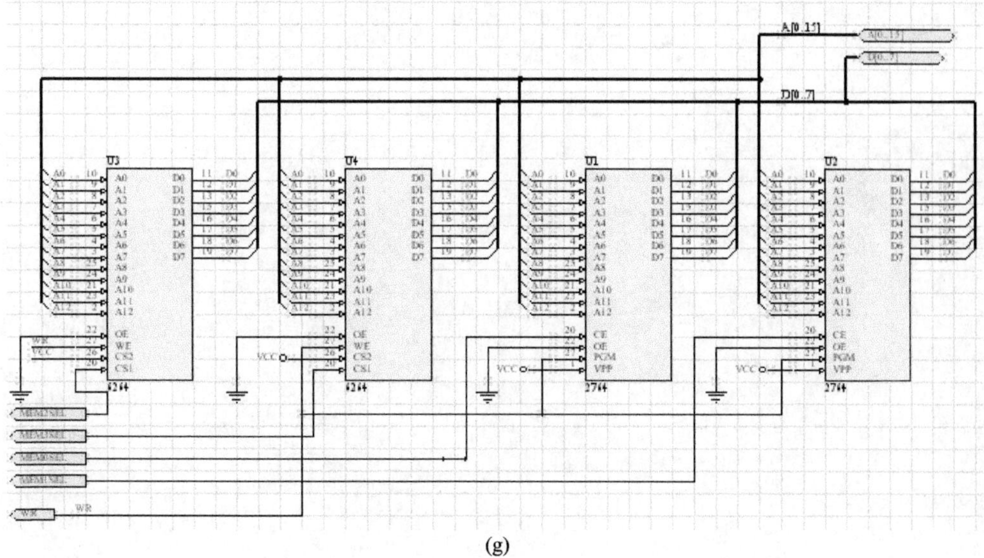
A[0..15]
D[0..7]
U3
U4
U1
U2
6264
6264
2764
2764
VCC
WR

(g)

图 4-23 题 4.3(续)

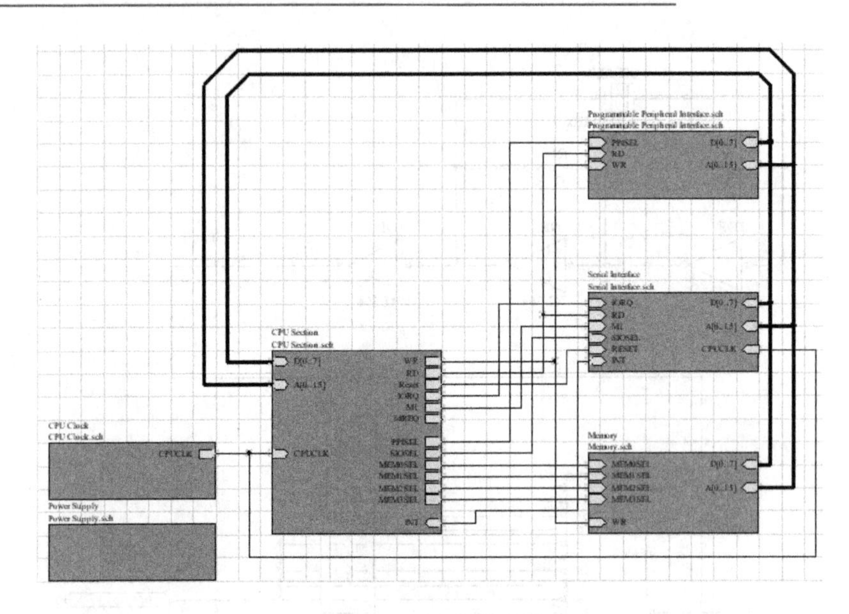
Programmable Peripheral Interface.sch
Programmable Peripheral Interface.sch
PPISEL
RD
WR
D[0..7]
A[0..15]
Serial Interface
Serial Interface.sch
IORQ
RD
M1
SIOSEL
RESET
INT
D[0..7]
A[0..15]
CPUCLK
CPU Section
CPU Section.sch
D[0..7]
A[0..15]
CPUCLK
WR
RD
Reset
IORQ
M1
MREQ
PPISEL
SIOSEL
MEM0SEL
MEM1SEL
MEM2SEL
MEM3SEL
INT
CPU Clock
CPU Clock.sch
CPUCLK
Power Supply
Power Supply.sch
Memory
Memory.sch
MEM0SEL
MEM1SEL
MEM2SEL
MEM3SEL
WR
D[0..7]
A[0..15]

图 4 - 24　层次原理图

第5章

电气规则检查、报表文件生成及原理图打印

Altium Designer Winter 09 在产生网络表之前，需要测试用户设计的电路原理图信号的正确性，这可以通过检查电气规则来实现。进行电气规则的测试，可以找出原理图中的一些电气连接方面的错误。电气规则检查之后，就可以生成网络表、元件列表、元件交叉参考列表等报表，以便于后面的 PCB 印制电路板的制作。

5.1 电气规则检查

前面讲述了如何绘制原理图，但是设计原理图的最终目的是获得 PCB，所以在绘制原理图后，还需要对原理图的连接进行检查，然后进入 PCB 的设计。

5.1.1 设置电气连接检查规则

Altium Designer 设置电气连接检查规则是在项目选项设置中完成的。在原理图完成后，可以选择 Project→Project Options 菜单项，然后在弹出的如图 5-1 所示对话框的 Error Reporting 和 Connection Matrix 选项卡中设置检查规则。

1. 设置错误报告

Options for Project（项目选项设置）对话框中的 Error Reporting（错误报告）选项卡用于设计草图检查，如图 5-1 所示。

① Violation Type Description（规则违反类型描述）表示设置的规则违反类型。

② Report Mode（报告模式）表明违反规则的严格程度。如果要修改 Report Mode，可单击需要修改的违反规则对应的 Report Mode，并从下拉列表框中选择严格程度。

2. 设置电气连接矩阵

Options for Project（项目选项设置）对话框中的 Connection Matrix（连接矩阵）

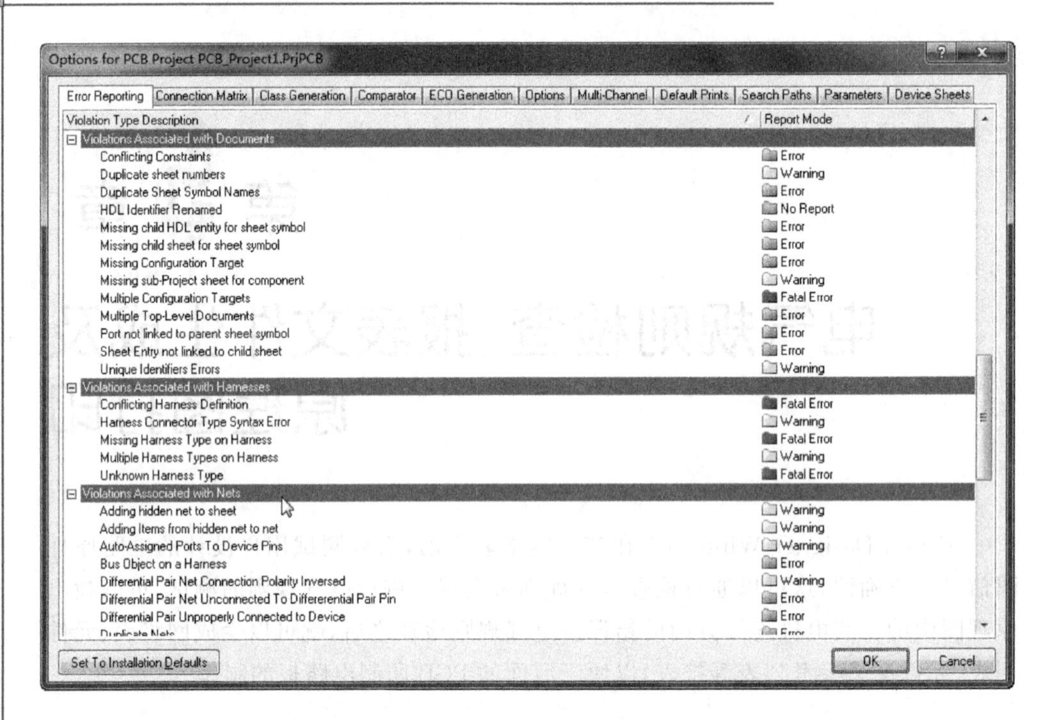

图 5－1　Error Reporting(错误报告)选项卡

选项卡(如图 5－2 所示)显示的是错误类型的严格性,它将在设计中运行错误报告检

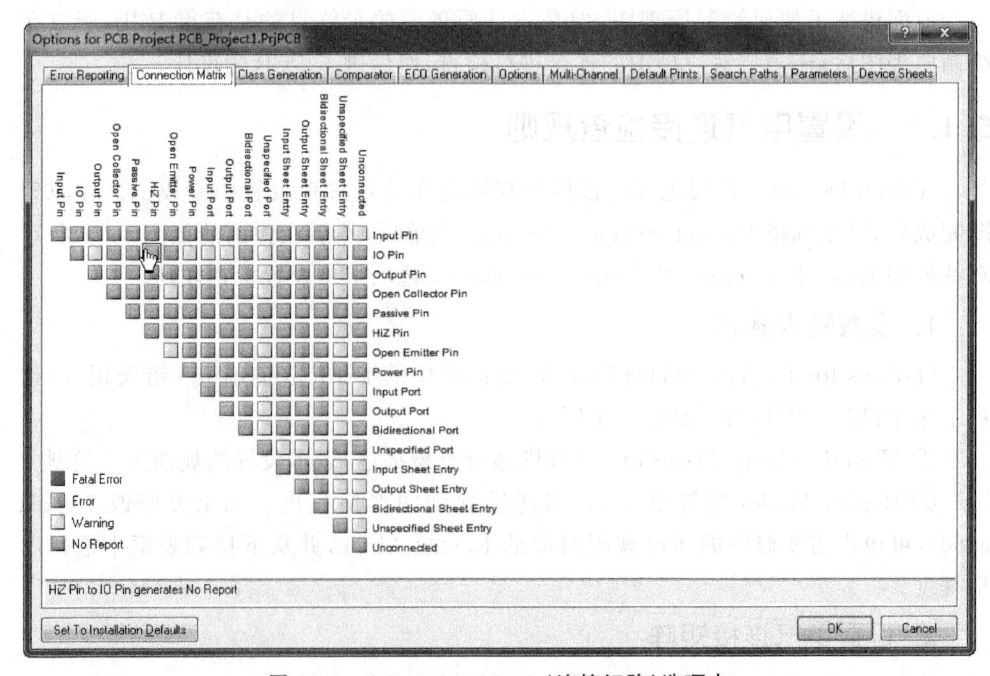

图 5－2　Connection Matrix(连接矩阵)选项卡

查电气连接时产生。这个矩阵给出了一个在原理图中不同类型的连接点以及是否被允许的图表描述。

例如，先在矩阵图的右边找到 Output Pin，再从这一行找到 Open Collector Pin 列。在它们的相交处是一个橙色的方块，表示在原理图中从一个 Output Pin 连接到一个 Open Collector Pin 的颜色将在项目被编辑时启动一个错误条件。

这里还可以用不同的错误程度来设置每一个错误类型，例如对某些非致命的错误不予报告，修改连接错误的操作方式如下：

① 选择 Options for Project 对话框的 Connection Matrix 选项卡，如图 5－2 所示。

② 单击两种类型连接的相交处的方块。

③ 在方块变为图例中 Error 表示的颜色时停止单击，例如一个橙色方块表示一个错误。检查电气规则时，如果出现橙色，则表明存在这样的错误连接。

5.1.2 检查结果报告

当设置了需要检查的电气连接以及检查规则后，就可以对原理图进行检查了。Altium Designer 检查原理图是通过编译项目来实现的，编译的过程中会对原理图进行电气连接和规则检查。编译项目的操作步骤如下：

① 打开需要编译的项目，然后选择 Project→Compile PCB Project 菜单项。

② 当项目被编译时，任何已经启动的错误均显示在设计窗口下部的 Messages 面板中。被编辑的文件与同级的文件、元件和列出的网络及一个能浏览的连接模型一起显示在 Compile 面板中，并且以列表方式显示。

如果电路绘制正确，Messages 面板应该是空白的。如果报告给出错误，则需要检查电路并确认所有的导线和连接是正确的。图 5－3 为一个项目的编译检查结果。根据检查报告结果，设计者就可以去检查、修正原理图的设计错误。

Messages

Class	Document	Sour...	Message	Time	Date	No.
[Warning]	BCDto7.schd...	Com...	Adding items to hidden net GND	上午 12:...	2004-7-14	1
[Warning]	BCDto7.schd...	Com...	Adding items to hidden net VCC	上午 12:...	2004-7-14	2
[Error]	BCDto7.schd...	Com...	Net N11 contains floating input pins (Pin U3-4)	上午 12:...	2004-7-14	3
[Error]	BCDto7.schd...	Com...	Net NetU3_10 contains floating input pins (Pin U3-10)	上午 12:...	2004-7-14	4
[Warning]	BCDto7.schd...	Com...	Unconnected Pin U3-10 at 620,680	上午 12:...	2004-7-14	5
[Error]	BCDto7.schd...	Com...	Net NetU5_2 contains floating input pins (Pin U5-2)	上午 12:...	2004-7-14	6
[Warning]	BCDto7.schd...	Com...	Unconnected Pin U5-2 at 620,330	上午 12:...	2004-7-14	7
[Error]	BCDto7.schd...	Com...	Net NetU7_4 contains floating input pins (Pin U7-4)	上午 12:...	2004-7-14	8
[Warning]	BCDto7.schd...	Com...	Unconnected Pin U7-4 at 810,220	上午 12:...	2004-7-14	9
[Warning]	BCDto7.schd...	Com...	Net N11 has no driving source (Pin U3-4)	上午 12:...	2004-7-14	10
[Warning]	BCDto7.schd...	Com...	Net NetU3_10 has no driving source (Pin U3-10)	上午 12:...	2004-7-14	11
[Warning]	BCDto7.schd...	Com...	Net NetU5_2 has no driving source (Pin U5-2)	上午 12:...	2004-7-14	12

图 5－3 电气规则检查报告

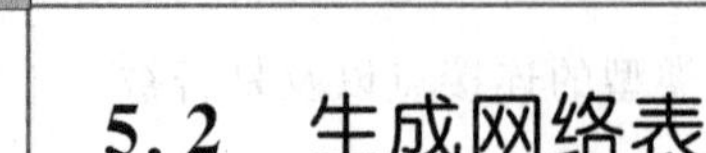

5.2 生成网络表

原理图设计系统除了生成原理图以外,还有一个重要任务是将原理图转化成各种报表文件。报表文件相当于原理图的档案,存放了原理图的各种信息。下面以图 5-4 为例进行讲解。

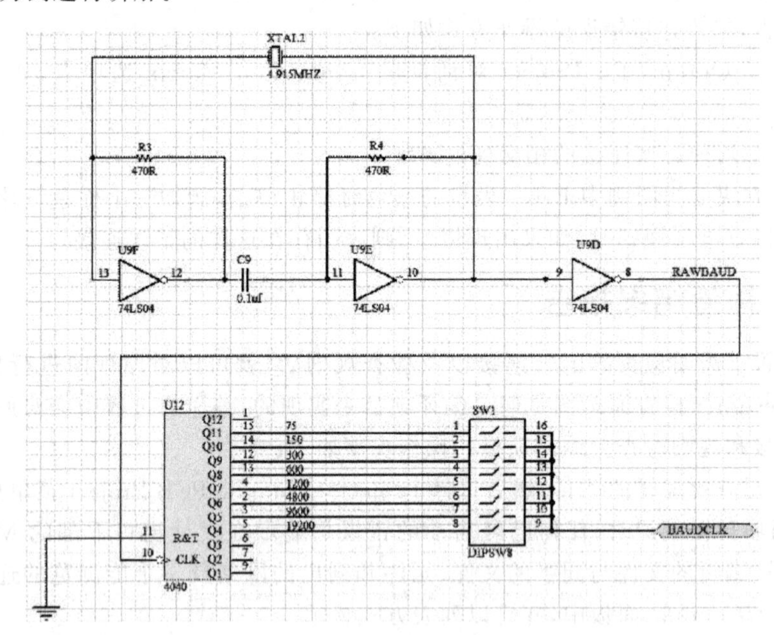

图 5-4 实例图形

5.2.1 网络表的作用

在 Schematic 所产生的各种报告中,以网络表(Netlist)最为重要,是电路板自动布线的灵魂,也是原理图设计系统与印刷电路板设计系统的接口。绘制原理图的最主要目的就是将设计电路转换成一个有效的网络表,以供其他后续处理程序(比如 PCB 程序或仿真程序)使用。Altium Designer 系统集成性高,可以在不离开绘图页编辑程序的情况下直接执行命令,产生当前原理图或整个项目的网络表。

在由原理图产生网络表时,使用的是逻辑的连通性规则,而非物理的连通性。网络表有很多种格式,通常为 ASCII 码文本文件。网络表的内容主要为原理图中各元件的数据(流水号、元件类型与封装信息)以及元件之间网络连接的数据。Altium Designer 中大部分的网络表格式都是将这两种数据分为不同的部分,分别记录在网络表中。

网络表的作用主要有以下两点:

① 网络表文件可支持印刷电路板设计的自动布线及电路模拟程序;

② 可以与印制电路板中得到的网络表进行比较,核对差错。

5.2.2 网络表的格式

由于网络表是纯文本文件,所以用户可以利用一般的文本编辑程序自行建立或是修改已存在的网络表。当用手工方式编辑网络表时,必须以纯文本格式来保存文件。网络表在结构上可以分为元件声明和网络连接描述两大部分,它们有各自固定的格式和固定的组成部分。

下面将根据某一原理图生成一个网络表文件,并截取其中的一部分来说明网络表的格式。

(1) 元件声明部分的格式

在网络表文件中截取元件声明部分的一段,字符说明如表 5-1 所列。

表 5-1 元件声明部分的字符说明

字　符	字符说明	字　符	字符说明
[	元件声明开始标志	Cap Poll	元件注释
C3	元件序号	]	元件声明结束标志
AXIAL0.4	元件封装形式		

元件的声明以“[”开始,以“]”结束,内容包含在其中。网络经过的每一个元件都必须有声明。

(2) 网络连接描述部分的格式

网络表文件中截取网络定义部分的两段,如表 5-2 所列。

表 5-2 网络连接描述部分的字符含义

字　符	字符含义	字　符	字符含义
(	网络定义开始标志	(	网络定义开始标志
NetU1-49	网络名称(未设网络标号)	A0	网络名称(设置了网络标号)
U1-49	网络连接点(元件 U1 的第 49 号引脚)	U1-34	网络连接点(元件 U1 的第 34 号引脚)
U11-13	网络连接点(元件 U11 的第 13 号引脚)	P1-A31	网络连接点(元件 P1 的第 A31 号引脚)
)	网络定义结束标志	)	网络定义结束标志

网络定义以“(”开始,以“)”结束,内容包含在其中。网络定义首先要定义该网络的各端口,且必须列出连接网络的各个端口。

5.2.3 产生网络表

以图 5-4 为例讲述一下网络表生成的步骤:

① 选择 Design→Netlist For Project→Protel 菜单项。

② 将弹出的对话框设置完后，则进入 Altium Designer 的文本编辑器并保存为 . net文件，产生如图 5-5 所示的网络表。

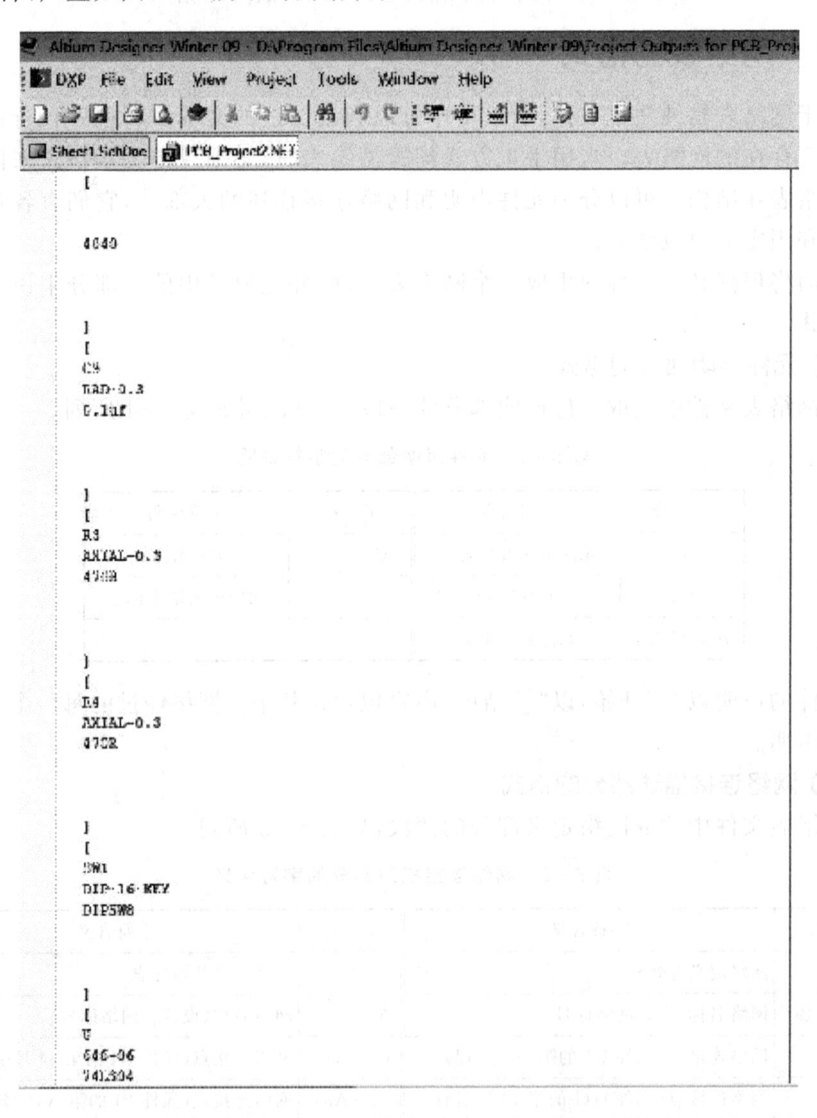

图 5-5　网络表文件

网络表是联系原理图和 PCB 的中间文件，PCB 布线需要网络表文件(. net)，需要说明的是，网络表文件不但可以从原理图获得，还可以按规则自己编写，同样可以用来建立 PCB。

网络表不但包括上面举例说明的 PCB 网络表，而且还可以生成 VHDL、CPLD、EDIF 和 Xspice 文件表示的网络表，这些文件表示的网络表不但可以被 Altium Designer 调用，还可以为其他的 EDA 软件所采用。

5.3 生成元件列表

元件的列表主要适用于整理一个电路或一个项目文件中的所有元件，主要包括元件的名称、标注、封装等内容。本节仍然以图 5-4 为例，讲述产生原理图的元件列表的基本步骤。

① 打开原理图文件，选择 Report→Bill of Material 菜单项，则弹出如图 5-6 所示的项目 BOM(Bill of Material，材料表)对话框，在其中可以看到原理图的元件列表。此时可以在左边的列表中选择需要输出的对象，如 Desscription(描述)、Designator(元件序号)等。在 File Format 下拉列表框中可以选择输出的文件格式，如 Excel 等。

② 单击 menu 按钮，并选择其中的 report 菜单，则可以生成预览元件报告，如图 5-7 所示。

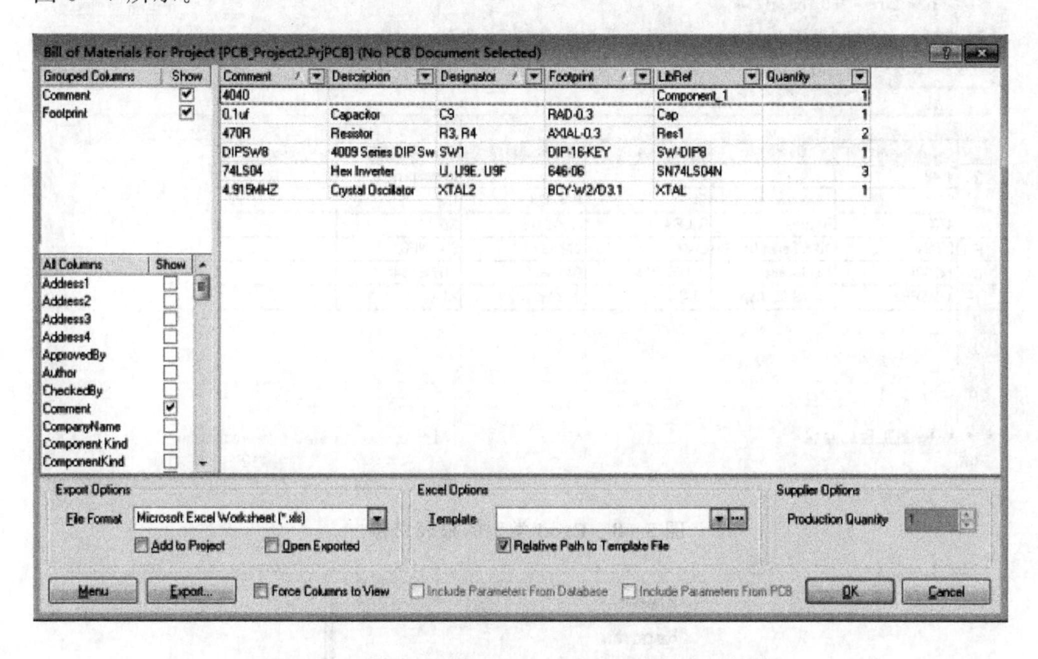

图 5-6 项目 BOM(Bill of Material，材料表)对话框

③ 如果单击 Export 按钮，则可以将元件报表导出，此时系统会弹出一个保存文件对话框，保存导出的报表文件。如果选择了 Open Exported 复选框，则导出时会同时打开所生成的报表文件，图 5-8 即为打开的 Excel 类型的报表文件。

此外，也可以从 Menu 菜单中选择快捷命令来操作，如图 5-9 所示。

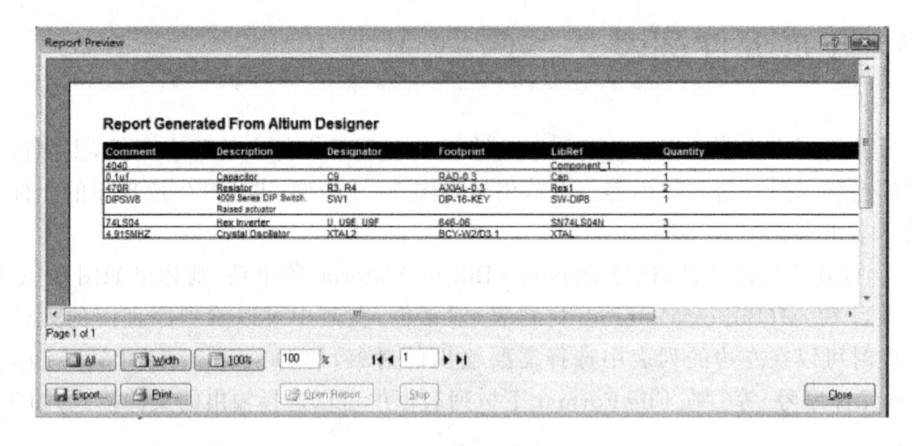

Comment	Description	Designator	Footprint	LibRef	Quantity
4040				Component_1	1
0.1uf	Capacitor	C9	RAD-0.3	Cap	1
470R	Resistor	R3, R4	AXIAL-0.3	Res1	2
DIPSW8	4009 Series DIP Switch, Raised actuator	SW1	DIP-16-KEY	SW-DIP8	1
74LS04	Hex Inverter	U, U9E, U9F	646-06	SN74LS04N	3
4.915MHZ	Crystal Oscillator	XTAL2	BCY-W2/D3.1	XTAL	1

图 5－7　元件列表预览

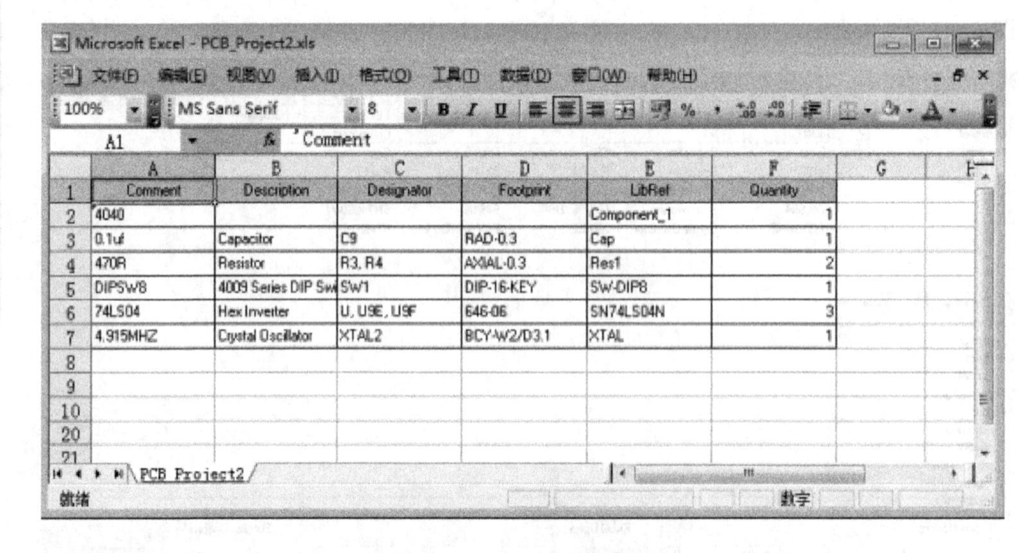

	A	B	C	D	E	F
1	Comment	Description	Designator	Footprint	LibRef	Quantity
2	4040				Component_1	1
3	0.1uf	Capacitor	C9	RAD-0.3	Cap	1
4	470R	Resistor	R3, R4	AXIAL-0.3	Res1	2
5	DIPSW8	4009 Series DIP Sw	SW1	DIP-16-KEY	SW-DIP8	1
6	74LS04	Hex Inverter	U, U9E, U9F	646-06	SN74LS04N	3
7	4.915MHZ	Crystal Oscillator	XTAL2	BCY-W2/D3.1	XTAL	1

图 5－8　Excel 类型的报表文件

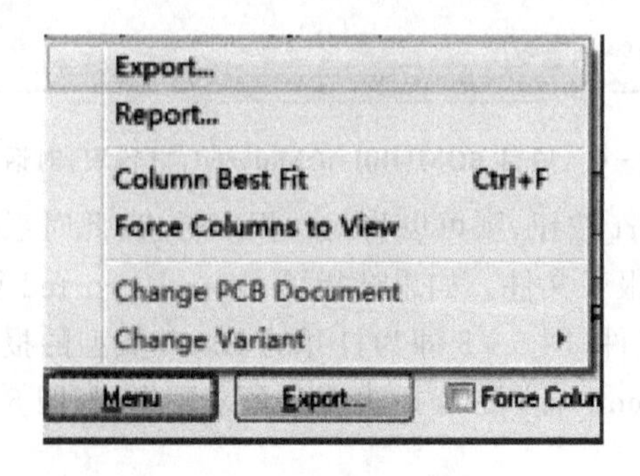

图 5－9　Menu 菜单

5.4 生成元件交叉参考列表

元件交叉参考列表(Component Cross Reference)主要为多张原理图中的每个元件罗列出其元件的编号、名称以及所属得绘图页文件名称。这是一个 ASCII 码文件,扩展名为.xrf。

下面以 4.5 节中的实例,讲述产生元件交叉参考列表的步骤:

① 打开层次式项目文件,选择 Reports→Component Cross Reference 菜单项,则弹出如图 5-10 所示项目的 BOM(Bill Of Material)对话框,在其中可以看到原理图的元件列表。此时,可以在左边的列表中选择需要输出的对象,在 Batch Mode 下拉列表框中选择输出的文件格式,如 Excel 等。

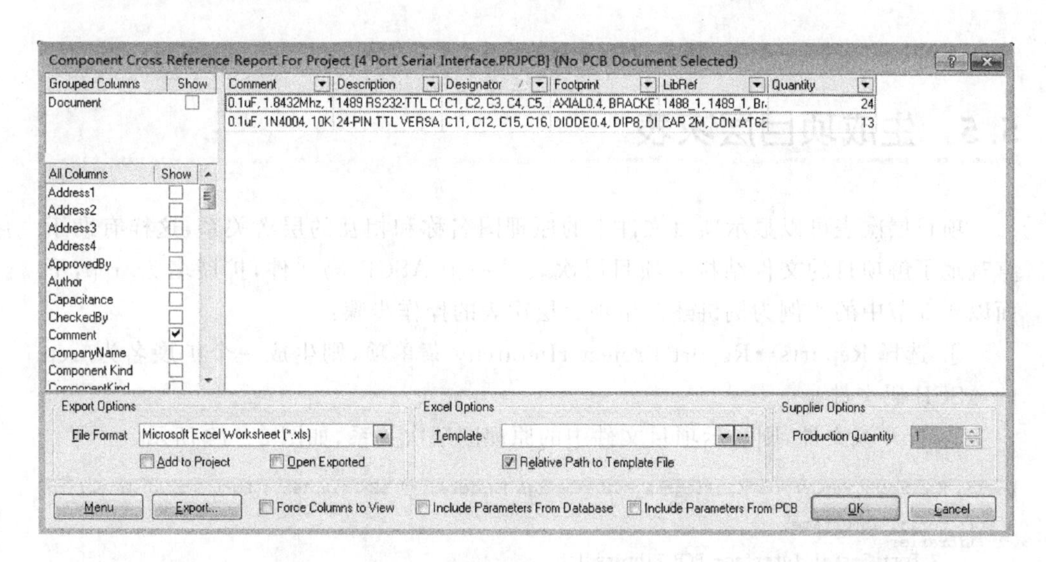

图 5-10　项目的 BOM(Bill Of Material)对话框

② 单击 Menu 按钮,并选择其中的 report 菜单,则可以生成预览元件交叉参考报告,如图 5-11 所示。如果单击 Export 按钮,则可以将元件报表导出,此时系统会弹出一个保存文件对话框,保存导出的报表文件。如果选择了 Open Exported 复选框,则导出时会同时打开所生成的报表文件。

当然,也可以从 Menu 菜单中选择快捷命令来操作。

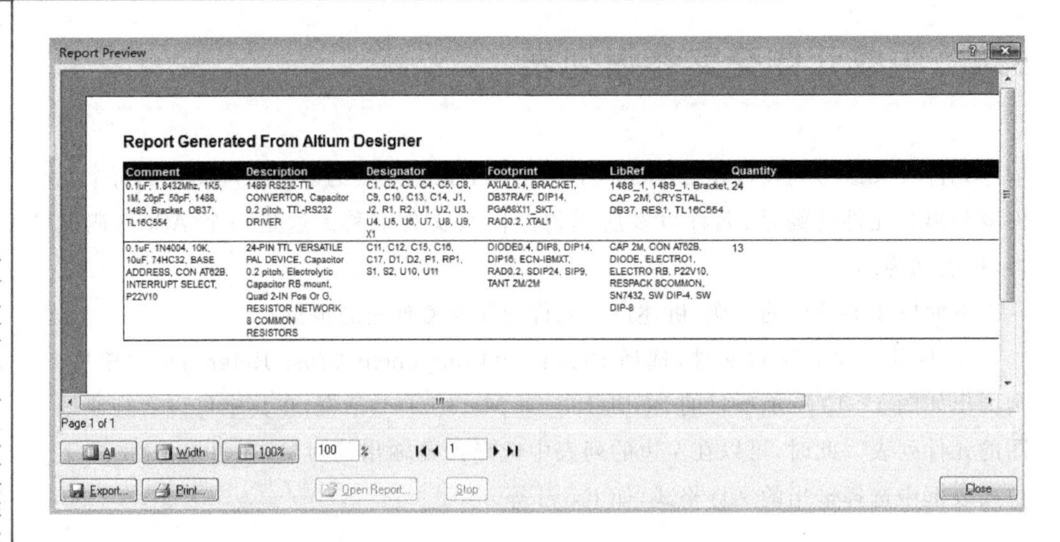

Report Generated From Altium Designer

Comment	Description	Designator	Footprint	LibRef	Quantity
0.1uF, 1.8432Mhz, 1K5, 1M, 20pF, 50pF, 1488, 1489, Bracket, DB37, TL16C554	1489 RS232-TTL CONVERTOR, Capacitor 0.2 pitch, TTL-RS232 DRIVER	C1, C2, C3, C4, C5, C8, C9, C10, C13, C14, J1, J2, R1, R2, U1, U2, U3, U4, U5, U6, U7, U8, U9, X1	AXIAL0.4, BRACKET, DB37RA/F, DIP14, PGA68X11_SKT, RAD0.2, XTAL1	1488_1, 1489_1, Bracket, CAP 2M, CRYSTAL, DB37, RES1, TL16C554	24
0.1uF, 1N4004, 10K, 10uF, 74HC32, BASE ADDRESS, CON AT62B, INTERRUPT SELECT, P22V10	24-PIN TTL VERSATILE PAL DEVICE, Capacitor 0.2 pitch, Electrolytic Capacitor RB mount, Quad 2-IN Pos Or G, RESISTOR NETWORK 8 COMMON RESISTORS	C11, C12, C15, C16, C17, D1, D2, P1, RP1, S1, S2, U10, U11	DIODE0.4, DIP8, DIP14, DIP16, ECN-IBMXT, RAD0.2, SDIP24, SIP9, TANT 2M/2M	CAP 2M, CON AT62B, DIODE, ELECTRO1, ELECTRO RB, P22V10, RESPACK 8COMMON, SN7432, SW DIP-4, SW DIP-8	13

图 5-11　项目的元件交叉参考表

5.5　生成项目层次表

项目层次表可以显示项目文件中的原理图名称和相互的层次关系，这样有助于直观地了解项目的文件结构。项目层次表是一个 ASCII 码文件，扩展名为.rep，下面以 4.5 节中的实例为例讲述产生项目层次表的操作步骤：

① 选择 Reports→Report Project Hierarchy 菜单项，则生成一个扩展名为.rep 的 ASCII 码文件。

② 打开该文件，则显示项目文件中的原理图层次关系，如图 5-12 所示。

```
Design Hierarchy Report for C:\Program Files\Design Explorer 99 SE\Examples\4 Port Serial Interface

4 Port Serial Interface
    Libraries
        4 Port Serial Interface PCB Library.lib
        4 Port Serial Interface Schematic Library.lib
    4 Port Serial Interface Board.pcb
    4 Port Serial Interface.prj
        4 Port UART and Line Drivers.sch
        ISA Bus and Address Decoding.sch
            Address Decoder.pld
```

图 5-12　项目层次表

注：项目的任何报表生成之前，必须对项目进行编译处理。

5.6　原理图打印输出

原理图绘制结束后，往往要通过打印机或绘图仪输出，以供设计人员参考、备档。用打印机打印输出时，首先要对页面进行设置，然后设置打印机，包括打印机的类型设置、纸张大小的设定、原理图纸的设定等内容。

1. 页面设置

① 选择 File→Page Setup 菜单项,则系统弹出如图 5-13 所示的原理图打印属性对话框。

② 设置各项参数。在这个对话框中,需要设置打印机类型、选择目标图形文件类型、设置颜色等。

- Size:选择打印纸的大小,并设置打印纸的方向,包括 Portrait(纵向)和 Landscape(横向)。
- Scale Mode:设置缩放比例模式,可以选择 Fit Document On Page(文档适应整个页面)和 Scaled Print(按比例打印)。当选择了 Scaled Print 时,Scale 和 Corrections 列表框将有效,设计人员可以在此输入打印比例。
- Margins:设置页边距,可以分别设置水平和垂直方向的页边距。如果选中 Center 复选框,则不能设置页边距,默认中心模式。
- Color Set:输出颜色的设置,可以分别输出 Mono(单色)、Color(彩色)和 Gray(灰色)。

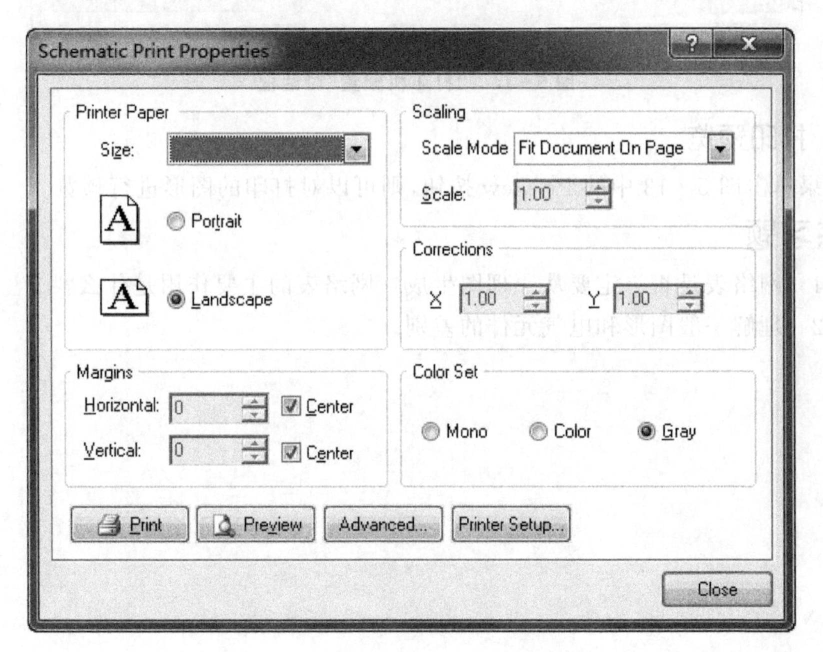

图 5-13 "原理图打印属性"对话框

2. 打印机设置

单击图 5-13 中的 Printer Setup 按钮或者直接选择 File→Printer 菜单项,则系统将弹出如图 5-14 所示的"打印机配置"对话框。此时,可以设置打印机的配置,包括打印的页码、份数等，设置完毕后单击 OK 按钮即可实现图纸的打印。

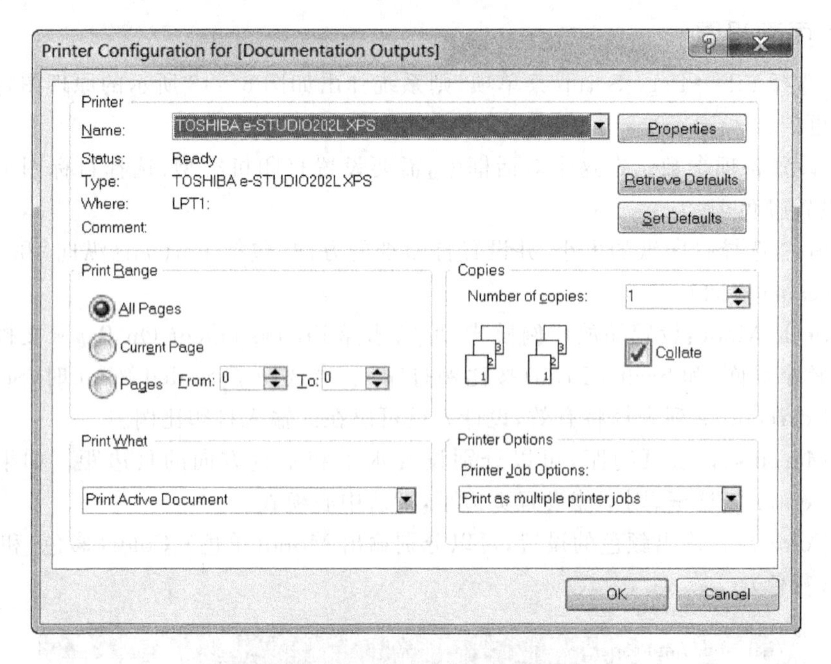

图 5－14　"打印机配置"对话框

3. 打印预览

如果单击图 5－13 中的 Preview 按钮，则可以对打印的图形进行预览。

练习题

5.1　网络表是否一定要从原理图生成？网络表的主要作用是什么？

5.2　理解一般图形和电气元件的差别。

第6章

电路的信号仿真

Altium Designer Winter 09 不但可以绘制电路图和制作印制电路板，而且还提供了电路仿真工具。用户可以方便地对设计的电路信号进行模拟仿真。本章将讲述 Altium Designer Winter 09 仿真工具的设置、使用以及电路仿真的基本方法。

6.1 Altium Designer Winter 09 的仿真元件库描述

Altium Designer Winter 09 为用户提供了大部分常用的仿真元件，这些仿真元件库在 Library/Simulation 目录中，其中，仿真信号源的元件库为 Simulation Sources. IntLib，仿真专用函数元件库为 Simulation Special Function. IntLib，仿真数学函数元件库为 Simulation Math Function. IntLib，信号仿真传输线元件库为 Simulation Transmission Line. IntLib。

6.1.1 Altium Designer Winter 09 常用元件库

Altium Designer Winter 09 为用户提供了一个常用元件库，即 Miscellaneous Devices. IntLib。该元件库中包含电阻、电容、电感、振荡器、二极管、三极管、电池、熔断器等，所有元件均定义了仿真特性，仿真时只要选择默认属性或者修改为自己需要的仿真属性即可。

6.1.2 仿真信号源

(1) 直流源

库 Simulation Sources. IntLib 中包含两个直流源：VSRC 电压源和 ISRC 电流源。仿真库中的电压/电流源符号如图 6-1 所示。这些源提供了用来激励电路的一个不变的电压或电流输出。

(2) 正弦仿真源

库 Simulation Sources. IntLib 中包含两个正弦仿真源：VSIN 正弦电压源和 ISIN 正弦电流源。仿真库中的正弦电压/电流源符号如图 6-2 所示，通过这些仿真源可创建正弦波电压和电流源。

图 6-1　电压/电流源符号　　图 6-2　正弦电压/电流源符号

(3) 周期脉冲源

库 Simulation Sources. IntLib 中包含两个周期脉冲源：VPULSE 电压周期脉冲源和 IPULSE 电流周期脉冲源。周期脉冲源的符号如图 6-3 所示，利用这些周期脉冲可以创建周期性的连续脉冲。

(4) 分段线性源

库 Simulation Sources. IntLib 中包含两个分段线性源：VPWL 分段线性电压源和 IPWL 分段线性电流源。图 6-4 是仿真库中的分段线性源符号，使用分段线性源可以创建任意形状的波形。

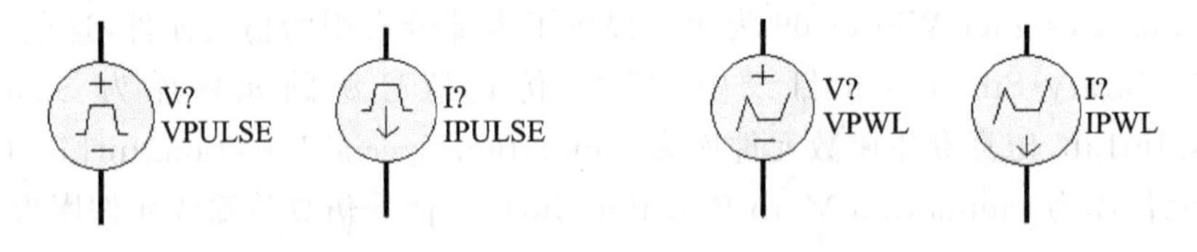

图 6-3　周期脉冲源符号　　图 6-4　分段线性源符号

(5) 指数激励源

库 Simulation Sources. IntLib 中包含两个指数激励源：VE XP 指数激励电压源 IEXP 指数激励电流源。图 6-5 是仿真库中的指数激励源符号，通过这些激励源可创建带有指数上升沿和下降沿的脉冲波形。

(6) 单频调频源

库 Simulation Sources. IntLib 中包含两个单频调频源：VSF FM 单频调频电压源和 ISFFM 单频调频电流源。图 6-6 是仿真库中的单频调频源符号，通过这些源可创建一个单频调频波。

单频调频波的波形使用如下公式定义：

$$V(t) = V_O + V_A \sin[2\pi f_c t + \mathrm{MDI} \times \sin(2\pi f_s t)]$$

式中，t 为时间，V_O 为偏置电压，V_A 为峰值电压，f_c 为载频频率，MDI 为调制指数，f_s 为调制信号速率。

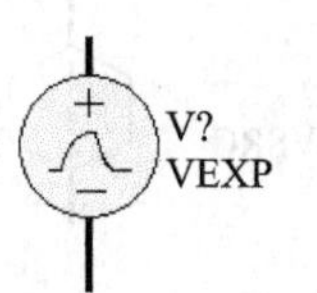

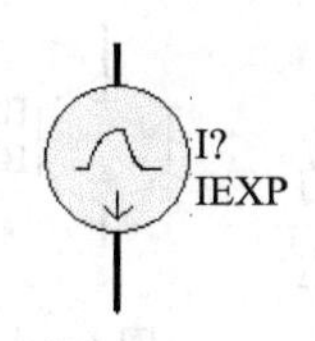

图 6-5 指数激励源符号

图 6-6 单频调频源符号

(7) 线性受控源

库 Simulation Sources. IntLib 中包含 4 个线性受控源:HSRC 线性电流控制电压源、GSRC 线性电压控制电流源、FSRC 线性电流控制电流源和 ESRC 线性电压控制电压源。

图 6-7 是仿真库中的线性受控源符号。图 6-7 中是标准的 SPICE 线性受控源,每个线性受控源都有两个输入节点和两个输出节点。输出节点间的电压或电流是输入节点间的电压或电流的线性函数,一般由源的增益、跨导等决定。

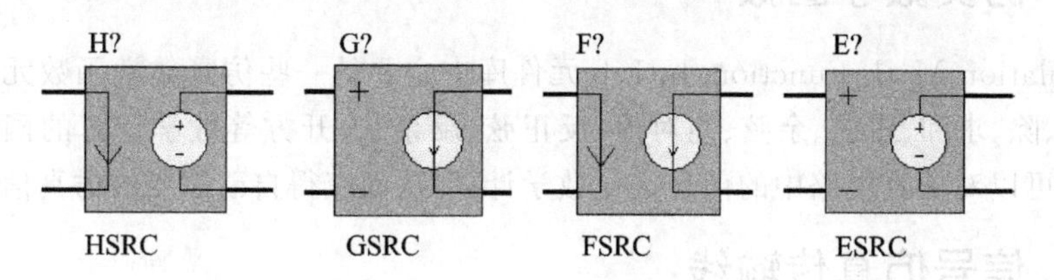

图 6-7 线性受控源符号

(8) 非线性受控源

库 Simulation Sources. IntLib 中包含 2 个非线性受控源:BVSRC 非线性受控电压源和 BISRC 非线性受控电流源。

图 6-8 是仿真库中的非线性受控源符号。标准的 SPICE 非线性电压或电流源,有时被称为方程定义源,因为它的输出由设计者的方程定义,并且经常引用电路中其他节点的电压或电流值。

电压或电流波形的表达方式如下:

V=表达式　　或　　I=表达式

其中,表达式是在定义仿真属性时输入的方程。

设计中可以用标准函数来创建一个表达式,表达式中也可包含如下的一些标准函数:

ABS　LN　SQRT　LOG　EXP　SIN　ASIN　ASINH
COS　ACOS　ACOSH　COSH　TAN　ATAN　ATANH　SINH

为了在表达式中引用所设计电路中的节点电压和电流,设计者必须首先在原理图中为该节点定义一个网络标号,这样设计者就可以使用如下的语法来引用该节点:

➢ V(NET)表示在节点 NET 处的电压。

➢ I(NET)表示在节点 NET 处的电流。

假设设计者已在原理图中定义了名为 IN 的网络标号，那么在 Part Type 中输入的如下表达式将是有效的：

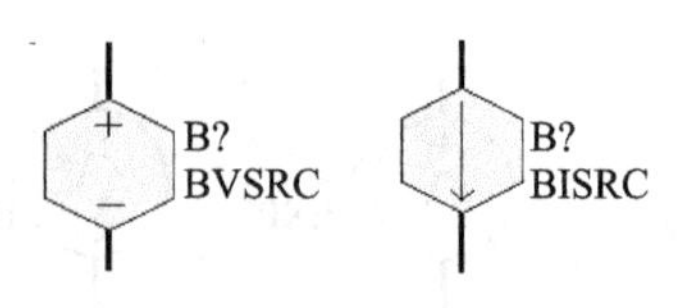

图 6－8　非线性受控源符号

V(IN)^3

COS(V(IN))

6.1.3　仿真专用函数

Simulation Special Function. IntLib 元件库中的元件是一些专门为信号仿真而设计的函数元件库，提供了常用的运算函数，比如增益、积分、微分、求和、电容测量、电感测量、压控振荡源等专用的元件。

6.1.4　仿真数学函数

Simulation Math Function. IntLib 元件库中主要是一些仿真数学函数元件，比如加、减、乘、除、求和、正弦、余弦、绝对值、反正弦、反余弦、开方等数学计算的函数，使用这些函数可以对仿真电路中的信号进行数学计算，从而获得自己需要的仿真信号。

6.1.5　信号仿真传输线

Simulation Transmission Line. IntLib 元件库中主要包括 3 个信号仿真传输线元件，即 URC(均匀分布传输线)、LTRA(有损耗传输线)、LLTRA(无损耗传输线)元件，如图 6－9 所示。

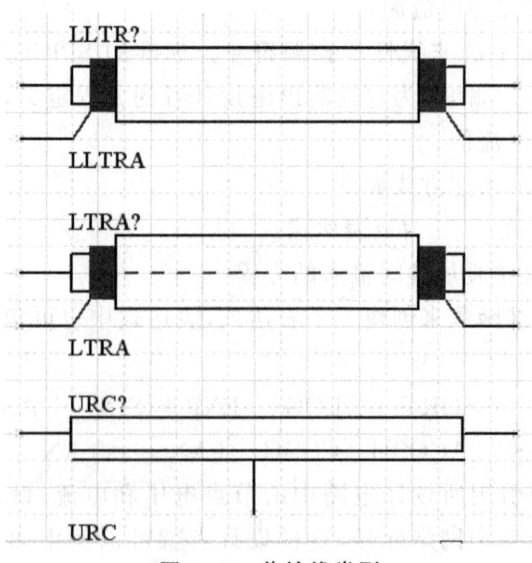

图 6－9　传输线类型

① LLTRA(无损耗传输线):该传输线是一个双向的理想的延迟线,有两个端口。节点定义了端口正电压的极性。

② LTRA(有损耗传输线):单一的损耗传输线将使用两端口响应模型,这个模型属性包含了电阻值、电感值、电容值和长度,这些参数不可能直接在原理图文件中设置,但设计者可以创建和引用自己的模型文件。

③ URC(均匀分布传输线):分布 RC 传输线模型(即 URC 模型)是由 L. Gerzberrg在 1974 年所提出的模型上导出的。该模型由 URC 传输线的子电路类型扩展成内部产生节点的集总 RC 分段网络而获得。RC 各段在几何上是连续的。URC 线必须严格地由电阻和电容段构成。

6.1.6　元件仿真属性编辑

电路仿真时,所有元件必须具有仿真属性,如果没有,那么在电路仿真操作时会提出警告或错误信息。下面讲述如何为元件添加仿真属性。

如果当前元件没有定义仿真属性,则用鼠标双击该元件,打开“元件属性”对话框,在元件的模式列表框中不会显示 Simulation 属性;否则,在元件的模式列表框中会显示仿真属性,如图 6 - 10 所示。

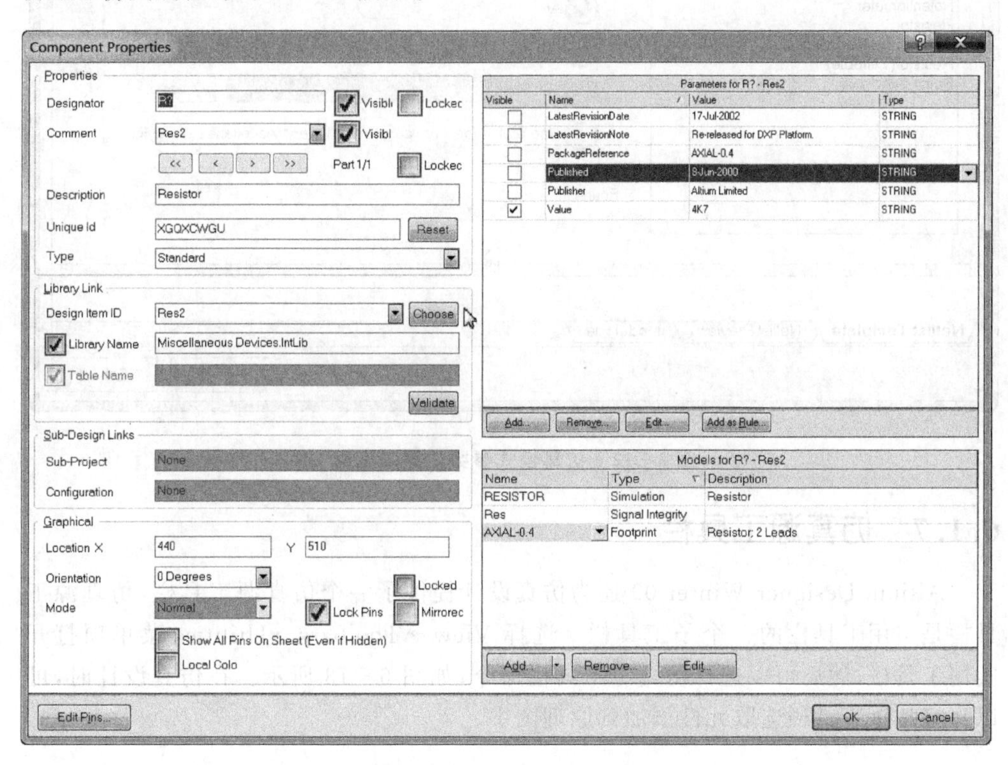

图 6 - 10　“元件属性”对话框

① 为了使元件具有仿真特性，可以按“Models for ＊＊＊”列表框下的Add按钮，则系统弹出如图6-11所示的Add New Model对话框。

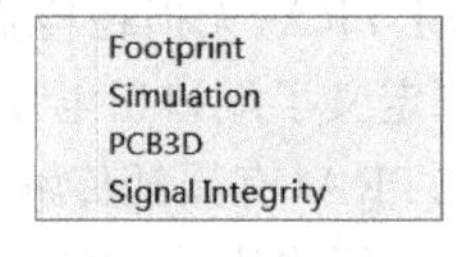

图6-11 Add New Model对话框

② 在图6-11对话框中选择Simulation类型，则系统打开如图6-12所示的仿真模式参数设置对话框。其中，Model Kind选项卡显示的是一般信息，Parameters选项卡用来设置相应元件仿真模型的方针参数，Pin Mapping选项卡显示元件引脚的连接属性。

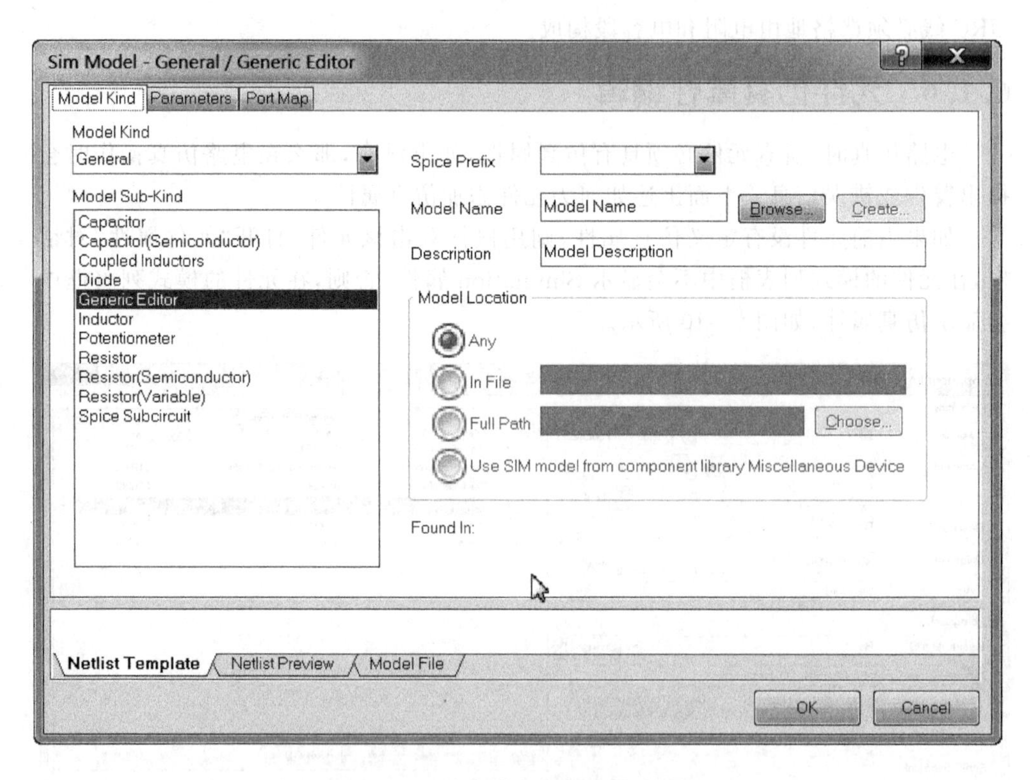

图6-12 仿真模式参数设置对话框

6.1.7 仿真源工具栏

Altium Designer Winter 09还为仿真设计提供了一个仿真源工具栏，仿真源工具栏是实用工具栏的一个子工具栏。选择View→Toolbars→Utilities菜单项打开实用工具栏，然后可以选择仿真源工具栏命令，如图6-13所示。在仿真设计时，可以直接从该工具栏选取元件添加到原理图中。

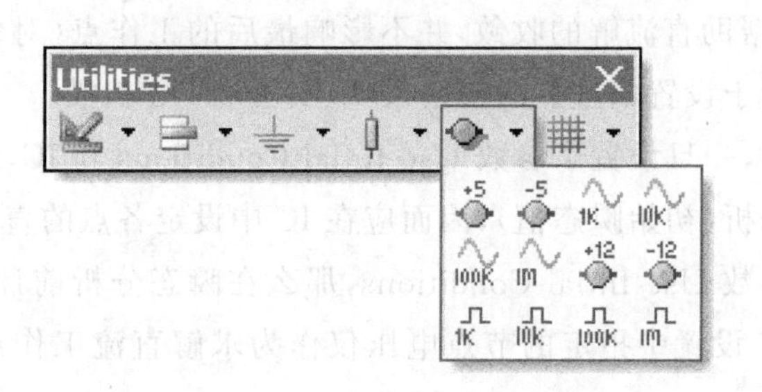

图 6-13　仿真源工具栏

6.2　初始状态的设置

设置初始状态是为计算仿真电路直流偏置点而设定一个或多个电压值(或电流值)。分析模拟非线性电路、振荡电路及触发器电路的支流或瞬态特性时，常出现解的不收敛现象(当然涉及电路是有解的)，原因是点发散或收敛的偏置点不能适应多种情况。设置初始值最通常的原因就是在两个或更多的稳态工作点中选择一个，使仿真能够顺利进行。

库 Simulation Sources. Intlib 中包含了两个特别的初始状态定义符：

① . NS：即 NODE SET(节点电压设置)。

② . IC：即 Initial Condition(初始条件设置)。

这两个特别的符号可以用来设置电路仿真的节点电压和初始条件。只要向当前的仿真源理图添加这两个元件符号，然后进行设置，即可实现整个仿真电路节点电压和初始条件的设置。

6.2.1　节点电压设置

节点电压设置(NS)使指定的节点固定在给定的电压下，仿真器按这些节点电压求得直流或瞬态的初始解。节点电压设置对于双稳态或非双稳态电路收敛性的计算是必需的，它可以使电路摆脱“停顿”状态而进入所希望的状态。一般情况下，设置使不必要的。

节点电压可以在其元件属性对话框中设置，即打开如图 6-10 所示的对话框后，对元件仿真属性进行编辑，系统打开如图 6-12 所示的对话框，在 Model Kind 下拉列表框选中 Initial Condition 选项，然后在 Mode Sub-Kind 列表框中选择 Initial Node Voltage Guess 选项，然后进入 Parameters 选项卡设置其初始幅值，如 12 V。

6.2.2　初始条件设置

初始条件设置(IC)是用来设置瞬态初始条件的，不要把该设置和上述设置混淆。NS 只是用来帮助直流解的收敛,并不影响最后的工作点(对多稳态电路除外)。初始条件(IC)仅用于设置偏置点的初始条件,不影响 DC 扫描。

在瞬态分析中,一旦设置了参数 Use Intial Conditions 和 IC,瞬态分析就先不进行直流工作点的分析(初始瞬态值),因而应在 IC 中设定各点的直流电压。如果瞬态分析中没有设置参数 Use Intial Conditions,那么在瞬态分析前计算直流偏置(初始瞬态)解。这时,IC 设置中指定的节点电压仅作为求解直流工作点时相应节点的初始值。

仿真元件初始条件的设置与节点电压的设置类似,其操作如下:

首先打开如图 6-10 所示的对话框,对元件仿真属性进行编辑,系统再打开如图 6-12 所示的对话框,在 Model Kind 下拉列表框选中 Initial Condition 选项,然后在 Mode Sub-Kind 列表框中选择 Set Initial Condition 选项,然后进入 Parameters 选项卡设置其初始值。

注意:设计者也可以通过设置每个元件的属性来定义每个元件的初始状态。同时,在每个元件中规定的初始状态将优先于".IC"设置中的值被考虑。

综上所述,初始状态的设置共有 3 种途径:".IC"设置、".NS"设置和定义元件属性。在电路模拟中,如有这 3 种或 2 种共存时,在分析中优先考虑的次序是定义元件属性→".IC"设置→".NS"设置。如果".IC"和".NS"共存,则".IC"设置将取代".NS"设置。

6.3 仿真器的设置

在进行仿真前,设计者必须选择对电路进行哪种分析,需要收集哪个变量数据以及仿真完成后自动显示哪个变量的波形等。

6.3.1 进入仿真设置环境

完成了对电路的编辑后,设计者可对电路进行仿真分析对象的选择和设置。

① 选择 Design→Simulate→Mixed Sim 菜单项或从 Mixed Sim 工具栏中单击按钮进入电路"仿真分析设置"对话框,如图 6-14 所示。

② 选择 General Setup 选项,在对话框中显示的是仿真分析的一般设置,如图 6-14所示。设计者可以选择分析对象,在 Available Signals 列表中显示的是可以进行仿真分析的信号;Active Signals 列表框中显示的是激活的信号,即将要进行仿真分析的信号;按 [>] 和 [<] 按钮可以添加或移去激活的信号。

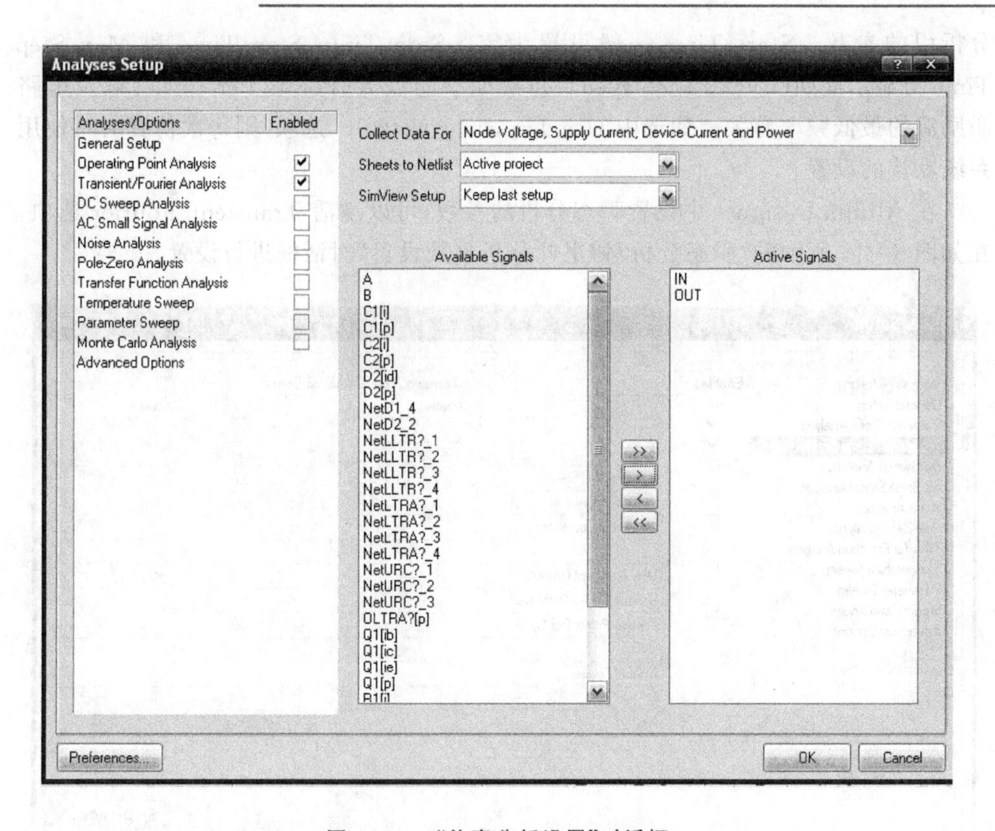

图 6-14 “仿真分析设置”对话框

6.3.2 瞬态特性分析

瞬态特性分析(Transient Analysis)是从时间零开始到用户规定的时间范围内进行的。设计者可规定输出开始到终止的时间和分析的步长,初始值可由直流分析部分自动确定,所有与时间无关的源用它们的直流值,也可以用设计者规定的各元件的电平值作为初始条件进行瞬态分析。

瞬态分析的输出是在一个类似示波器的窗口中,在设计者定义的时间间隔内计算变量瞬态输出电流或电压值。如果不使用初始条件,则静态工作点分析将在瞬态分析前自动执行,以测得电路的直流偏置。

瞬态分析通常从时间零开始。在时间零和开始时间(Start Time)之间,瞬态分析照样进行,但并不保存结果。在开始时间(Start Time)和终止时间(Stop Time)的间隔内将保存结果,用于显示。

步长(Step Time)通常用在瞬态分析中的时间增量。实际上,该步长不是固定不变的。采用变步长是为了自动完成收敛。最大步(Max Step Time)限制了分析瞬态数据时的时间片的变化量。

仿真时,如果设计者并不确定所需输入的值,可选择默认值,从而自动获得瞬态分析用的参数。Start Time 一般设置为零。Stop Time、Step Time 和 Max Step Time 与显示周期(Cycles Displayed)、每周期中的点数(Points Per Cycle)以及电路激励源的最低频率有关。如选中 Use Transient Defaults 选项,则每次仿真时将使用系统默认的设置。

在 Altium Designer 中设置瞬态分析的参数,可以激活 Transient/Fourier 选项,在如图 6-15 所示的"瞬态分析/傅里叶分析参数设置"对话框进行设置。

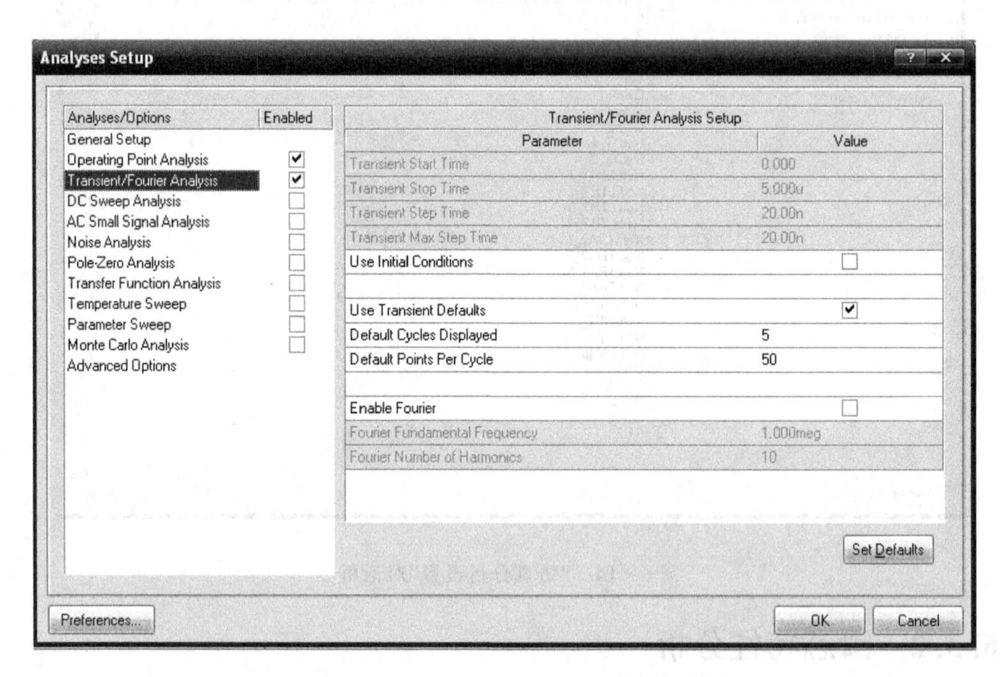

图 6-15 "瞬态分析/傅里叶分析参数设置"对话框

6.3.3 傅里叶分析

傅里叶分析(Fourier Analysis)是计算了瞬态分析结果的一部分,得到基频、DC 分量和谐波。不是所有的瞬态分析结果都用到,只用到瞬态分析终止时间之前的基频的一个周期。

若 PERIOD 是基频的周期,则 PERIOD=1/FREQ,也就是说,瞬态分析至少要持续 1/FREQ(单位为 s)。

如图 6-15 所示,要进行傅里叶分析,必须首先选中 Transient/FourierAnalysis 选项,在此对话框中,可设置傅里叶分析的参数。选中 Enable Fourier 复选框,则可以进行傅里叶分析,Fourier Fundamental Frequency 用来设置傅里叶分析的基频,Fourier Number of Harmonics 用来设置所需要的谐波数。傅里叶分析中每次谐波的幅值和相位信息将保存在 Filename.sim 文件中。

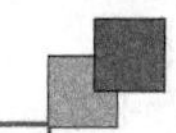

6.3.4 直流扫描分析

直流分析(DC Sweep Analysis)产生直流转移曲线。直流分析将执行一系列的静态工作点的分析,从而改变前述定义所选源的电压。设置中可定义可选辅助源。

Altium Designer 仿真时,可以通过激活 DC Sweep Analysis 选项设置直流分析的参数,系统会打开如图 6-16 所示的"直流分析参数设置"对话框。图 6-16 中的 Primary Source 定义了电路中的主电源,选中 Enable Secondary 选项可以使用从电源;Primary/Secondary Start、Primary/Secondary Stop 和 Primary/Secondary Step 定义了主/从电源的扫描范围和步长。

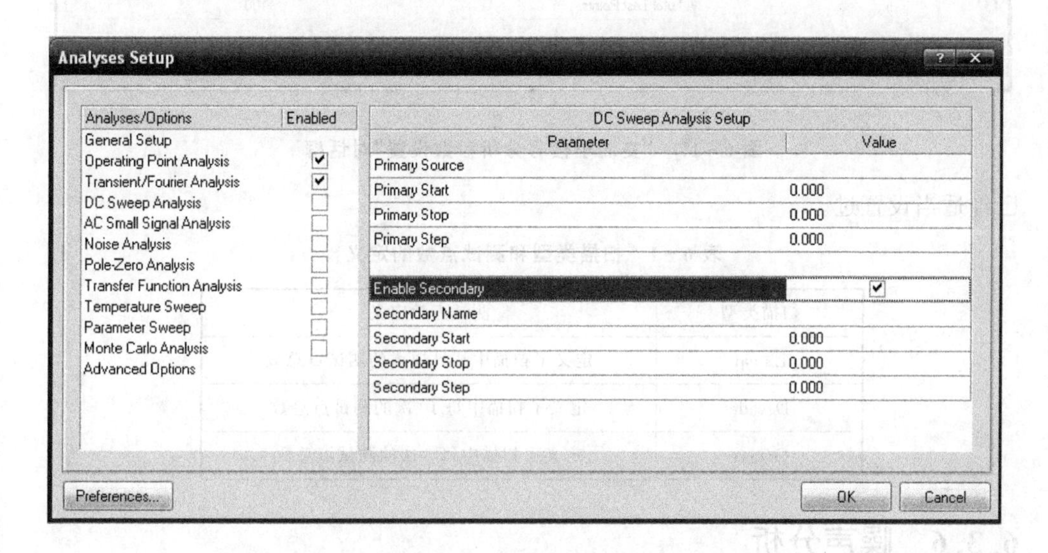

图 6-16 "直流分析参数设置"对话框

6.3.5 交流小信号分析

交流小信号分析(AC Small Signal Analysis)将交流输出变量作为频率的函数计算出来。先计算电路的支流工作点,决定电路中所有非线性元件的线性化小信号模型参数,然后在设计者指定的频率范围内对该线性化电路进行分析。交流小信号分析希望的输出通常是一个传递函数,如电压增益、传输阻抗等。

Altium Designer 仿真时,设置交流小信号分析的参数,可以通过激活 AC Small Signal Analysis 选项,进入如图 6-17 所示的"交流小信号分析参数设置"对话框。图中扫描类型(Sweep Type)和测试点数目(Test Points)决定了频率的增量,定义见表 6-1。

在进行交流小信号分析前,电路原理图必须至少包括一个交流源,并且该交流源

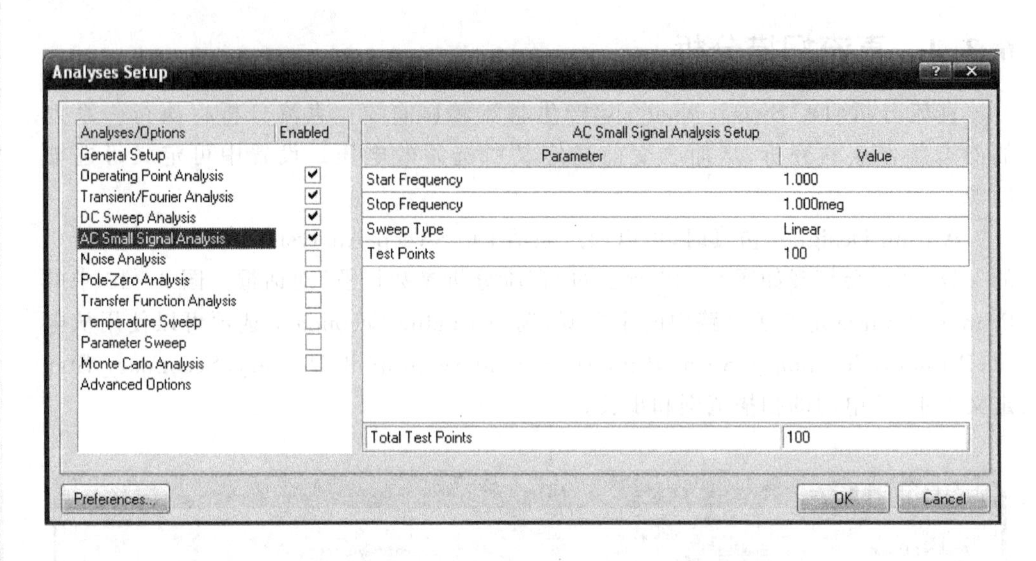

图 6-17 "交流小信号分析参数设置"对话框

已经适当设置过。

表 6-1 扫描类型和测试点数的定义

扫描类型	测试点数定义
Linear	定义了扫描中线性递增的测试点总数
Decade	定义了扫描中每 10 次的测试点总数
Octave	定义了扫描中每 8 次的测试点总数

6.3.6 噪声分析

噪声分析(Noise Analysis)是同交流分析一起进行的。电路中产生噪声的元件有电阻器和半导体元件,对于每个元件的噪声源,在交流小信号分析的每个频率上计算出相应的噪声,并传送到一个输出节点,所有传送到该节点的噪声进行 RMS(均方根)值相加,就得到了指定输出端的等效输出噪声。同时,计算出从输入源到输出端的电压(电流)增益,由输出噪声和增益就可得到等效输入噪声值。

若须设置噪声分析的参数,则可激活 Noise Analysis 选项,打开如图 6-18 所示的"噪声分析设置"对话框来完成。在该对话框中,可以设置噪声源(Noise Source)、起始频率(Start Frequency)、终止频率(Stop Frequency)、扫描类型(Sweep Type)、测试点数(Test Points)、输出节点(Output Node)和参考节点(Reference Node)等参数值。

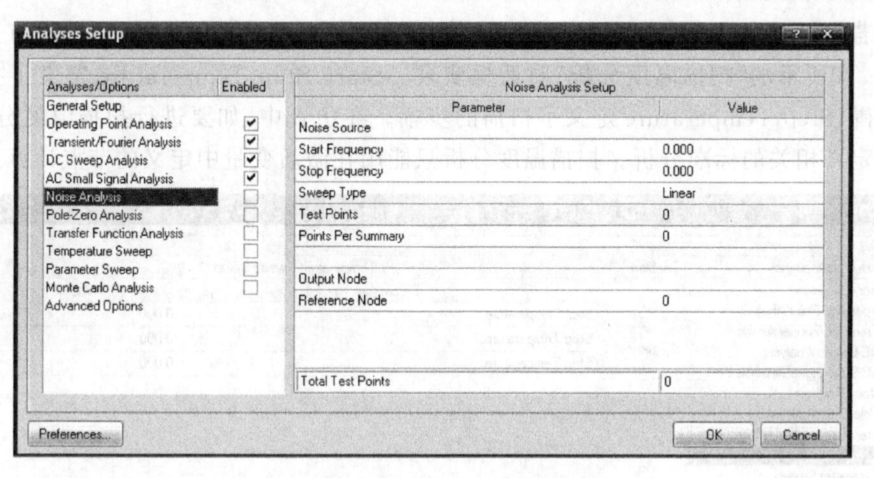

图 6-18　“噪声分析设置”对话框

6.3.7　传递函数分析

传递函数分析(Transfer Founction Analysis)用来计算交流输入阻抗、输出阻抗以及直流增益。

若须设置传递函数分析的参数,则可激活 Transfer Founction Analysis 选项,打开如图 6-19 所示的传递函数分析对话框完成。Source Name 栏中定义了参考的输入源;Reference Node 设置了参考元的节点。

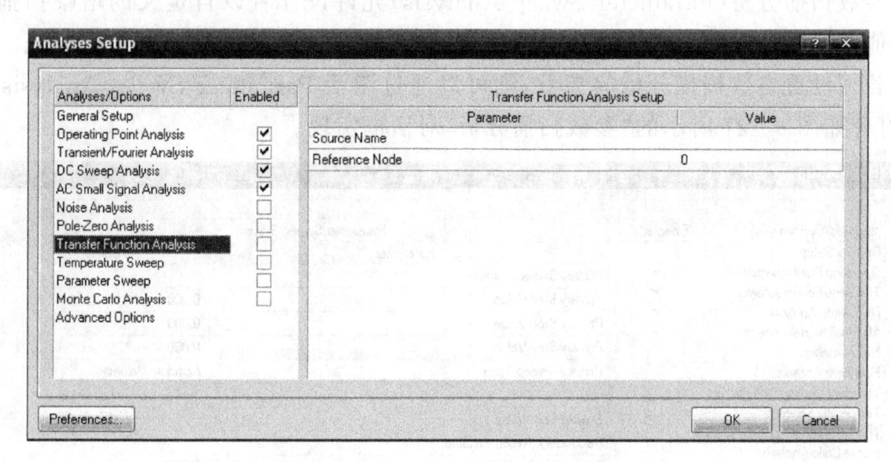

图 6-19　“传递函数分析”对话框

6.3.8　扫描温度分析

扫描温度分析(Temperature Sweep Analysis)是和交流小信号分析、直流分析以及瞬态特性分析中的一种或几种相连的,规定了在什么温度下进行仿真。如设计者给了几个温度,则需要对每个温度都做一遍所有的分析。

若须设置扫描温度分析的参数,则可通过激活 Temperature Sweep 选项,打开如图 6-20所示的"扫描温度分析"对话框实现。Start/Stop Temperature 定义了扫描的范围,Step Temperature 定义了扫描的步幅。在仿真中,如要进行扫描温度分析,必须定义相关的标准分析。扫描温度分析只能用在激活变量中定义的节点计算。

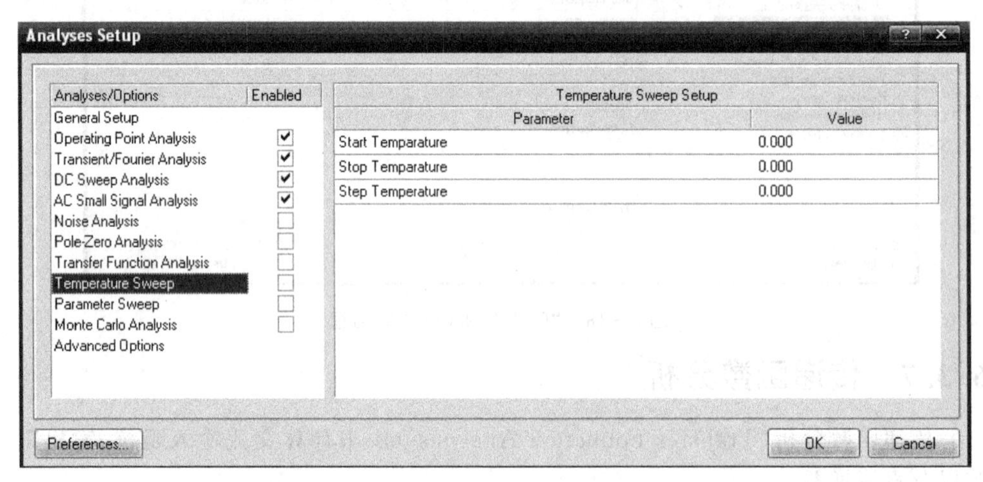

图 6-20　所示的"扫描温度分析"对话框

6.3.9　参数扫描分析

参数扫描分析(Parameter Sweep Analysis)允许设计者以自定义的增幅扫描元件的值。参数扫描分析可以改变基本的元件和模式,但并不改变子电路的数据。

若须设置参数扫描分析的参数,则可以通过激活 Parameter Sweep Analysis 选项,打开如图 6-21 所示的"参数扫描分析"对话框实现。

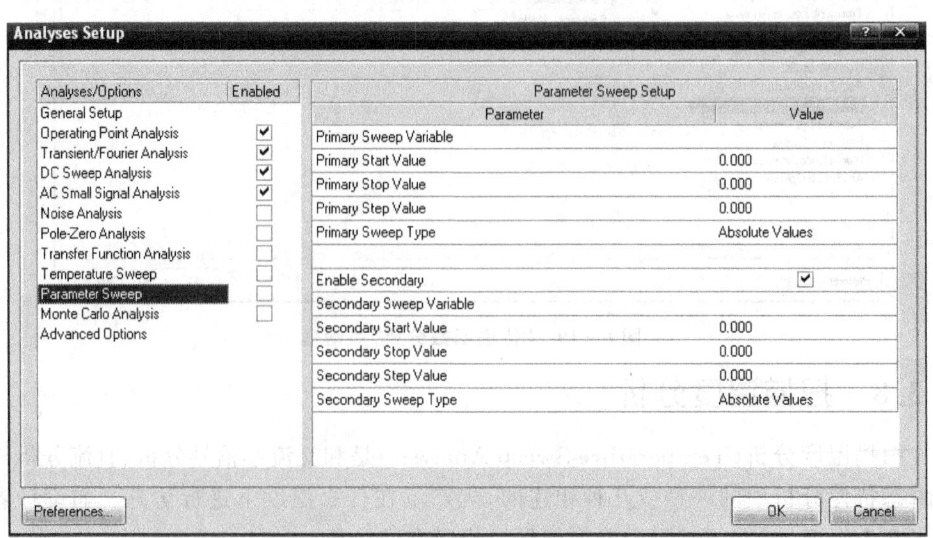

图 6-21　"参数扫描分析"对话框

在 Sweep Variable(参数域)中输入参数,该参数可以是一个单独的标识符,如 R1;也可以是带有元件参数的标识符,如 R1[resistance],可以直接从下拉列表中选择。

Primary (Secondary) Start Value 和 Primary (Secondary) Stop Value 定义了扫描范围,Primary (Secondary) Step Value 定义了扫描步幅。读者可以在 Sweep Type(扫描类别)项中选择扫描类型,如果选择了 Use Relative Value 选项,则将设计者输入的值添加到已存在的参数中或作为默认值。

6.3.10 极点-零点分析

极点-零点分析(Pole - Zero Analysis)是针对设定的分析对象,分析其输入/输出的信号,并获取其极点-零点的相关分析信息。

若要设置极点-零点分析的参数,则可激活 Pole - Zero Analysis 选项,打开如图 6-22 所示的"极点-零点分析设置"对话框实现。在该对话框中可设置输入节点(Input Node)、输入参考节点(Input Reference Node)、输出节点(Output Node)、输出参考节点(Output Reference Node)、传递函数类型(Transfer Function Type)、分析类型(Analysis Type)等参数值。

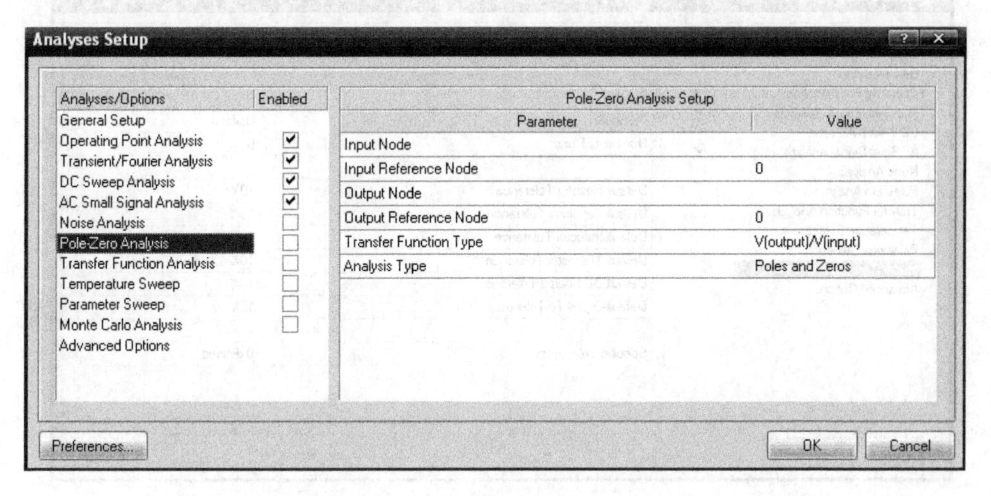

图 6-22 "极点-零点分析设置"对话框

6.3.11 蒙特卡罗分析

蒙特卡罗分析(Monte Carlo Analysis)又叫随机仿真方法,是一种与一般数值方法有本质区别的计算方法,属于试验数学的一个分支,有时也称为随机抽样技术或统计试验方法。它使用随机数发生器按元件值的概率分布来选择元件,然后对电路进行模拟分析。蒙特卡罗分析可在元件模型参数赋予的容差范围内进行各种复杂的分析,包括直流分析、交流及瞬态特性分析。这些分析结果可用来预测电路生产时的成品率及成本。

在 Altium Designer 仿真时,激活 Monte Carlo Analysis 选项,打开如图 6-23 所示的"蒙特卡罗分析参数设置"对话框,进行蒙特卡罗分析参数设置。

蒙特卡罗分析用来分析给定电路中各元件容差范围内的分布规律,然后用一组组随机数对各元件取值。在 Altium Designer 中元件的分布规律有:

➢ Uniform:平直的分布,元件值在定义的容差范围内统一分布。

➢ Gaussian:高斯曲线分布,元件值的定义中心值加上容差±3。

➢ Worst Case:与 Uniform 类似,但只使用该范围的结束点。

对话框中的 Number of Runs 选项为设计者定义的仿真数,如定义 10 次,则在容差允许范围内,每次运行将使用不同的元件值来仿真 10 次。设计者如果希望用一系列的随机数来仿真,则可设置 Seed 选项,该项的默认值为-1。

蒙特卡罗分析的关键在于产生随机数。随机数的产生依赖于计算机的具体字长。用一组随机数取出一组新的元件值,然后就制定的电路进行模拟分析,只要进行的次数足够多,就可得出满足一定分布规律的、一定容差的元件,实现在随机取值下的整个电路性能的统计分析。

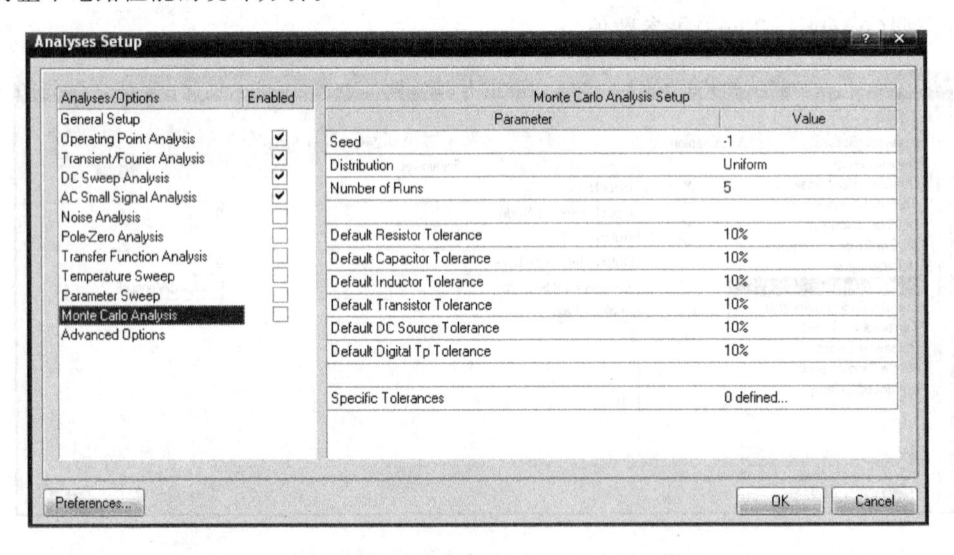

图 6-23 "蒙特卡罗分析参数设置"对话框

6.4 进行电路仿真的一般步骤

采用 Altium Designer 进行电路混合信号仿真的步骤如图 6-24 所示。在设计仿真原理图文件前,该原理图文件必须包含所有所需信息。为使仿真可靠运行而必须遵守的一些规则:

➢ 所有元件须定义适当的仿真元件模式属性。

➢ 设计者必须放置和连接可靠的信号源,以便仿真过程中驱动整个电路。
➢ 设计者在需要绘制仿真数据的节点处必须添加网络标号。
➢ 如果必要的话,设计者必须定义电路的仿真初始条件。

设计仿真原理图的一般流程如图 6-25 所示。

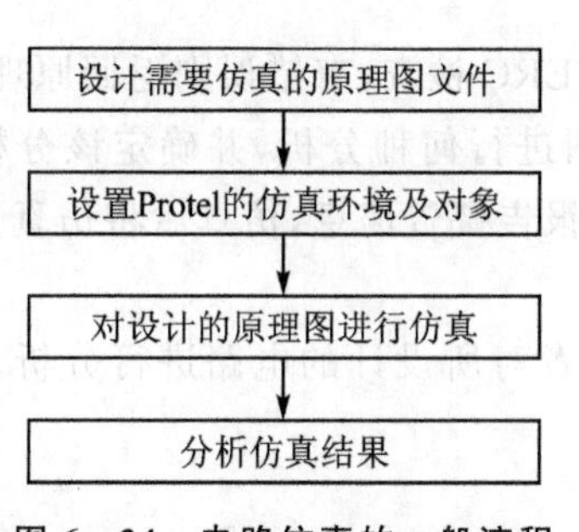

图 6-24 电路仿真的一般流程

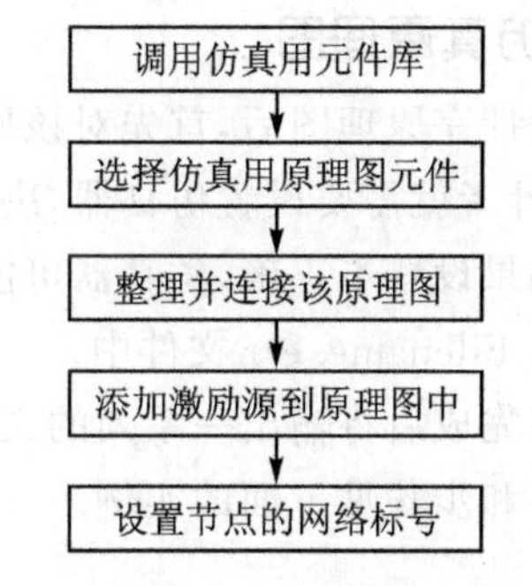

图 6-25 仿真原理图设计的流程

接下来将简单介绍仿真原理图的创建,对于一般的操作将不详细的介绍,读者可参阅本书关于原理图设计的章节。

1. 调用元件库

在 Altium Designer 中,默认的原理图库包含在一系列的设计数据库中,每个数据库中都有数目不等的原理图库。设计中,一旦加载数据库,则该数据库下的所有库都将列出来。原理图仿真用的元件在 Altium Designer 安装目录的\Library\Simulation 目录中。

在仿真用元件库加载后,就能从元件库管理器中选择调用所需要的仿真元件。

2. 选择仿真用的原理图文件

为了执行仿真分析,原理图中放置的所有元件都必须包含特别的仿真信息,以便仿真器正确对待放置的所有部件。一般情况下,原理图中的部件必须引用适当的 Spice 元件模型。

创建仿真用的原理图的简便方法是使用 Altium Designer 仿真库中的元件。Altium Designer 提供的仿真元件库是为仿真准备的。只要将它们放到原理图上,该元件将自动连接到相应的仿真模型文件上。大多数情况下,设计者只须从仿真库中选择一个元件,设定它的值就可以进行仿真了。每个元件包含了 Spice 仿真用的所有信息,包括标号前缀信息和多部分引脚的映射。Spice 支持很多其他的特性,允许设计者更精确的塑造元件行为。

另外,Altium Designer 还为大部分元件生产公司的常用元件制作了标准元件库,这些元件大部分都定义了仿真属性,只要调用这些元件,就可以进行仿真分析。如果仿真检查时发现有元件没有定义仿真属性,则设计者应该为其定义仿真属性。

通常,进行电路仿真时,可以直接选择仿真用的原理图元件。仿真原理图绘制时，必须为原理图添加下面的元件或网络：

- 激励源：给所设计电路一个合适的激励源，以便仿真器进行仿真。
- 网络标号：设计者须在需要观测输出波形的节点处定义网络标号，以便于仿真器的识别。

3. 仿真原理图

在设计完原理图后，首先对该原理图进行 ERC 检查，有错误则返回原理图设计。接着，设计者就需要设置仿真器，决定对原理图进行何种分析，并确定该分析采用的参数。如果设置不正确，仿真器可能在仿真前报告警告信息，仿真后将仿真过程中的错误写在 Filename. err 文件中。

仿真完成后将输出一系列的文件，供设计者对所设计的电路进行分析。具体的输出文件和步骤见下面的实例。

6.5 电路仿真实例

6.5.1 模拟电路仿真实例

下面将通过对一个简单模拟电路的仿真，具体讲述如何在 Altium Designer Winter 09 的仿真环境下进行电路仿真。

1. 生成原理图文件

这是进行仿真的基础和前提。此实例采用如图 6－26 所示的模拟电路。这是一个简单的电源转换电路。一个幅值为 200 V 的正弦波信号经过 10∶1 的变压器变压、全波整流桥的整流以及滤波等一系列变化后，得到一个相当平稳的低压直流信号。再次采用这一简单的电路，是希望更好地说明仿真的过程。

该电路中定义了一个幅值为 200 V、频率为 60 kHz 的正弦波激励源。同时，在需要显示波形的几处添加了网络标号，用于显示输入波形、输出波形以及一些中间波形。

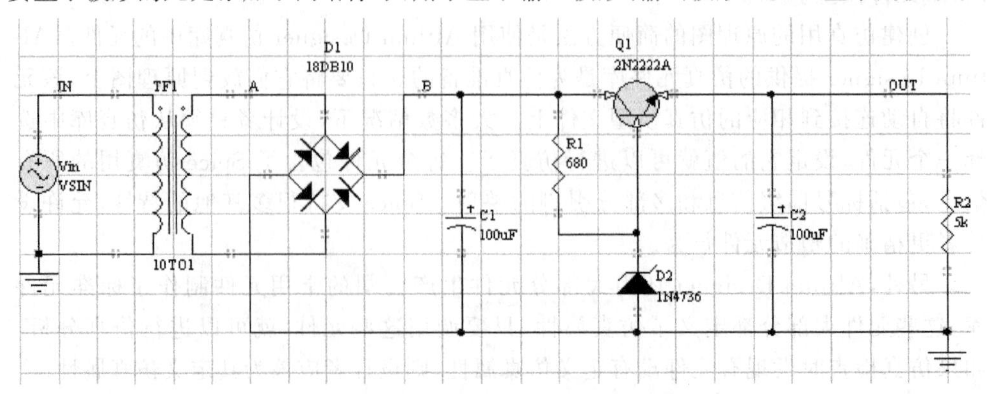

图 6－26 电源转换电路实例

2. 仿真器的设置

选择 Design→Simulate→Mixed Sim 菜单项，进入电路仿真分析设置对话框。在本次仿真中，采用如图 6-27 所示的仿真设置，即分别设置静态工作点分析和交流小信号分析参数，对这两种模拟信号特性进行分析，并对 A、B、IN、OUT 网络的信号进行仿真分析。设置完以后，单击 OK 按钮开始仿真。

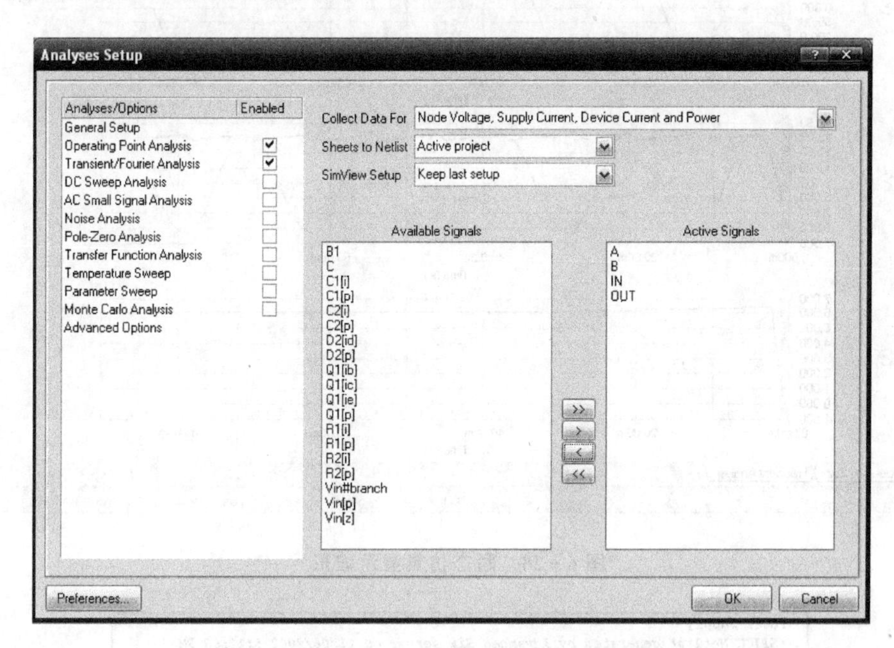

图 6-27 仿真原理图时的仿真器设置

3. 仿真器将输出仿真结果

仿真器的输出为.sdf 文件，.sdf 文件为输出波形的显示。图 6-28 为本例的仿真显示波形。图中显示的是瞬态分析结果，如果需要参看静态工作点分析结果，则可以单击下面的 Operating Point 标签。

4. 创建 Spice 网络表

电路仿真过程中，为了便于设计者通过该文件更好地完善原理图的设计，可以创建 Spice 网络表。仿真分析后，仿真器就生成了一个后缀为.nsx 的文件(.nsx 文件为原理图的 Spice 模式表示)，如图 6-29 所示。

打开.nsx 文件，则系统切换到仿真器界面，选择 Simulate→Run 菜单项即可实现电路仿真，这种方式和直接从原理图进行仿真生成的波形文件相同。

关于原理图的其他仿真，在此不一一显示，读者可借助上述例子和步骤自行研究。

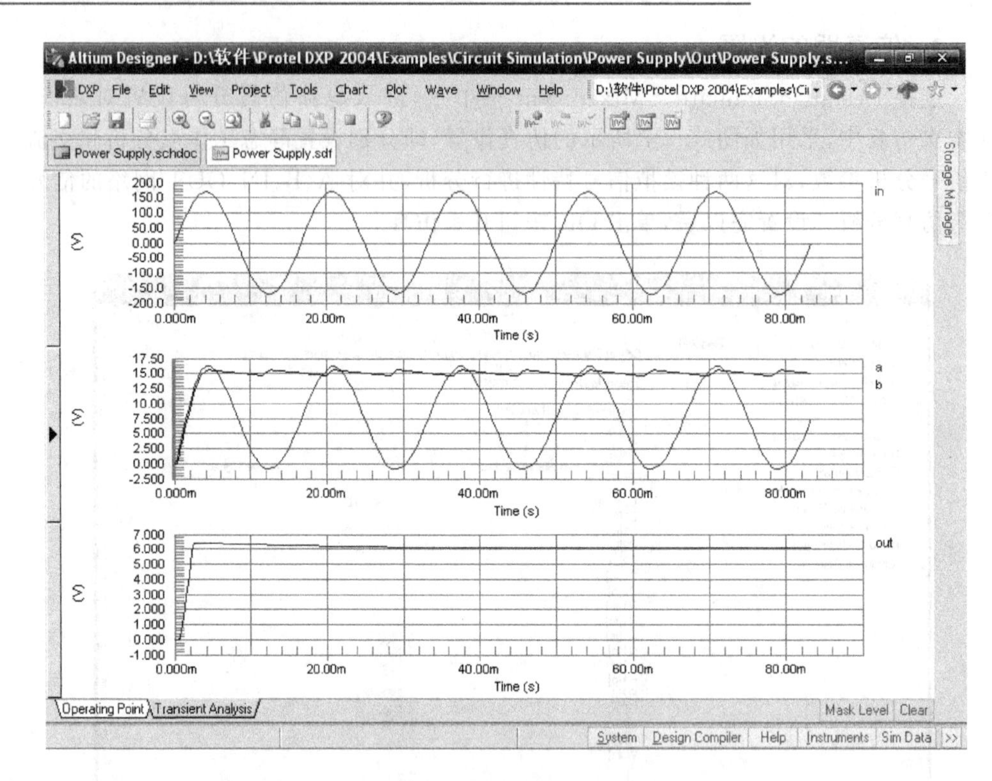

图 6-28 瞬态仿真显示波形

```
Power Supply
*SPICE Netlist generated by Advanced Sim server on 11/06/2002 5:11:53 PM

*Schematic Netlist:
C1 B 0 100uF
C2 OUT 0 100uF
XD1 0 A B C 18DB10
D2 0 B1 1N4736
Q1 B B1 OUT 2N2222A
R1 B B1 680
R2 OUT 0 5k
XTF1 IN 0 A C 10TO1
Vin IN 0 DC 0 SIN(0 170 60 0 0 0) AC 1 0

.SAVE 0 A B B1 C IN OUT Vin#branch @Vin[z] @C1[i] @C2[i] @D2[id] @Q1[ib] @Q1[ic]
.SAVE @Q1[ie] @R1[i] @R2[i]

*PLOT TRAN -1 1 A=A A=B A=IN A=OUT
*PLOT OP -1 1 A=A A=B A=IN A=OUT
*Selected Circuit Analyses:
.TRAN 0.0003333 0.08333 0 0.0003333
.OP

*Models and Subcircuit:
.SUBCKT 18DB10 1 2 3 4
D1 1 2 18DB10
```

图 6-29 仿真器生成的.nsx 文件

5. 设计者通过仿真完善原理图的设计

仿真器输出了一系列的波形,设计者借助这些波形可以很方便地发现设计中的不足和问题,从而不必经过实际的制板,就可以完全了解所设计原理图的电气特性。

6.5.2　数字电路仿真实例

这里以 555 双稳态电路的仿真为例来介绍。555 电路是一个在电子线路中比较常用的电子元器件,可以构成各种有用的单元电路,如单稳态电路、双稳态电路、振荡器等。

与模拟电路不同,在数字电路中,设计者主要关心的是各数字节点的逻辑状态(也称逻辑电平)。数字节点就是仅与数字电路元件相连的节点,仿真该电路的结果就是计算电路各个节点的值,对于数字节点,这些值就是逻辑电平(如"1"、"0"、"X")。

实例仿真步骤如下:

① 建立工程。向工程中加入仿真模型库,完成电路原理图的输入设计,如图 6-30 所示。注意,原理图设计时使用的元器件模型必须带仿真模型。

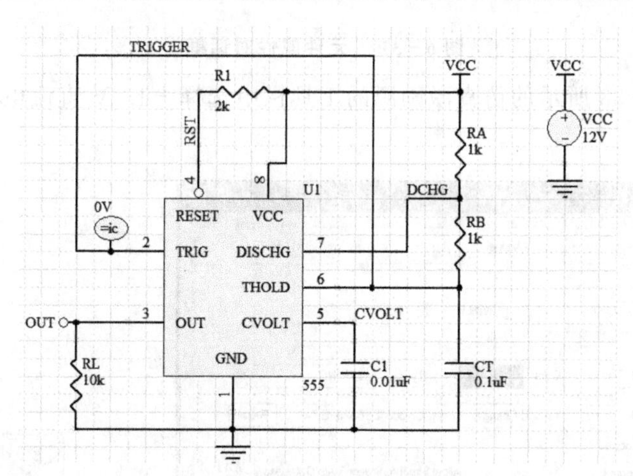

图 6-30　555 组成的双稳态电路

② 设置元器件的电参数。双击该器件,则系统弹出元件属性对话框,如图 6-31 所示。注意,在被仿真的电路中,所有的元器件必须有电参数,即元器件的标称值。

③ 在图 6-31 中单击 Parameters for R1-RES 下的 Add 按钮,则系统弹出参数属性对话框,如图 6-32 所示。在该对话框中可以添加新的属性和属性值,这里设置属性元件 R1。

④ 单击 OK 按钮后,在元件属性对话框中显示电阻 R1 的 value 值为"2K",再单击 OK 按钮后,则该电阻元件的参数即设置完毕。

⑤ 其他电子元件的电参数可按照上述的方法进行设置。

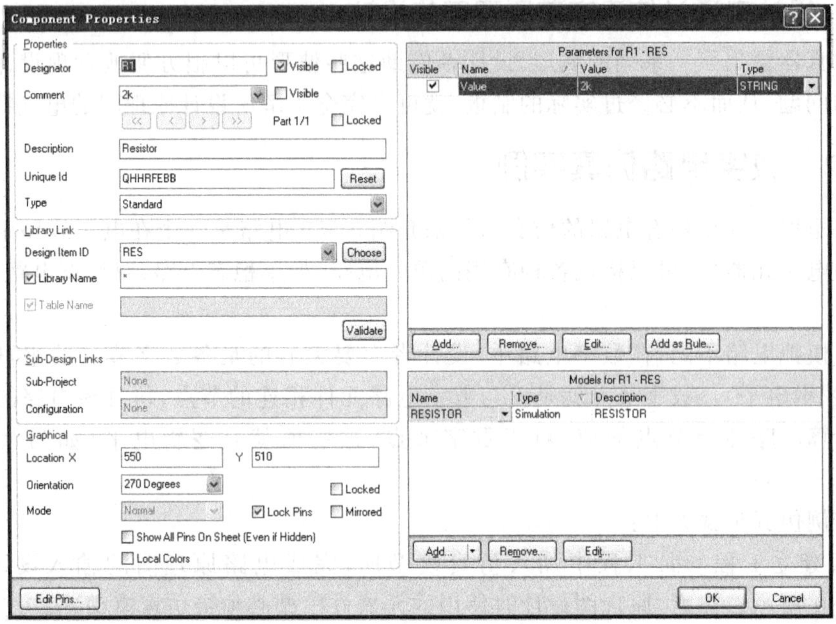

图 6-31 元件属性对话框

⑥ 在图 6-33 所示的仿真激励源的工具栏中选择+12 V 直流电压源放置到电路图中。

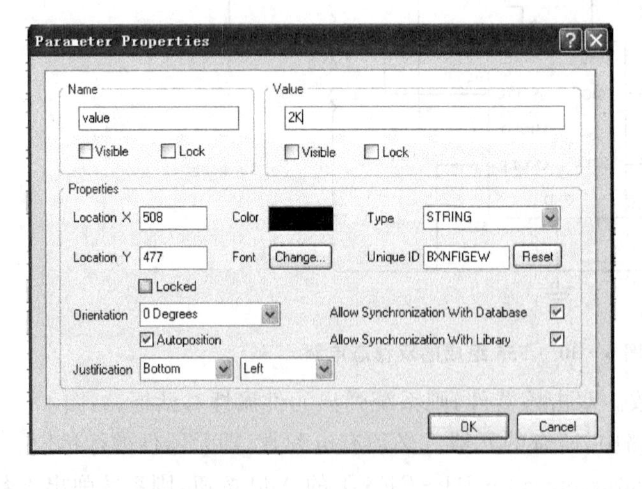

图 6-32 参数属性对话框

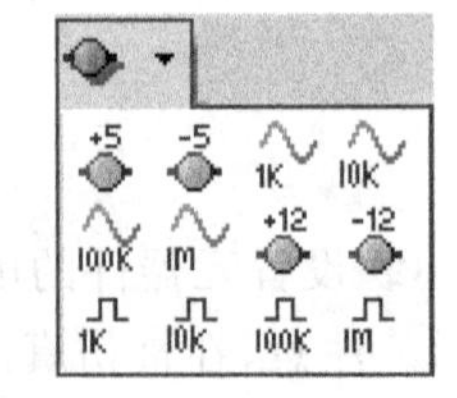

图 6-33 仿真激励源

⑦ 电压源的负端接系统的参考地，其他节点的电压值都将以该点的电压作为参考电压。单击 Power Sources 工具栏上的 工具，当鼠标指针粘上一个符号后，按 Tab 键，则弹出属性对话框。将属性对话框中的 Net 属性设置为 GND，然后单击 OK 按钮完成在电压源的负端设置电源地。

⑧ 放置. IC 元件,并设置该元件的仿真属性参数,完成节点电压初值的设置。将该元件属性的 Value 参数设置为“0V”,结果如图 6-30 所示。

⑨ 在 555 的第三个引脚接上相应的负载,接电阻为 10 kΩ 的 RL。注意,由于电路的仿真需要完全模拟电路在实际工作环境中的状态,所以电路的负载也必须出现在电路原理图中。

⑩ 在电路的合适点放置网络标号,最后的仿真电路如图 6-30 所示。

⑪ 选择 design→Simulate→Mixed Sim 菜单项,则弹出如图 6-34 所示的仿真分析设置对话框。

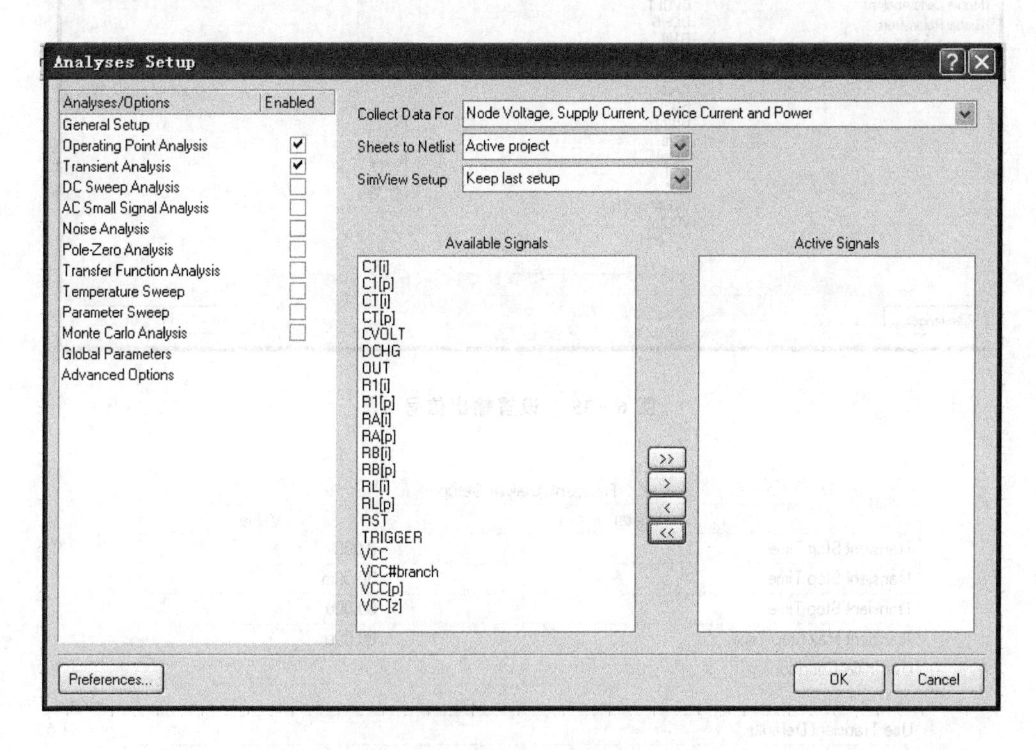

图 6-34　仿真分析设置对话框

⑫ 设置输出信号。在 Available Signals 栏中选择信号 OUT、TRIGGER,单击 > 按钮,则信号出现在 Active Signals 栏中,如图 6-35 所示。仿真结束后将显示这两个信号的波形。

⑬ 在 Analyyses/Options 栏中选择 Operating Point Analysis(直流工作点分析)和 Transient/Fourier Analysis(瞬态分析),设置 Transient/Fourier Analysis 的参数,如图 6-36 所示。

⑭ 设置好参数后,单击 OK 按钮,则系统进行直流工作点分析和瞬态分析,显示的瞬态分析结果如图 6-37 所示。

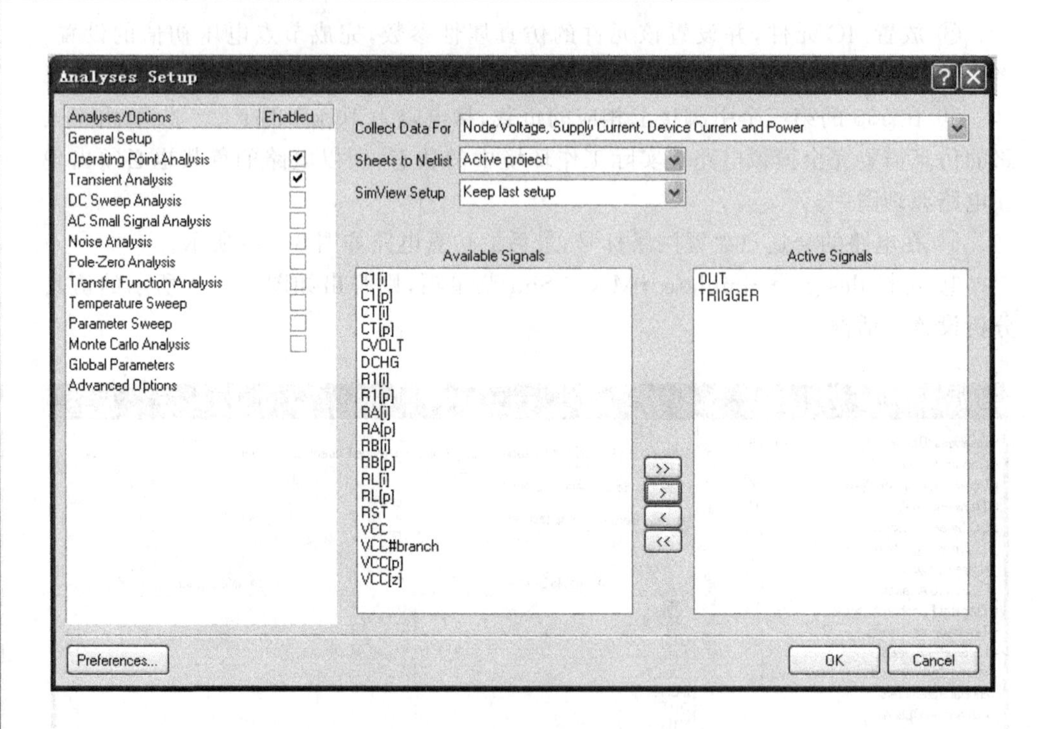

图 6 - 35　设置输出信号

Transient Analysis Setup	
Parameter	Value
Transient Start Time	0.000
Transient Stop Time	50.00m
Transient Step Time	80.00u
Transient Max Step Time	80.00u
Use Initial Conditions	☐
Use Transient Defaults	☐
Default Cycles Displayed	5
Default Points Per Cycle	50
Enable Fourier	☐
Fourier Fundamental Frequency	100.0
Fourier Number of Harmonics	10

图 6 - 36　设置 Transient/Fourier Analysis 参数

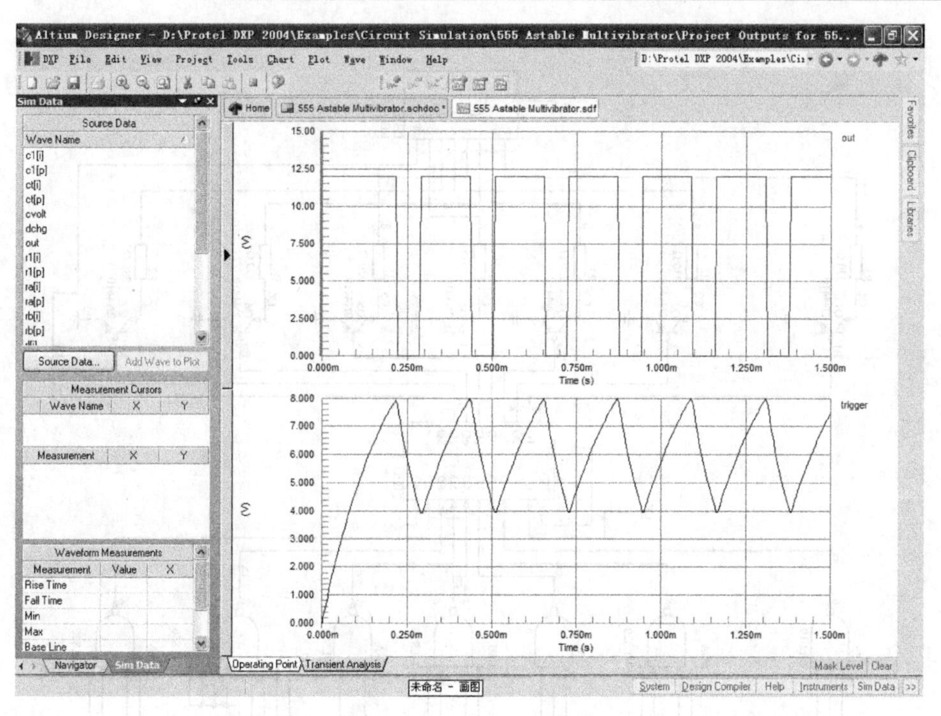

图 6-37　瞬态分析结果

⑮ 在波形显示区的下方,单击Operating Point Analysis 标签,则显示直流工作点结果如图 6-38 所示。

out	11.96 V
trigger	8.005 V

图 6-38　直流工作点

6.5.3　数/模混合电路仿真实例

在 Altium Designer Winter 09 中,采用 Spice 3f5 模型的混合电路仿真器。数字 SimCode 描述语言扩展到 XSpice,允许数字元件传输延时、输入和输出负载、受控源建模,从而解决了数/模混合仿真的问题。

在数/模混合电路仿真中,对于数字电路,设计人员主要关心各数字节点的逻辑状态,数字节点即仅与数字电路元件相连的节点。仿真该电路的结果就是计算电路中各节点的值,这些值即逻辑电平,如“1”、“0”、“X”。

大多数的数字电路元件有两种模型:第一种是计时模型,描述元件的计时特性;第二种模型是 I/O 模型,描述元件的负载和驱动特性,有几个特殊的数字电路元件仅有 I/O 模型..数字电路元件所起的作用和电阻等在模拟电路中所起的作用相似,每个元件有一个(或多个)输入及一个(或多个)输出,而且有些元件(如触发器)有记忆功能。

数字电路元件的计时特性是由计时模型和 I/O 模型共同决定的。计时模型用来设置如建立和持续时间那样的时间约束条件,传播延迟设置为计时模型中的延时和由电路负载所决定的附加延时之和。每个元件的负载延时则由其负载及引线电容共同决定。

① 绘制原理图。这里采用如图 6－39 所示的数字电路。

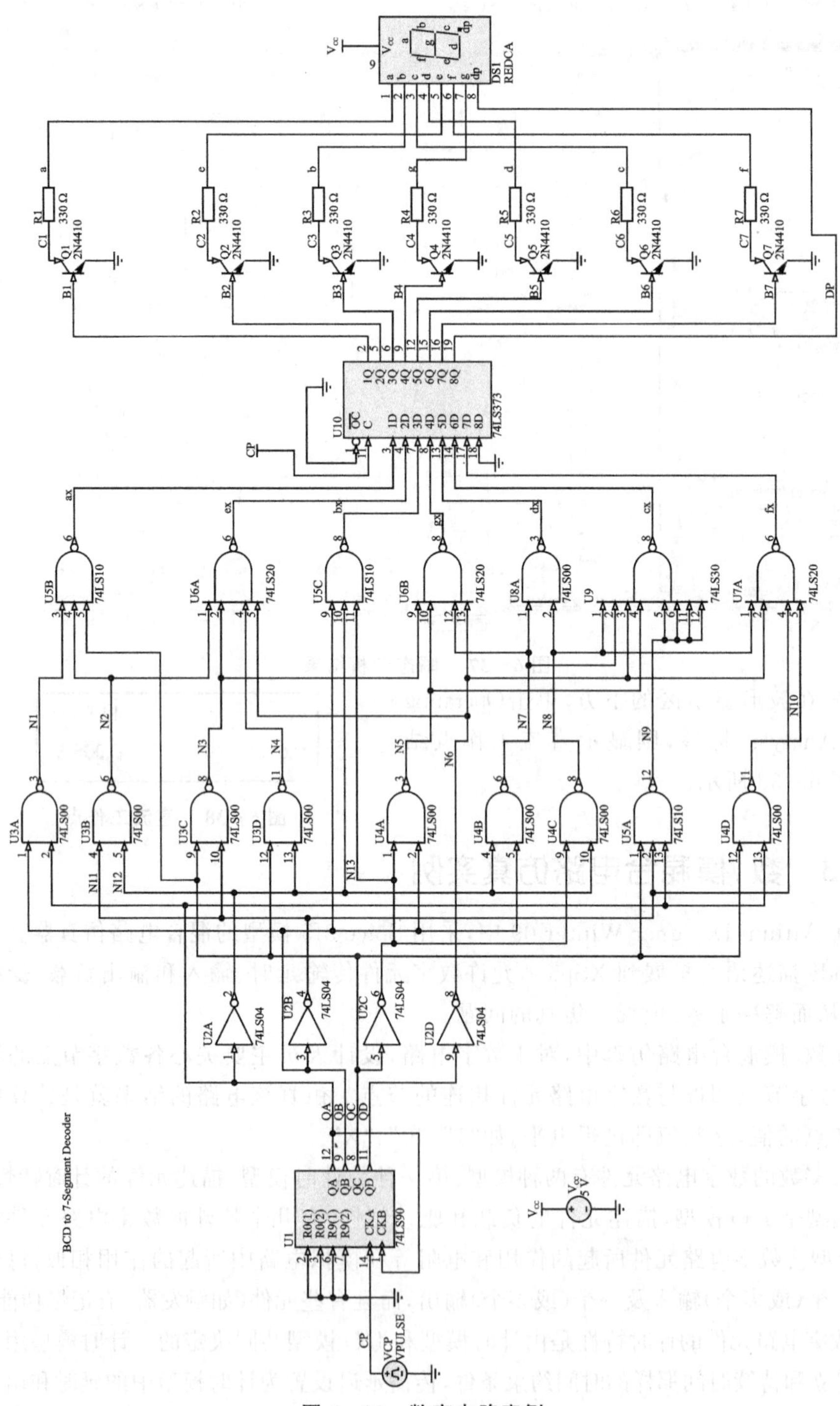

图 6－39　数字电路实例

② 仿真器的设置。与前面的实例不同,数/模混合电路不进行静态工作点的分析,这里仅选择瞬态分析,其他的分析依此类推。仿真器设置如图 6-40 和图 6-41 所示。

③ 设置完毕后单击 OK 按钮,则系统进行仿真电路的信号仿真。仿真器输出的仿真结果保存为.sdf 的波形文件。

④ 通过该文件的波形显示可以更清楚地了解原理图电路的时序关系。各节点瞬态分析的仿真波形显示如图 6-42 所示。

⑤ 设计者通过仿真完善原理图的设计。通过上述波形可以使设计者不必通过元件的连接就可以知道各部分的时序关系,从而检查设计电路与期望的电路功能是否一致,很方便地完成原理图的设计。

可见,Altium Designer Winter 09 提供了一种方便的电路仿真方式。设计者通过该仿真程序可以在制板前发现原理图设计中可能存在的问题,减少重复设计的可能性。本章只简单介绍了 Altium Designer Winter 09 的电路仿真,在实践中只有多使用才能获得更丰富的经验。

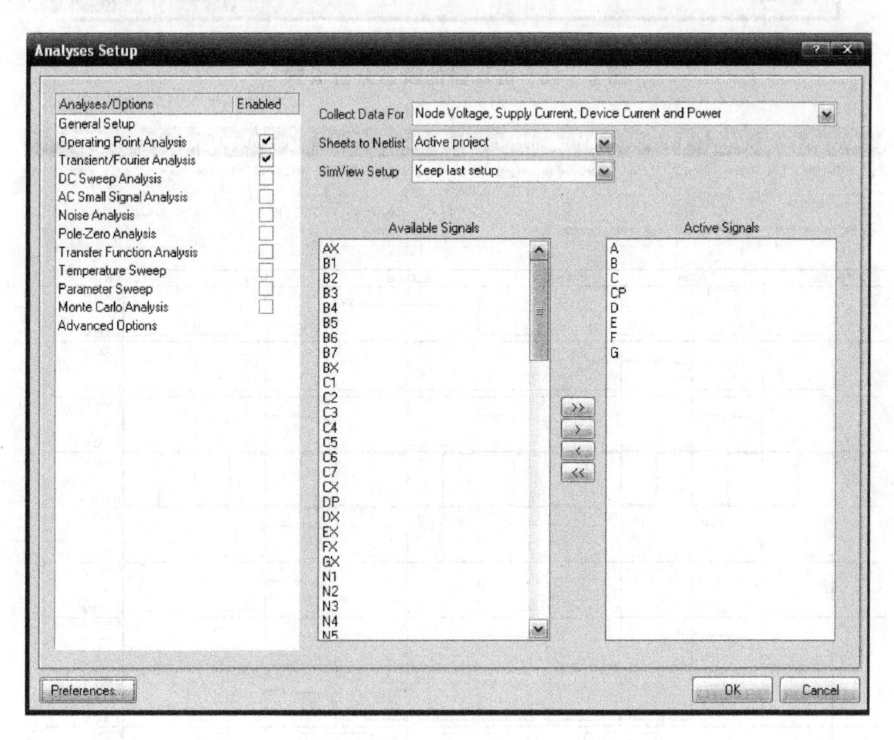

图 6-40　仿真器的一般设置

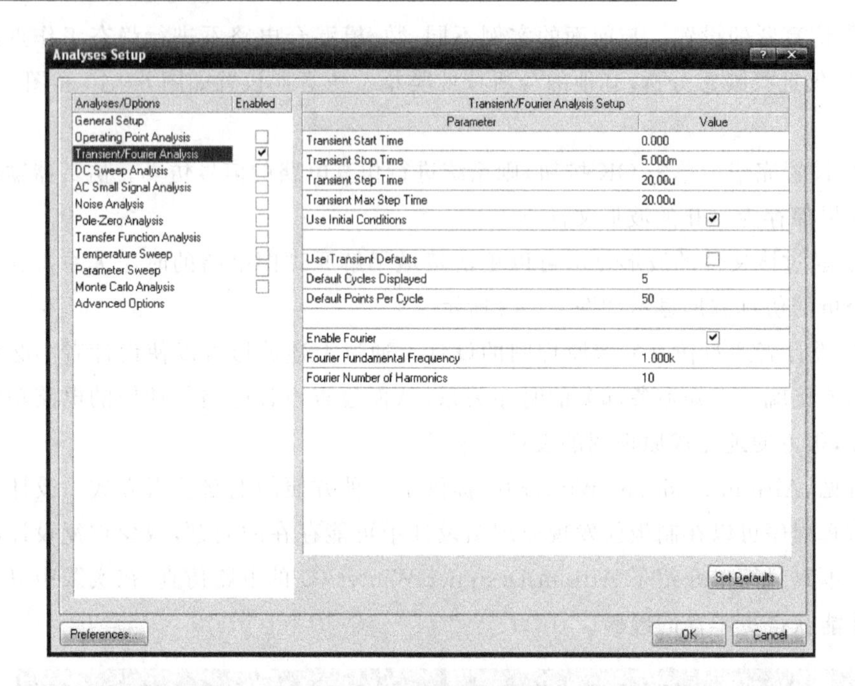

图 6－41　仿真器的瞬态分析设置

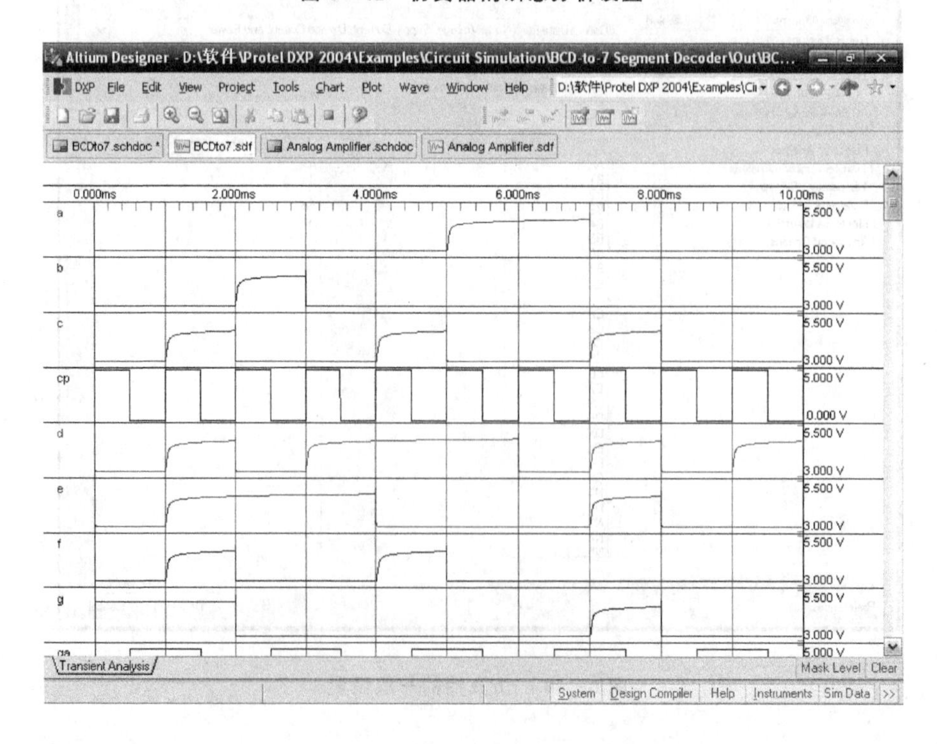

图 6－42　各节点的瞬态分析仿真模型

练习题

6.1　请叙述进行电路原理图仿真的一般步骤。

6.2　仿真元件库有哪些？如何加载到 Altium Designer 系统中？

6.3　仿真时为什么要进行初始状态的设置？有几种设置方法？优先次序如何？

6.4　请绘制如图 6－43 所示的仿真原理图，并对 IN 和 OUT 信号进行仿真。

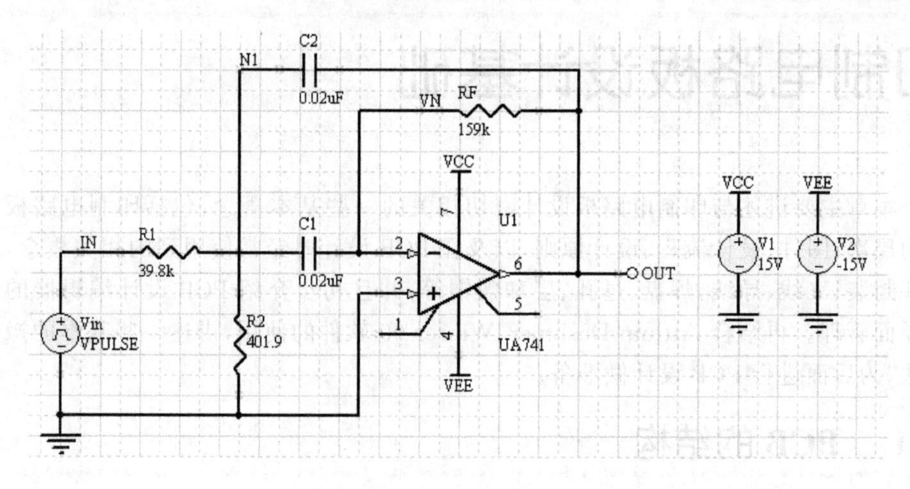

图 6－43　带通滤波器电路原理图

第7章

印制电路板设计基础

本章主要讲述与印制电路板设计密切相关的一些基本概念，包括印制电路板的结构层次、图件、设计流程、设计原则，以及在PCB设计时经常使用到的相关概念，如元件封装、飞线、导线，焊盘、过孔、层和敷铜等，并且初步介绍PCB设计编辑器的工作界面管理。再结合 Altium Designer Winter 09 软件的使用，讲述一些基本的操作方法，为后面进行PCB设计做准备。

7.1 PCB 的结构

简单地说，印制电路板就是一个载体，用于焊接实际电子元件及具有电气特性的板子，故而称为PCB(Printed Circuit Board)。印制电路板的制作材料主要有绝缘材料(一般是SiO2)、金属铜以及焊锡等。制作时，先将印制电路板建立在一块绝缘基板上，再将电路原理图中的导线制成铜膜走线，而元件引脚处则被制成过孔和焊盘。

根据印制电路板包含的层数，可分为单层板、双层板和多层板3种。单面板由于成本低而被广泛采用。在印制电路板设计中，单面板设计是一个重要的组成部分，也是印制电路板设计的基础。双面板的电路一般比单面板复杂，但是由于两面都能布线，且设计并不比单面板困难，而深受广大设计人员的喜爱。图7-1为几种多层板。下面分别介绍。

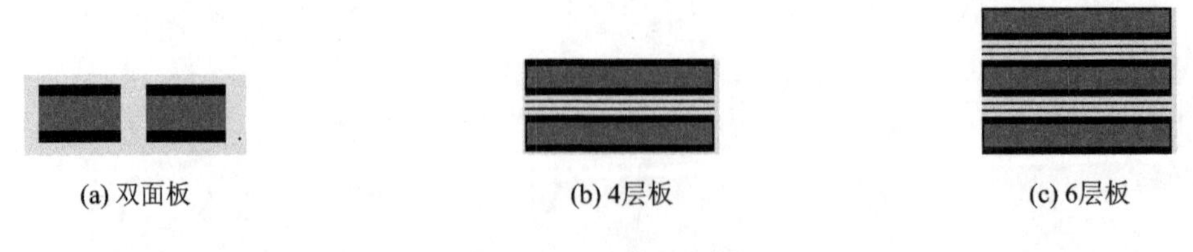

图7-1　几种多层板

(1) 单面板

单面板是一种一面有敷铜、另一面没有敷铜的电路板，用户只可在敷铜的一面布线并放置元件。单面板由于其成本低、不用打过孔而被广泛应用。由于单面板走线

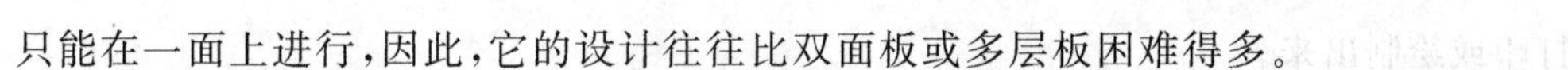

只能在一面上进行，因此，它的设计往往比双面板或多层板困难得多。

(2) 双面板

双面板包括顶层(Top Layer)和底层(Bottom Layer)两层，顶层一般为元件面，底层一般为焊锡层面。双面板的双面都可以敷铜，都可以布线。双面板的电路一般比单面板的电路复杂，但布线比较容易，是制作电路板比较理想的选择。

(3) 多层板

多层板就是包含了多个工作层的电路板。除了上面讲到的顶层、底层以外，还包括中间层、内部电源或接地层等。随着电子技术的高速发展，电子产品越来越精密，电路板也就越来越复杂，多层电路板的应用也越来越广泛。多层电路板一般指 3 层以上的电路板。

7.2 PCB 中的层

印制电路板的“层”不是虚拟的，而是印制板材料本身实实在在的铜箔层。Altium Designer 的 PCB 板包括许多类型的工作层，如信号层(SignalLayers)、内部电源层(Internal Planes)、机械层(Mechanical Layers)等。例如，现在的计算机主板所用的印制板材料大多在 4 层以上。这些层因加工相对较难而大多用于设置走线较为简单的电源布线层(Ground Dever 和 Power Dever)，并常用大面积填充的办法来布线(如 Fill)。上下位置的表面层与中间各层需要连通的地方用“过孔(Via)”来沟通。

注意，在放置对象前，首先要确定印制电路板的工作层，一旦选定了所用印制板的层数，务必关闭那些未被使用的层，以免布线出现差错。

下面介绍几种常用的工作层面。

(1) Signal Layer(信号层)

信号层主要用于布线，也可放置一些与电气信号有关的电气实体。Altium Designer Winter 09 提供了 32 个信号层，包括 Top Layer(顶层)、Bottom Layer(底层)和 30 个 Mid(中间层)，其中，顶层一般用于放置元件，底层一般用于焊锡元件，中间层主要用于放置信号走线。

(2) Internal Planes(内部电源层)

内部电源层主要用于连接电源网络和接地网络，也可连接其他网络。Altium Designer Winter 09 提供了 16 个内部电源层。对于多板层设计，需要使用大面积的电源和地，从而导致电源和接地网络很复杂，故需要用整片铜膜建立一个内部电源层，再通过过孔与电路板的表层电源层网络连接，从而简化电源布线。

(3) Mechanical(机械层)

机械层主要用于放置标注和说明等，如尺寸标记、过孔信息、数据资料、装配说明等，Altium Designer Winter 09 提供了 16 个机械层，分别是 Mechanical1～Mechanical6。可以在打印或绘制其他层时加上机械层，这样机械层上的基准信息也可以被打印或绘制出来。

(4) 阻焊层和锡膏防护层(Mask)

阻焊层用于放置阻焊剂,防止在焊接时由于焊锡扩张而引起短路。Altium Designer Winter 09 提供了 Top Solder(顶层)和 Bottom Solder(底层)两个阻焊层,设计时如果使用阻焊层,则须匹配焊盘和过孔。

锡膏防护层主要用于安装表面粘贴元件(SMD),Altium Designer Winter 09 提供了 Top Paste(顶层)和 Bottom Paste(底层)两个锡膏防护层。

(5) 丝印层(Silkscreen)

丝印层主要用于绘制元件封装的轮廓线和元件封装文字,以便于用户读板。Altium Designer Winter 09 提供了 Top Overlayer(顶层)Bottom Overlayer(底层)两个丝印层,在丝印层(Silkscreen later)做的所有标志都是用绝缘材料印制到电路板上,不具有导电特性,不会影响到电路的连接。

(6) 其他层(Other)

其他层主要包括钻孔层、禁止布线层等,如下:

- Drill layer(钻孔层):用于绘制钻孔图及标注钻孔的位置,包括 Drill Guide(钻孔引导)和 Drill Drawing(钻孔图层)两种。前者基本不用,后者通常用来生成制作 PCB 时的钻孔图片,在 PCB 设计页面的 Drill Drawing 层是看不到钻孔符号的,不过在输出的时候会自动生成。
- KeepOut(禁止布线层):用于在电路板布局时设定放置元件和导线的区域边界。
- Multi Layer(多层):用于设置多层面。该层上放置的对象将贯穿所有信号板层、内层板层和阻焊层等,常用于放置跨板层对象,如焊盘、导孔等。
- Connect(飞线层):用于显示飞线(导入网络表时产生的预拉线)。

7.3 PCB 设计中的图件

图件是印制电路板的基本元素,包括元件、导线、过孔、焊盘、助焊膜和阻焊膜、圆弧线、矩形填充块、字符串、多边形覆铜、坐标、尺寸标注等。

(1) Component(元件)

PCB 中的元件又称为元件封装,对应于原理图中的元件,是实际元件焊接到电路板时指示的外观和引脚位置。由于元件封装只是实际元件的外观,因此每一种元件封装型号不会只局限于一种元器件。只要元件的引脚位置相同就能使用该元件封装。印制电路板使用的实际元件可分为两类,一类是直插式元件,另一类是表面粘贴式元件。

1) 直插式元件

直插式元件是指元件的焊盘过孔从顶层直通到底层,图 7-2 为直插式电阻的原理图元件及其封装对比。

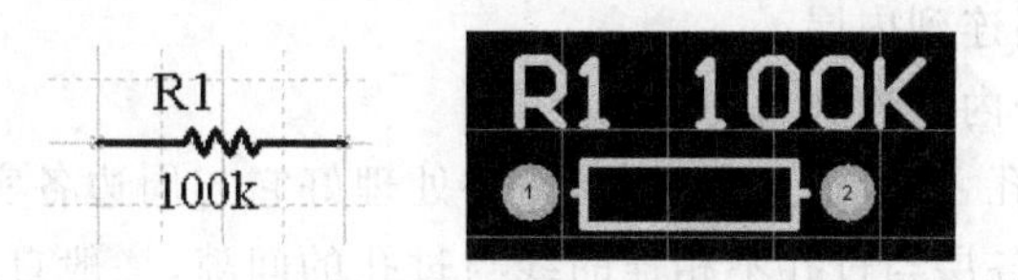

图7-2 直插式元件的原理图及其封装形式

2)表面粘贴式元件(SMD元件)

表面粘贴式元件就是指元件的焊盘只在板层表面(如顶层或底层),不用穿孔。图7-3为表面粘贴式元件的原理图元件及印制电路板封装的对比。

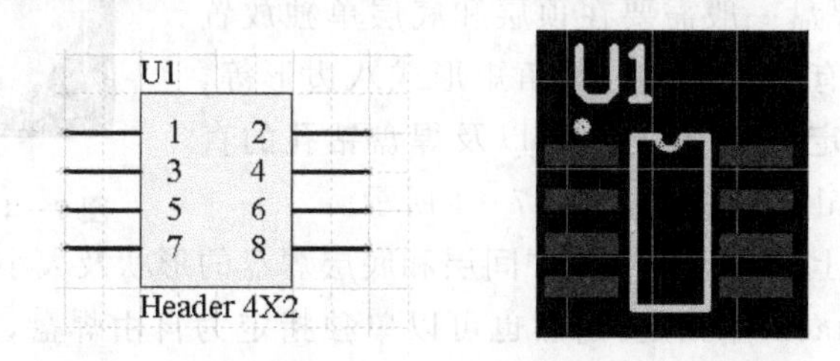

图7-3 表面粘贴式元件的原理图及其封装形式

3) 元件封装的编号

元件封装的编号一般为"元件类型+焊盘距离(焊盘数)+元件外形尺寸"。可以根据元件封装编号来判别元件封装的规格,如AXIAL0.4表示此元件封装为轴状的,两焊盘间的距离为400 mil(约等于10 mm);DIP16表示双排引脚的元件封装,两排共16个引脚;RB.2/.4表示极性电容类元件封装,引脚间距离为200 mil,元件直径为400 mil。这里.2和0.2都表示200 mil。

(2) Tracks(导线)

Tracks在PCB中导线又被称为铜膜走线,是印制电路板中用于电气连接的图件。导线宽度在0.001~10 000 mil之间,可以布置于任意层上,但布置在各层上的意义和用途不大一样。如导线在信号层中用来布线,在机械层中用来定义印制电路板轮廓,在丝印层中用来定义元件轮廓,在禁止布线层用来定义板框边界等。

与导线有关的另外一种线,常称为"飞线",即预拉线。飞线是在导入网络表(Spice netlist)后系统根据网络表自动生成的,用来指引布线的一种连线。

飞线与导线有本质的区别,飞线只是一种形式上的连线,只是在形式上表示出各个焊盘间的连接关系,没有电气的连接意义。导线则是根据飞线指示的焊盘间的连接关系而布置的,是具有电气连接意义的连接线路。

(3) Via(过孔)

过孔用于连接不同板层上的导线,其直径在0~1 000 mil之间。过孔的形状类似于圆形焊盘,分为多层、盲孔和埋孔3种类型:

➤ 多层过孔:从顶层通到底层,允许连接所有的内部信号层。

➤ 盲孔:从表层连到内层。

➤ 埋孔:从一个内层连到另一个内层。

应尽量少用过孔,一旦选用了过孔,务必处理好它与周边各实体的间隙,特别是容易被忽视的中间各层与过孔不相连的线与过孔的间隙,一般自动布线后要对多余的过孔进行调整,通过改进布线来减少过孔的数目。

(4) Pad(焊盘)

焊盘用于在印制电路板上固定元件的引脚,可以单独放在一层或多个板层上。对于表面安装的元件和边缘连接器来说,其焊盘一般需要在顶层和底层单独放置一层。焊盘的形状有圆形、矩形、圆角矩形或八边形等,根据元件本身来确定。其中,X 的值以及焊盘钻孔的直径可在 0～1 000 mil 之间变化,如图 7-4 所示。

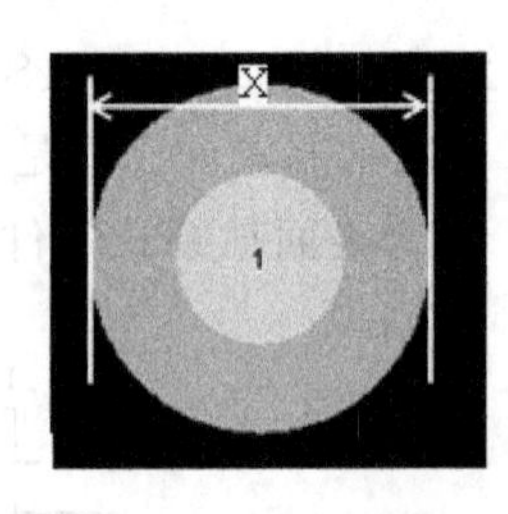

图 7-4 焊盘的外形

对于多个板层上的焊盘,顶层、中间层和底层焊盘的形状及大小可以通过定义一个焊盘堆栈(Pad Stack)来指定,当然也可以单独指定为自由焊盘,或者与其他图件合并成元件。

(5) 助焊膜和阻焊膜

各类膜(Mask)不仅是 PCB 制作工艺过程中必不可少的,而且更是元件焊装的必要条件。按所处的位置及其作用,膜可分为元件面(或焊接面)助焊膜(TOP or Bottom Solder)和元件面(或焊接面)阻焊膜(TOP or Bottom Paste Mask)两类。助焊膜是涂于焊盘上、提高可焊性能的一层膜,也就是在绿色板子上比焊盘略大的浅色圆。阻焊膜的情况正好相反,为了使制成的板子适应波峰焊接形式,要求板子上非焊盘处的铜箔不能粘锡,因此在焊盘以外的各部位都要涂覆一层涂料,用于阻止这些部位上锡。可见,这两种膜是一种互补关系。

(6) Fill(矩形填充块)

矩形填充块可以被放置在任何板层上,包括非电气层。矩形填充块在设计时有多种用途,如在信号层上,它作为实心铜区域来屏蔽或传导大电流;在禁止布线层上,它指定一个区域来禁止自动布局布线等。

(7) String(字符串)

字符串用于一些说明性文字,可以放置在任何板层上,其长度最多不超过 254 个字符(包括空格)。

(8) Polygon Plane(多边形覆铜)

多边形覆铜用于在 PCB 上不规则的区域内填充铜膜,以便和一个特殊的网连接起来,扩大这个网络区域。比如在很多 PCB 设计中,大都采用印制电路板上的空白部分全部用多边形覆铜连接到地线上的方法来增强印制电路板的抗干扰能力。

(9) Coordinate(坐标)

坐标标记用来显示工作平面内指定点的坐标,包括一个点标记(两条连线的交叉点)和 X、Y 坐标值。

(10) Dimension(尺寸标注)

尺寸标注用来标注电路板上任意两点间的距离,是由字符串和连线组成的一种特殊图件。

7.4 PCB 布线流程

PCB 的设计主要有 3 类:全自动设计、全手工设计和半自动设计。

全自动设计:只使用 Altium Designer Winter 09 提供的各种自动化工具来进行印刷电路板的设计工作。优点是设计的周期短,但缺点也很大,这是因为布局和走线的策略都是利用人工智能来判断设计的,而目前人工智能的技术还不够完善。

全手工设计:完全使用 Altium Designer Winter 09 提供的各种 PCB 绘制工具进行印制电路板的设计工作。优点是因为全手工设计,各个点都是从实际出发设计的,设计出来的产品比较完美;缺点是费时费力,有时还会出现人为错误。

半自动设计:这是目前用得比较多的方式,结合了自动化设计和全手工设计的特点,省时省力,而且设计的灵活性也比较大,不容易犯错误。

以上 3 种设计方法虽然差别较大,但都是遵循图 7-5 所示的设计流程模式。

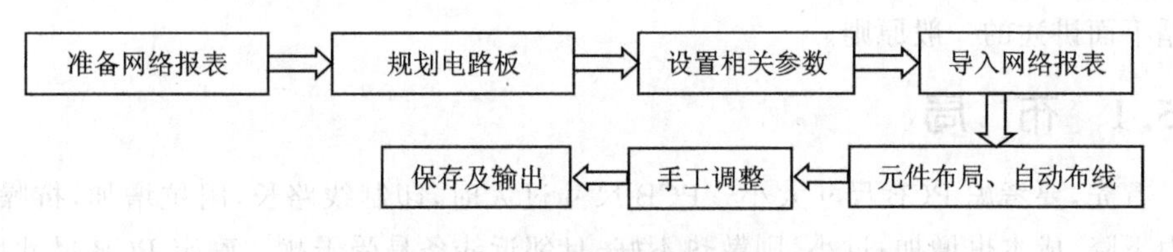

图 7-5　印刷电路板设计流程

① 准备网络报表,主要是指电路原理图的设计及网络报表的生成等准备工作,当然,有时也可以不绘制原理图,而直接进入 PCB 设计系统。

② 规划电路板。在绘制 PCB 之前,用户要对电路板有一个初步的规划,如电路板采用多大的物理尺寸、采用几层电路板(单面板还是双面板)、各元件采用何种封装形式及其安装位置等。这是一项极其重要的工作,是确定电路板设计的框架。

③ 设置相关参数。设置参数主要是设置元件的布置参数、板层参数和布线参数等。一般说来,有些参数用其默认值即可;有些参数第一次设置后,以后几乎无须修改。

④ 导入网络报表及元件封装。网络报表是电路板布线的灵魂,也是原理图设计系统与印制电路板设计系统的接口。只有将网络报表装入之后,才可能完成对电路板的自动布线。元件的封装就是元件的外形,每个装入的元件必须有相应的外形封

装,才能保证电路板布线的顺利进行。

⑤ 元件的布局。元件的布局可以让 Altium Designer 自动将元件布置在电路板边框内,也可以通过手工方式对元件进行布局。只有完成了元件的布局,才可以进行自动布线。

⑥ 手动预布线及自动布线。对比较重要的网络连接和电源网络的连接应该手动预布线。锁定手动预布的线,然后自动布线。Altium Designer Winter 09 引入了包括神经网络在内的先进技术,可以说是其相对于 Altium Designer 以前版本最重要的改进,只要将有关的参数设置得当、元件的布局合理,自动布线的成功率几乎是 100%。

⑦ 手工调整。自动布线结束后,往往存在令人不满意的地方,需要手工调整。

⑧ 文件保存及输出。完成布线后,可将完成的 PCB 文件保存到磁盘,利用输出设备(如打印机或绘图仪等)输出电路板的布线图。

7.5 PCB 设计的基本原则

PCB 设计的好坏对电路板抗干扰能力影响很大。因此,在进行 PCB 设计时,必须遵守 PCB 设计的一般原则,并应符合抗干扰设计的要求。要使电子电路获得最佳性能,元件的布局及导线的布设是很重要的。为了设计出质量好、造价低的 PCB,应遵循下面讲述的一般原则。

7.5.1 布 局

首先,要考虑 PCB 尺寸大小。PCB 尺寸过大时,印制线路长,阻抗增加,抗噪声能力下降,成本也增加;过小,则散热不好,且邻近线条易受干扰。确定 PCB 尺寸后,再确定特殊元件的位置。最后,根据电路的功能单元,对电路的全部元件进行布局。

在确定特殊元件的位置时要遵守以下原则:

- 尽可能缩短高频元件之间的连线,设法减少它们的分布参数和相互间的电磁干扰。易受干扰的元件不能相互挨得太近,输入和输出元件应尽量远离。
- 某些元件或导线之间可能有较高的电位差,应加大它们之间的距离,以免放电引起意外短路。带强电的元件应尽量布置在调试时手不易触及的地方。
- 质量超过 15 g 的元件应当用支架固定,然后焊接。那些又大又重、发热量多的元件不宜装在 PCB 上,而应装在整机的机箱底 PCB 上,且应考虑散热问题。热敏元件应远离发热元件。
- 对于电位器、可调电感线圈、可变电容器、微动开关等可调元件的布局应考虑整机的结构要求。若是机内调节,应放在 PCB 上方便于调节的地方;若是机外调节,其位置要与调节旋纽在机箱面 PCB 上的位置相适应。

➢ 应留出印制板的定位孔和固定支架所占用的位置。

根据电路的功能单元对电路的全部元件进行布局时,要符合以下原则:

➢ 按照电路的流程安排各个功能电路单元的位置,使布局便于信号流通,并使信号尽可能保持一致的方向。

➢ 以每个功能电路的核心元件为中心,围绕它来进行布局。元件应均匀、整齐、紧凑地排列在PCB上,尽量减少和缩短各元件之间的引线和连接。

➢ 高频工作的电路要考虑元件之间的分布参数,一般电路应尽可能使元件平行排列。这样,不但美观,而且焊接容易,易于批量生产。

➢ 位于电路板边缘的元件,离电路板边缘一般不小于2 mm。电路板的最佳形状为矩形,长宽比为3:2或4:3。电路板面尺寸大于200 mm×150 mm时,应考虑板所受的机械强度。

7.5.2 布 线

布线的方法以及布线的结果对PCB的性能影响很大,本小节阐述一些布线的原则,希望能够对读者布线有一定的帮助。

(1) 连线精简原则

连线要精简,尽可能短,尽量少拐弯,力求线条简单明了,特别是在高频回路中,当然为了达到阻抗匹配而需要特殊延长的线就例外了,如蛇行走线等。

(2) 安全载流原则

铜线宽度应以自己所能承载的电流为基础进行设计,铜线的载流能力取决于以下因素:线宽、线厚(铜箔厚度)、容许温升等。相关的计算公式为:

$$I = KT^{0.44}A^{0.75}$$

其中,K为修正系数,一般覆铜线在内层时取0.024,在外层时取0.048;T为最大温升,单位为℃;A为覆铜线截面积,单位为mil(不是mm,注意);I为容许的最大电流,单位为A。

(3) 电磁抗干扰原则

电磁抗干扰原则涉及的知识点比较多,例如铜膜线的拐弯处应为圆角或斜角(因为高频时直角或者尖角的拐弯会影响电气性能),双面板两面的导线应互相垂直、斜交或者弯曲走线,尽量避免平行走线、减小寄生耦合等。

(4) 环境效应原则

要注意所应用的环境,例如在一个振动或者其他容易使板子变形的环境中采用过细的铜膜导线很容易起皮拉断等。

(5) 安全工作原则

要保证安全工作,例如保证两线最小间距要能承受所加电压峰值,高压线应圆滑,不得有尖锐的倒角,否则容易造成板路击穿等(安全载流原则其实也算是安全工作原则中的一个特例,只不过比较重要,所以单独列出来)。

(6) 组装方便、规范原则

走线设计要考虑组装是否方便,例如印制板上有大面积地线和电源线区时(面积超过 500 mm^2),应局部开窗口,以方便腐蚀等。

此外还要考虑组装规范设计,例如元件的焊接点用焊盘来表示,这些焊盘(包括过孔)均会自动不上阻焊油,但是若用填充块当表贴焊盘或用线段当金手指插头,而又不做特别处理(在阻焊层画出无阻焊油的区域),阻焊油将掩盖这些焊盘和金手指,容易造成误解性错误。SMD 器件的引脚与大面积覆铜连接时要进行热隔离处理,一般是做一个 Track 到铜箔,以防止受热不均造成的应力集中而导致虚焊。PCB 上如果有 Φ12 或方形 12 mm 以上的孔,必须做一个孔盖,以防止焊锡流出等。

(7) 经济原则

遵循该原则要求设计者对加工、组装的工艺有足够的认识和了解,例如 5 mil 的线做腐蚀要比 8 mil 难,所以过孔越小越贵等。

以上是一些基本的布线原则,当然,布线很大程度上还与设计者的经验有关,这也是为什么我们经常看到有些大的厂家生产的显卡往往比小的厂家生产的显卡好的缘故。

7.5.3 焊盘大小

焊盘的内孔尺寸必须从元件引线直径、公差尺寸以及焊锡层厚度、孔径公差、孔金属电镀层厚度等方面考虑,焊盘的内孔一般不小于 0.6 mm,因为小于 0.6 mm 的孔开模冲孔时不宜加工。通常情况下以金属引脚直径值加上 0.2 mm 作为焊盘内孔直径,如电阻的金属引脚直径为 0.5 mm,其焊盘内孔直径对应为 0.7 mm,焊盘直径取决于内孔直径,如表 7-1 所列。

表 7-1　孔直径与焊盘直径对照　　　单位:mm

孔直径	焊盘直径	孔直径	焊盘直径
0.4	1.5	1.0	3.0
0.5	1.5	1.2	3.5
0.6	2	1.6	4
0.8	2.5	2.0	5

对于超出表 7-1 范围的焊盘直径可用下列公式选取:

➢ 直径小于 0.4 mm 的孔:$D/d=0.5\sim3$(D 为焊盘直径,d 为内孔直径)。

➢ 直径大于 2 mm 的孔:$D/d=1.5\sim2$(D 为焊盘直径,d 为内孔直径)。

有关焊盘的其他注意事项:

➢ 焊盘内孔边缘到印制板边的距离要大于 1 mm,这样可以避免加工时导致焊盘缺损。

➢ 焊盘的开口:有些器件是在经过波峰焊后补焊的,由于经过波峰焊后焊盘内孔被锡封住，器件无法插下去，解决办法是在印制板加工时对该焊盘开一小口，这样波峰焊时内孔就不会被封住，而且也不会影响正常的焊接。

- 焊盘补泪滴：当与焊盘连接的走线较细时，要将焊盘与走线之间的连接设计成泪滴状，这样的好处是焊盘不容易起皮，使走线与焊盘不易断开。
- 相邻的焊盘要避免成锐角或大面积的铜箔，成锐角会造成波峰焊困难，大面积铜箔因散热过快会导致不易焊接。

7.5.4 PCB 电路的抗干扰措施

PCB 的抗干扰设计与具体电路有着密切的关系，这里仅介绍 PCB 抗干扰设计的几项常用措施。

① 电源线设计。根据印制电路板电流的大小，尽量加粗电源线，减少环路电阻。同时，使电源线、地线的走向和数据传递的方向一致，这样有助于增强抗噪声能力。

② 地线设计。地线设计的原则是：

- 数字地与模拟地分开。若印制电路板上既有逻辑电路又有线性电路，应使它们尽量分开。低频电路的地应尽量采用单点并联接地，实际布线有困难时可部分串联后再并联接地。高频电路宜采用多点串联接地，地线应短而粗，高频元件周围尽量用栅格状的大面积铜箔。
- 接地线应尽量加粗。若接地线用很细的线条，则接地电位随电流的变化而变化，使抗噪声性能降低。因此应将接地线加粗，使它能通过 3 倍于 PCB 上的允许电流。如有可能，接地线宽度应在 2～3 mm 以上。
- 接地线构成闭环路。对于由数字电路组成的印制板，其接地电路构成闭环能提高抗噪声能力。

③ 大面积敷铜。印制电路板上的大面积敷铜具有两种作用：一是散热；二是可以减少地线阻抗，并且屏蔽电路板的信号交叉干扰以提高电路系统的抗干扰能力。

注意：初学者设计印制线路板时，常犯的一个错误是在大面积敷铜上不开窗口，而由于 PCB 板材的基板与铜箔间的粘合剂在浸焊或长时间受热时，会产生挥发性气体无法排除，热量不易散发，以致产生铜箔膨胀，产生脱落现象。因此，在使用大面积敷铜时，应将其开窗口设计成网状。

7.5.5 去耦电容配置

PCB 设计的常规做法之一是在印制板的各个关键部位配置适当的去耦电容。去耦电容的一般配置原则是：

① 电源输入端跨接 10～100 μF 的电解电容器。如有可能，接 100 μF 以上的更好。

② 原则上每个集成电路芯片都应布置一个 0.01 pF 的瓷片电容，如遇印制板空隙不够，可每 4～8 个芯片布置一个 1～10 pF 的钽电容。

③ 对于抗噪能力弱、关断时电源变化大的元件，如RAM、ROM存储元件，应在芯片的电源线各地线之间直接接入去耦电容。

④ 电容引线不能太长，尤其是高频旁路电容不能有引线。此外应注意以下两点：

ⓐ 在印制板中有接触器、继电器、按钮等元件时，操作时均会产生较大火花放电，必须采用RC电路来吸收放电电流。一般R取1～2 kΩ，C取2.2～47 μF。

ⓑ CMOS的输入阻抗很高，且易受干扰，因此在使用时对不使用的端口要接地或接正电源。

7.5.6 元件之间的接线

按照原理图，将各个元件位置初步确定下来，然后经过不断调整使布局更加合理，最后就需要对PCB中各元件进行接线，元件之间的接线安排方式如下：

① 印制电路中不允许有交叉电路，对于可能交叉的线条，可以用“钻”、“绕”两种办法解决。即让某引线从别的电阻、电容、晶体引脚下的空隙处“钻”过去，或从可能交叉的某条引线的一端“绕”过去。在特殊情况下，如果电路很复杂，为简化设计也允许用导线跨接解决交叉电路问题。

② 电阻、二极管、管状电容器等元件有“立式”和“卧式”两种安装方式。立式指的是元件体垂直于电路板安装、焊接，优点是节省空间；卧式指的是元件体平行并紧贴于电路板安装、焊接，优点是元件安装的机械强度较好。对于这两种不同的安装元件，PCB上的元件孔距是不一样的。

③ 同一级电路的接地点应尽量靠近，并且本级电路的电源滤波电容也应接在该级接地点上。特别是本级晶体管基极、发射极的接地不能离得太远，否则因两个接地间的铜箔太长会引起干扰与自激，采用这样“一点接地法”的电路，工作较稳定，不易自激。

④ 总地线必须严格按“高频-中频-低频”，逐级按弱电到强电的顺序排列原则，切不可随便乱接，级间宁可接线长点也要遵守这一规定。特别是变频头、再生头、调频头的接地线安排要求更为严格，如有不当就会产生自激以致无法工作。调频头等高频电路常采用大面积包围式地线，以保证有良好的屏蔽效果。

⑤ 强电流引线(公共地线、功放电源引线等)应尽可能宽些，以降低布线电阻及其电压降，可减小寄生耦合而产生的自激。

⑥ 阻抗高的走线尽量短，阻抗低的走线可长一些，因为阻抗高的走线容易发射和吸收信号，引起电路不稳定。电源线、地线、无反馈元件的基极走线、发射极引线等均属低阻抗走线。

⑦ 电位器安放位置应当满足整机结构安装及面板布局的要求，因此应尽可能放在板的边缘，旋转柄朝外。

⑧ IC座。设计印制板图时，在使用IC座的场合下，一定要特别注意IC座上定

位槽放置的方位是否正确，并注意各个 IC 脚位置是否正确，例如第 1 脚只能位于 IC 座的右下角或者左上角，而且紧靠定位槽(从焊接面看)。

⑨ 对进出接线端布置时，相关联的两引线端的距离不要太大，一般为 2/10～3/10 in较合适。进出接线端尽可能集中在 1～2 个侧面，不要过于分散。

⑩ 在保证电路性能要求的前提下，设计时应力求合理走线，少用外接跨线，并按一定顺序要求走线，力求直观，便于安装和检修。

⑪设计应按一定顺序方向进行，例如可以按由左往右和由上而下的顺序进行。

7.6　PCB 设计编辑器

进入 PCB 设计系统，实际就是 Altium Designer 的 PCB 设计编辑器。前面介绍过启动原理图设计编辑器的步骤，启动 PCB 设计编辑器与之类似：

① 进入 Altium Designer 系统，从 File 菜单中打开一个已存在的设计项目或者建立一个新的设计项目。

② 启动设计项目后，在设计管理器环境下选择 File→New→PCB 菜单项，则系统进入印制电路板编辑器。

1. 印制电路板编辑器界面缩放

设计线路图时，往往需要对编辑区的工作画面进行缩放或局部显示等，实现的方法比较灵活，可以选择菜单项，可以单击标准工具栏里的图标，也可以使用快捷键。

(1) 命令状态下的缩放

当系统处于其他命令状态下时，鼠标无法移出工作区去执行一般的命令，此时要缩放显示状态，必须要用快捷键来完成此项工作。

➢ 放大，按 PageUp 键，则编辑区放大显示状态。
➢ 缩小，按 PageDown 键，则编辑编辑区缩小显示状态。
➢ 更新，如果显示画面出现杂点或变形，则按 End 键后程序更新画面，恢复正确的显示图形。

(2) 空闲状态下的缩放命令

当系统未执行其他命令而处于空闲状态时，可以选择菜单项或单击标准工具栏里的按钮，也可以使用快捷键进行缩放操作。

2. 工具栏的使用

与原理图设计系统一样，PCB 也提供了各种工具栏。在实际工作过程中往往要根据需要将这些工具栏打开或者关闭，常用工具栏、状态栏、管理器的打开和关闭方法与原理图设计系统的基本相同，Altium Designer 为 PCB 设计提供了 4 个工具栏，包括 PCB Standard Toolbar(PCB 标准工具栏)布线工具栏(Component Placement)、查找选择集工具栏(Find Selections)和尺寸标注工具栏(Dimensions)。

① PCB 标准工具栏。Altium Designer 的 PCB 标准工具栏如图 7－6 所示，提供了缩放、选取对象等命令按钮。

图 7－6　PCB 标准工具栏

② 布线工具栏，如图 7－7 所示，主要为用户提供了布线命令。

③ 实用工具栏，如图 7－8 所示，包含几个常用的子工具栏：

图 7－7　布线工具栏

图 7－8　实用工具栏

➢ 绘图工具，如图 7－9 所示，按图标即可显示绘图工具栏。
➢ 元件位置调整工具栏，可方便元件排列和布局，如图 7－10 所示。

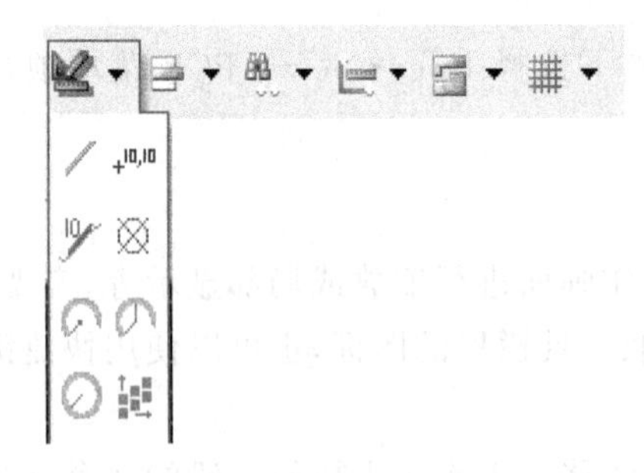

图 7－9　绘图工具栏

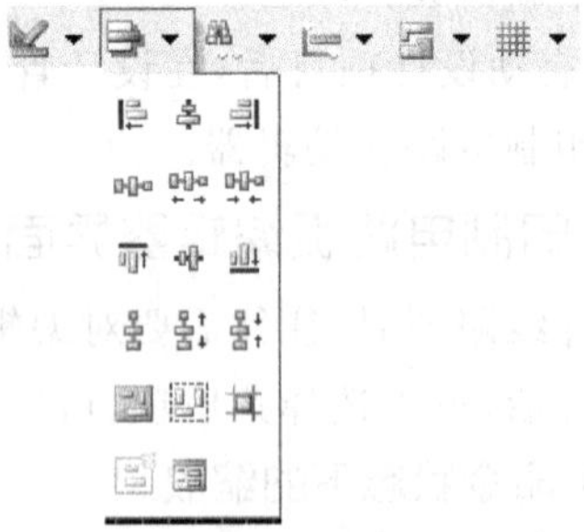

图 7－10　元件位置调整工具栏

➢ 查找选择集工具栏，使用户方便选择原来所选择的对象，如图 7－11 所示。工具栏上的按钮允许从一个选择物体以向前或向后的方向走向下一个。这种方式是有用的，用户既能在选择的属性中也能在选择的元件中查找。
➢ 尺寸标注工具栏，如图 7－12 所示。

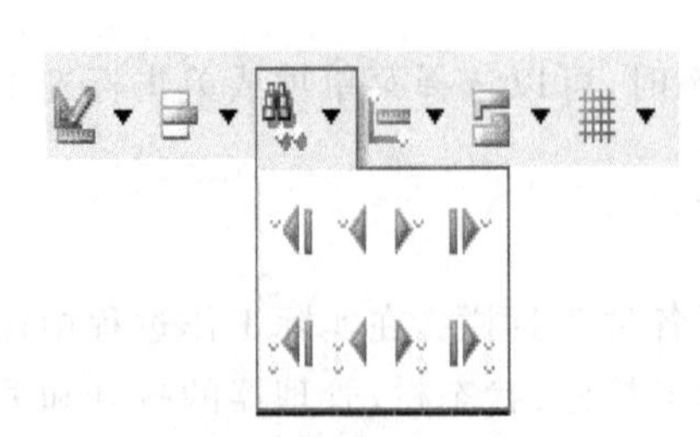

图 7－11　查找选择集工具栏

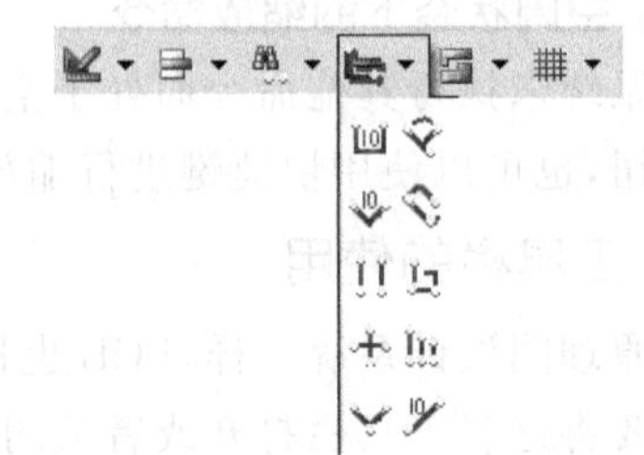

图 7－12　尺寸标注工具栏

➢ 放置元件集合(Room)定义工具栏，如图 7－13 所示。

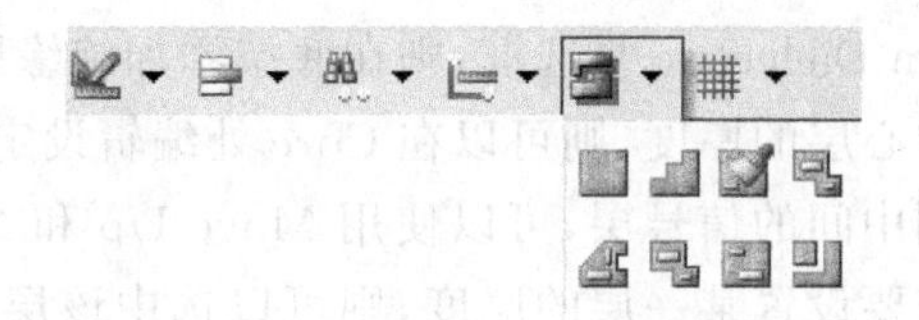

图 7-13 放置元件集合(Room)定义工具栏

➢ 栅格设置菜单。单击▦▾按钮右边的箭头即可弹出栅格设置菜单,可以根据布线需要设置栅格的大小。

7.7 PCB 工作层的管理

利用 Altium Designer Winter 09 设计 PCB 前,需要设置电路板的板层参数。这是非常重要的工作,将决定 PCB 的设计工作能否正常进行下去。

7.7.1 层的管理

Altium Designer 提供了堆栈管理器对各层属性进行管理。在层堆栈管理器,用户可以看到层堆栈的立体效果,还可定义层的结构。选择 Design→Layer Stack Manager 菜单项后,系统将弹出如图 7-14 所示的对话框。

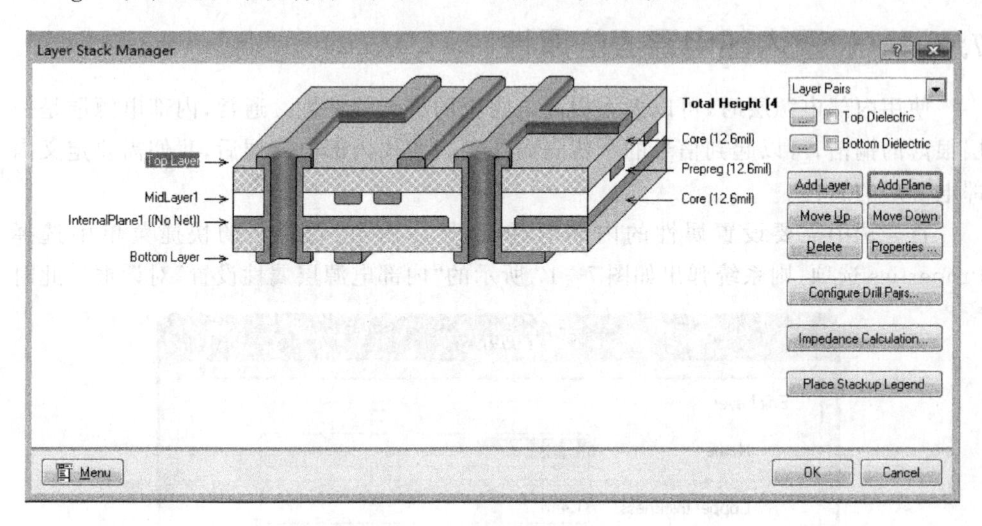

图 7-14 PCB 层管理器

➢ 单击 Add Layer 按钮可以添加中间信号层。

➢ 单击 Add Plane 按钮可添加内层电源/接地层,不过添加信号层前,应该首先单击信号层添加位置处,然后再设置。

➢ 如果选中 Top Dielectric 复选框,则在顶层添加绝缘层。单击其左边的按钮,打开如图 7-15 所示的对话框,可以设置绝缘层的属性。

➢ 如果选中 Bottom Dielectric 复选框,则在底层添加绝缘层。
➢ 如果需要设置中心层的厚度,则可以在 Core 处编辑设定厚度。
➢ 如果想重新排列中间的信号层,可以使用 Move Up 和 Move Down 按钮来操作。如果用户需要设置某一层的厚度,则可以选中该层,然后单击 Properties 按钮,则系统将弹出如图 7－16 所示的对话框,可以设置信号层的厚度、层名。

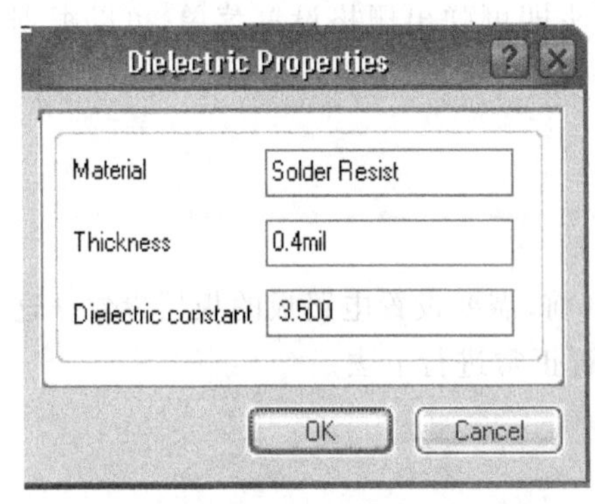

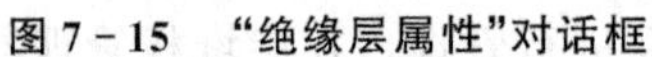
图 7－15　“绝缘层属性”对话框

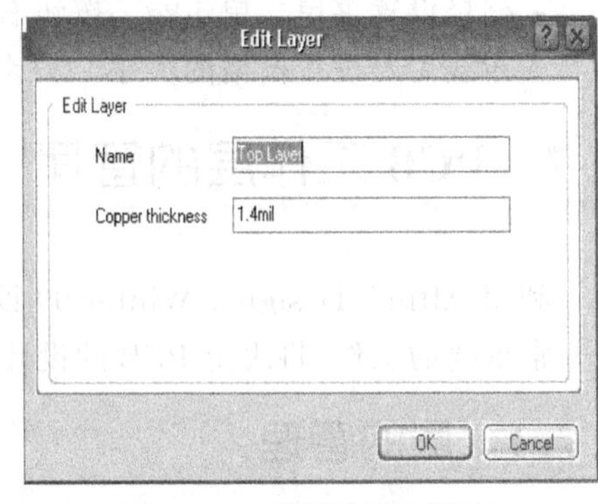

图 7－16　“层设置”对话框

另外,通过单击可将 Place Stackup Legend(放置定高分层标志)放置到当前 PCB 编辑器中,并在放置后对其属性进行重新指定。

7.7.2　设置内部电源层的属性

使用内部电源层时,可以大大提高电路板的抗干扰特性。通常,内部电源层是一层很薄的铜箔,可以起到信号的干扰隔离作用。使用内部电源层后,我们需要定义内部电源层的属性。

首先选中需要设置属性的内部电源层,然后右击,在弹出的快捷菜单中选择 Properties 选项,则系统弹出如图 7－17 所示的“内部电源层属性设置”对话框。此时

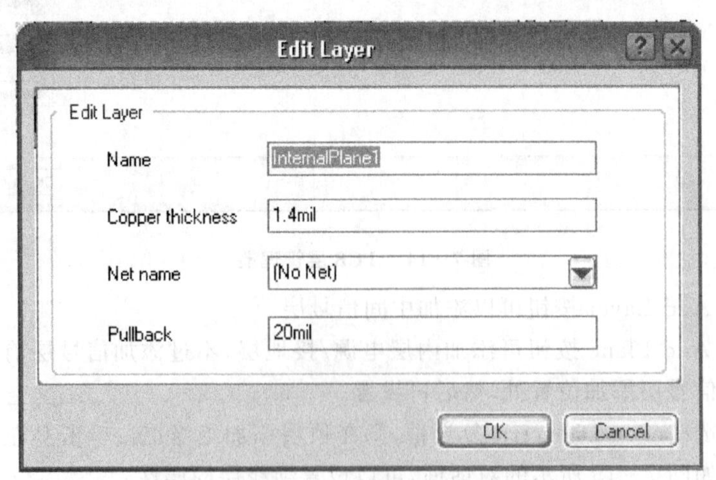

图 7－17　“内部电源层属性设置”对话框

可以设置内部电源层的名称、铜箔的厚度、该电源层连接的网络以及电源层离边界的距离(Pullback)。

7.7.3　定义层和设置层的颜色

查看 PCB 工作区的底部，则会看见一系列层标签。PCB 编辑器是一个多层环境，读者所做的大多数编辑工作都将在一个特殊层上。使用 Board Layers & Colors 对话框可以显示、添加、删除、重命名及设置层的颜色。

设计印制电路板时，往往会碰到工作层选择的问题。Altium Designer 提供了多个工作层供用户选择，用户可以在不同的工作层上进行不同的操作。当进行工作层设置时，应该选择 PCB 设计管理器的 Design→Board Layers & Colors 菜单项，则系统弹出如图 7-18 所示的 Board Layers & Colors 对话框，其中显示用到的信号层、电源层、机械层以及层的颜色和图纸的颜色等。

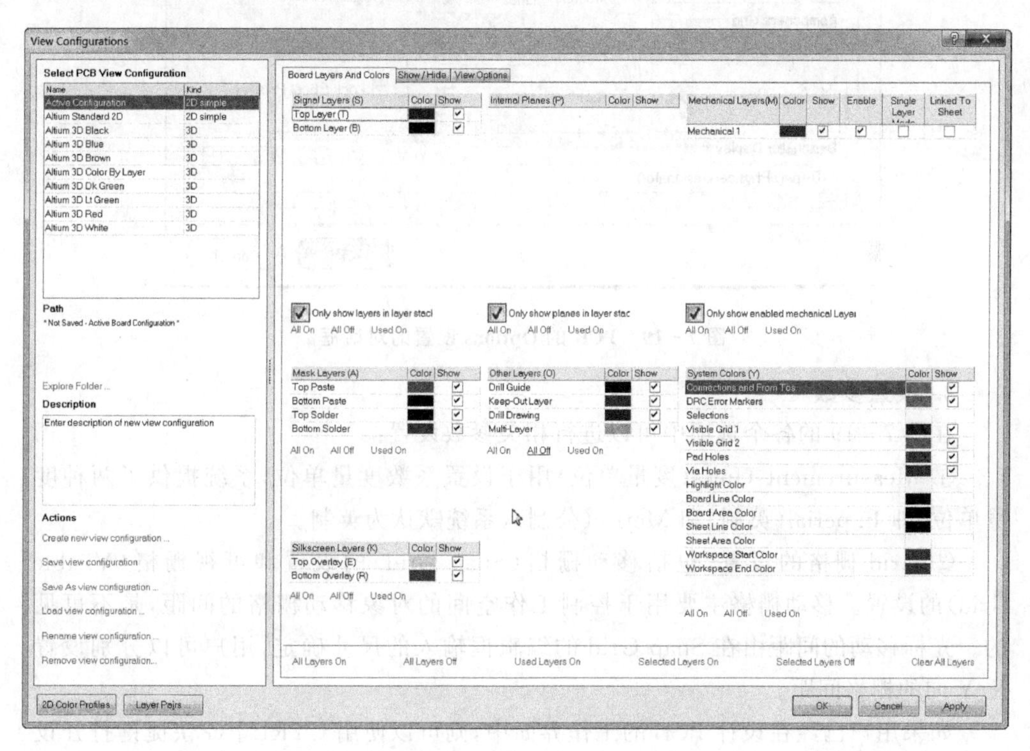

图 7-18　**Board Layers &Colors 对话框**

Altium Designer 提供的工作层在图 7-18 中设置。说明：一般系统默认 PCB 的内部(Board Area)颜色为黑色，读者可以根据习惯设置此颜色。

7.7.4　印制电路板选项设置

在实际的设计过程中，不可能同时打开所有的工作层，这就需要用户设置工作层,将自己需要的工作层打开。

1. 工作层设置步骤

选择 Design→Board Options 菜单项,则系统弹出如图 7-19 所示的 Board Option 对话框,在其中可进行移动栅格(Snap Grid)设置、电气栅格(Electrical Grid)设置、可视栅格设置(Visible Grid)、计量单位设置和图纸大小设置等。

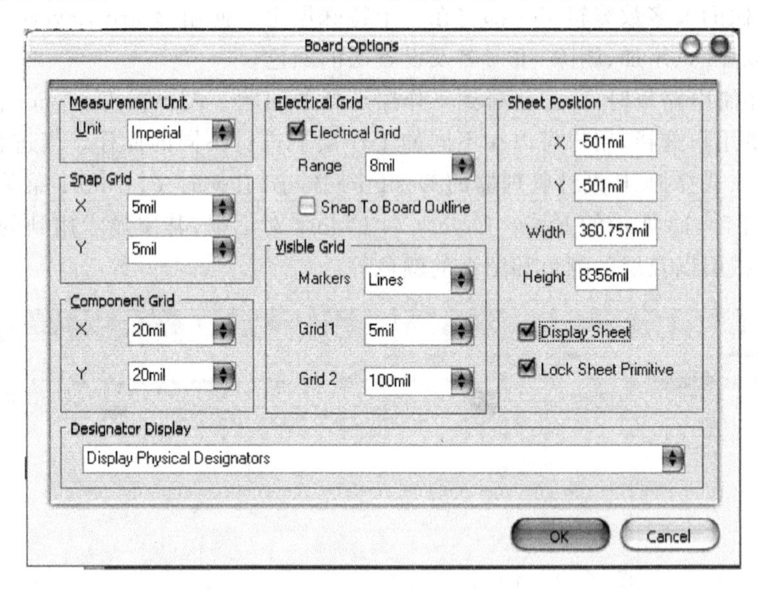

图 7-19 PCB 的 Options 设置的对话框

2. 设置参数

在图 7-19 的各个选项中可以进行相关参数设置:

① Measurement Units(度量单位)用于设置系数度量单位,系统提供了两种度量单位,即 Imperial(英制)和 Metric(公制),系统默认为英制。

② Grid 栅格的设置,包括移动栅格(Snap Grid)的设置和可视栅格(Visible Grid)的设置。移动栅格主要用于控制工作空间的对象移动栅格的间距,是不可见的。光标移动的间距由在 Snap Grid 的编辑框输入的尺寸确定,用户可以分别设置 X、Y 向的栅格间距。

如果用户已经在设计 PCB 的工作界面中,则可以使用 CTRL+G 快捷键打开设置 Snap Grid 的对话框来操作。

③ Component Grid 用来设置元件移动的间距。

➢ X:用于设置 X 向栅格间距。

➢ Y:用于设置 Y 向栅格间距。

④ Electrical Grid(电气栅格)主要用于设置电气栅格的属性,含义与原理图中电气栅格的相同。选中 Electrical Grid 复选框表示具有自动捕捉焊盘的功能。Range

(范围)用于设置捕捉半径。布置导线时,系统会以当前光标为中心,以 Range 设置值为半径捕捉焊盘,一旦捕捉到焊盘,光标会自动加到该焊盘上。

⑤ Visible Grid 用于设置可视栅格的类型和栅距。系统提供了两种栅格类型,即 Lines(线状)和 Dots(点状),可以在 Makers 选择列表中选择。

可视栅格可以用作放置和移动对象的可视参考。一般设计者可以分别设置栅距为细栅距和粗栅距。如图 7-19 所示的 Grid1 设置为 5 mil,Grid2 设置为 100 mil。可视栅格的显示受当前图纸的缩放限制,如果不能看见一个活动的可视栅格,可能是因为缩放太大或太小造成的。

⑥ Sheet Position(图纸位置)用于设置图纸的大小和位置。X/Y 列表框设置图纸左下角的位置,Width 列表框设置图纸的宽度,Height 列表框设置图纸的高度。

如果选中 Display Sheet 复选框,则显示图纸,否则只显示 PCB 部分。如果选中 Lock Sheet Primitive,则可以链接具有模板元素(如标题块)的机械层到该图纸。在图 7-18 中选中某机械层后面的 Linked to Sheet 选项,就可以将该机械层链接到当前图纸。

注意:②、④设置的尺寸不能大于元件封装的引脚间距,以避免出现连线问题;②、④设置的尺寸也不能相差过大,否则光标不易捕获电气连接点。

当然,工作层的选择也可直接使用鼠标单击图纸屏幕上的标签,如图 7-20 所示。

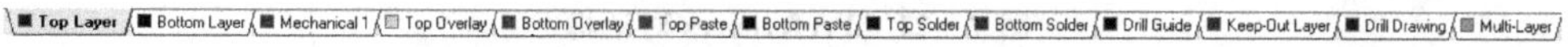

Top Layer / Bottom Layer / Mechanical 1 / Top Overlay / Bottom Overlay / Top Paste / Bottom Paste / Top Solder / Bottom Solder / Drill Guide / Keep-Out Layer / Drill Drawing / Multi-Layer

图 7-20 工作层的选择标签

7.8 PCB 电路参数设置

设置系统参数是电路板设计过程中非常重要的一步。系统参数包括光标显示、层颜色、系统默认设置、PCB 设置等。许多系统参数是符合用户个人习惯的,因此一旦设定,将成为用户个性化的设计环境。

选择 Tools→Preference 菜单项,则系统弹出如图 7-21 所示的 Preference 对话框,共有 5 个选项卡,即 General 选项卡、Options 选项卡、Display 选项卡、Show/Hide 选项卡、Defaults 选项卡。下面具体讲述各个选项卡的设置。

1. General 选项卡

单击 General 标签即可进入 General 选项卡,如图 7-21 所示。从图中可以看到,General 选项卡分 5 个部分,Editing Options(编辑选项)、Autopan Options(自动摇景选项)、Polygon Repour(覆铜选项)、Interactive Routing(交互布线选项)和 Other(其他选项)。

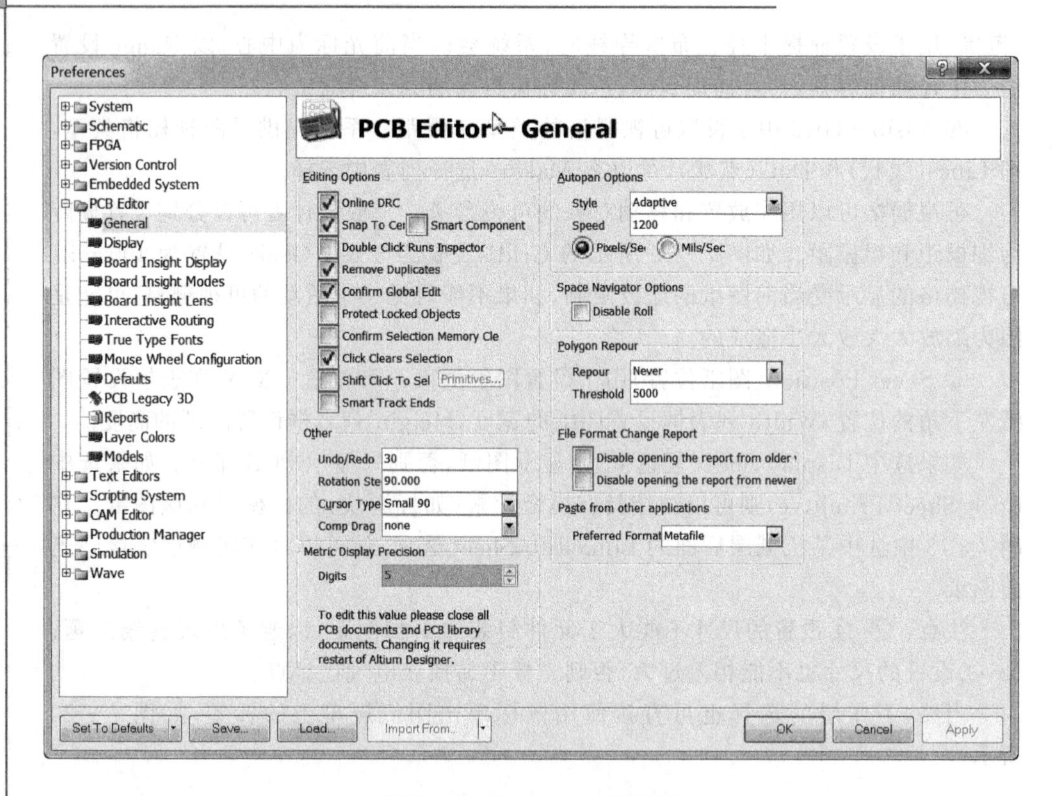

图 7 - 21　Preferences 对话框

① Editing Options(编辑选项)用于设置编辑操作时的一些特性,包括如下设置:

➢ Online DRC:实时设计规则检查。在布线过程中系统自动给出 DRC 检查,对违反规则的错误将给出提示。

➢ Snap To Center:自动对准中心,用于设置当移动元件封装或字符串时,光标是否自动移动到元件封装或字符串上。系统默认时选中此项。

➢ Smart Component Snap:选择该复选框后,当用户双击以选取一个元件时,光标就会出现在相应元件最近的焊盘上。

➢ Double Click Runs Inspector:选中该选项后,双击鼠标就能启动 Inspector(检查器)界面,此界面会显示所检查元件的信息。

➢ Remove Duplicates:自动删除标号重复的图元。系统默认时选中此项。

➢ Confirm Global Edit:确定全局修改。在进行整体修改时,系统是否出现整体修改结果提示对话框。系统默认时选中此项。

➢ Protect Locked Objects:保护锁定图元。对于锁定的图元,编辑时会给出警告信息,以确认不是误操作。

➢ Confirm Selection Memory Clear:选中该复选框后,选择集存储空间可以用于保存一组对象的选择状态。为了防止一个选择集存储空间被覆盖,应该选择该选项。

➢ Click Clears Selection:用于设置选取电路板组件时是否取消原来选取的组件。选中此项,则系统不会取消原来选取的组件,连同新选的组件一起处于选取状态。系统默认选中此项。

➢ Shift Click To Select:选择该选项后,则必须使用 Shift 键,同时使用鼠标才能选中对象。

➢ Smart Track Ends:智能轨迹到终端。选中该复选框后,在设计过程中飞线会指向导线的端点。

② Autopan Options:用于设置自动移动功能。Style 选项用于设置移动模式,系统共提供了 7 种移动模式,具体如下:

➢ Adaptive 为自适应模式,系统会根据当前图形的位置自适应选择移动方式。

➢ Disable 模式,取消移动功能。

➢ Re - Center 模式,当光标移到编辑区边缘时,系统将光标所在的位置设置为新的编辑区中心。

➢ Fixed Size Jump 模式,当光标移到编辑区边缘时,系统将以 Step Size 项的设定值为移动量向未显示的部分移动;按下 Shift 键后,系统将以 Shift Step 项的设定值为移动量向未显示的部分移动。注意:当选中 Fixed Size Jump 模式时,对话框中才会显示 Step Size 和 Shift Step 操作项。

➢ Shift Accelerate 模式,当光标移到编辑区边缘时,如果 Shift Step 项的设定值比 Step Size 项的设定值大,则系统将以 Step Size 项的设定值为移动量向未显示的部分移动;当按下 Shift 键后,则系统将以 Shift Step 项的设定值为移动量向未显示的部分移动。如果 Shift Step 项的设定值比 Step 项的设定值小,无论按不按 Shift 键,系统都将以 Step Size 项的设定值为移动量向未显示的部分移动。

➢ Shift Decelerate 模式,当光标移到编辑区边缘时,如果 Shift Step 项的设定值比 Step Size 项的设定值大,则系统将以 Shift Size 项的设定值为移动量向未显示的部分移动;当按下 Shift 键后,则系统将以 Step Step 项的设定值为移动量向未显示的部分移动。如果 Shift Step 项的设定值比 Step 项的设定值小,无论按不按 Shift 键,系统都将以 Step Size 项的设定值为移动量向未显示的部分移动。

➢ Ballistic 模式,当光标移到编辑区边缘时,越往编辑区边缘移动,移动速度越快。系统默认移动模式为 Fixed Size Jump 模式。

➢ Speed 编辑框设置移动的速度。Pixels/Sec 单选框为移动速度单位,即每秒多少像素;Mils/Sec 单选框为每秒多少英寸。

③ Polygon Repour 区域用于设置交互布线中的避免障碍和推挤布线方式。每

当一个多边形被移动时,它可以自动或者根据设置来调整以避免障碍。

如果 Repour 中选择 Always,则可以在已敷铜的 PCB 中修改走线,敷铜会自动重敷;如果选择 Never,则不采用任何推挤布线方式;如果选择 Threshold,则设置一个避免障碍的门槛值,此时仅仅当超过了该值后,多边形才被推挤。

④ Metric Display Precision 区域用来设置显示精度。编辑该参数时需要关闭所有的 PCB 文件和库文件。该设置在重新启动 Altium Designer 后生效。

⑤ Space Navigator Options 区域是设置空间导航选项。当选中 Disable Roll 选项时,Roll 不可用。

⑥ File Format Change Report 区域用来设置禁止文件格式更改报告模式。

➤ Disable opening the report from older versions:禁止从旧版本打开报告或公开报告。

➤ Disable opening the report from newer versions:禁止从新版本打开报告或公开报告。

⑦ Paste from other applications 区域可以设置从其他应用程序粘贴的格式。

2. Display 选项卡

单击 Display 标签即可进入 Display 选项卡,如图 7-22 所示。Display 选项卡用于设置屏幕显示和元件显示模式,其中主要可以设置如下选项:

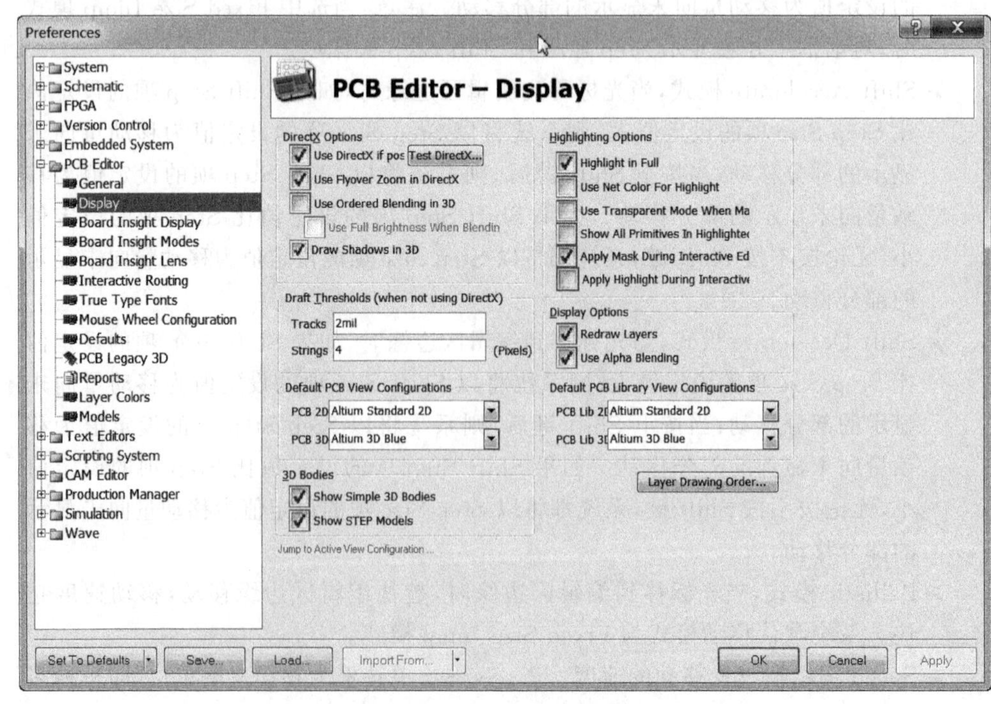

图 7-22 Display 选项卡

(1) DirectX Options 区域

选中 Use DirectX if possible 项时，Test DirectX... 按钮被激活，单击该按钮开始测试用户系统安装的 DirectX。首先弹出一个提示信息框，提醒用户开始测试系统安装的 DirectX，如图 7－23 所示。

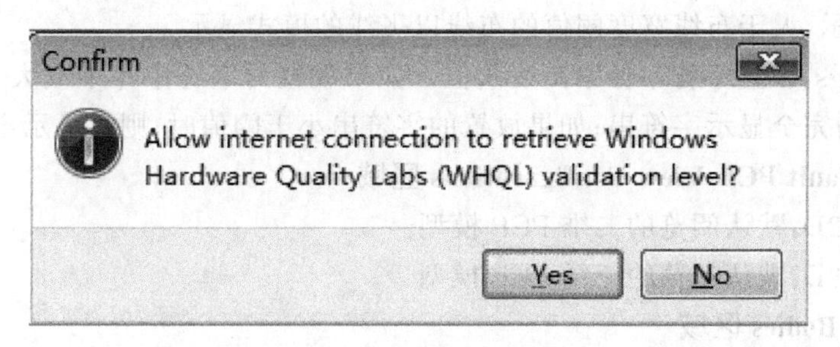

图 7－23　提示信息框

单击 Yes 按钮，则弹出信息框显示测试到的 DirectX 版本，如图 7－24 所示。

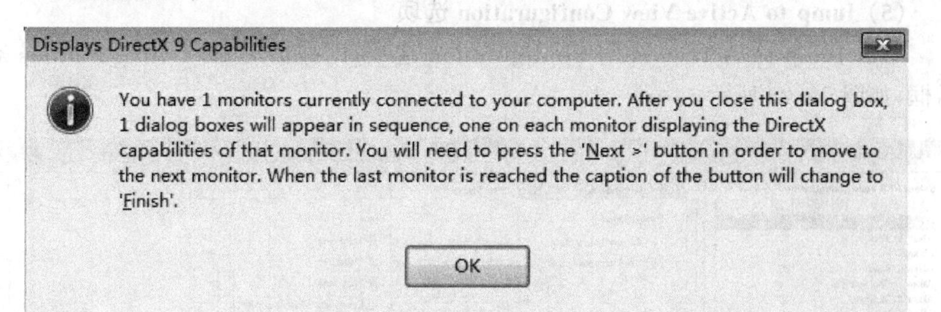

图 7－24　测试指导信息框

单击 OK 按钮，开始测试。完成后显示测试结果，如图 7－25 所示。单击 Finish 按钮结束测试。

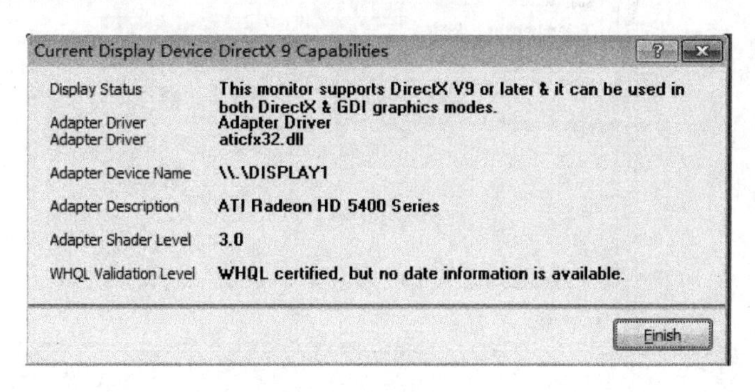

图 7－25　测试结果

➢ Use Flyover Zoom in DirectX：在 DirectX 中使用 Flyover Zoom。

➢ Use Ordered Blending in 3D:在 3D 文件中使用规则的处理。

➢ Draw Shadows in 3D:在 3D 文件中绘制阴影。

(2) Draft Thresholds(when not using DirectX)区域

➢ Tracks:设置布线的宽度阈值。拖动布线时,小于等于布线宽度阈值的布线完全显示,大于布线宽度阈值的布线以飞线的模式显示。

➢ Strings:设置字符串像素高度阈值。如果放置的字符串等于或大于设置的阈值,则完全显示字符串;如果放置的字符串小于阈值时,则只显示字符串轮廓。

(3) Default PCB View Configurations 区域

➢ PCB 2D:默认阅览的二维 PCB 模型。

➢ PCB 3D:默认阅览的三维 PCB 模型。

(4) 3D Bodies 区域

➢ Show Simple 3D Bodies:显示简单的 3D 物件。

➢ Show STEP Models:显示 STEP 模型。

(5) Jump to Active View Configuration 选项

单击 Jump to Active View Configuration 选项,则弹出 View Configurations 对话框,如图 7-26 所示。

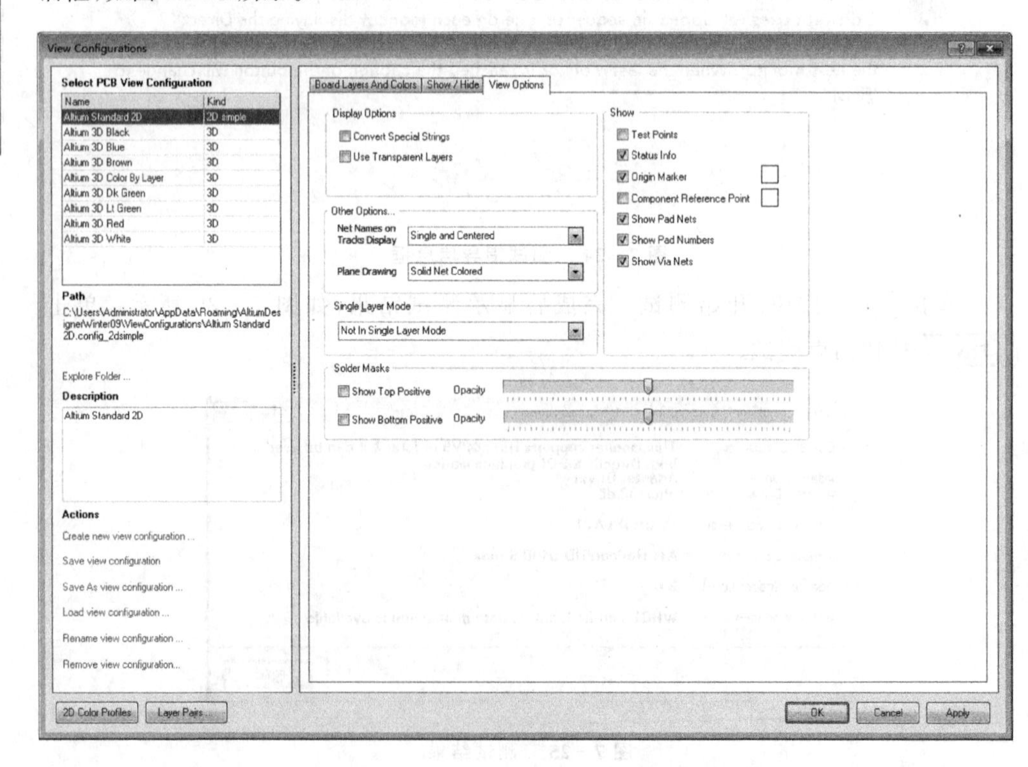

图 7-26 View Configurations 对话框

在该对话框中可以设置 PCB 编辑器的视图结构，包括 Board Layers and Colors(层边界及颜色)、Show/Hide(显示/隐藏)以及 View Options(视图)的设置。

(6) Highlighting Options 区域

➢ Highlighting in Full：高亮填充，即选中的对象以当前的颜色高亮填充突出显示。取消该选项时，则选中的对象以当前颜色的轮廓勾勒出来。

➢ Use Transparent Mode When Masking：使用透明掩膜模式。

➢ Show All Primitives in Highlighted Nets：当该选项选中时，在单层模式下显示所有层的对象(包括隐藏层中的对象)，当前层高亮显示。取消该选项时，在单层模式下只显示当前层的对象；在多层模式下，所有层的对象都以 Highlighted Nets 颜色显示出来。

➢ Apply Mask During Interactive Editing：在交互编辑模式下使用掩膜功能。

➢ Apply Hightlight During Interactive Editing：在交互编辑模式下使用高亮功能。

(7) Display Options 区域

➢ Redraw Layers：层刷新，设计层切换时自动刷新界面。

➢ Use Alpha Blending：使用 Alpha Blending。如果用户的显卡不支持 Alpha Blending，重绘或渲染速度很慢时须关闭该功能。

Alpha Blending(Alpha 值后处理)简单来说就是一种让 3D 物件产生透明感的技术。一个在屏幕上显示的 3D 物件，每个像素中通常附有红、绿、蓝(RGB)3 组数值。若在 3D 环境中允许像素拥有一组 Alpha 值，就称它拥有一个 Alpha Channel。Alpha 值记载像素的透明度，这样一来就使得每个物件都可以拥有不同的透明程度。Alpha Blending 的这个功能就是当两个物件在屏幕画面上叠加时，将 Alpha 值考虑在内，使其呈现接近真实世界的效果。

(8) Default PCB Library View Configurations 区域

➢ PCB Lib 2D：默认阅览的二维 PCB 库。

➢ PCB Lib 3D：默认阅览的三维 PCB 库。

(9) Layer Drawing Order... 按钮

功能是设置各层的先后顺序。单击该按钮，则打开 Layer Drawing Order 对话框，则如图 7－27 所示。

首先单击选中要设置顺序的层，再单击 Promote 按钮，可上移选中层；单击 Demote 按钮，可下移选中层；单击 Default 按钮，可恢复默认层顺序设置。

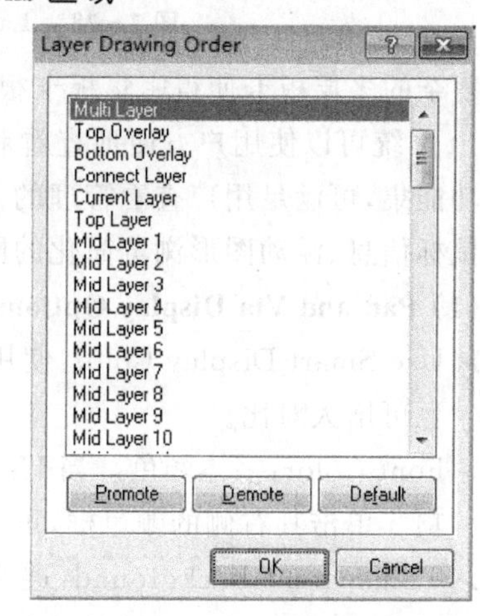

图 7－27　Layer Drawing Order 对话框

3. Board Insight Display 选项卡

图7-28为PCB编辑器的板观察器显示参数设置对话框，主要设置Board Insight(板观察器)的显示参数。

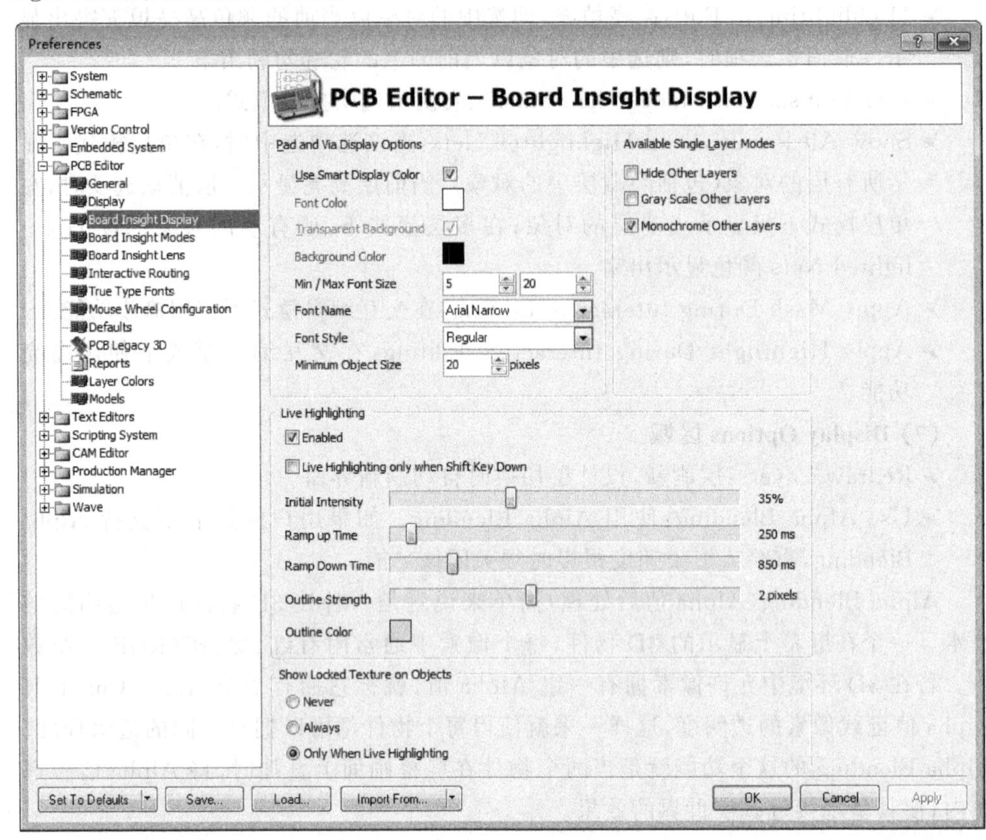

图7-28 Layer Drawing Order 对话框

复杂的多层板卡使得密集板卡很难清楚地在工作空间中表现出来。新的Board Insight系统可以使用户方便地查看和理解设计中的对象。Board Insight系统是集成的功能集，可满足用户查看管理的需要。Board Insight系统中包含Insight透镜、堆叠鼠标信息、浮动图形浏览简化的网络显示及增强的对象网络标号。

(1) Pad and Via Display Options 区域

- Use Smart Display Color：使用智能颜色。对象上的文本显示使用不同的颜色可增大对比。
- Font Color：字体颜色。当Use Smart Display Color选项无效时，可设置该选项。单击其右侧的颜色框，可打开Choose Color对话框并设置。
- Transparent Background：透明背景。当Use Smart Display Color选项无效时，该选项可用于设置焊盘和过孔上字符串的背景。

- Background Color:背景颜色。当 Transparent Background 选项无效时可选择该选项。它用于设置焊盘和过孔上字符串的背景颜色。单击其右侧的颜色框,可打开 Choose Color 对话框并设置。
- Min/Max Font Size:最小/最大字体尺寸,针对的是焊盘和过孔上的字符串。
- Font Name:字体名称。单击其下拉按钮▼,可从下拉列表中选择字体。
- Font Style:字体风格。单击其下拉按钮▼,有4种字体风格可选,为 Bold(粗体)、Bold Italic(粗斜体)、Italic(斜体)和 Regular(正常体)。
- Minimum Objects Size:对象最小尺寸,用于设置字符串的最小像素。当字符串的尺寸大于设置的最小像素时,字符串能够正常显示,否则不显示。

(2) Live Highlighting 区域

- Enabled:选中时高亮显示有效。
- Live Highlighting only when Shift Key Down:只有按下 shift 键时高亮显示才有效。

(3) Show Locked Texture on Objects 区域

设置是否在对象上显示文本。

(4) Available Single Layer Models 区域

- Hide Other Layers:隐藏其他层。
- Grey Scale Other Layers:其他层采用灰度显示模式。
- Monochrome Other Layers:其他层采用单色显示模式。

4. Board Insight Modes 选项卡

图 7-29 为 PCB 编辑器的板观察器模式参数设置对话框,主要用来设置板观察器的模式参数。

(1) Display 区域

- Display Heads Up Information:选中该选项,当光标在工作区时,会显示光标所指对象的关联信息,该信息称为堆叠显示(Heads Up Information),如图 7-30所示。
- Use Background Color:使用背景颜色。选中该选项时,堆叠显示使用透明的颜色作为背景,背景大小随堆叠显示的变化而变化。单击其右侧的颜色框,可打开 Choose Color 对话框设置背景颜色。
- Insert Key Resets Heads Up Delta Origin:按 Insert 键则弹出如图 7-30 所示对话框,x、y 指示光标的绝对坐标,dx、dy 指示光标的相对坐标增量。当光标位于编辑窗口中时,按 Insert 键可复位坐标增量,这与单击鼠标时的功能相同。
- Mouse Click Resets Heads Up Delta Origin:单击鼠标复位坐标增量。在窗口的任何位置单击都会使相对坐标清零(即复位坐标增量),被单击的位置作为一个暂时的相对原点。再移动光标,dx、dy 的值即为相对于上次的暂时原点的相对坐标增量。如果再次单击光标,暂时原点将被重新确定。

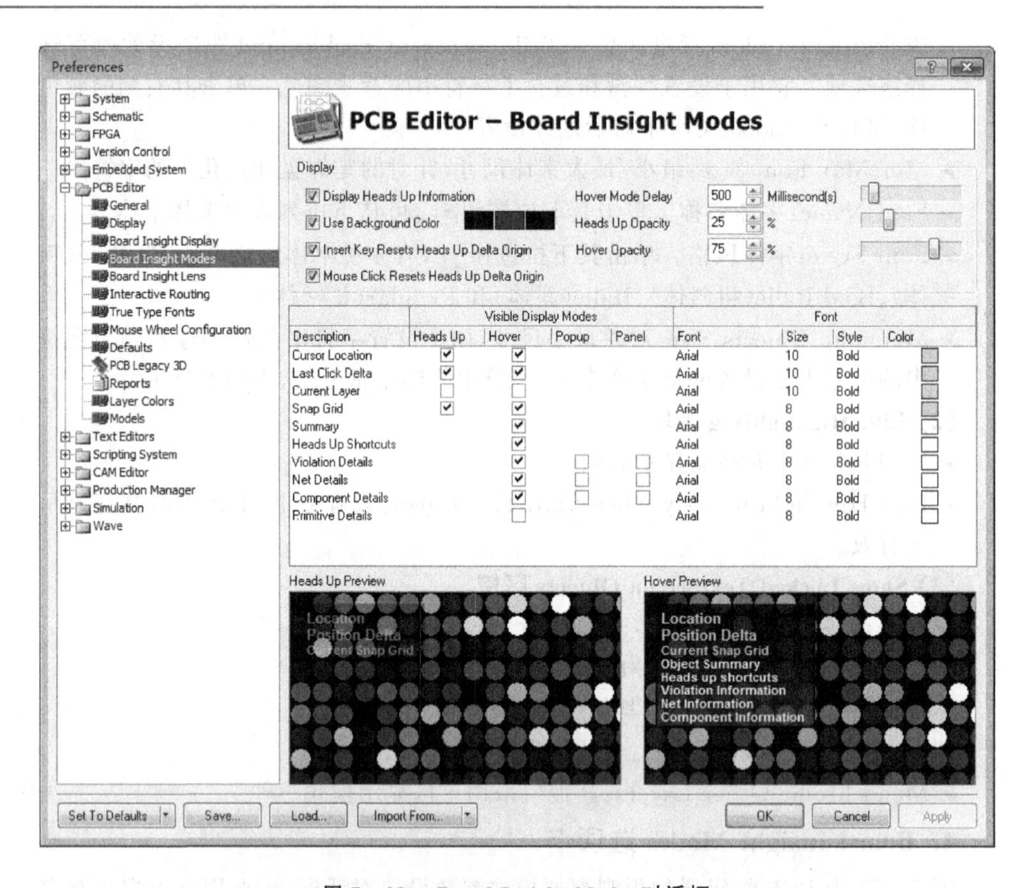

图 7－29　Board Insight Modes 对话框

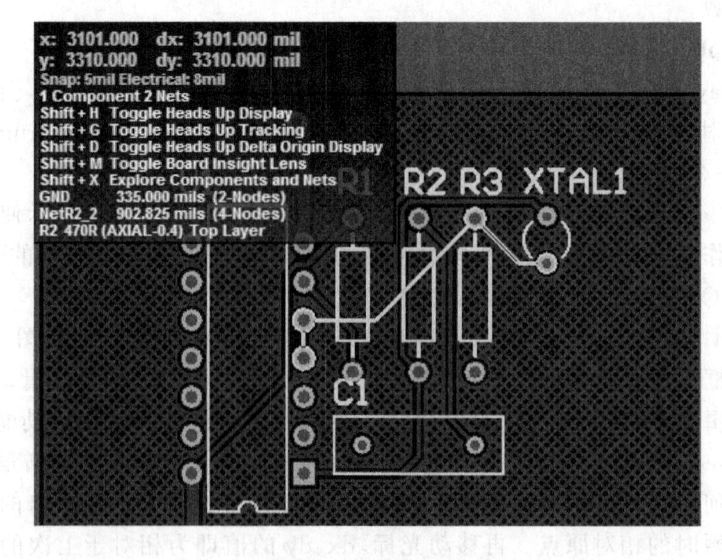

图 7－30　堆叠显示

➢ Hover Mode Delay：悬停模式延迟时间设置。调节其右侧滑块，可设置延迟时间。悬停延迟时间是指光标在一个位置上悬停多长时间后开始显示堆叠显示。

➢ Heads Up Opacity：光标移动时堆叠显示的是不透明程度，调节右侧的滑块，可设置不透明度，主要是背景颜色的透明度。

➢ Hover Opacity：光标悬停在某位置上时，堆叠显示背景的不透明程度。

(2) Visual Display Modes 区域

设置堆叠显示的内容，选中时显示。

➢ Cursor Location：显示光标的绝对坐标。

➢ Last Click Delta：上次单击增量，即相对坐标增量。

➢ Current Layer：当前层。在堆叠显示中会显示当前层的名称。

➢ Snap Grid：捕获网格。

➢ Summary：摘要。

➢ Heads Up Shortcuts：提醒快捷操作方式。

➢ Violation Details：违反布线规则的详细信息。如果有错误，则显示详细信息。

➢ Net Details：网络的详细信息。

➢ Component Details：元器件的详细信息。

➢ Primitive Details：对象(图形元素)的详细信息。

(3) Font 区域

➢ Font：单击字体名称会激活其下拉按钮，单击下拉按钮，从下拉列表中可以选择需要的字体。

➢ Size：设置字符的大小。

➢ Style：单击字体风格名称会激活其下拉按钮，从下拉列表中可以选择需要的字体风格。

➢ Color：单击颜色框，打开 Choose Color 对话框并设置字符颜色。

5. Board Insight Lens 选项卡

图 7-31 为 PCB 编辑器的板观察器透镜参数设置对话框，主要用于设置板观察器的透镜参数。

(1) Configuration 区域

➢ Visible：选中该选项时，用户可以使用板观察器(Board Insight Lens)放大显示透镜所指的对象，如图 7-32 所示。

➢ X/Y Size：调节其右侧的滑块，可设置镜头的 X/Y 方向的尺寸，即调节镜头的大小。

➢ Rectangular：选中时透镜为矩形。

➢ Elliptical：选中时透镜为椭圆形。

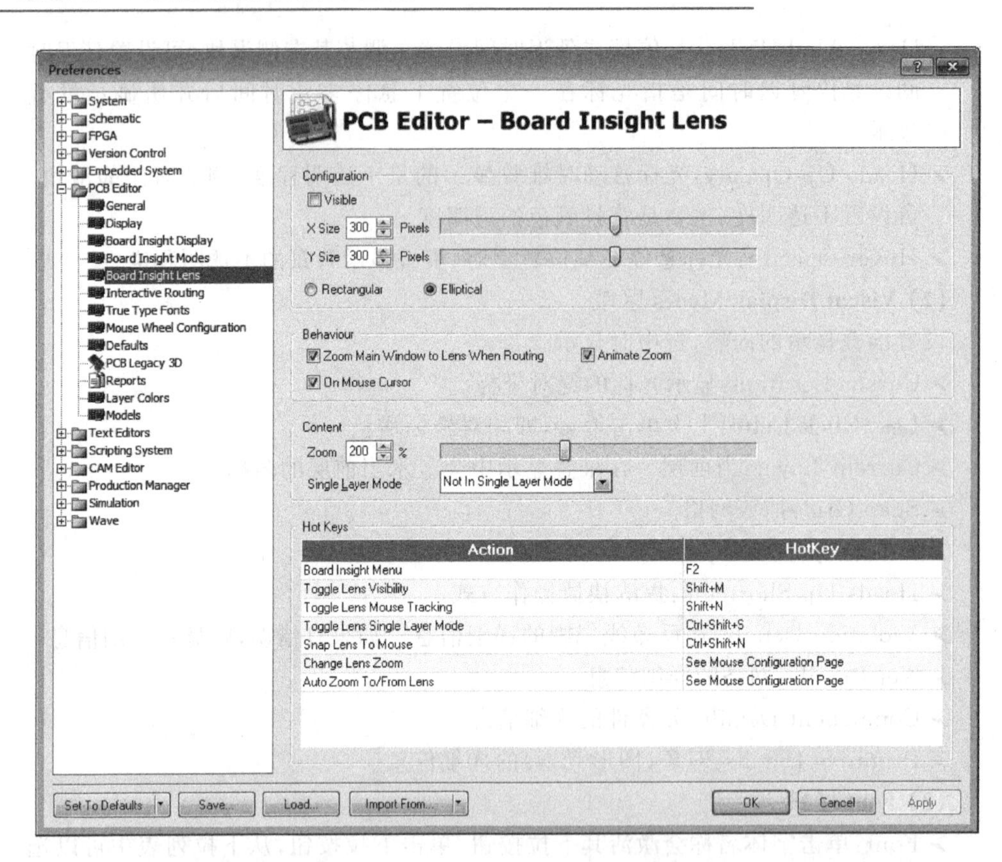

图 7－31　Board Insight Lens 对话框

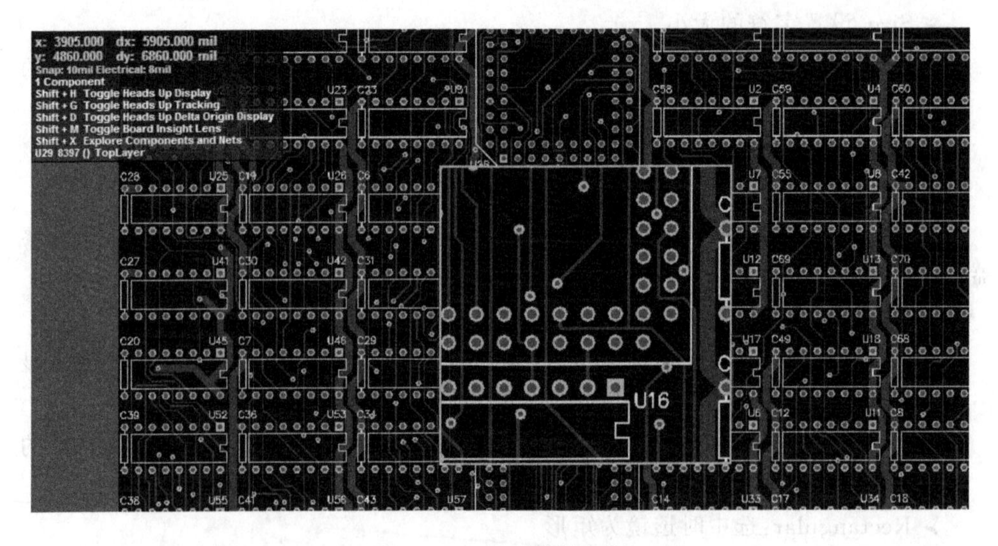

图 7－32　板观察器透镜

(2) Behaviour 区域

用来设置透镜的状态。

➢ Zoom Main Window to Lens When Routing:选中该选项时,将在自动布线时缩放主窗口到观察透镜中。

➢ On Mouse Cursor:选中该选项时,观察透镜将随光标移动;不选中该选项时,观察透镜锁定在屏幕上。

➢ Animate Zoom:选中该选项时,根据电路板的缩放等级自动调整观察透镜缩放等级。

(3) Content 区域

用来设置透镜的缩放级别。

➢ Zoom:在该文本框中可以直接输入缩放值,调节其右侧的滑块也可以设置缩放值。

➢ Single Layer Mode:在其下拉框中选择 Gray Scale Other Layers 选项时,在透镜中灰度显示其他层,即单层模式;选择 Not In Single Layer Mode 选项时,透镜为非单层模式,即多层模式。

(4) Hot Keys 区域

用来设置相关操作的快捷键。

➢ Board Insight Menu:快捷键 F2。按下 F2 键后弹出如图 7-33 所示的快捷菜单。

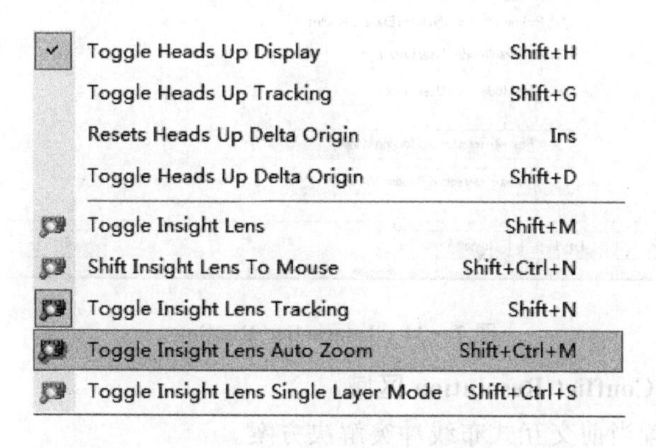

图 7-33　Board Insight Menu

➢ Toggle Lens Visibility:快捷键 Shift+M,切换是否使用透镜。

➢ Toggle Lens Mouse Tracking:快捷键 Shift+N,切换透镜是否跟随光标。

➢ Toggle Lens Single Layer Mode:快捷键 Ctrl+Shift+S,切换透镜的单层模式和多层模式。

➢ Snap Lens To Mouse:快捷键 Ctrl+Shift+N,光标捕获透镜,即使光标位于透镜的中心。

➢ Change Lens Zoom:快捷键参见 Mouse Configuration Page 设置。

➢ Auto Zoom To/From Lens:快捷键参见 Mouse Configuration Page 设置。

6. Interactive Routing 选项卡

图 7-34 为 PCB 编辑器的交互式布线参数设置对话框。交互式布线就是手工布线。

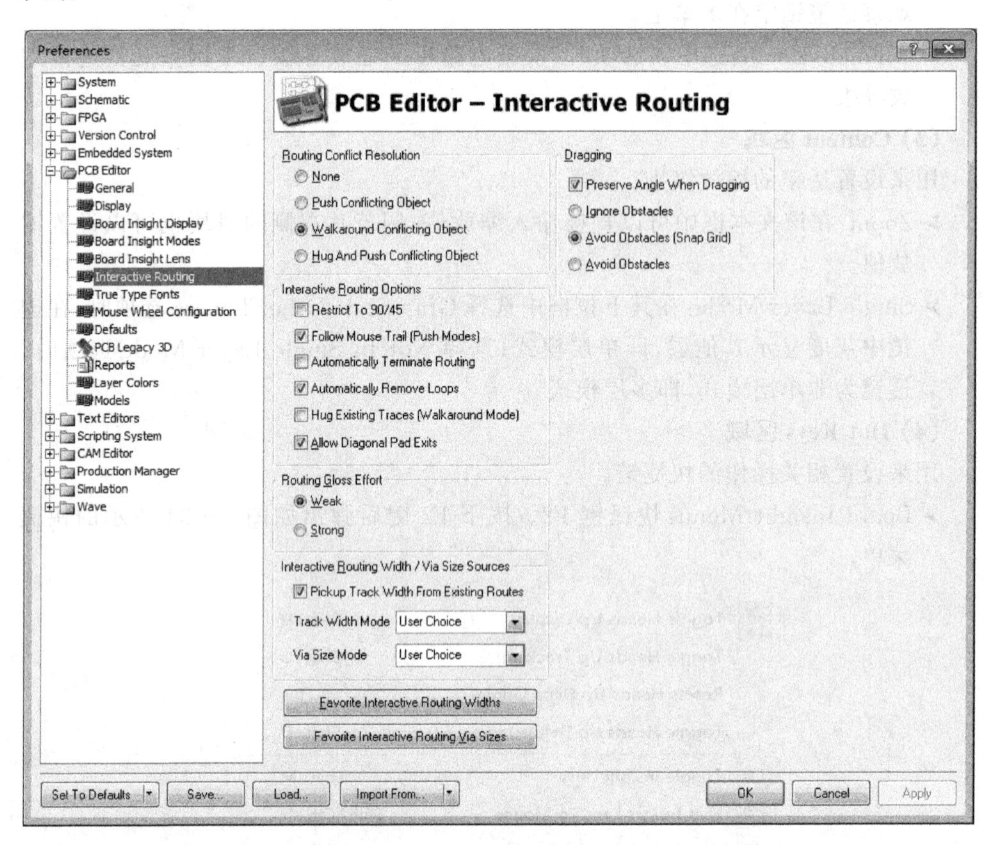

图 7-34　Interactive Routing

(1) Routing Conflict Resolution 区域

主要用于设置当前交互式布线冲突解决方案。

➢ None:无操作。

➢ Push Conflicting Objects:推开冲突对象。

➢ Walk around Conflicting Objects:绕过冲突对象。

➢ Hug And Push Conflicting Objects:紧贴并推开冲突对象。

遇到冲突对象时,可以用 Shift+R 改变冲突解决方案,即在上述几种方案间切换。

(2) Interactive Routing Options 区域

主要用于设置交互式布线选项。

- Restrict To 90°/45°:限制布线角度为90°/45°,用Shift+空格键切换这两种角度。
- Follow Mouse Trail(Push Modes):跟随鼠标痕迹。该选项在Push Modes(推进模式)下有效。
- Automatically Terminate Routing:自动终止布线。当完成一条布线时(Pad-Pad),自动断开布线。
- Automatically Remove Loops:自动移除环回布线。
- Hug Existing Traces(Walk around Mode):绕开已有布线(绕过冲突模式下有效)。
- Allow Diagonal Pad Exits:允许对角焊盘出口。

(3) Routing Gloss Effort 区域

该区域主要用于设置布线修饰的程度。

(4) Dragging 区域

该区域主要用于设置拖动对象时,保持布线角度的模式。选中Preserve Angle When Dragging选项,则对布线移动时,与被移动布线连接的布线角度保持原角度。此时,其下方的3个单选项也被激活。

- Ignore Obstacles:忽略障碍。
- Avoid Obstacles(Snap Grid):避开障碍,但布线捕获网格。
- Avoid Obstacles:避开障碍,布线不捕获网格。

当不选中Preserve Angle When Dragging选项对布线进行移动时,与被移动布线连接的布线角度是任意的。

(5) Interactive Routing Width /Via Size Sources 区域

该区域主要用于设置布线宽度和过孔尺寸。

- Pickup Track Width From Existing Routes:拾取现有的布线宽度。选中该选项,在已有布线的基础上放置延长布线时,则系统自动拾取已有布线的规则作为现在的布线规则。
- Track Width Mode:布线宽度模式。在其下拉框中有4种模式供选择。其中,User Choice表示用户选择模式;Rule Minimum表示使用布线规则中的布线宽度最小值;Rule Preferred表示使用布线规则中的布线首选宽度;Rule Maximum表示使用布线规则中的布线宽度最大值。

(6) Favorite Interactive Routing Width 按钮

其功能是定义优先使用的交互式布线宽度。单击该按钮可打开Favorite Interactive Routing Width对话框并进行设置,如图7-35所示。

- 单击 Add... 按钮,则弹出优先布线宽度对话框,在该对话框中可设置布线宽度,如图7-36所示。

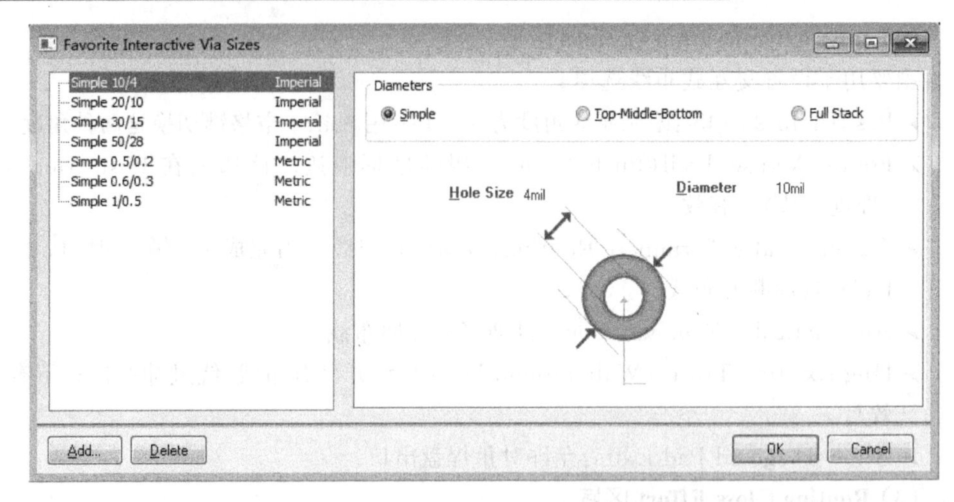

图 7 - 35　Favorite Interactive Routing Width

➢ 单击 Delete 按钮，删除选中的布线宽度。

➢ 单击 Edit... 按钮，打开优先布线宽度对话框，在该对话框中可编辑选中的布线宽度。

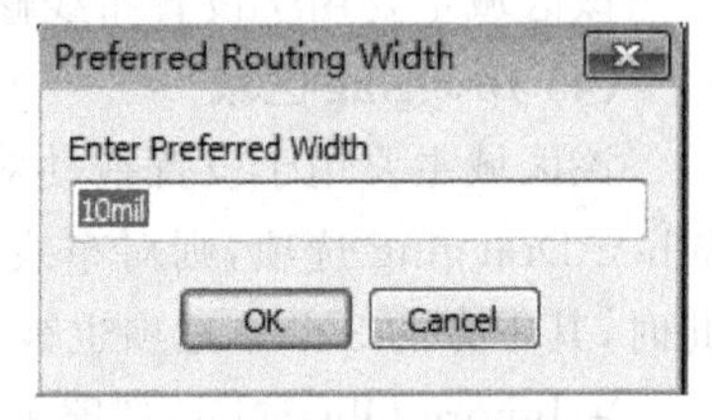

图 7 - 36　优先布线宽度对话框

(7) Favorite Interactive Routing Via Sizes 按钮

其功能是定义优先使用的交互式布线过孔尺寸。单击该按钮可打开 Favorite Interactive Routing Via Sizes 对话框，如图 7 - 37 所示，其设置方法与优先布线宽度的设置方法类型。

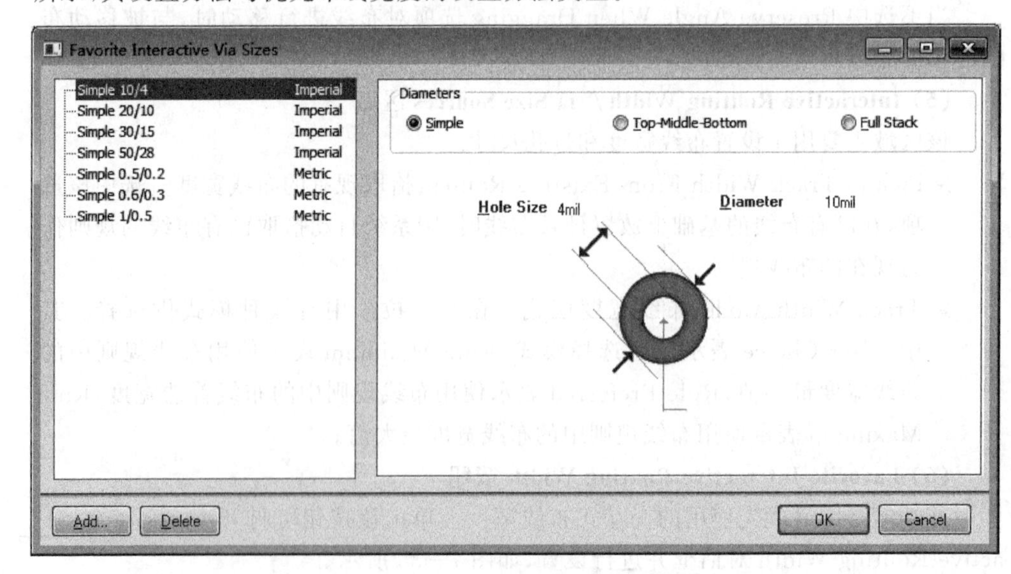

图 7 - 37　Favorite Interactive Routing Via Sizes

7. True Type Fonts 选项卡

图 7－38 为 PCB 编辑器的字体参数设置对话框。

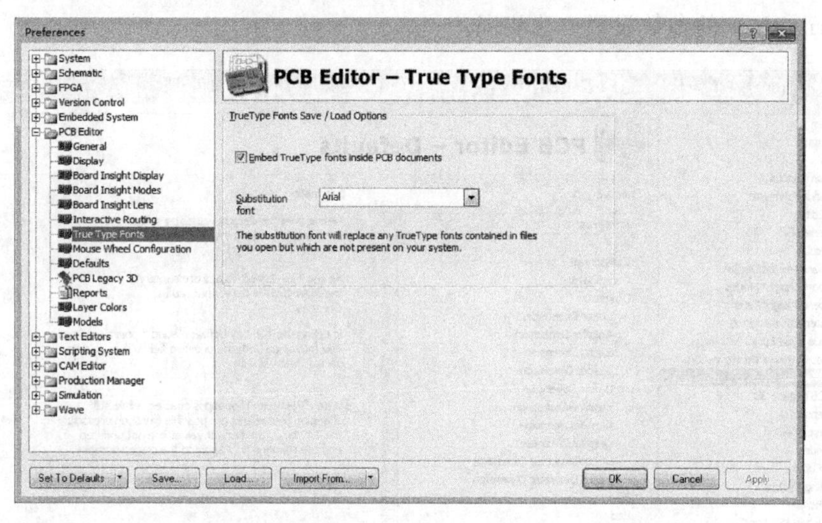

图 7－38　True Type Fonts

- Embed True Type fonts inside PCB documents：选中该选项时，在 PCB 文件嵌入 True Type 字体。
- Substitution font：在该下拉框中可选择代替 True Type 的字体。

8. Mouse Wheel Configuration 选项卡

图 7－39 为 PCB 编辑器的鼠标滚轮参数设置对话框，用户可以选择不同的组合键来对应列表框中的相应功能。

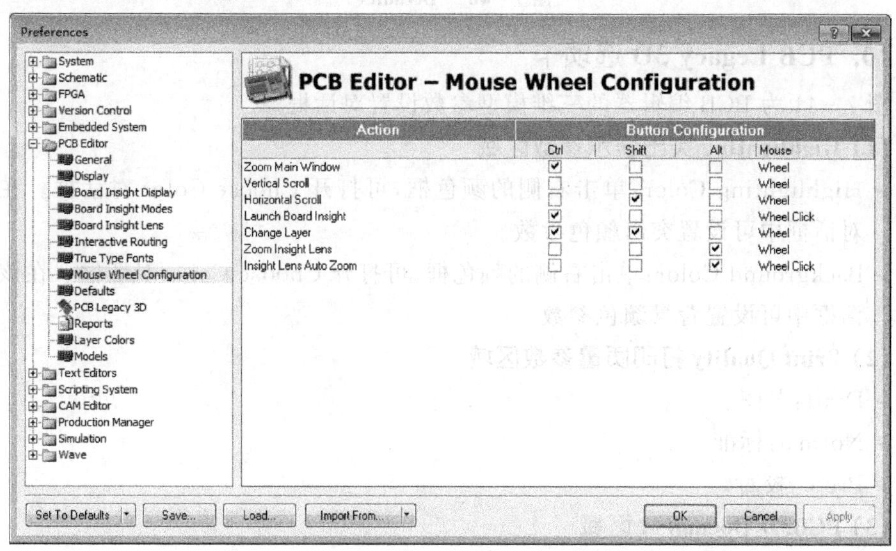

图 7－39　Mouse Wheel Configuration

9. Defaults 选项卡

图 7-40 为 PCB 编辑器的默认参数设置对话框,其设置方法与 Schematic - Default Primitives 的参数设置方法相同。

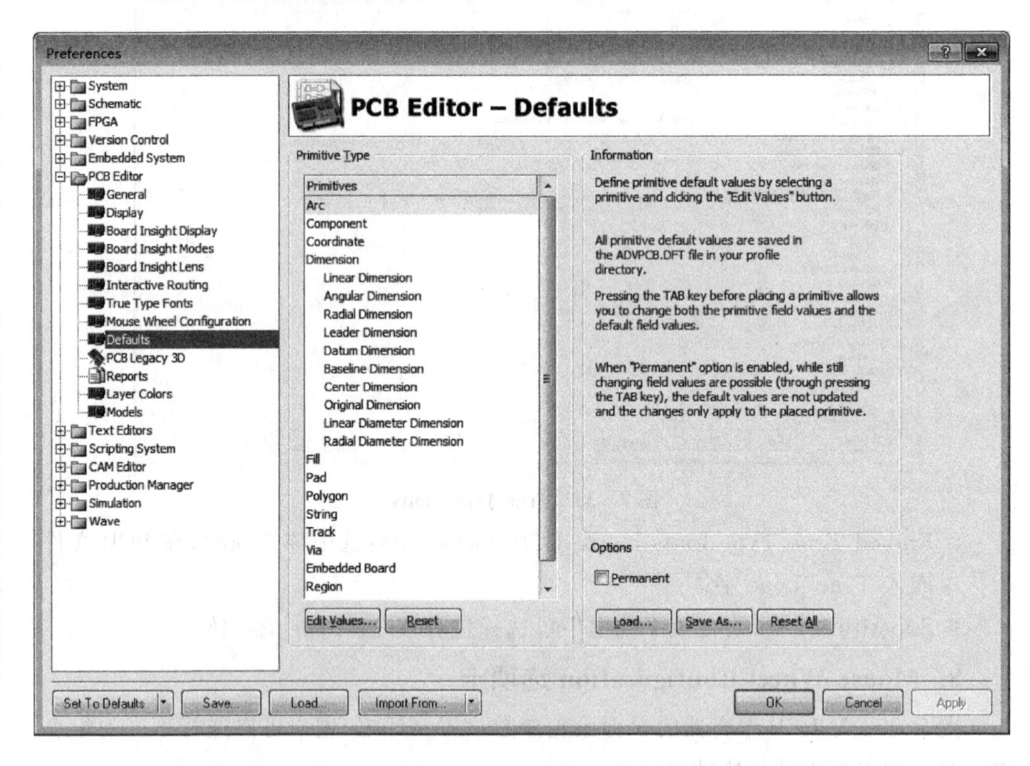

图 7-40　Defaults

10. PCB Legacy 3D 选项卡

图 7-41 为 PCB 编辑器的三维模型参数设置对话框。

(1) Highlighting 突出显示参数区域

➢ Highlighting Color:单击右侧的颜色框,可打开 Choose Color 对话框。在该对话框中可设置突出颜色参数。

➢ Background Color:单击右侧的颜色框,可打开 Choose Color 对话框。在该对话框中可设置背景颜色参数。

(2) Print Quality 打印质量参数区域

➢ Draft:草图。

➢ Normal:标准。

➢ Proof:校对。

(3) PCB3D Document 区域

➢ Always Regenerate PCB3D:总是重写 PCB3D 文件,即刷新。

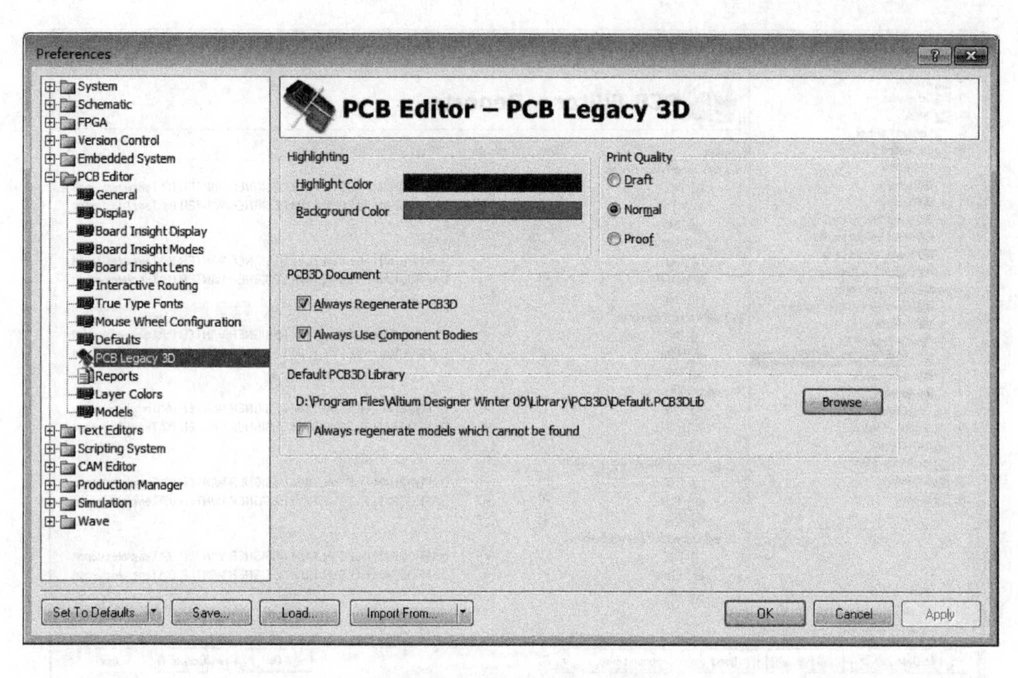

图 7-41 PCB Legacy 3D

➢ Always Use Component Bodies：总是使用元器件实体的3D模型。

(4) Default PCB3D Library 区域

默认PCB3D模型库的路径为D:\Program Files\Altium Designer Winter 09\Library\PCB3D\Default. PCB3Dlib。单击 Browse 按钮，则可以选择其他路径和3D模型库。

选中Always Regenerate Models which cannot be found选项时，在不能找到3D模型库的情况下重视刷新模型。

在Altium Designer中，大部分元器件的3D模型与原理图符号、PCB封装、仿真模型都被集成在一起，因此它们的使用更加简便。

11. Reports 选项卡

图7-42为PCB编辑器的报告参数设置对话框。

(1) Name 区域

显示生成报告的类型和格式，共有以下6种类型供选择：

➢ Design Rule Check：设计规则检查报告。

➢ Net Status：网络状态报告。

➢ Board Information：电路板信息报告。

➢ BGA Escape Route：BGA逃逸布线报告。

➢ Move Component(s) Origin To Grid：移动元器件原点到网格报告。

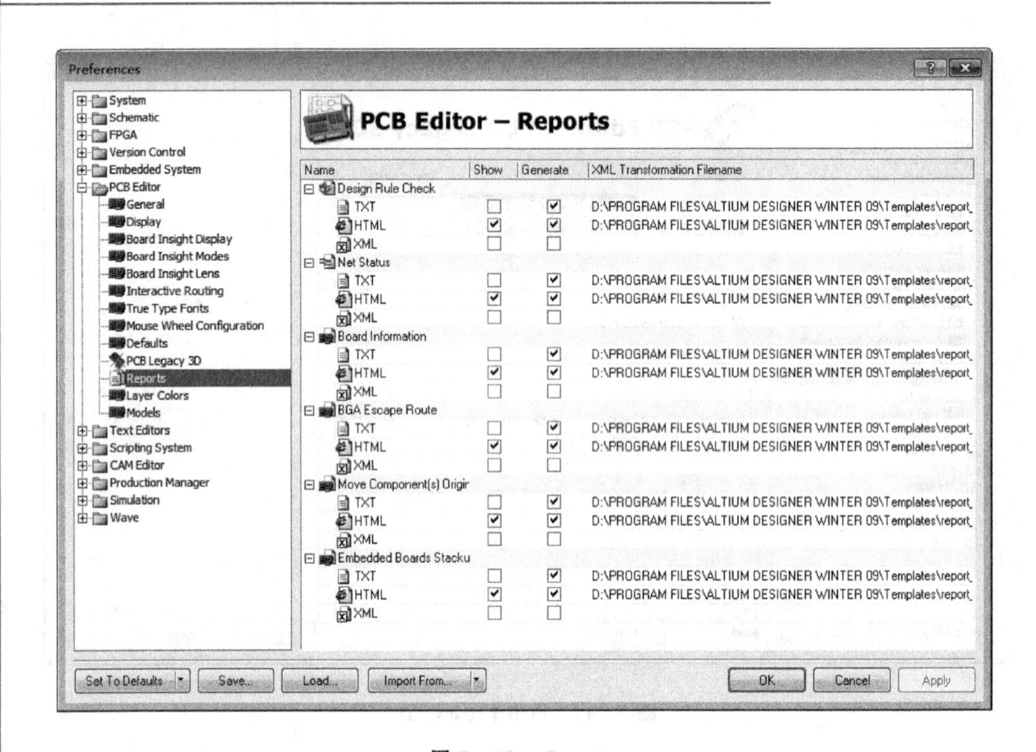

图 7-42 Reports

➢ Embedded Boards Stackup Compatibility:嵌入式板层兼容性报告。

(2) 报告格式

每种报告都有 3 种格式,即 TXT、HTML、XML。

➢ 当 show 栏选中有效时,生成报告的同时打开报告。

➢ 当 Generate 栏选中有效时,生成相应格式的报告文件。

➢ XML Transformation Filename 栏显示使用的报告模板名称。单击该栏可以激活文本框,能够直接编辑修改模板名称。也可以单击激活的浏览按钮,由此来选择模板名称。

12. Layer Colors 选项卡

图 7-43 为 PCB 编辑器的层颜色参数设置对话框。

(1) Saved Color Profiles 区域

主要显示保存的颜色配置文件类型。

➢ Default:系统默认值。

➢ DXP2004:DXP 2004 系统的颜色属性。

➢ Classic:经典颜色属性。

单击上述任意一种类型都可以激活相应的颜色设置。

(2) Location of saved profile 区域

用于显示颜色配置文件所在的位置。

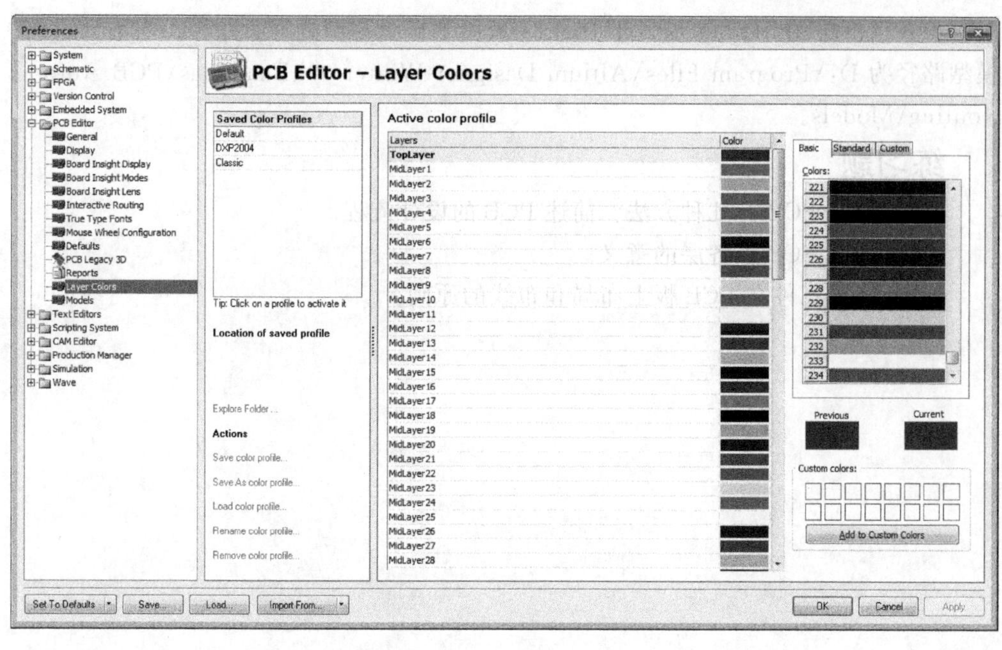

图 7-43 Layer Colors

(3) Active color profile 区域

主要进行颜色配置文件的修改。

13. Models 选项卡

图 7-44 为 PCB 编辑器的模型参数设置对话框。

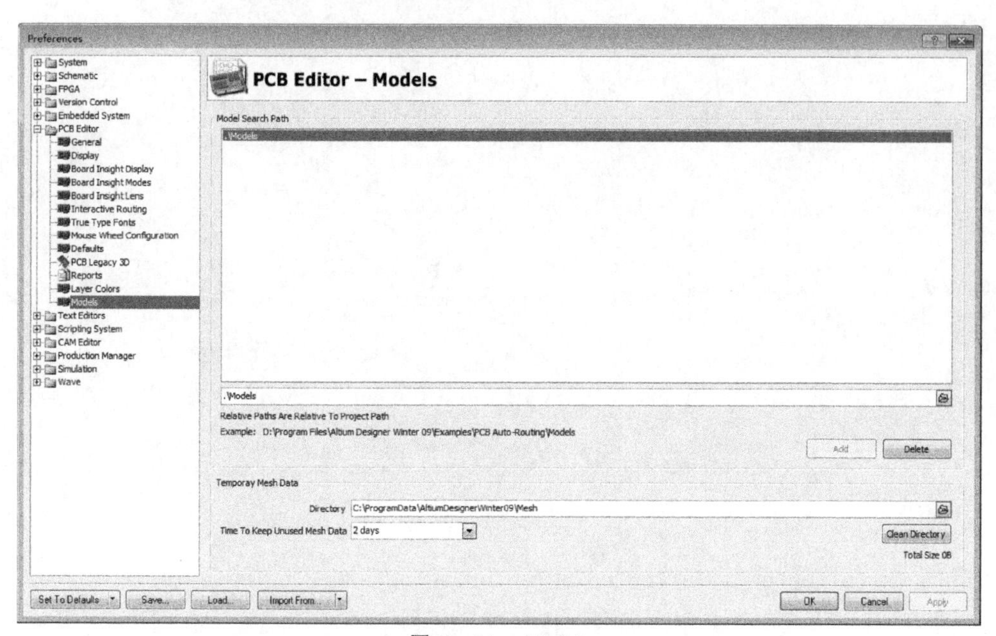

图 7-44 Models

该对话框中的Models Search Path区域用来显示模型的搜索路径。当前的示例模型路径为D:\Program Files\Altium Designer Winter 09\Examples\PCB Auto-Routing\Models。

练习题

7.1 设计PCB有几种方法？简述PCB的设计流程。

7.2 理解PCB板各层的意义。

7.3 简述元件在PCB板上布局和布线的原则。

第8章 制作印制电路板

制作印制电路板是整个设计最重要的环节，也是耗时最多、考虑最精细的环节。前面设计的原理图最终也是为了获得一个反映电气连接的网络报表，以便进行 PCB 设计。本章在介绍制作 PCB 的布线知识和绘图工具之后，将结合实例具体讲述如何使用 Altium Designer Winter 09 制作 PCB。

8.1 PCB 布线工具和绘图工具

PCB 设计管理器提供了布线工具栏（Wiring Tools）和绘图工具栏（Placement Tools）。布线工具栏如图 8－1 所示，可以选择 View→Toolbars→Wiring 菜单项打开，工具栏中每一项都与菜单 Place 下的各命令项对应。绘图工具栏如图 8－2 所示，该工具栏是实用工具栏的一个子工具栏。各按钮的功能及说明简介如表 8－1 所列，下面具体介绍各项的操作方法。

图 8－1　布线工具栏

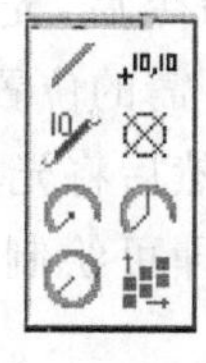

图 8－2　绘图工具栏

表 8－1　按钮介绍

按钮	功　能	功能说明
	放置铜膜导线	铜膜导线是绘制 PCB 印制电路板时最常用的单元，就是印制电路板的实际连接
	放置焊盘	用于放置元器件引脚和连接导线
	放置过孔	用来连接不同层之间铜箔导线

续表 8-1

按钮	功　能	功能说明
	放置矩形填充	矩形填充可以实现在印制电路板上大面积的接地或布置电源，用来提高印制电路板的可靠性和抗干扰性能
	放置多边形填充	实现包地、屏蔽等印制电路板的功能
A	放置字符串	为了使制作的印制电路板便于安装和调试，在电路板上需要加文字标注，用来增加可读性
	放置元器件封装	用来放置集成电路芯片
	放置直线	用来绘制印制电路板的外形、元器件的轮廓和禁止布线层的边界
+10,10	放置位置坐标	用来放置电路板时，确定其位置
10	放置尺寸标注	用来对电路板大小尺寸进行标注
	放置坐标原点	用来确定本印制电路板的当前坐标原点
	中心法绘制圆弧	通过确定圆弧中心、圆弧的起点和终点来确定一个圆弧
	边缘法绘制圆弧	通过圆弧上的两点即起点和终点来确定圆弧的大小
	绘制圆	通过确定圆心和半径来确定一个圆
	阵列式粘贴	实现一次粘贴多个元器件

8.1.1 交互布线

当需要手动交互布线时，一般首先选择 Place→Keepout→Track 菜单项或单击布线工具栏中的按钮，执行交互布线命令。执行布线命令后，光标变成了十字形状，将光标移到所需的位置单击，确定网络连接导线的起点，然后将光标移到导线的下一个位置再单击，即可绘制出一条导线，如图 8-3 所示。

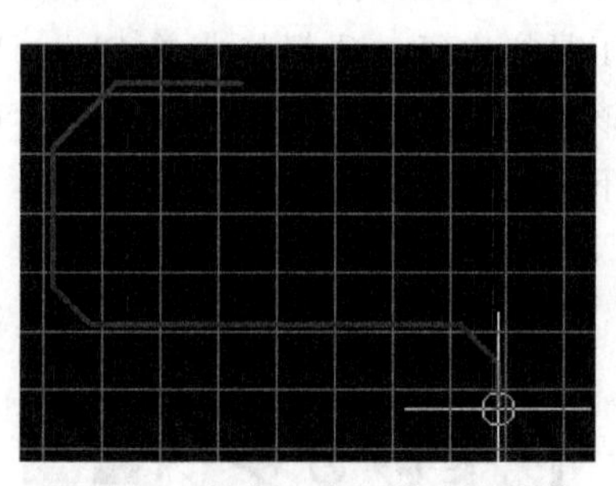

图 8-3　绘制一条网络连接导线

完成一次布线后右击，完成当前的网络的布线，光标呈十字状，此时可以继续其他网络的布线。将光标移到新的位置，再按照上述步骤布其他网络连接导线。双击鼠标右键或按 Esc 键，光标变成箭头，退出该命令状态。

1. 交互布线参数设置

在放置导线时，可以按 Tab 键打开“交互布线设置”对话框，如图 8-4 所示。在该对话框中，可以设置布线的相关参数，具体设置的参数包括：

➢ Via Hole Size(过孔尺寸)文本框设置 PCB 上过孔的直径。

➢ Width from user preferred value(导线宽度)下拉列表框设置布线时的导线

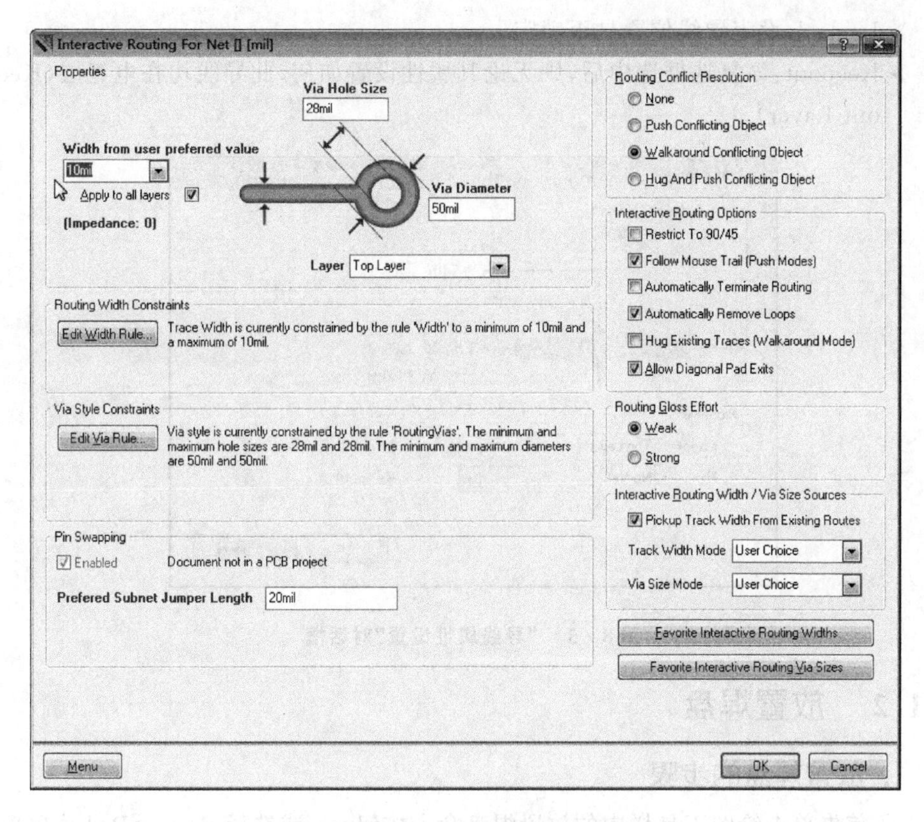

图 8-4 “交互布线设置”对话框

宽度。

- Apply to all layer 复选框选中后，则所有层均使用这种交互布线参数。
- Via Diameter(过孔的外径)文本框设置过孔的外径。
- Layer(层)下拉列表框设置要布的导线所在层。

2. 设置导线属性

绘制了导线后，还可以对导线进行编辑处理，并设置导线的属性。双击已布的导线或选中导线后右击，从弹出的快捷菜单中选取 Properties 命令，则系统弹出如图 8-5 所示的“导线属性设置”对话框。对话框中的各个选项说明如下：

- Width：设定导线的宽度。
- Layer：设定导线所在的层。
- Net：设定导线所在的网络。
- Start-X：设定导线起点的 X 轴坐标。
- Start-Y：设定导线起点的 Y 轴坐标。
- End-X：设定导线终点的 X 轴坐标。
- End-Y：设定导线终点的 Y 轴坐标。

➢ Locked:设定导线位置是否锁定。

➢ Keepout:该复选框选中后,则无论其属性设置如何,此导线均在电气层(Keep out Layer)。

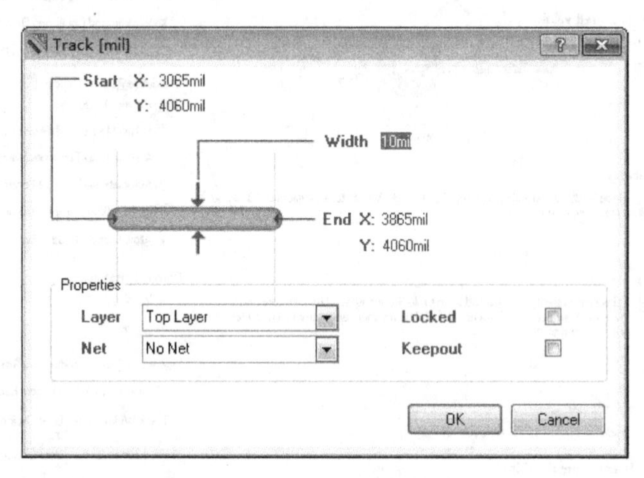

图 8-5　"导线属性设置"对话框

8.1.2　放置焊盘

1. 放置焊盘的步骤

① 首先单击绘图工具栏中的放置焊盘命令按钮 ,或选择 Place→Pad 菜单项。

② 执行该命令后,光标变成了十字形状,将光标移到所需的位置单击,即可将一个焊盘放置在该处。

③ 将光标移到新的位置,按照上述步骤放置其他焊盘。图 8-6 为放置了多个焊盘的电路板。双击鼠标右键,光标变成箭头后,退出该命令状态。

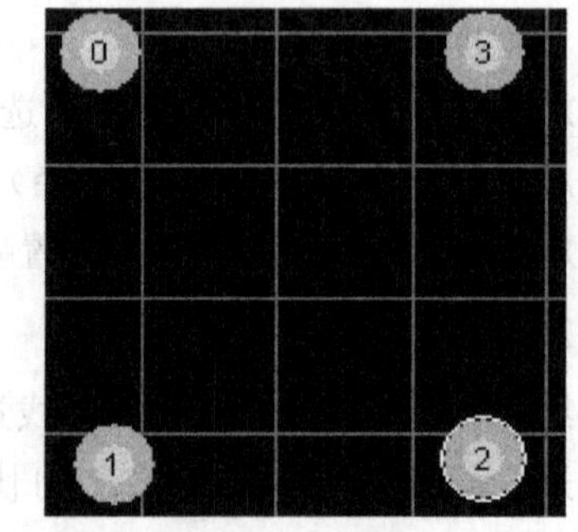

图 8-6　放置焊盘

2. 焊盘属性设置

在放置焊盘的状态下按 Tab 键或在已放置的焊盘上双击,都可以打开如图 8-7 所示的"焊盘属性设置"对话框。具体设置如下:

(1) 焊盘尺寸设置

➢ Hole Size(孔尺寸):设置焊盘的孔尺寸。

➢ Rotation(旋转):设置焊盘的旋转角度。

➢ LocationX/Y:设置焊盘的中心坐标。

➢ Size and Shape：编辑该选项，用来设置焊盘的形状和焊盘的外形尺寸。

当选择 Simple 形状时，则可设置 X－Size（焊盘 X 轴尺寸）、Y－Size（焊盘 Y 轴尺寸）、Shape（形状）（选择焊盘形状，单击右侧的下拉按钮即可选择焊盘形状，这里共有 3 种默认焊盘形状，即 Round（圆形）、Rectangle（正方形）和 Octagonal（八角形））。

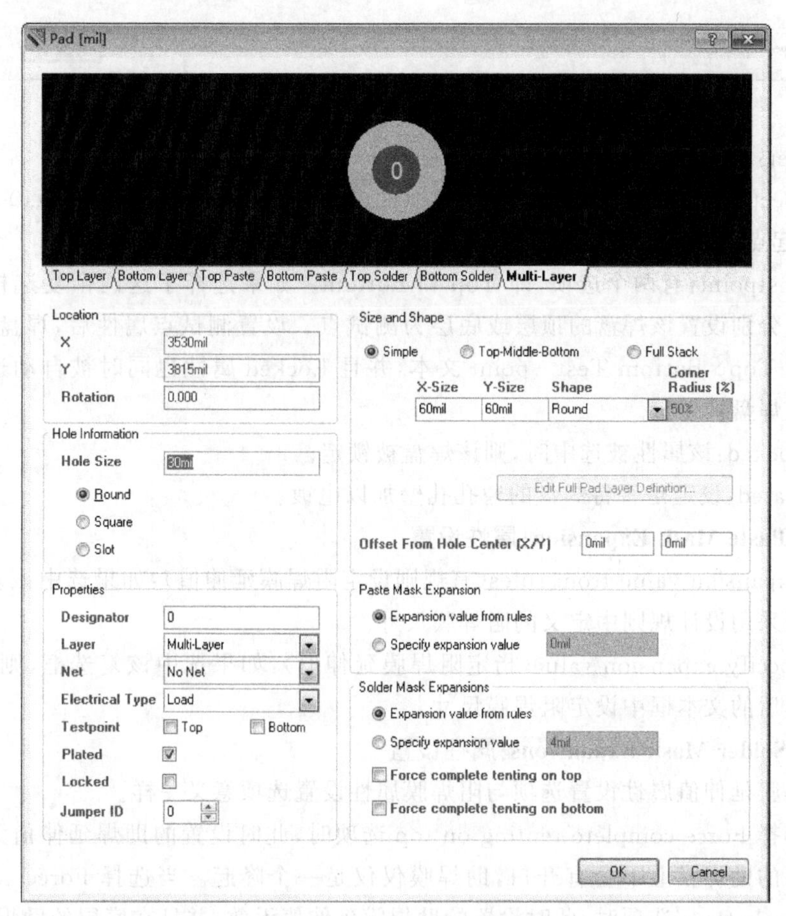

图 8－7　“焊盘属性”对话框

当选择 Top－Middle－Bottom 选项时，则需要指定焊盘在顶层、中间层和底层的大小和形状，每个区域里的选项都具有相同的 3 个设置选项。

当选择 Full Stack 选项时，设计人员可以单击 Edit Full Pad Layer Definition（编辑整个焊盘层定义）按钮，则弹出如图 8－8 所示的对话框，此时可以按层设置焊盘尺寸。

（2）Properties 选项设置

➢ Designator：设定焊盘序号。

➢ Layer：设定焊盘所在的层。通常多层电路板焊盘层为 Multi Layer。

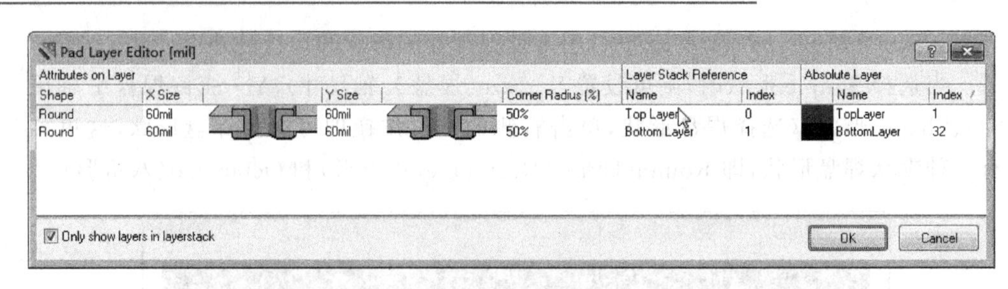

图 8-8　焊盘层编辑器

➢ Net:设定焊盘所在的网络。

➢ Electrical type:指定焊盘在网络中的电器属性,包括 Load(中间点)、Source(起点)和 Terminator(终点)。

➢ Testpoint:有两个选项,即 Top 和 Bottom。如果选择了这两个复选框,则可以分别设置该焊盘的顶层或底层为测试点。设置测试点属性后,焊盘上会显示 Top&Bottom Test-point 文本,并且 Locked 属性也同时被自动选中,使该焊盘被锁定。

➢ Locked:该属性被选中时,则该焊盘被锁定。

➢ Plated:设定是否将焊盘的通孔孔壁加以电镀。

(3) Paste Mask Expansion:属性设置

➢ Expansion value from rules(有规则设定阻焊膜延伸值):如果选中该复选框,则采用设计规则中定义的阻焊膜尺寸。

➢ Specify expansion value(指定阻焊膜延伸值):如果选中该复选框,则可以在其后的文本框中设定阻焊膜尺寸。

(4) Solder Mask Expansions:属性设置

助焊膜延伸值属性设置选项与阻焊膜属性设置选项意义一样。

当选择 Force complete tenting on top 选项时,此时设置的助焊延伸值无效,并且在顶层的助焊膜上不会有开口,助焊膜仅仅是一个隆起。当选择 Force complete tenting on bottom 选项时,此时设置的助焊膜延伸值无效,并且在底层的助焊膜上不会有开口,助焊膜仅仅是一个隆起。

8.1.3　放置过孔

1. 放置过孔

① 首先单击绘图栏中的按钮,或选择 Place→Via 菜单项。

② 执行命令后,光标变成了十字形状,将光标移到所需的位置即可将一个过孔放置在该处。将光标移到新的位置,按照上述步骤再放置其他过孔。图 8-9 为放置过孔后的图形。

③ 双击鼠标右键,光标变成箭头后退出该命令状态。

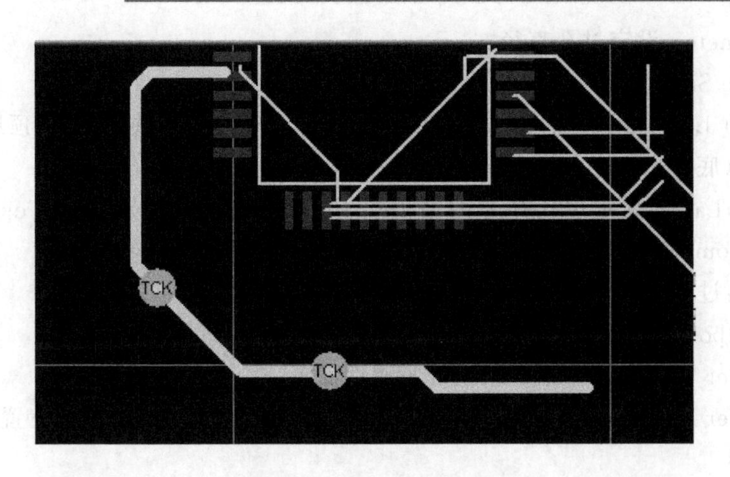

图 8-9　放置多个过孔

2. 过孔属性设置

在放置过孔时按 Tab 键或者在 PCB 上双击过孔，则系统弹出如图 8-10 所示的"过孔属性"对话框。对话框中的各项设置意义如下：

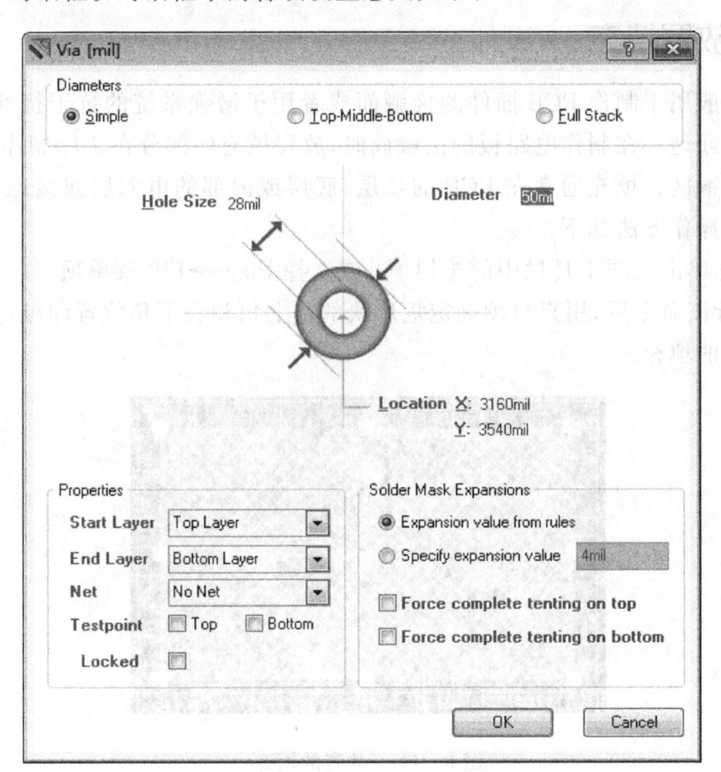

图 8-10　"过孔属性"对话框

- Diameter:设定过孔直径。
- Hole Size:设定过孔的通孔直径。
- Start Layer:设定过孔穿过的开始层,设计者可以分别选择 Top(顶层)和 Bottom(底层)。
- End Layer:设定过孔穿过的结束层,设计者也可以分别选择 Top(顶层)和 Bottom(底层)。
- Net:过孔是否与 PCB 的网络相连。
- Testpoint:与焊盘的属性对话框相应的选项意义一致。
- Solder Mask Expansions:助焊膜属性设置。
- Solder Mask:助焊膜延伸值属性设置,该选项与阻焊膜属性设置选项意义一样。

当选择 Force complete tenting on top 选项时,设置的助焊延伸值无效,并且在顶层的助焊膜上不会有开口,助焊膜仅仅是一个隆起。当选择 Force complete tenting on bottom 选项时,设置的助焊延伸值无效,并且在底层的助焊膜上不会有开口,助焊膜仅仅是一个隆起。

8.1.4　放置填充

填充一般用于制作 PCB 插件的接触面或者用于增强系统的抗干扰性而设置的大面积电源或地。在制作电路板的接触面时,放置填充的部分在实际制作的 PCB 上是外露的敷铜区。填充通常在 PCB 的顶层、底层或内部的电源层或接地层上,放置填充的一般操作方法如下:

① 首先单击绘图工具栏中的按钮 ,或选择 Place→Fill 菜单项。

② 执行该命令后,用户只须确定矩形块的左上角和右下角位置即可,如图 8-11 所示为放置的填充。

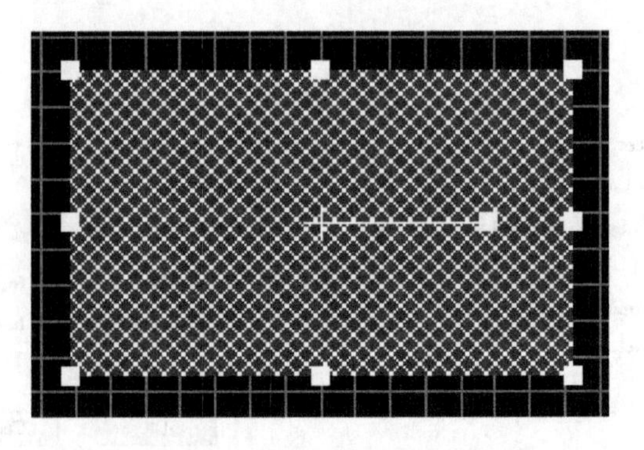

图 8-11　放置的填充

放置了填充后,如果需要对其进行编辑,则可选中填充然后右击,从快捷菜单中选择 Properties 命令项,或者使用鼠标双击放置的填充,则系统弹出如图 8-12 所示的"填充属性"对话框。在放置填充状态下，也可以按 Tab 键，先编辑好对象再放置填充。具体的属性设置如下：

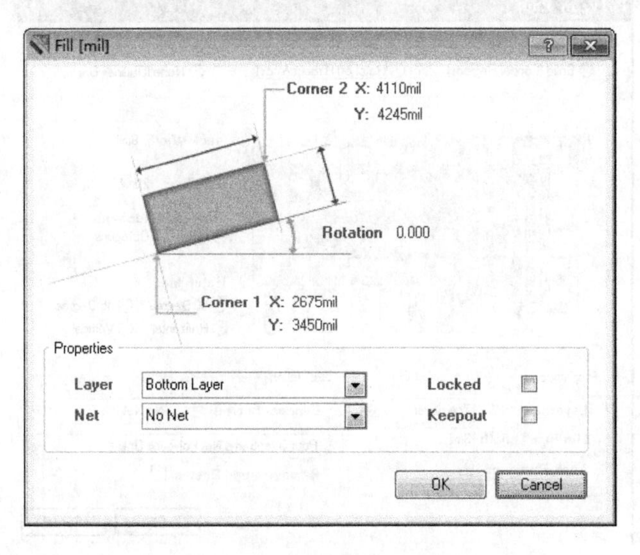

图 8－12　"填充属性"对话框

- Corner1 X 和 Y：用来设置填充的第一角的坐标位置。
- Corner2 X 和 Y：用来设置填充的第二角的坐标位置。
- Rotation：用来设置填充的旋转角度。
- Layer 下拉列表：用来选择填充所放置的层。
- Net 下拉列表：用来设置填充的网络层。
- Locked：用来设定是否锁定填充。
- Keepout：该复选框选中后，则无论其属性设置如何，此填充均在电气层(Keepout Layer)。

8.1.5　放置多边形平面(敷铜)

对于抗干扰要求比较高的电路板，常常需要在 PCB 板上敷铜。敷铜可以有效地实现电路板的信号屏蔽作用，提高电路板的抗电磁干扰能力。放置多边形平面与填充类似，经常用于大面积电源或接地敷铜，对抗干扰要求比较高的 PCB 板最好进行敷铜处理。多边形平面与填充类似，经常用于大面积电源或接地敷铜，以增强系统的抗干扰性。下面讲述放置多边形面积的方法：

① 单击绘图工具栏中的▦按钮，或选择 Place→Polygon Pour 菜单项。

② 执行此命令后，系统将弹出如图 8－13 所示的"多边形平面属性"对话框。

③ 设置完对话框后，光标变成了十字形状，将光标移到所需的位置单击，确定多边形的起点，然后再移动鼠标到适当位置单击，确定多边形的中间点。

④ 在终点处右击，则程序自动将终点和起点连接在一起，形成一个封闭的多边

平面,如图 8-14 所示。

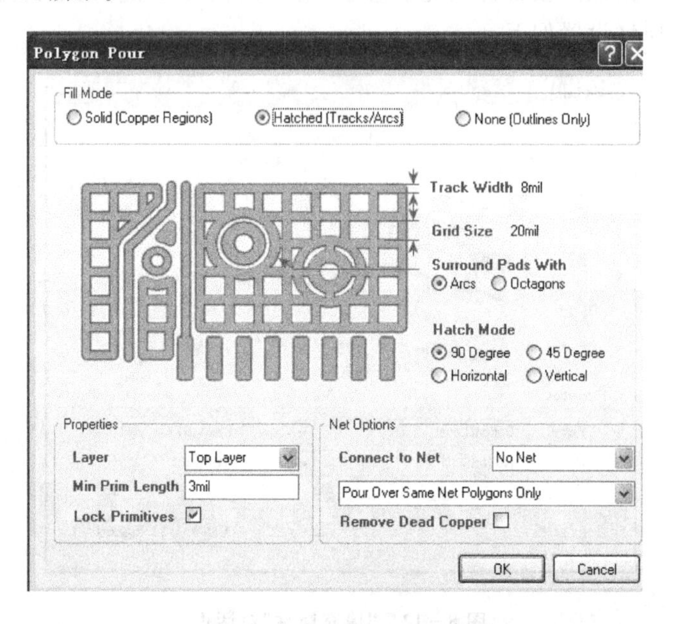

图 8-13 “多边形平面属性”对话框

当放置了多边形平面后,如果需要对其进行编辑,则可选中多边形平面然后右击,从快捷菜单中选择 Properties 命令项,或者双击坐标,则系统弹出如图 8-13 所示的“多边形平面属性”对话框,设置选项如下:

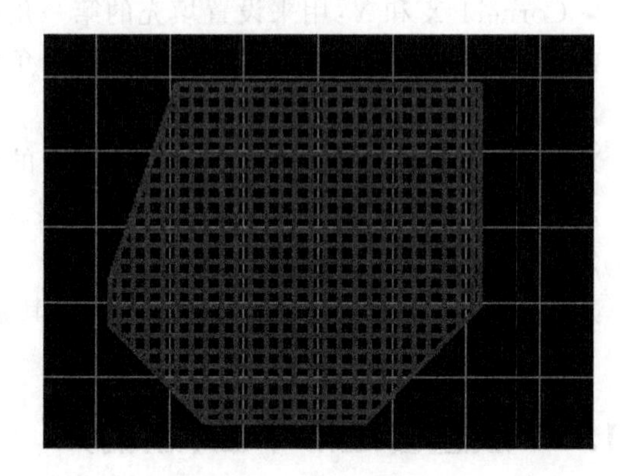

图 8-14 多边形平面填充

- Surround Pads With:设置包围焊盘的敷铜形状,可以选择 Arcs(圆弧)和 Octagons(八边形)形状。
- Grid Size 框:设置多边形平面的网格尺寸。
- Track Width 框:设置多边形平面内的网格导线宽度。
- Hatch Mode:设置多边形平面的填充类型。
- Layer 下拉列表:选择设置多边形平面所放置的层位置。
- Connect to Net 下拉列表:设置多边形平面内的网络层。
- Locked:用来设定是否锁定多边形平面。
- Min Prim Length:该编辑框设定推挤一个多边形时的最小允许图元尺寸。当多边形被推挤时,多边形可以包含很多短的导线和圆弧,用来创建包围在内的对象的光滑边。该值设置越大,则推挤的速度越快。

➢ Lock Primitives:如果该项被选中,则所有组成多边形的导线被锁定在一起,并且这些图元作为一个对象被编辑操作。如果该项没有选中,则可以单独编辑那些组成的图元。

➢ Pour Over Same Net:如果该项被选中,任何存在于相同网络的多边形敷铜内部的导线将会被该多边形覆盖。如果不选中该选项,则多边形敷铜将只包围相同网络已经存在的导线。

➢ Remove Dead Copper:该选项被选中后,则在多边形敷铜内部的死铜将被移去。当多边形敷铜不能连接到所选择网络的区域时会生成死铜。如果该选项没有被选中,则任何区域的死铜将不会被移去。

注意:如果在选中的网络上多边形没有封闭任何焊盘,则整个多边形会被移去,因为此时多边形将会被看作死铜。

8.1.6　分割多边形

在 Altium Designer 中选择 Place→Slice Polygon Pour 菜单项可以用来分隔已经绘制的多边形,方法如下:

① 首先绘制多边形平面,如图 8－15 所示。

② 选择 Place→Slice Polygon Pour 菜单项,则可以拖动鼠标对多边形进行分割。

③ 分割操作完成以后,系统将弹出一个确认对话框,按 Yes 按钮即可实现多边形的分割。

④ 最后获得两个分开的多边形,如图 8－16 所示。

图 8－15　绘制的多边形

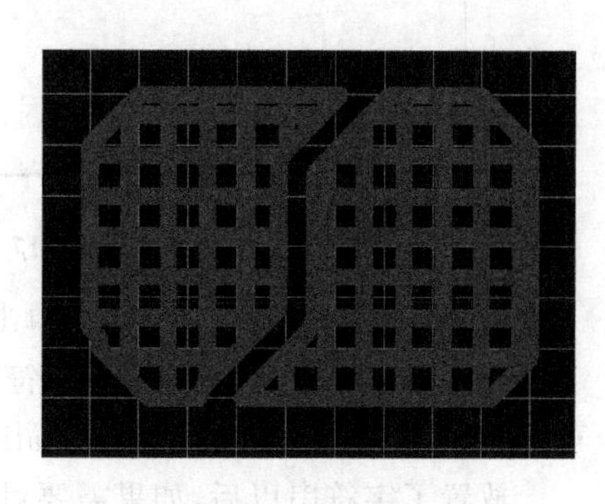

图 8－16　分割多边形

8.1.7　放置字符串

绘制 PCB 时常常需要在 PCB 上放置字符串(仅允许为英文),放置字符串的具体步骤如下:

① 单击绘图工具栏中的A按钮,或选择 Place→String 菜单项,则光标变成了十字形状。在此命令状态下单击 Tab 键,则弹出如图 8-17 所示的"字符串属性"对话框,在这里可以设置字符串的内容、所在层及大小等。

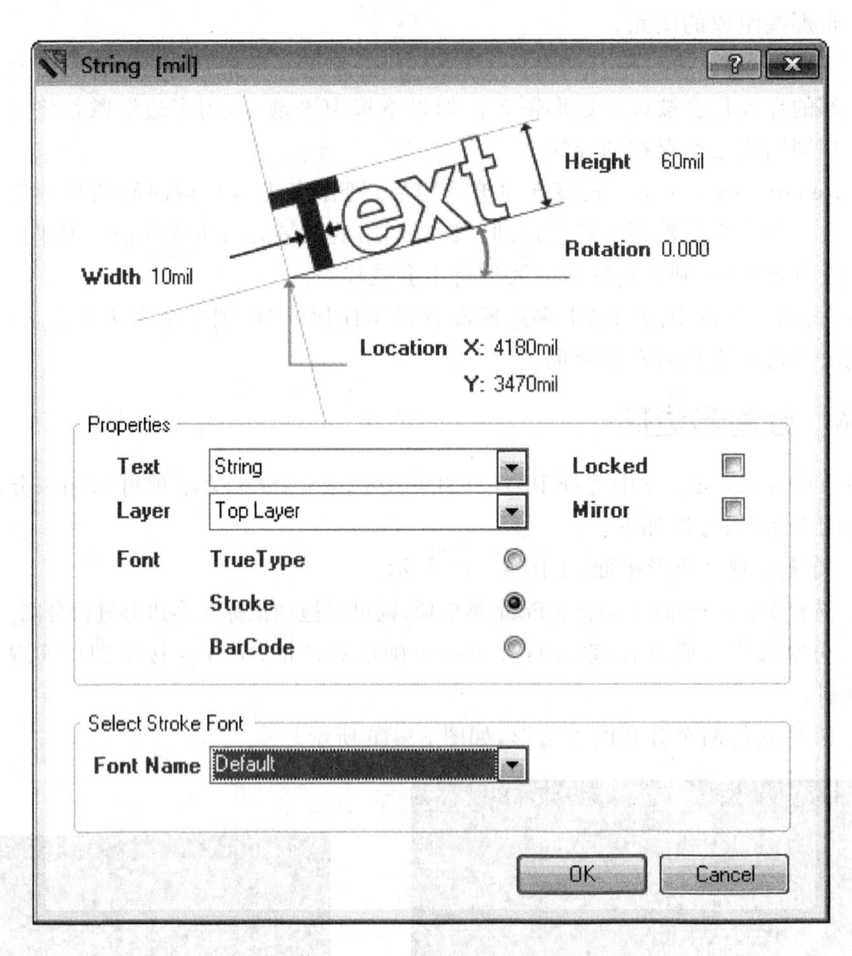

图 8-17 "字符串属性"对话框

② 设置完成后退出对话框,单击鼠标把字符串放到相应的位置。

③ 用同样的方法放置其他字符串。如要更换字符串的方向,则只须按空格键即可进行调整,或在图 8-17 的 Rotation 文本框中输入字符串旋转角度。

放置了字符串以后,如果需要对其进行编辑,则可选中字符串然后右击,从快捷菜单中选择 Properties 命令项,或者使用鼠标双击字符串,系统将弹出如图 8-17 所示对话框。

8.1.8 放置坐标

此命令是将当前鼠标所处位置坐标放置在工作平面上,步骤如下:

① 单击绘图工具栏中的按钮,或选择 Plac→Coordinate 菜单项,则光标变成了十字形状。在此命令状态下,单击 Tab 键,则弹出如图 8-18 所示的“坐标属性”对话框。按要求设置该对话框。

② 设置完成后退出对话框,单击鼠标把坐标放到相应的位置,如图 8-19 所示。

③ 用同样的方法放置其他坐标。

放置坐标后,如果需要对其进行编辑,则可选中坐标然后右击,从快捷菜单中选择 Properties 命令项,或者用鼠标双击坐标,系统将弹出如图 8-18 所示对话框。

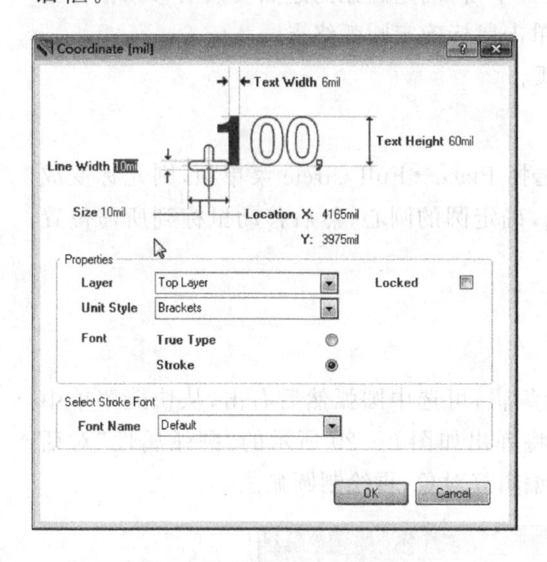

图 8-18　“坐标属性”对话框

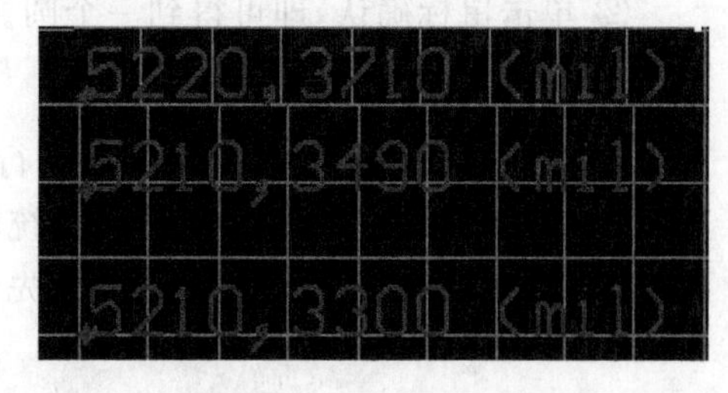

图 8-19　放置多个坐标

8.1.9　绘制圆弧或圆

Altium 提供了 3 种绘制圆弧的方法:中心法、边缘法和角度旋转法。

1. 绘制圆弧

(1) 边缘法

边缘法是通过圆弧上的两点(即起点与终点)来确定圆弧的大小,绘制过程如下:

① 单击布线工具栏中的按钮,或选择 Place→Arc(Edge)菜单项,则光标变成了十字形状,将光标移到所需的位置单击,确定圆弧的起点。然后再移动鼠标到适当位置单击,确定圆弧的终点。

② 单击鼠标确认,即得到一个圆弧。

(2) 中心法

中心法绘制圆弧是通过确定圆弧中心、圆弧的起点和终点来确定一个圆弧,步骤如下:

① 单击绘图工具栏的按钮，或选择 Place→Arc(Center)菜单项，则光标变成了十字形状，将光标移到所需的位置单击，确定圆弧的中心。

② 将光标移到所需的位置单击，确定圆弧的起点，再移动鼠标到适当位置单击，确定圆弧的终点。

③ 单击鼠标确认，即可得到一个圆弧。

(3) 角度旋转法

① 单击绘图工具栏中的按钮，或选择 Place→Arc(Any Angle)菜单项，则光标变成了十字形状，将光标移到所需的位置单击，确定圆弧的起点。然后移动鼠标到适当位置单击，确定圆弧的圆心，最后再单击鼠标确定圆弧终点。

② 单击鼠标确认，即可得到一个圆弧。

2. 绘制圆

① 单击绘图工具栏中的按钮，或选择 Place→Full Circle 菜单项，则光标变成了十字形状，将光标移到所需的位置单击，确定圆的圆心，然后移动鼠标到所需位置单击鼠标确定圆的大小。

② 单击鼠标确认，即可得到一个圆。

3. 编辑圆弧

当绘制好圆弧后，如果需要对其进行编辑，可选中圆弧然后右击，从快捷菜单中选择 Properties 项，或者双击圆弧，系统将弹出如图 8－20 所示的“圆弧属性”对话框。在绘制圆弧时，也可以按 Tab 键，先编辑好对象，再绘制圆弧。

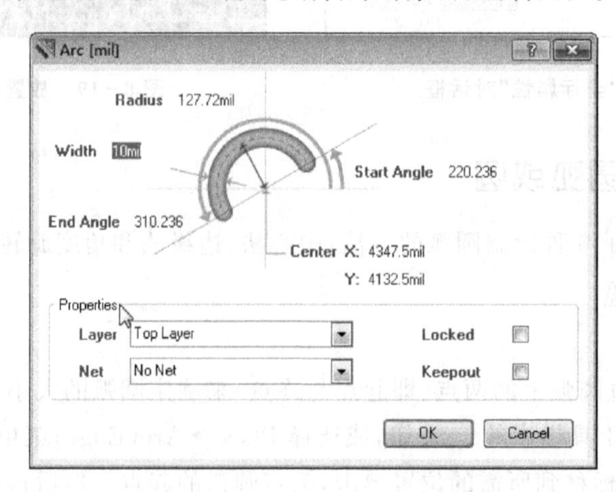

图 8－20　“圆弧属性”对话框

- Width：用来设置圆弧的宽度。
- Layer 下拉列表：用来选择圆弧所放置的层。
- Net 下拉列表：用来设置圆弧的网络层。
- Center X 和 Y：用来设置圆弧的圆心位置。

➢ Radius:用来设置圆弧的半径。

➢ Start Angle:用来设置圆弧的起始角。

➢ End Angle:用来设置圆弧的终止角。

➢ Locked:用来设定是否锁定圆弧。

➢ Keepout:该复选框选中后,则无论其属性设置如何,此圆弧均在电气层(Keepout Layer)。

圆的编辑与圆弧的编辑相似。

8.1.10 放置尺寸标注

尺寸标注用于标注 PCB 上两点之间的距离,一般放置在 Mechanical Layer(机械层)上。选择 Place→Dimension 菜单项或单击工具栏中的按钮,在其下拉菜单中有 5 种尺寸标注方式(包括线性尺寸、圆弧、角度、半径和直径等,如图 8-21 所示)。以线性尺寸标注为例,说明放置尺寸标注的方法。

① 单击按钮,或选择 Place→Dimension→Linear 菜单项,这时可标注线性尺寸,如图 8-22 所示。

② 移动光标到尺寸的起点并单击,即可确定标注尺寸的起始位置。

③ 移动光标,中间显示的尺寸随着光标的移动而不断变化到合适的位置单击鼠标确认终点,上下移动鼠标确定两条边线的长度即可完成尺寸标注,如图 8-22 所示。

图 8-21 5 种尺寸标注

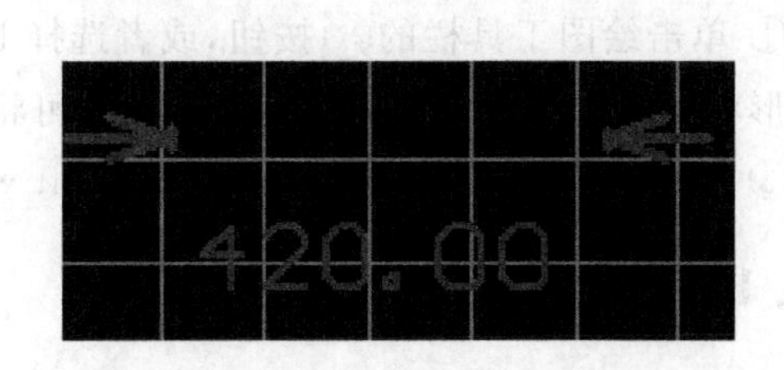

图 8-22 一个线性尺寸标注

④ 用户还可以在放置尺寸标注命令状态下单击 Tab 键,进入如图 8-23 所示的“尺寸标注属性”对话框做进一步修改。当放置了尺寸标注后,如果需要对其进行编辑,则可选中尺寸标注,然后右击,从快捷菜单中选择 Properties 项,或者双击尺寸标注,系统也会弹出如图 8-23 所示对话框。

⑤ 将光标移到新的位置,按照上述步骤,放置其他标注。

⑥ 双击鼠标右键,光标变成箭头后,退出该命令状态。

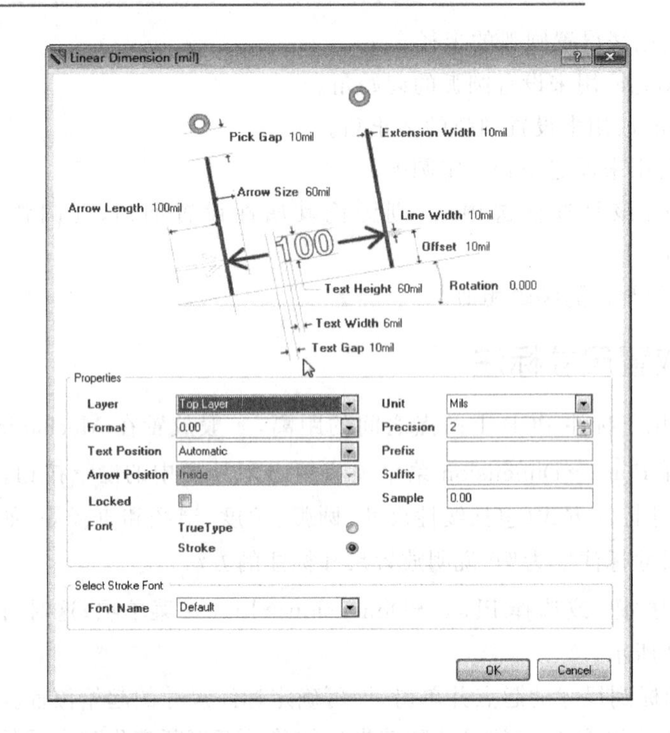

图 8-23 “尺寸标注属性”对话框

8.1.11 设置初始原点

在设计电路板的过程中,用户一般使用程序本身提供的坐标系,如果用户自己定义坐标系,则只须设置坐标原点,具体步骤如下:

① 单击绘图工具栏的按钮,或者选择 Edit→Origin→Set 菜单项,则光标变成十字形状,将光标移到所需的位置单击,即可将该点设置为用户定义坐标系的原点。

② 若想恢复原来的坐标系,则选择 Edit→Origin→Reset 菜单项即可。

8.1.12 放置元件封装

1. 放置元件

制作 PCB 时,可以选择 Place→Component 菜单项,或单击布线工具栏的按钮来添加新的封装,然后就可以添加与该元件相关的新网络连接,步骤如下:

① 执行该命令后,系统自动弹出如图 8-24 所示的“放置元件”对话框。这里可以选择放置的类型(封装还是元件)、需要封装的名称、封装类型以及流水号等。

- Placement Type:放置类型操作框。这里应选择 Footprint(封装),如果选择 Component(元件),则放置的是元件。
- Component Details:元件细节操作框。这里可以设置元件的细节。

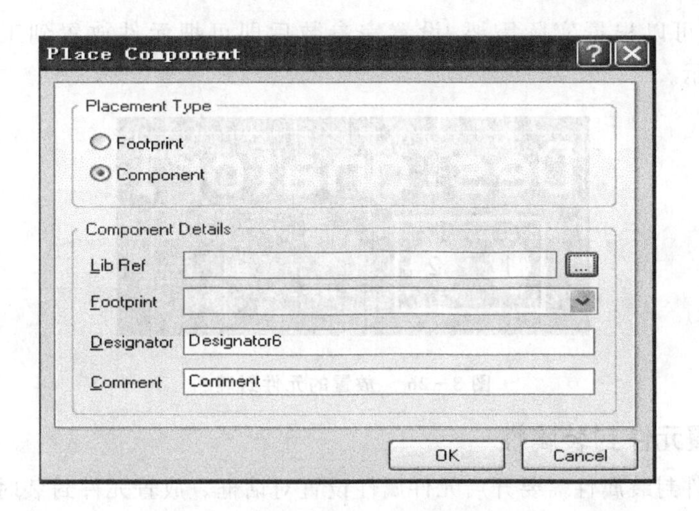

图 8-24 "放置元件"对话框

➤ Footprint:用来输入封装,即装载哪种封装。用户也可以单击 Browse 按钮,则系统弹出如图 8-25 所示的对话框,用户可以在该对话框选择所需要放置的封装,此时还可以单击 Find 按钮查找需要的封装。

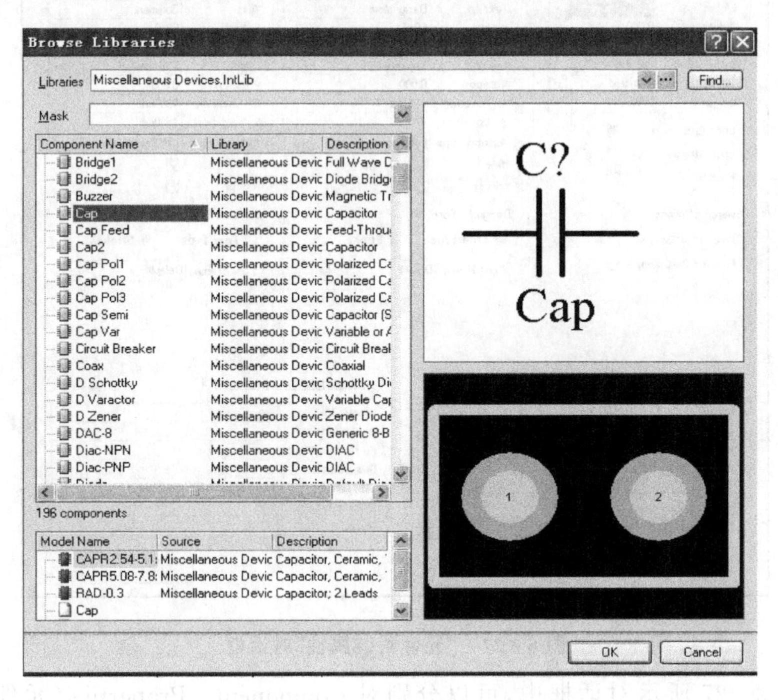

图 8-25 "浏览元件库"对话框

② 用户还可以在放置封装前,即在命令状态下,单击 Tab 键进入元件封装属性对话框进行封装属性的设置。

③ 用户可以根据实际需要,设置完参数后即可把元件放置到工作区中,如图 8-26 所示。

图 8-26　放置的元件封装

2. 设置元件封装属性

设置元件封装属性需要开启元件属性设置对话框。放置元件封装时按 Tab 键,或者双击 PCB 上已经放置的元件封装,或者选中封装并右击,从快捷菜单中选择 Properties 项,均可以开启如图 8-27 所示的"元件封装属性"对话框。

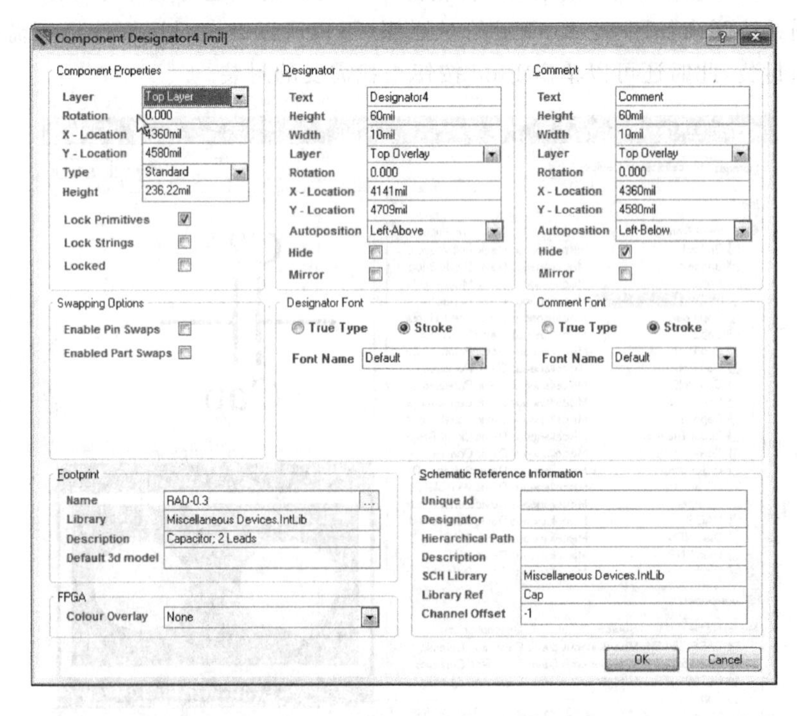

图 8-27　"元件封装属性"对话框

在图 8-27 所示对话框中,可以分别对 Component　Properties(元件属性)、Designator(流水标志)和 Comment(注释)等进行设置。

① Component Properties(元件属性):主要设置元件本身的属性,包括所在层、位置等属性。

➢ Layer:设定元件封装所在层。

➢ Rotation:设定元件封装旋转角度。

➢ X-Location:设定元件封装X轴坐标。

➢ Y-Location:设定元件封装Y轴坐标。

➢ Type:选择元件的类型。

➢ Lock Prims:设定是否锁定元件封装结构。

➢ Locked:设定是否锁定元件封装位置。

② Designator选项设置:用于设置元件的流水线标号,具体包括如下属性:

➢ Text:设置元件封装流水线标号文本。

➢ Height:设定元件封装流水线的高度。

➢ Width:设定元件封装流水线的线宽。

➢ Layer:设定元件封装流水线所在层。

➢ Rotation:设定元件封装流水线标号旋转角度。

➢ X-Location:设定元件封装流水线标号的X轴坐标。

➢ Y-Location:设定元件封装流水线标号的Y轴坐标。

➢ Font:设定元件封装流水线标号的字体。

➢ Autoposition:设置元件封装流水线标号定位方式。

➢ Hide:设定元件封装流水线标号是否隐藏。

➢ Mirror:设定元件封装流水线标号是否翻转。

③ Comment:注释选项设置。其各选项的意义与Designator选项设置的意义一样。

用户还可以对流水线标号文本和引脚进行编辑,当单独编辑它们时,只须使用鼠标双击文本或引脚即可进入相应的属性对话框,以进行编辑调整。

④ Footprint:封装。该操作选项主要用来设置封装的属性,包括封装名、属性的封装库和描述。

8.2 电路板规划

对于要设计的电子产品,需要首先确定电路板的尺寸,因此首要工作是电路板的规划,也就是说电路板板边的确定,并且确定电路板的电气边界。

处理PCB布局前,必须先创建一个PCB的电气定义。一个PCB的电气定义涉及一个元件的生成和PCB的跟踪路径轮廓,PCB的布局将在这一个轮廓中进行。

注意,电路板的设计并不一定要追求最小的尺寸。虽然小尺寸的电路板可以节省开支,但是,如果电路板设置得过小,布线时有可能比较麻烦,甚至完不成布线工作,这一点在单面板设计时表现得尤为明显。

规划PCB的布局有两种方法:一是利用Altium Designer的PCB Board Wizard,

另一种方法是手动设计规划电路板和电气定义。

8.2.1　使用向导生成电路板

使用向导来创建 PCB 文件,可以选择工业标准板轮廓并创建自定义的板子尺寸。在向导的任何阶段,用户都可以使用 Back 按钮来检查或修改前页中的内容。使用 PCB 向导来创建 PCB 的操作步骤如下:

① 选择 Files→New from template→PCB Board Wizard 菜单项,则 Altium Designer Winter 09 界面弹出 PCB 设计向导欢迎界面,如图 8-28 所示。

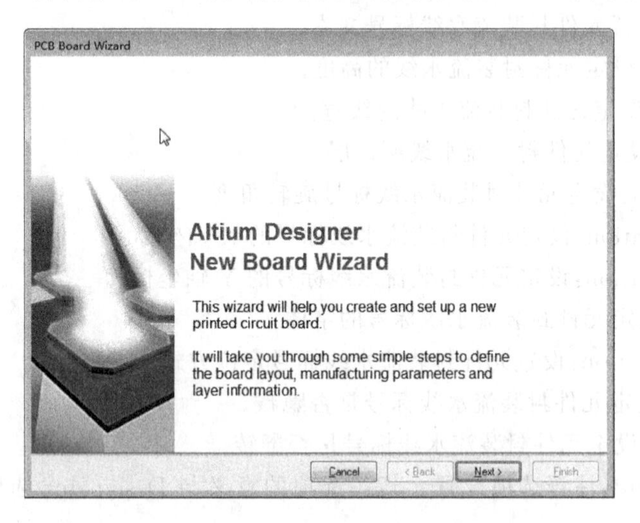

图 8-28　PCB 设计向导欢迎界面

② 单击 Next 按钮,则系统弹出如图 8-29 所示的对话框,此时可以设置度量单位为英制(Imperial)或米制(Metric)。

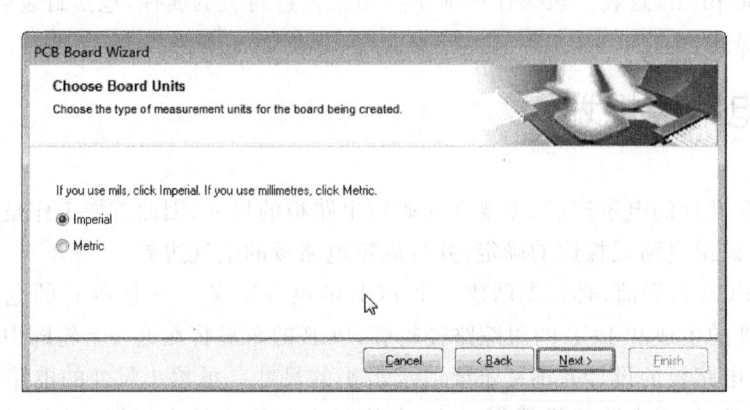

图 8-29　PCB 向导——选择度量单位

③ 单击 Next 按钮,则弹出如图 8-30 所示的对话框,此时允许用户选择要使用

的 PCB 的图样轮廓尺寸。文本将自定义 PCB 尺寸,从板轮廓列表中选择 Custom 即可,然后单击 Next 按钮。

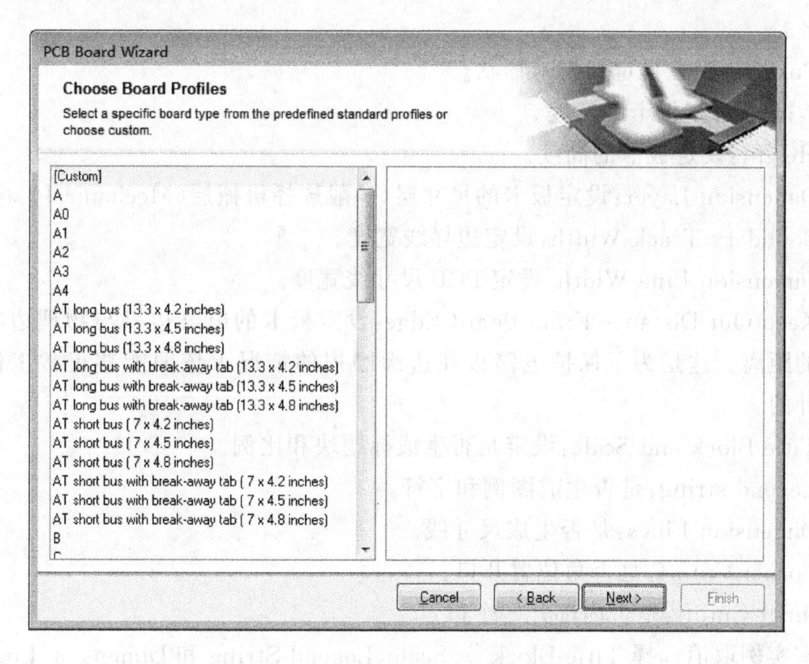

图 8-30　PCB 向导——选择板子尺寸

如果选择了 Custom,则需要自定义板卡的尺寸、边界和图形标志等参数,而选择其他选项则直接采用系统已经定义的参数,用户也可以选择标准尺寸的板卡。

④ 单击 Next 按钮,则系统弹出如图 8-31 所示的对话框,在该对话框中可以设定板卡的相关属性。

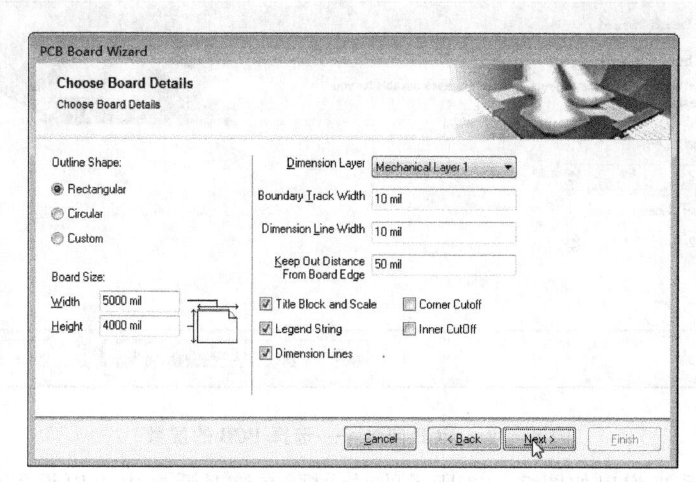

图 8-31　PCB 向导——自定义板卡的参数设置

➢ Rectangular:设定板卡为矩形(选择该项,就可以设定板卡的宽和高)。

➢ Circular:设定板卡为圆形(选择该项,则需要设定的几何参数为 Radius,即半径)。

➢ Custom:用户自定义板卡形状。

➢ Width:设定板卡的宽度。

➢ Height:设定板卡的高度。

➢ Dimension Layer:设定板卡的尺寸层,一般选择机械层(Mechanical Layer)。

➢ Boundary Track Width:设定边界线宽度。

➢ Dimension Line Width:设定 PCB 尺寸线宽度。

➢ Keep Out Distance From Board Edge:设定板卡的电气边界与物理边界之间的距离。这是为了保护电路板在边缘磨损的情况下依旧能够正常工作而设计的。

➢ Title Block and Scale:设定是否生成标题块和比例。

➢ Legend string:是否生成图例和字符。

➢ Dimension Lines:是否生成尺寸线。

➢ Corner Cutoff:是否角位置开口。

➢ Inner Cutoff:是否内部开一个口。

在本实例取消选择 Title Block & Scale、Legend String 和 Dimension LinesCorner Cutoff 以及 Inner Cutoff。然后单击 Next 按钮继续操作。

⑤ 系统此时弹出如图 8-32 所示的对话框,在该对话框中,允许用户选择 PCB 的层数,即可以选择 Signal Layer(信号层)数和 Power Planes(电源层)。本实例选择 2 层信号层和 2 内电源层,然后单击 Next 钮继续操作。

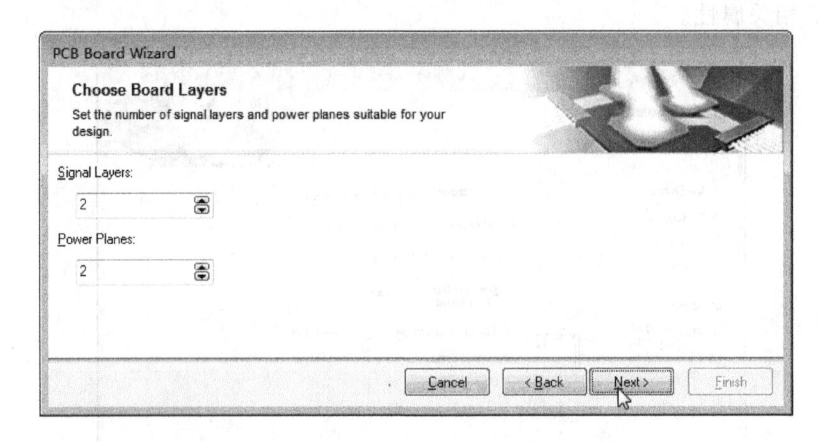

图 8-32 PCB 向导——选择 PCB 的层数

⑥ 此时系统弹出如图 8-33 所示的对话框,在该对话框中可以设置设计中使用的过孔(via)样式,可以设置为 Through hole Vias only(过孔)或者 Blind and Buried

Vias only(盲孔或埋孔)。这里选择 Through hole Vias only,然后单击 Next 按钮继续操作。

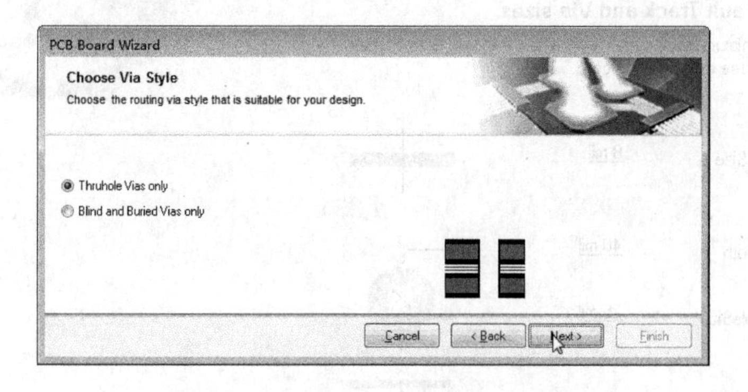

图 8-33　PCB 向导——选择过孔样式

⑦ 系统弹出如图 8-34 所示的对话框,此时可以设置将要使用的布线技术,可以选择放置 Surface-mount components(表贴文件),还是 Through-hole components(通孔式文件);如果选择了表贴元件方式,则还需要选择元件是否放置在板的两面;如果选择了通孔式元件,则要选择将相邻焊盘(Pad)间的导线数设为 One Track、Two Track 或者 Three Track。然后单击 Next 按钮继续操作。

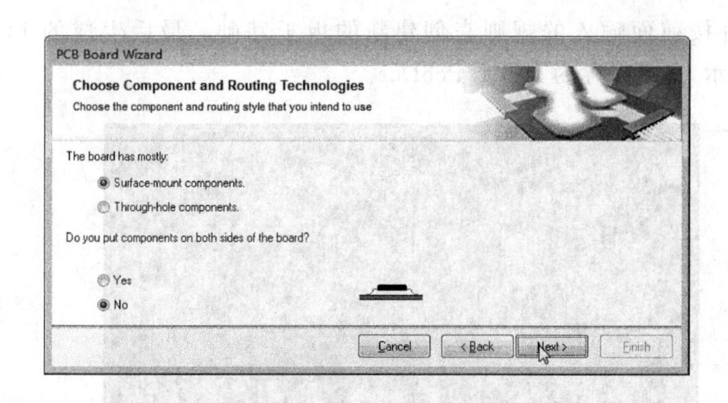

图 8-34　PCB 向导——设置将要使用的布线技术

⑧ 单击 Next 按钮,系统将弹出如图 8-35 所示的对话框,此时可以设置最小的导线尺寸、过孔尺寸和导线间的距离。

- Minimum Track Size:设置最小的导线尺寸。
- Minimum Via Width:设置最小的过孔宽度。
- Minimum Via Hole Size::设置过孔的孔尺寸。
- Minimum Clearance:设置最小的线间距。

⑨ 最后可以按 Finish 按钮完成 PCB 的生成,用户还可以将自定义的板子保存

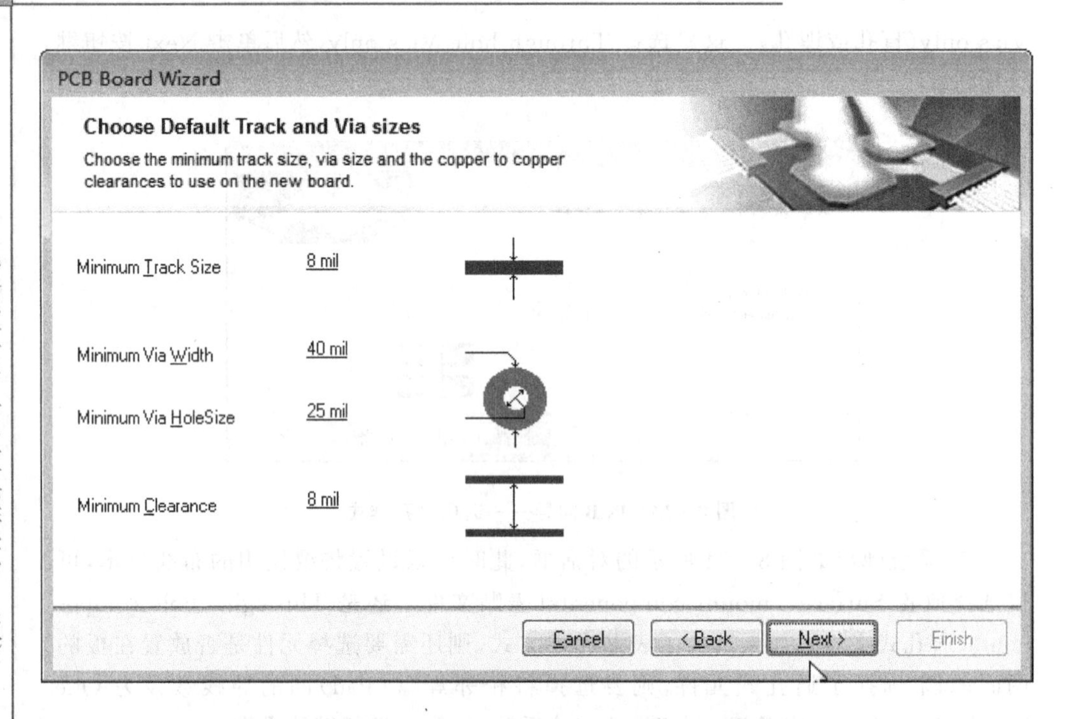

图 8-35　PCB 向导——设置最小的尺寸限制

为模板，允许按前面输入的规则来创建新的板子基础。最后生成的 PCB 轮廓如图 8-36 所示，文件保存为 PCB1. PcbDoc。

图 8-36　最后生成的 PCB

8.2.2　手动规划电路板

虽然利用向导可以生成一些标准规格的电路板,但更多的时候需要自己规划出合适的电路板。一般设计的 PCB 板有严格的尺寸要求,这就需要认真规划,准确定义电路板的物理尺寸和参数。

手动规划电路板并定义其物理边界的一般步骤如下:

(1) 新建一个空的 PCB 文档

选择 Files→New→PCB Files 菜单项,则会新建一个没有经过任何初始设置的 PCB 文件。默认的文件名为 PCB1. PcbDoc.

(2) 设置物理边界

Design→Board Shape 菜单项中的命令全部与边界设置相关,详细如下:

- Redefine Board Shape:重新定义 PCB 板外形。
- Move Board Vertices:移动 PCB 板外形顶点。
- Move Board Shape:移动 PCB 板外形。
- Define from selected objects:从选中物体定义 PCB 板外形。
- Auto - Position Sheet:自动定位图纸。

下面为前面新建的 PCB 板绘制出的外形和物理边界。将当前的工作层面设置为 Mechanidal1(第一机械层),然后选择 Board Shape→Redefine Board Shape(重新定义 PCB 板外形)菜单项,则窗口变成绿色,光标呈十字形状,系统进入了编辑 PCB 板外形的状态,如图 8 - 37 所示。

设定了板子的物理边界后如图 8 - 38 所示。

如果要调整 PCB 板的物理边界,则可以执行 Move Board Vertices(移动 PCB 板外形顶点)命令。之后,将鼠标移到板子边缘需要修改的地方单击。这时,可以把 PCB 板的这一条边界随意拉伸,如图 8 - 39 所示。到满意的位置后单击鼠标,确定新的位置,这样就完成了 PCB 板外形的调整。

图 8 - 37　编辑 PCB 板外形的状态

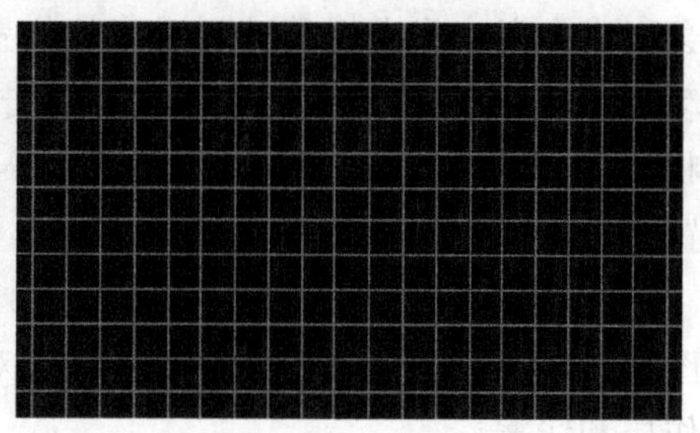

图 8 - 38　设定的 PCB 板物理边界

(3) 设置电气边界

电气边界用来限定布线和元件放置的范围,是通过在禁止布线层(Keep Out

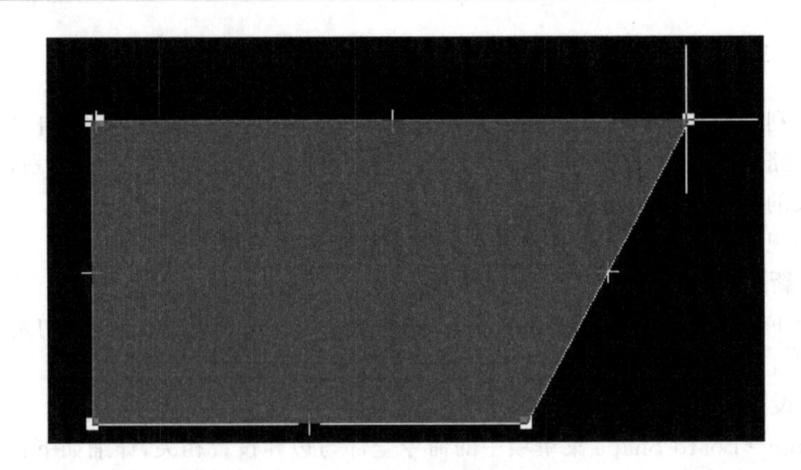

图 8-39 PCB 板外形的调整

Layer)绘制边界来实现的。所有信号层的目标对象和走线都被限制在电气边界之内。

规划电气边界的方法与规划物理边界的方法完全相同,只不过是布置在 Keep Out Layer(禁止布线层)上。选中 Keep Out Layer(禁止布线层),采用同物理边界的设定方式绘制一个矩形,矩形的每一边都要比物理边界缩进内部一些。

单击编辑区下方的 Keep Out Layer,如图 8-40 所示,即可将当前的工作层设置为 Keep Out Layer(禁止布线层),一般用于设置电路板的边界,从而将元件设置在这个范围内。

图 8-40 当前的工作层设置为 Keep OutLayer

① 选择 Place→Keepout→Track 菜单项,或单击绘图栏中的相应按钮,则光标会变成十字。将光标移动到适当的位置单击,即可确定第一条板边的起点。然后拖动鼠标,将光标移动到合适的位置单击,即可确定第一条板边的终点。用户在该命令状态下按 TAB 键,则可进入 Line Constraints 对话框,如图 8-41 所示。此时可以设置板边的线宽和层面。

如果用户已经绘制了封闭的 PCB 限制区域,则双击区域的板边,系统将弹出如图 8-42 所示的 Track 对话框。在该对话框中可以进行精确的定位,并可以设置工作层和线宽。

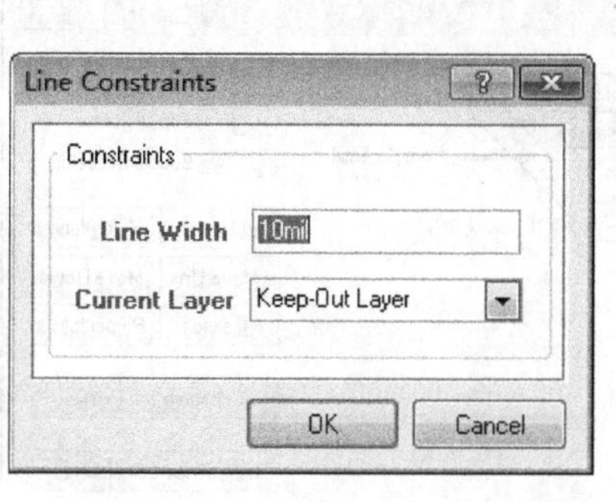

图 8-41　Line Constraints 对话框

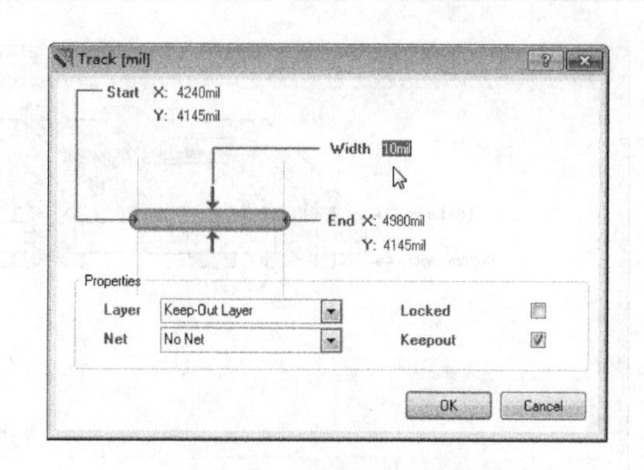

图 8-42　Track 对话框

② 用同样的方法绘制其他 3 条板边，并可以进行精确的编辑，使之首尾相连。绘制完的电路板边框如图 8-43 所示。

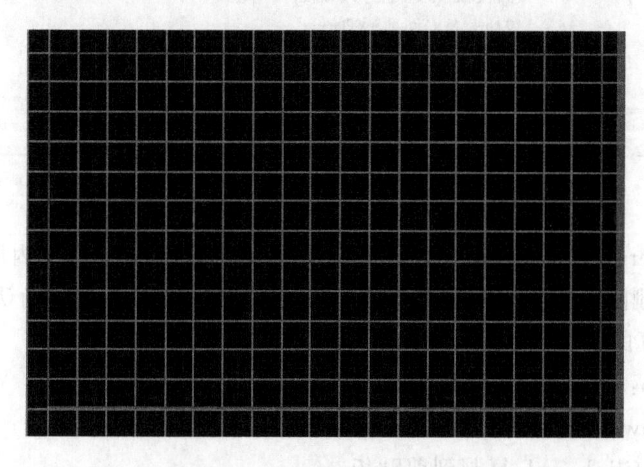

图 8-43　设置完电路板的板边

③ 右击鼠标，退出该命令状态。

(4) 设置板层结构

为了设置 PCB 板的板层结构，要选择 Design→Layer Stack Manager 菜单项，则弹出如图 8-44 所示的 Layer Stack Manager 对话框，即板层堆栈管理器。其中可以选择 PCB 板的工作层面，设定板层的结构和叠放方式。下面介绍板层堆栈管理器的各部分功能。

图 8-44 左下角的 Menu 按钮中的命令与对话框右上角的按钮相互对应。Menu 中有 8 个命令，如下：

- Example Layer Stacks：板层堆栈模板，为用户提供了多种具有不同结构的电路板模板。
- Add Signal Layer：添加信号层。在当前选择的位置添加信号层。

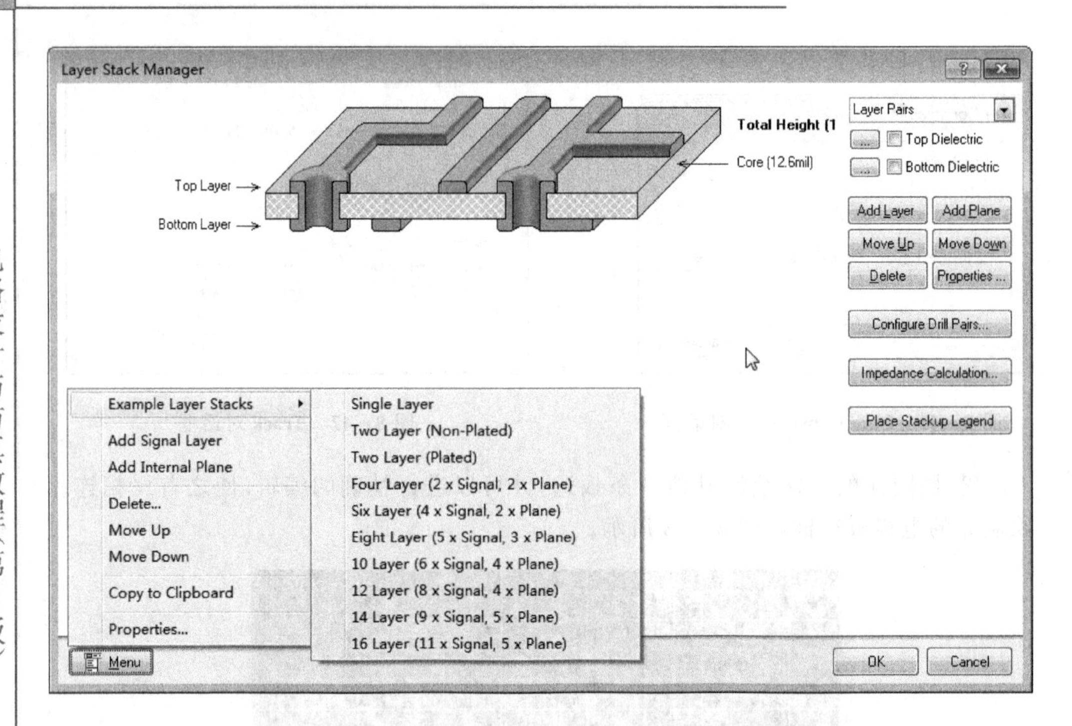

图 8-44　Layer Stack Manager 对话框

- Add Internal Plane:添加信内部层。在当前选择的位置添加内层。
- Delete:删除。选中要删除的板层,单击此按钮,则弹出删除确认对话框,询问是否要真的删除当前板层。
- Move up:将当前选中板层上移。
- Move down:将当前选中板层下移。
- Copy to Clipboard:复制到剪贴板。
- Properties:属性参数设置。选中某一板层后,单击该选项可以弹出 Dielectric Properties(绝缘层参数设置)对话框,如图 8-45 所示。在该对话框中,可以设置 Material(材料)、Thickness(厚度)和 Dielectric constant(绝缘常数)。

在板层堆栈管理器中,还可以通过 Top Dielectric 和 Bottom Dielectric 来设定是否为顶层和底层添加绝缘层,只需要选中这两个选项即可。这个复选框的左端的 [...] 按钮可以设定顶层绝缘层和底层绝缘层的属性参数。其具体的选项与图 8-45 所示的绝缘层参数设置对话框相同。

Configure Drill Pairs:钻孔设置。可以设置板层的钻孔属性。单击此按钮,则弹出钻孔管理对话框,如图 8-46 所示。在这个对话框中可以自由添加和编辑各种钻孔。比如单击 Add 按钮,则弹出钻孔属性对话框,如图 8-47 所示。在这个对话框中,通过指定钻孔的起始层和终结板层,可以建立一个新的钻孔形式。也可以通过 Create Pairs From Layer Stack(从板层堆栈生成钻孔)和 Create Pairs From Used

Vias(从过孔来生成钻孔)来生成新的钻孔形式。

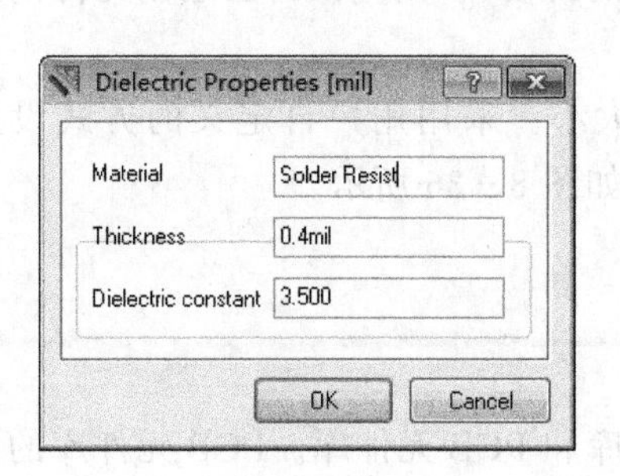

图 8-45 绝缘层参数设置对话框

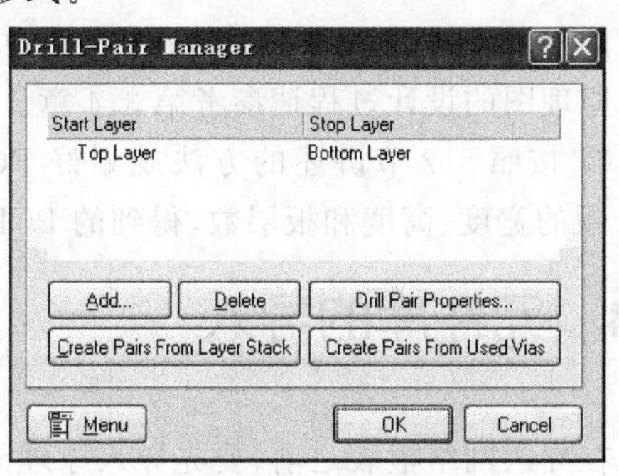

图 8-46 钻孔管理对话框

Impedance Caculation 选项：阻抗计算。执行命令，可以弹出 Impedance Formula Editor(阻抗公式计算)对话框，如图 8-48 所示。在这个对话框中，可以根据导线宽度、导线高度和导线距电源层的距离来计算阻抗。可以利用 Protel DXP 2004 自带的阻抗公式来计算，也可以自己输入公式计算。

图 8-47 钻孔属性对话框

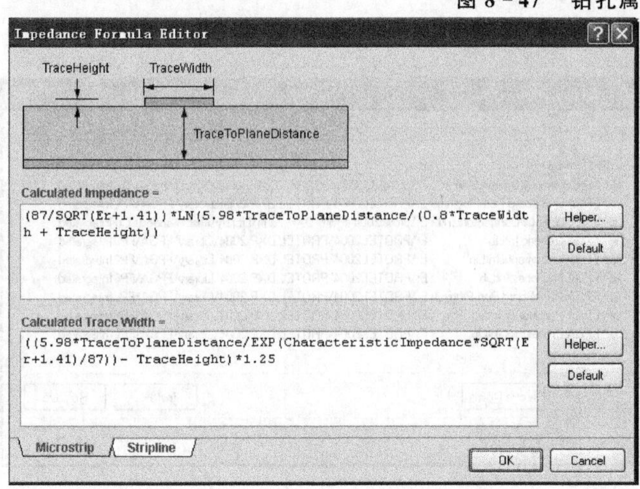

图 8-48 阻抗公式计算对话框

8.3 准备原理图和印制电路板

要制作印制电路板，需要有原理图，并且原理图的元件必须具有封装定义，这是制作 PCB 的前提。步骤如下：

① 在原理图编辑器中设计原理图,并且确保所有元件均具有有效的封装定义。元件的封装必须是 Altium Designer 系统中具有的封装,否则应该自己绘制元件的封装。原理图的设计过程请参考第 3、4 章。

② 按照 8.2 节讲述的方法规划好 PCB 的大小。采用用户自定义的方式设置 PCB 板的宽度、高度和板层数,得到的 PCB 规划如图 8-36 所示。

8.4　元件库的导入

在导入网络报表之前,要先导入原理图元件库和 PCB 元件库。PCB 元件库的装入和原理图元件库的装入方法相同。注意,要装入网表中涉及封装的所有封装库,如果没有加载全,那么加载网络报表时会出错;如果加载封装库过多,则会消耗系统过多的内存。

8.4.1　装入元件库

根据设计的需要,装入设计 PCB 需要使用的几个元件库,步骤如下:

① 选择 Design→Add/Remove Library 菜单项,或单击控制面板上的 Libraries 打开元件库浏览器,再单击 Libraries 按钮即可。

② 执行该命令后,系统弹出 Available Libraries(可用元件库)对话框,如图 8-49所示。在该对话框中可以看到有 3 个选项卡:

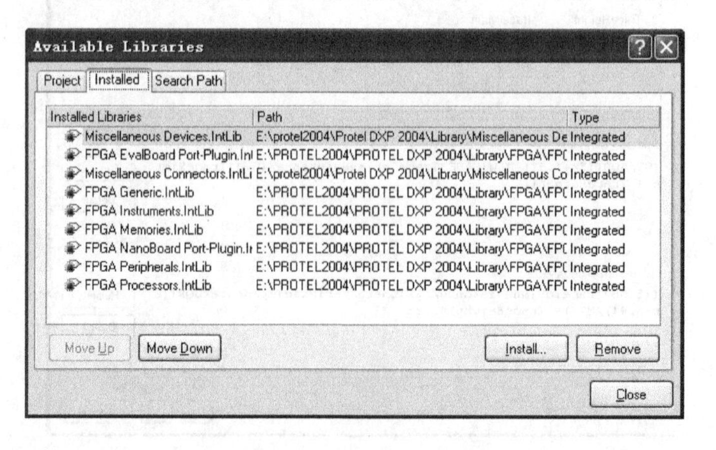

图 8-49　"可用元件库"对话框

➢ Project 选项卡:显示当前项目的 PCB 元件库。在该选项卡中单击 Add Library 按钮,即可向当前项目添加元件库。

➢ Installed 选项卡:显示已经安装的 PCB 元件库。一般情况下,如果要装载外部的元件库,则在该选项卡中实现。在该选项卡中单击 Install 按钮,即可装载元件库到当前项目。

➤ Search Path 选项卡：显示搜索的路径，即如果在当前安装的元件库中没有需要的元件封装，则可以按照搜索的路径进行搜索。

在弹出的打开文件对话框找出原理图中的所有元件对应的元件封装库。选中这些库并打开，即可添加这些元件库。用户可以选择一些自己设计所需的元件库。

③ 添加完所有需要的元件封装库，然后单击 OK 按钮完成该操作，程序即可将选中的元件库装入。

8.4.2　浏览元件库

当装入元件库后，可以对装入的元件库进行浏览，查看是否满足设计要求。因为 Altium Designer 为用户提供了大量的 PCB 元件库，所以进行电路板设计制作时，也需要浏览元件库，选择自己需要的元件。浏览元件库的具体操作方法如下：

① 选择 Design→Browse Library 菜单项，则系统弹出“浏览元件库”对话框，如图 8-50 所示。

② 在该对话框中可以查看元件的类别和形状等。

➤ 在图 8-50 中单击 Libraries 按钮，则可以进行元件库的装载操作。

➤ 单击 Search 按钮，则系统弹出“搜索元件库”对话框，如图 8-51 所示，此时可以进行元件的搜索操作。

➤ 单击 Place 按钮可以将选中的元件封装放置到电路板。

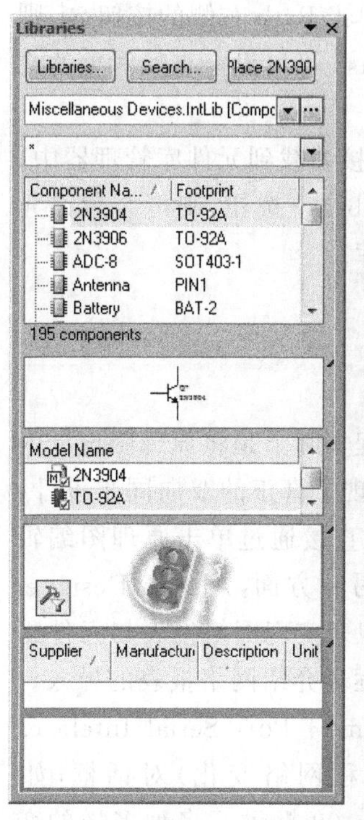

图 8-50　“浏览元件库”对话框

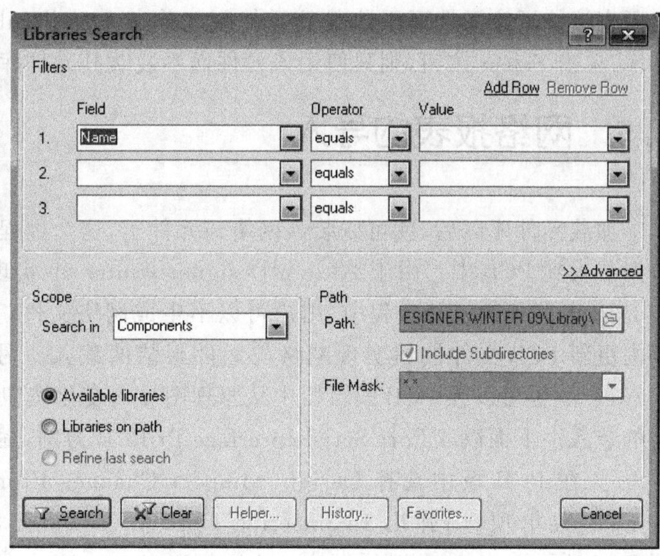

图 8-51　“搜索元件库”对话框

➤ Filters 操作框。该区域用于输入要查询的内容。

➤ Scope 操作框。选择查找类型,在其下拉列表框中可以选择 4 种类型:Components、Footprint、3D Models、Database Components。同时可以选择要搜索的范围。Available Libraries 选项用于在已安装的元件库中搜索,Libraries on path 选项用于在指定的路径下搜索,Refine Last Search 选项用于在当前搜索结果中做进一步搜索。

8.4.3 搜索元件库

在图 8-50 中单击 Search 按钮,则系统弹出"搜索元件库"对话框,如图 8-51 所示。在该对话框中,可以设定查找对象以及查找范围,可以查找的对象为包含在.lib 文件中的元件封装。该对话框的操作方法如下:

➤ Field 栏。在此输入需要查找的对象名称。

➤ Operator 栏。在右边的窗口选择原理图元件 components、footprints 或 3D Models。

➤ Scope 栏用来设置查找的范围。当选中 Available Libraries 时,则在已经装载的元件库中查找;当选中 Libraries on path 时,则在指定的目录中进行查找。

➤ Path 栏,用来设定查找的对象的路径。该栏的设置只有在选中 Libraries on path 时才有效。Path 文本框设置查找的目录,选中 Include Subdirectories,则对包含在指定目录中的子目录进行搜索。如果单击 Path 右侧的按钮,则系统弹出浏览文件夹,可以设置搜索路径。File Mask 可以设定查找对象的文件匹配域,"*"表示匹配任何字符串。

查找到需要的元件后,可以将该元件所在的元件库直接装载到元件库管理器中,也可直接使用该元件而不装载其元件库。单击 Install Library 按钮,则可装载该元件库;单击 Select 按钮,则只使用该元件而不装载其元件库。

8.5 网络报表的导入

加载元件库以后,就可以装入网络与元件了,这个过程实际上是将原理图设计的数据装入到 PCB 中。由于 Altium Designer winter 09 实现了真正的双向同步设计,在 PCB 电路板的设计过程中,用户可以不生成网络文件,直接通过单击原理图编辑器内更新 PCB 文件按钮实现网络与元件封装的载入。另一方面,Altium Designer Winter 09 也可以在 PCB 编辑器中从原理图导入变化按钮来实现网络报表与元件封装的装入。下面以 4 Port Serisl Interface PrjPCB 为例,逐步介绍网络报表的导入。

① 在 PCB 板中选择 Design→Import Changes From[4 Port Serial Inteface. PrjPCB]菜单项,则弹出 Engineering Change Order(工程网络变化)对话框,如图 8-52所示。在这个对话框中,Altium Designer Winter 09 提供了多种多样的变

更信息，包括此次操作引起的 Action(动作)、Affected Object(被影响到的元件)和 Affected Document(影响到的文件)。

② 单击 Validate Changes 按钮，则在状态栏中 Check 列下面会出现一列✔，表明装入的元件全部正确，如图 8-53 所示。如果出现了错误的标志，那么可以根据错误的元件回到原理图中修改。当所有的元件都正确之后，就可以进行下一步。

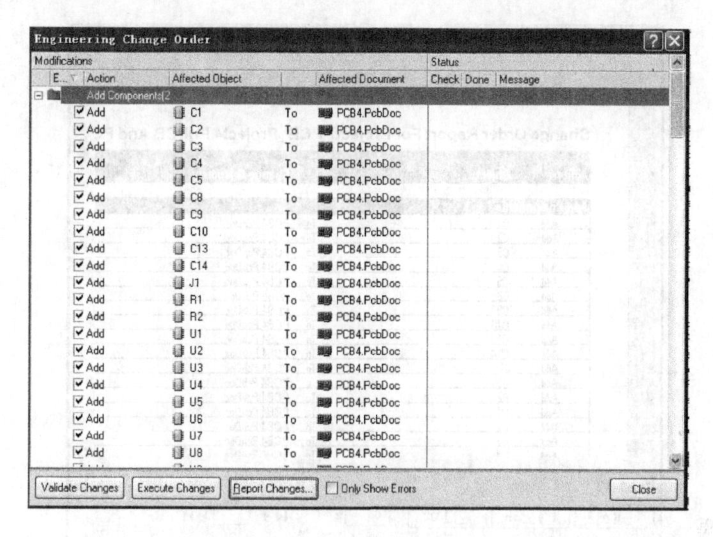

图 8-52 工程网络变化对话框

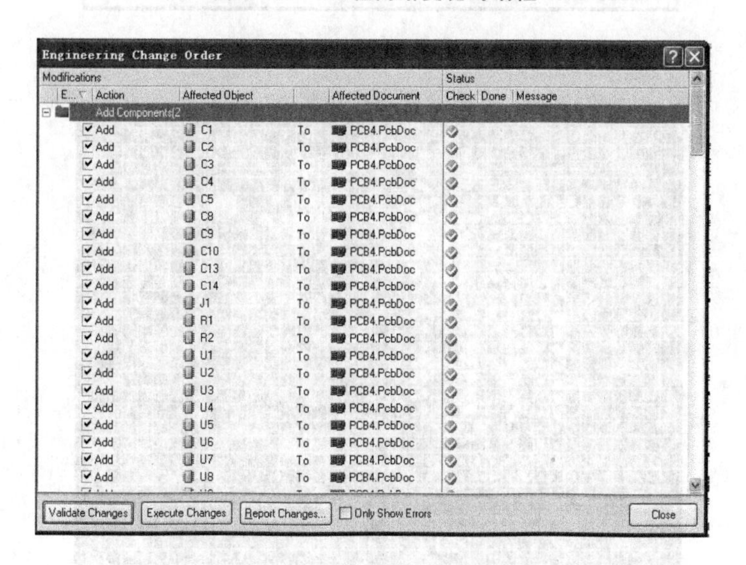

图 8-53 元件全部正确的工程网络变化对话框

如果想查看完整的资料，则可以单击 Report Changes 按钮，于是弹出一个报告预览对话框，如图 8-54 所示。这个对话框包含本次更新的文件、网络和元件类型等的详细资料。可以选择是把这份报告打印(Print)下来还是输出(Export)到另一个文件,以供它用。

如果用户已经确认所有的元件和封装都正确,则可以在设计工程网络变化对话框中单击 Execute Changes 按钮,将网络和元件封装载到 PCB 文件中,并单击 Close 按钮关闭该对话框。相应的元件就导入到 PCB 文件中,如图 8-55 所示。这样就导入了网络报表,将所有元件的封装和电气连接导入到了 PCB 文件中。

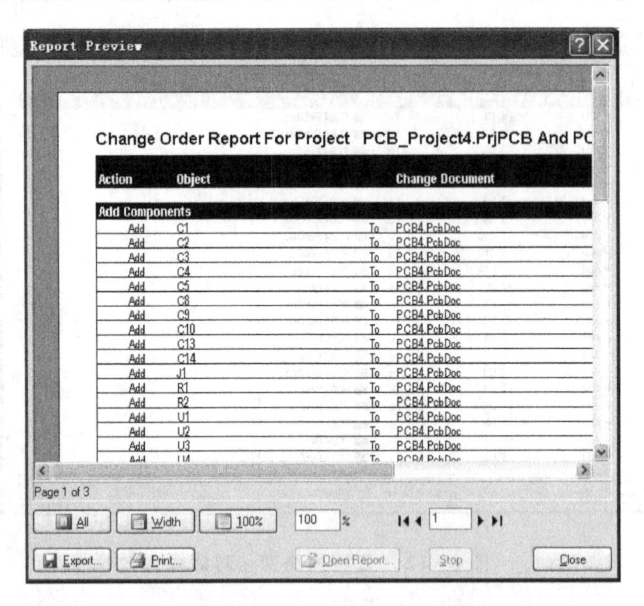

图 8-54 报告预览对话框

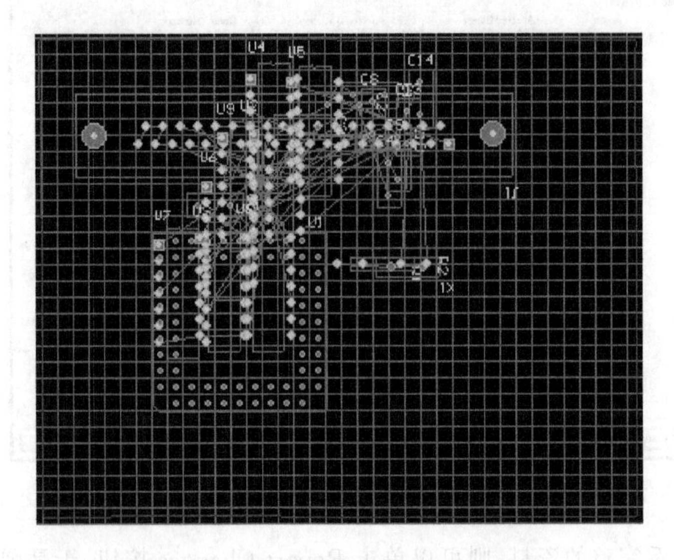

图 8-55 导入网络报表后的 PCB 板图

8.6 元件布局

导入网表和元件后，需要将元件在板框上进行布局。可以说，布局的好坏决定着布线的布通率，在很大程度上决定着板子的好坏，诸如电路板的抗干扰能力、系统稳定性等，好的布局设置可以做到自动布线达到100%的布通率。本节主要介绍元件布局的方法步骤。元件布局的原则参见7.5.1小节。

元件布局分为手工预布局、自动布局、手工调整布局3步。一般情况下都需要综合考虑这3步，下面将分别介绍。

8.6.1 手工预布局

进行电路板设计时，有时候需要把一些器件放置在特定的位置。例如，接口器件一般放在电路板的边缘，在对器件进行自动布局前，要首先对这些器件进行布局。

图8-55是导入网络报表但没有进行元件布局时的情况。首先需要把元件J1(接口)放置到电路板的边缘。单击器件J1，并且按住鼠标左键不放，拖动鼠标到电路板边缘，按下空格键，调整器件J1的放置方向。调整完毕松开鼠标左键即完成J1的放置。

提示：也可以选择Edit→Move→move菜单项，许多操作和在原理图编辑环境下是完全相同的。

调整完J1后，还要调整电路板的规划，只须选中Keep_OutLayer层，然后单击要调整的边线进行调整即可。调整好的图形如图8-56所示。

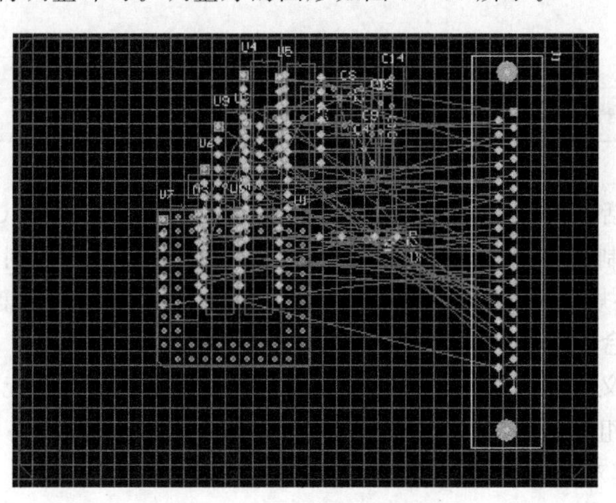

图8-56 调整后的电路板

调整后，还需要对器件的位置进行锁定，否则，当执行自动布局时会发现原来布置好的元件被Altium Designer Winter 09重新布置在别的位置。锁定位置是在器件对话框里进行的,双击器件 J1,则弹出元件 J1 的属性对话框,选中 Locked 复选框即可,这样再进行自动布局时元件将不会移动,就可以进行自动布局了。

8.6.2 自动布局

自动布局之前要先设置自动布局的相关参数,然后再自动布局。

1. 自动布局的参数设置

在自动布局前需要进行一些准备工作,这些工作都在 Design Rules 对话框中的 Placement(元件布置规则)选项中进行,如图 8-57 所示,选择 Design Rules 菜单项可打开该对话框。

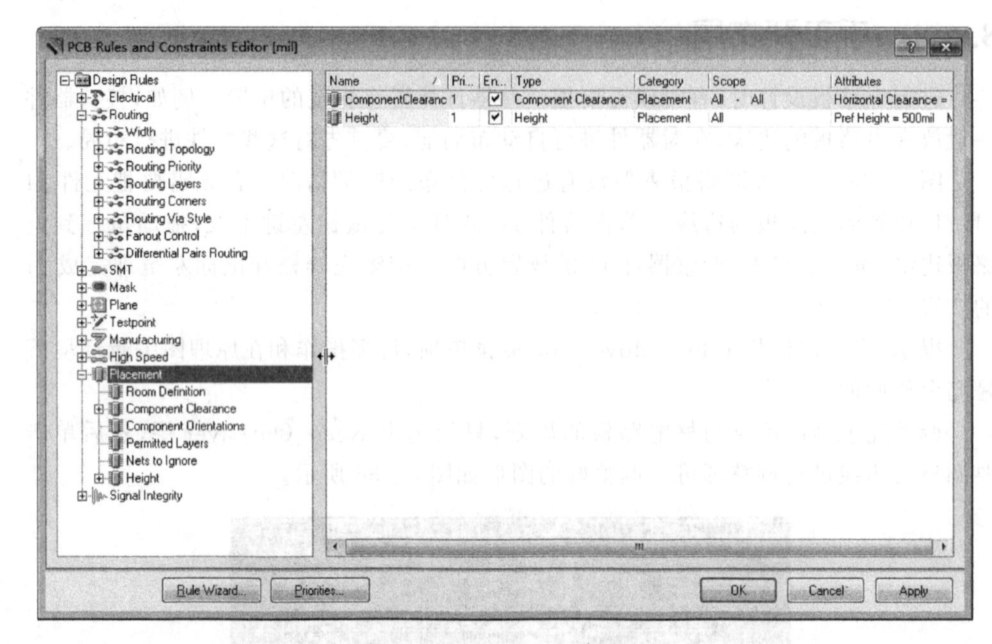

图 8-57 Placement 选项卡

该选项共包括 6 种规则:Room Definition(元件集合定义规则)、Component Clearance(元件间距限制规则)、Component Orientations(元件布置方向规则)、Permitted Layers(元件布置板层规则)、Nets To Ignore(网络忽略规则)和 Hight(高度规则)。

(1) 元件集合定义规则

元件集合定义规则用于定义元件集合的尺寸及所在的板层。元件集合是实现某种电路所有元件组成的,其功能类似于块。使用元件集合进行电路板设计可以大大提高工作效率,其对话框如图 8-58 所示。

Constraints 栏中,有许多选项需要设置:

- Room Locked 复选项:用于设置是否锁定元件集合。选中此复选项则锁定元件集合。
- Define 按钮:用于设置元件集合的大小。单击该按钮后光标变成十字形,此时可以用鼠标拉出矩形区域来确定元件集合。

➢ X1 栏:元件集合矩形区域的第一个对角点的横坐标。
➢ Y1 栏:元件集合矩形区域的第一个对角点的纵坐标。
➢ X2 栏:元件集合矩形区域的第二个对角点的横坐标。
➢ Y2 栏:元件集合矩形区域的第二个对角点的纵坐标。
➢ Top layer 下拉列表框:用于设置元件集合所在的板层,共两个选项,顶层(Top layer)和底层(Bottom layer)。
➢ Keep Objects Inside 下拉列表框:用于设置元件放置的位置,共两个选项,Keep Objects Inside(位于元件集合内)和 Keep Objects Outside(位于元件集合外)。一旦元件放置在元件集合中,这些元件将随着元件集合一起移动。

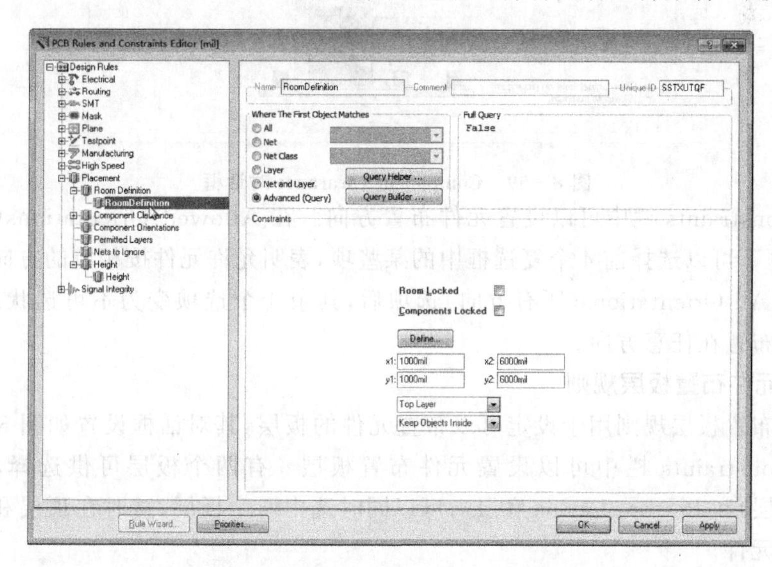

图 8-58　Room Definition 对话框

(2) 元件间距限制规则

元件间距限制规则用于设定元件之间的最小间距,对话框如图 8-59 所示。在 Constraints 栏中,

➢ Vertical Clearance Mode 区域:可以选择是否设置垂直方向的安全间距。选中 Infinite 时,对垂直安全间距无限制;选中 Specified 时,指定垂直方向的安全间距。
➢ Minimum Horizontal Clearance:水平安全间距最小值,默认为 10 mil。
➢ Minimum Vertical Clearance:垂直安全间距最小值,默认为 10 mil。
➢ Show actual violation distances:显示实际的冲突间距。

(3) 元件布置方向规则

元件布置方向规则用于设定元件放置方向。其对话框设置如图 8-60 所示。

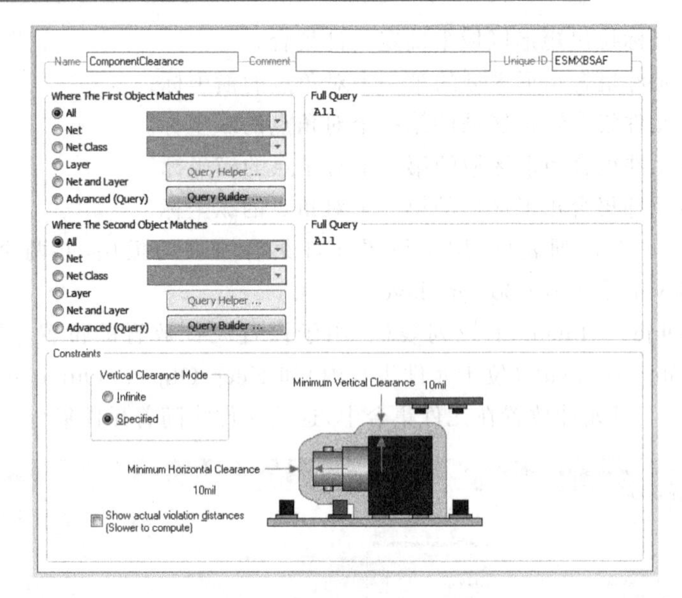

图 8-59　Component Clearance 对话框

在 Constraints 栏中可以设置元件布置方向。在 Allowed Orientations(允许方向)复选框下可以选择前 4 个复选框中的某些项,表明允许元件按相应的方向进行布置。选择 All Orientations(所有方向)选项后,其余 4 个选项变为不可选状态,这时元件可以布置在任意方向。

(4) 元件布置板层规则

元件布置板层规则用于设定可以布置元件的板层,其对话框设置如图 8-61 所示。在 Constraints 栏中可以设置元件布置板层。有两个板层可供选择,即 Top Layer(顶层)和 Bottom Layer(底层),可以同时选中两个板层,这时在顶层和底层均允许放置元件。

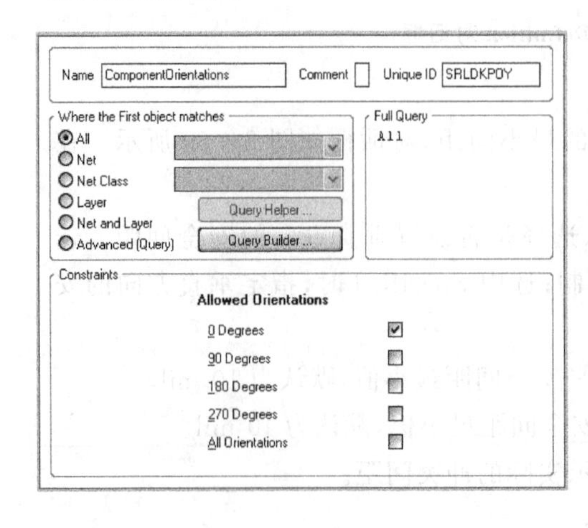

图 8-60　Component Orientations 对话框

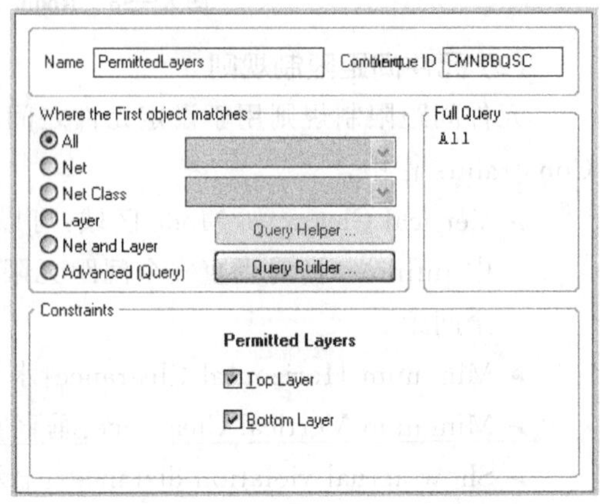

图 8-61　Permitted Layers 对话框

(5) 网络忽略规则

该规则用于设定自动布局时哪些网络可以忽略,其对话框设置如图 8-62 所示。这个规则的 Constraints 栏中没有任何设置选项,所有的设置都在图 8-62 所示的网络选项中设定。想要忽略某个网络就可以选中那个网络。

(6) 高度规则

高度规则用于设定电路板上焊接元件的封装高度,其对话框设置如图 8-63 所示。Constraints 栏中有元件封装的模型。所要设置的就是模型右面的元件封装高度范围:

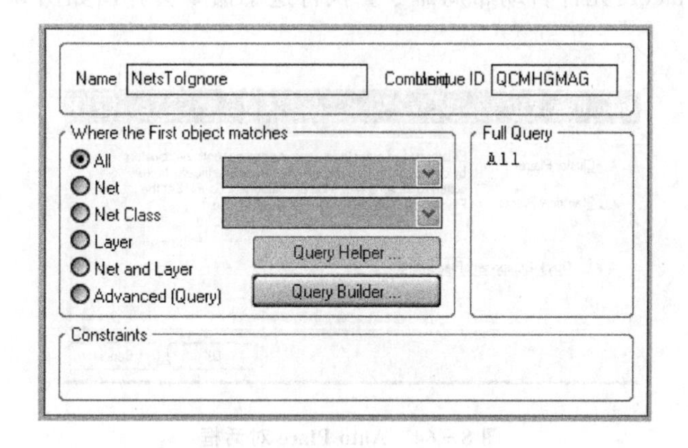

图 8-62 Nets Toignore 对话框

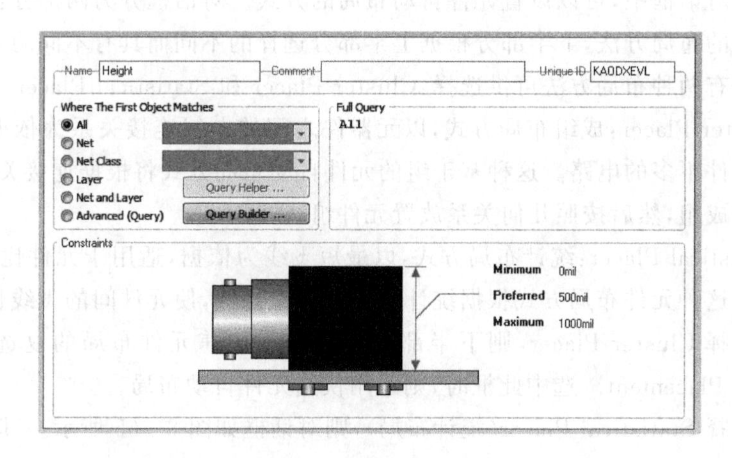

图 8-63 Hight 对话框

- Minimum(最小值):设定元件封装高度最小值。
- Preferred(建议值):设定元件封装高度建议值。
- Maximum(最大值):设定元件封装高度最大值。

2. 自动布局

自动布局的命令全部集中在 Tools→Component Placement 菜单项中，这些菜单项包括 Auto Placer(元件自动布局)、Stop Auto placer(停止元件自动布局)、Shove(推挤元件)、Set Shove Depth(设置推挤的深度)、Place From File(从文件中放置元件)、Arrang Within Room(按照 Room 排列)、Arrang Within Rectangle(在矩形区域排列)、Arrange Outside Board(排列板子外的器件)和 Reposition Selected Components(重新定位选择的器件)等。

① Auto Placer：元件自动布局命令。执行这个命令会弹出如图 8-64 所示的对话框。

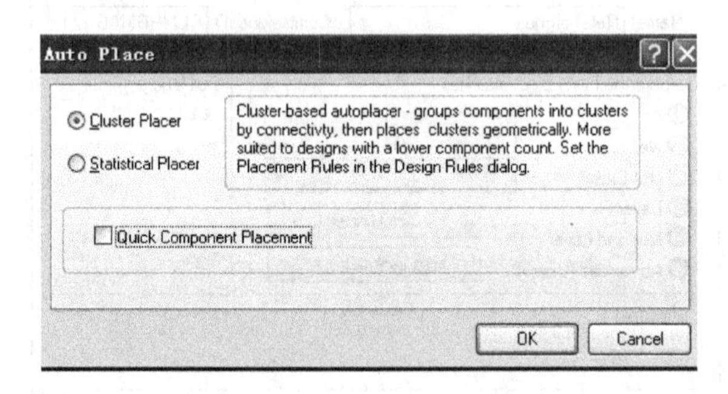

图 8-64　Auto Place 对话框

在这个对话框中，可以设置元件自动布局的方式。对话框分为两部分：上半部分是选择元件的布局方法，下半部分根据上半部分选择的不同而具有不同的界面。

上部分有两种布局方法可供选择：Cluster Placer 和 Statistical Placer。

- Cluster Placer：成组布局方式，以元器件之间的电气连接关系为依据，比较适合元件不多的电路。这种基于组的元件自动布局方式将根据连接关系将元件划分成组，然后按照几何关系放置元件组。
- Statistical Placer：统计布局方式，以最短飞线为依据，适用于元件比较多的场合。这种元件布局方式根据统计计算来放置元件，使元件间的飞线长度最短。

如果选择 Cluster Placer，则下半部分中有一个快速元件布局的复选框 Quick Component Placement。选中此框时，则采用快速元件自动布局。

如果选择 Statistical Placer(统计布局)，则对话框如图 8-65 所示。其各个选项的功能如下：

- Ground Components：将当前 PCB 中网络连接紧密的元件归为一组，排列时该组元件将作为一个整体进行布局。
- Rotate Components：自动布局时，允许根据当前网络连接的需要使元件旋转方向。
- Automatic PCB Update：允许 PCB 自动由原理图变动进行升级。

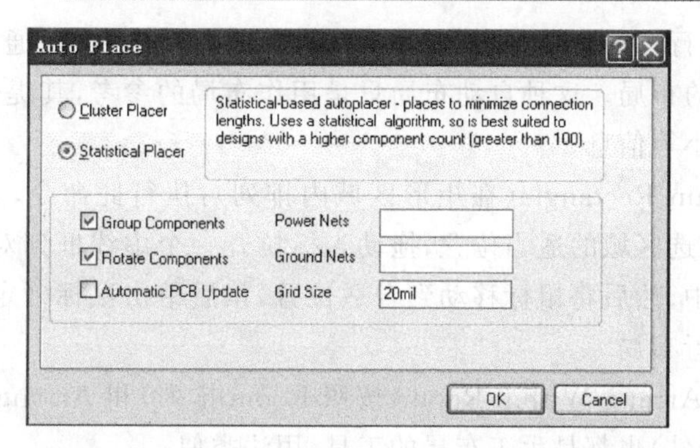

图 8-65 选择 Statistical Placer 的 Auto Place 对话框

➢ Power Nets:电源网络名称。

➢ Ground Nets:接地网络名称。

➢ Grid Size:设置元件自动布局时格点间距的大小。

② Stop Auto placer:停止元件自动布局命令。

③ Shove:推挤元件。执行这个命令,光标会变成十字形状,利用这个光标选取需要推挤的元件。如果这个元件与周围元件之间的距离小于允许距离,则会将周围元件向外推挤,直至满足允许距离的条件。如果这个元件与周围元件之间的距离大于允许距离,则不会发生任何元件的推挤。

④ Set Shove Depth:该命令用于设置推挤的深度。执行此命令后,会弹出推挤深度对话框,如图 8-66 所示。如果在文本框中填入推挤深度 5。则在执行推挤命令中时,Protel DXP 2004 将连续向四周推挤 5 次。

⑤ Place From File:从文件中放置元件。

图 8-67 为对图 8-56 进行 Quick Component Placement 元件自动布局后的效果图。可以看到,自动布局的结果只是把元件散开排列,要想达到实用效果,还需要手工调整。

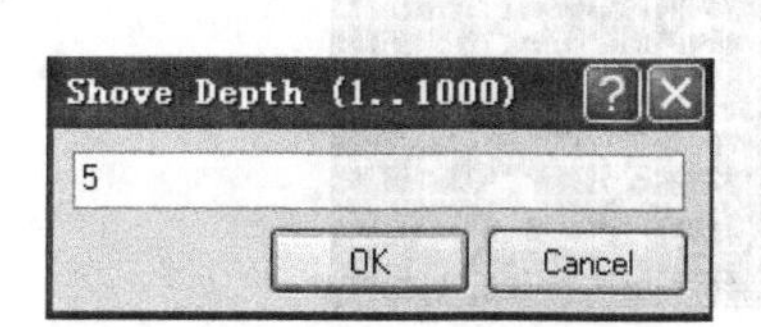

图 8-66 推挤深度对话框

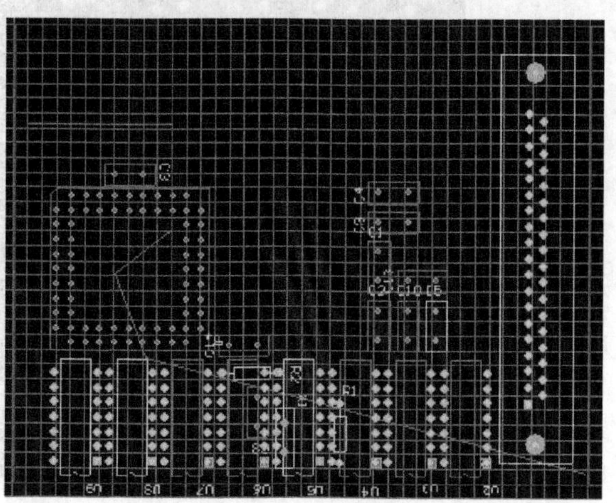

图 8-67 自动布局后 PCB 板图

提示:每次执行自动布局,布出的 PCB 板图不可能完全相同,通过设置合适的参数可以实现适当的布局。这种自动布局只是用作布局的参考,其提供了布置这些元件需要的板图大小等信息。

Arrang Within Rectangle(在矩形区域内排列):执行此命令,光标变成十字形时,移动光标到待选区域的适当位置,拖动光标拉开一个虚线框到对角,使待选元器件处于该虚线框中,然后将鼠标移动到合适位置,最后单击鼠标确定,即对划定的矩形框内元器件进行布局。

该菜单中的 Arrang Within Room(按照 Room 排列)和 Arrange Outside Board(排列板子外的器件)也都是手工布局的工具,用法类似。

Reposition Selected Components(重新定位选择的器件):支持原理图与 PCB 编辑器交叉选择元器件。首先在原理图编辑器中选择要布局的元器件,然后切换到 PCB 编辑器中,执行此命令,对选中的每个元器件按照在原理图选中的顺序重新布局。也可以直接在 PCB 编辑器中依次选中要布局的元器件,再执行此命令,对选中的元器件进行依次布局。

8.6.3 手工调整布局

自动布局的板图显然是不能直接用的,有的元件甚至布到了板子的外边,所以需要对元件布局进行调整。元件的手工调整要考虑多方面的问题,如是否有电磁干扰、整体布局是否美观等。在 PCB 板中对元件进行选择、移动、删除、复制、剪切和粘贴的方法与在原理图中一样,参看 3.7.2 小节。

调整元件布局完毕后的电子元件布局如图 8-68 所示。对布局的调整还要注意使元件对齐或均匀排列,这样设计出来的电路板才能比较美观。

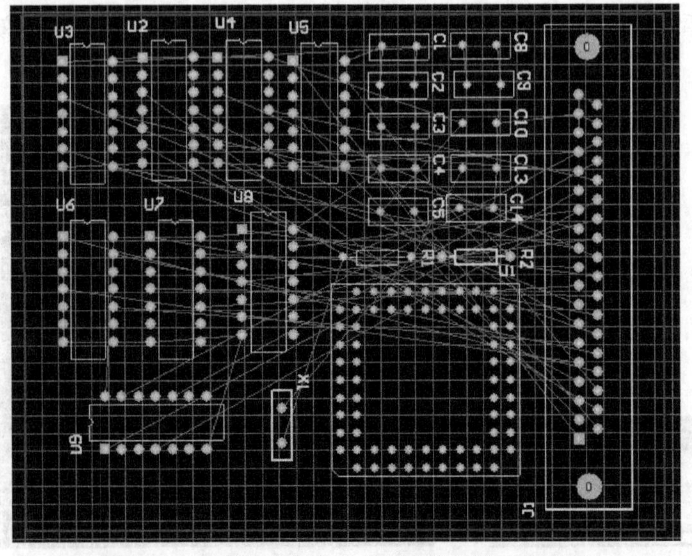

图 8-68 调整元件布局完毕后的电子元件布局

一般元件的布局都采用手动布局的方式，因为手动布局不但可以根据实际情况布局，而且还可以很好地利用布局规则布局，所以手动布局布出来的板子效果要比自动布局好得多。

8.7 PCB板布线

布局完毕就要进行布线了。在整个PCB设计中，布线的设计过程限定最高，技巧最细，工作量最大，也是最能体现设计水平的部分。布线并不是随意布线，而是在一些原则的指导下，并依据经验来进行的。布线设计规则设定的是否合理将直接影响布线的质量和成功率。布线遵循的原则参见7.5.2小节。设置完布线规则及其参数后，程序将依据这些设计规则和布线参数，按一定的算法自动在元件之间连线。

8.7.1 布线的基本知识

1. 工作层

- 信号层（Signal Layer）：对于双面板而言，信号层必须要求有两个，即顶层（Top Layer）和底层（Bottom Layer），这两个工作层必须设置为打开状态。
- 丝印层（Silkscreen Layer）：对于双面板而言，只须打开顶层丝印层。
- 其他层面（Others）：根据实际需要，还需要打开禁止布线层（Keep Out Layer）和多层（Multi - Layer），它们主要用于放置电路板板边和文字标注等。

2. 布线规则

- 安全间距允许值（Clearance Constrant）。在布线之前，需要定义同一个层面上两个元件之间允许的最小间距，即安全间距，可以设置为10 mil。
- 布线拐角模式。根据电路板的需要，将PCB上的布线拐角模式设置为45°角模式。
- 布线层的确定。对双面板而言，一般将顶层布线设置为沿垂直方向，将底层布设置为沿水平方向。
- 布线优先级（Routing Priority）。在这里布线优先级设置为2。
- 布线原则（Routing Topology）。一般说来，确定一条网络的走线方式是以布线的总线长最短作为设计原则。
- 过孔的类型（Routing Via Style）。对于过孔类型，应该与电源/接地线以及信号线区别对待。这里设置为通孔（Through Hole）。对电源/接地线的过孔，要求的过孔参数为：孔径（Hole Size）为20 mil，宽度（Width）为50 mil。一般信号类型的过孔则为孔径20 mil，宽度40 mil。
- 对走线宽度的要求。根据电路的抗干扰性和实际的电流大小，将电源线和接地线宽度确定为20 mil，其他的走线宽度为10 mil。

3. 工作层的设置

布线前还应该设置工作层，以便布线时可以合理安排线路的布局。工作层的设置步骤如下：

① 选择 Design→Board Layers&Colors 菜单项，则系统弹出“设置板层和颜色”对话框，关闭不需要的机械层，并关闭内部平面层，如图 8-69 所示。

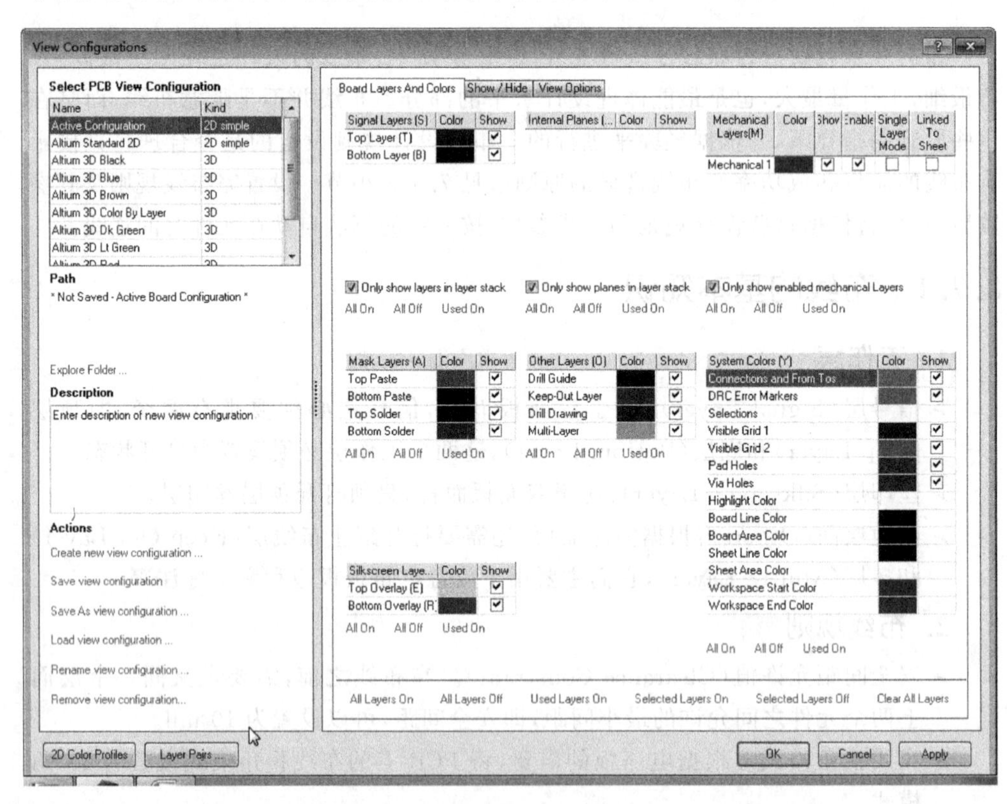

图 8-69 Board Layers&Colors 对话框

② 在对话框中设置工作层，双面板需要选中 Top Layer 和 Bottom Layer 复选框，其他选系统默认值即可。

8.7.2 布线设计规则的设置

1. 设计规则的参数设置对话框

Altium Designer 提供了自动布线的功能，可以进行自动布线或手动交互布线。布线之前，必须先设置参数，过程如下：

① 选择 Design→Rules 菜单项，则系统弹出如图 8-70 所示的对话框。

② 在图 8-70 中可以设置布线和其他参数：

➢ 布线规则一般都集中在布线(Routing)类型中，包括走线宽度(Width)、布线

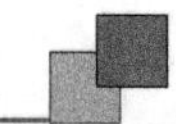

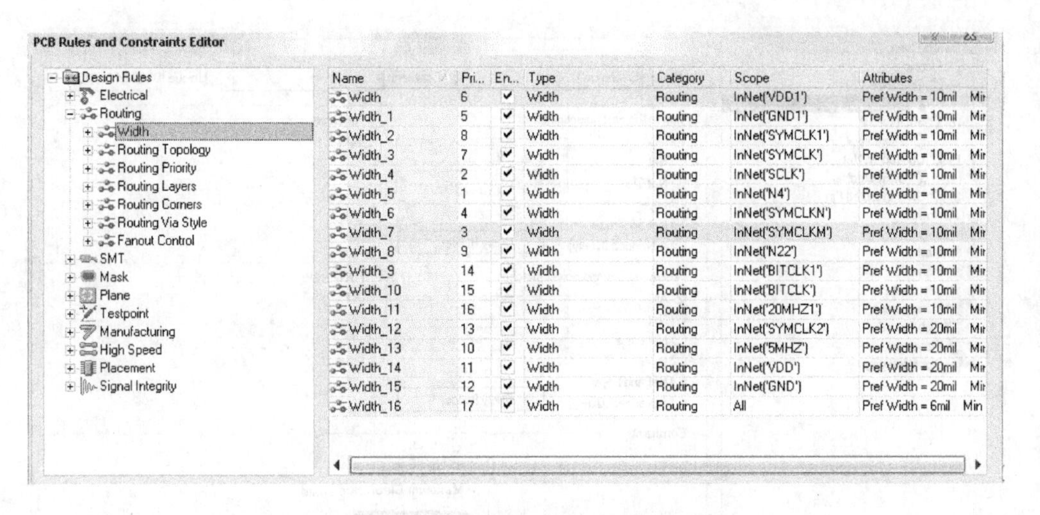

图8-70 设计规则参数设置对话框

的拓扑结构(Routing Topology)、布线优先级(Routing Priority)、布线工作层(Routing Layers、布线拐角模式(Routing Corners)、过孔的类型(Routing Via Style)和输出控制(Fanout Control)。

➢ 电气规则(Electrical)类别,包括:走线间距约束(Clearance)、短路约束(Short-Circuit)、未布线的网络(Un-Routed Net)和未连接的引脚(Un-Connectde Pin)。

➢ SMT(表帖规则)设置,具体包括:走线拐弯处表帖约束(SMD To Corner)、SMD到电平面的距离约束(SMD To Plane)和SMD的缩颈约束(SMD Neck-down)。

➢ 阻焊膜和助焊膜(Mask)规则设置,包括:阻焊膜扩展(Solder Mask Expansion)和助焊膜扩展(Paste Mask Expansion)。

➢ 测试点(Test Point)的设置,包括:测试点的类型(Test Point Stycle)和测试点的用处(Test Usage)。

另外还包括制造、放置、信号完整性等设计规则,本节将主要讲述布线、电气等设计规则的设置,关于信号完整性规则的设置可以参考11.3节。

2. 布线设计规则设置

(1) Electrical 规则

1) 设置 Clearance(允许安全间距)

安全间距即同一层面上两个元件之间允许的最小间距。各项规则名称在Electrical下是以树形结构展开的,单击Electrical展开目录下的Clearance,PCB Rules and Constraints Editor对话框右边区域将显示Clearance规则使用的范围和约束特性,如图8-71所示。默认情况下,整个电路板中的安全间距为10 mil(0.254 mm)。

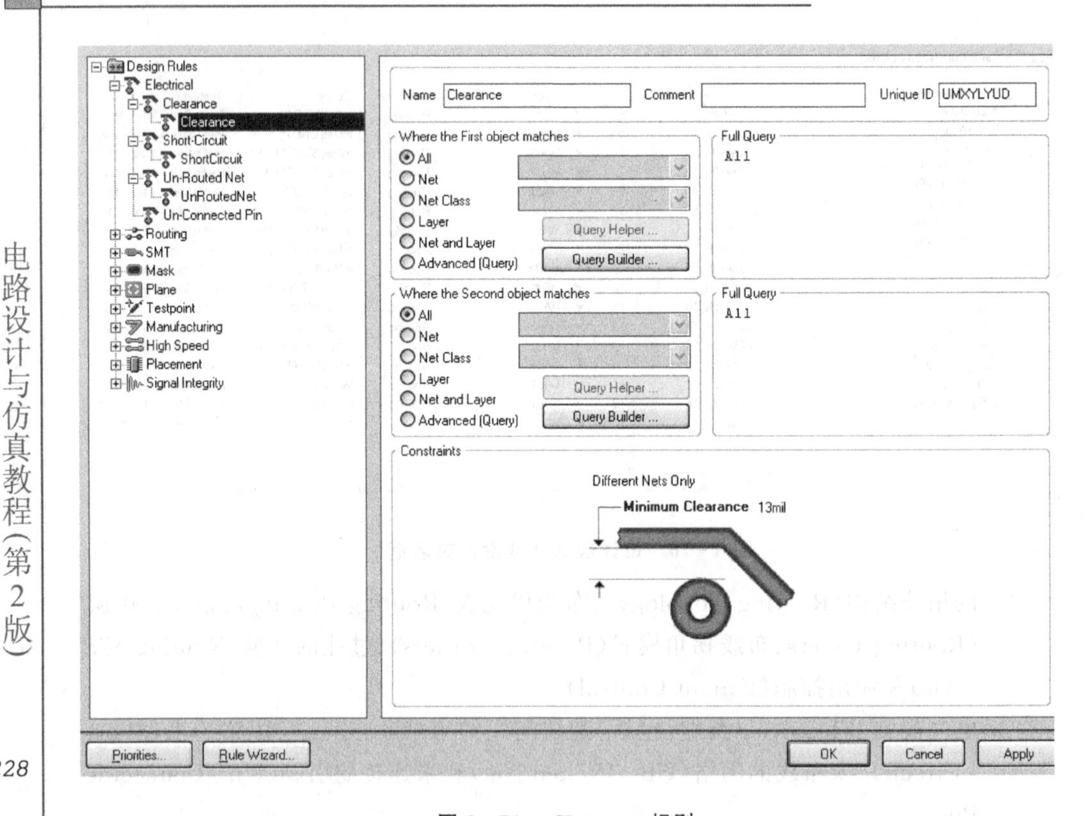

图 8－71　Clearance 规则

Where the First object matches 选项组和 Where the Second object matches 选项组用于设置规则的使用范围。Constraints 选项中的 Minimum Clearance 文本框用于设置约束特性。

设置规则使用范围中各选项的意义：

- All：当前规则对全部网络有效。
- Net：当前规则对某个指定网络有效。
- Net Class：当前规则对指定网络分组有效。
- Layer：当前规则对某个指定工作层面中的网络有效。
- Net and Layer：当前规则对某个特定网络和指定的工作层面有效。
- Advanced：高级设置选项。

系统默认只有一个名为 Clearance 的安全距离规则设置，则要增加新的规则时，右击 Clearance，在弹出的级联菜单中选择 New Rules 项，则系统在 Clearance 下面自动添加一个名为 Clearance_1 的新规则。单击 Clearance_1，同样在 PCB Rules and Constraints Editor 对话框右边区域显示 Clearance_1 规则使用的范围和约束特性，如图 8－72 所示。利用新规则可对一些重点组件间的安全间距进行设置。

当 PCB 设计中同时存在两个 Clearance 规则时，必须设置它们之间的优先权。

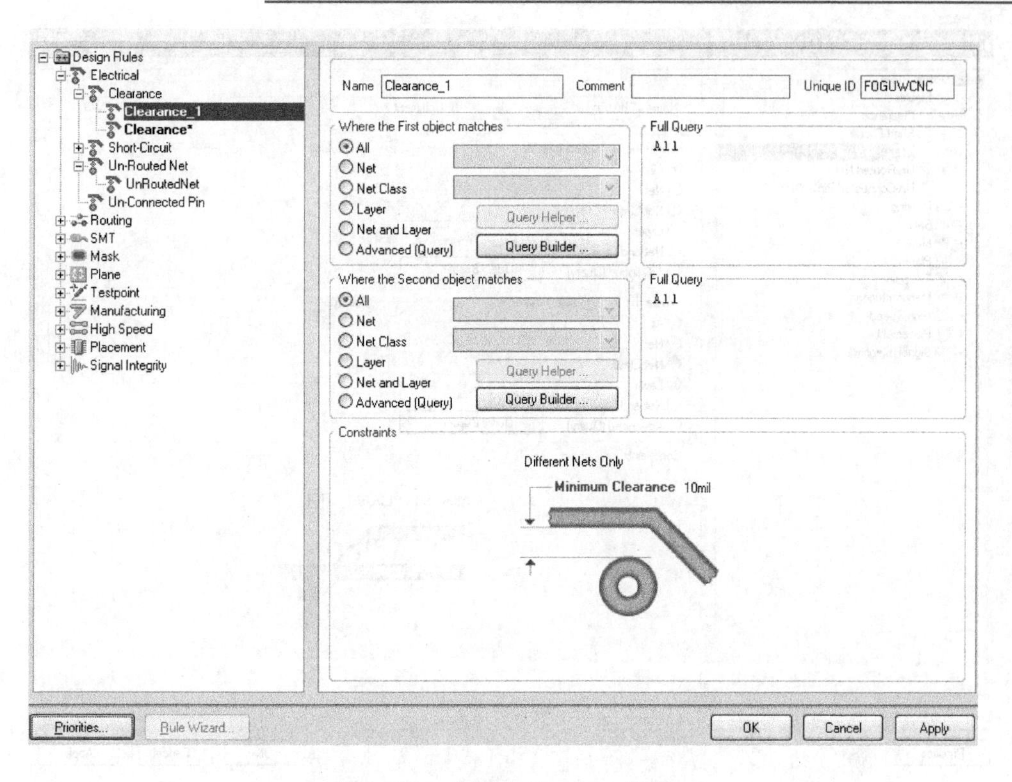

图 8-72　新建的 Clearance 规则

单击图 8-72 中的 Priorities... 按钮，则弹出如图 8-73 所示的 Edit Rule Priorities 对话框，用户可通过对话框中的 Increase Priority 和 Decrease Priority 按钮改变其优先次序。设置完后关闭对话框，新的规则和设置自动保存。

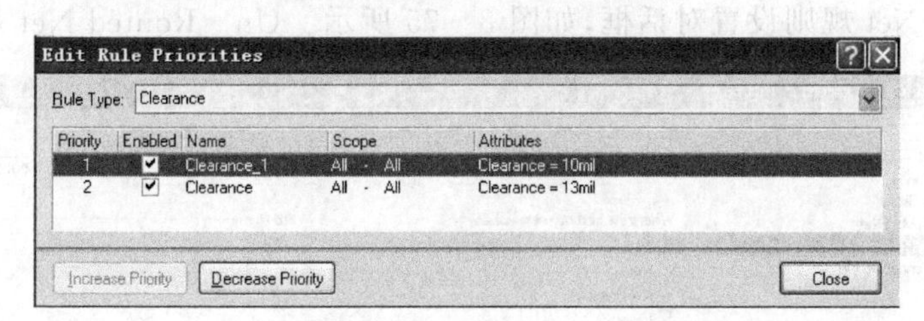

图 8-73　规则的优先权设置

2）设置 Short Circuit(短路规则设定)

短路规则表达的是两个物体之间的连接关系。单击 Electrical 展开目录下的 Short Circuit，在 PCB Rules and Constraints Editor 对话框右边区域将显示 Short Circuit 规则设置对话框，如图 8-74 所示。系统默认设置为不允许短路，如选中 Constraints 栏中的 Allow Short Circuit 复选项，则允许短路。

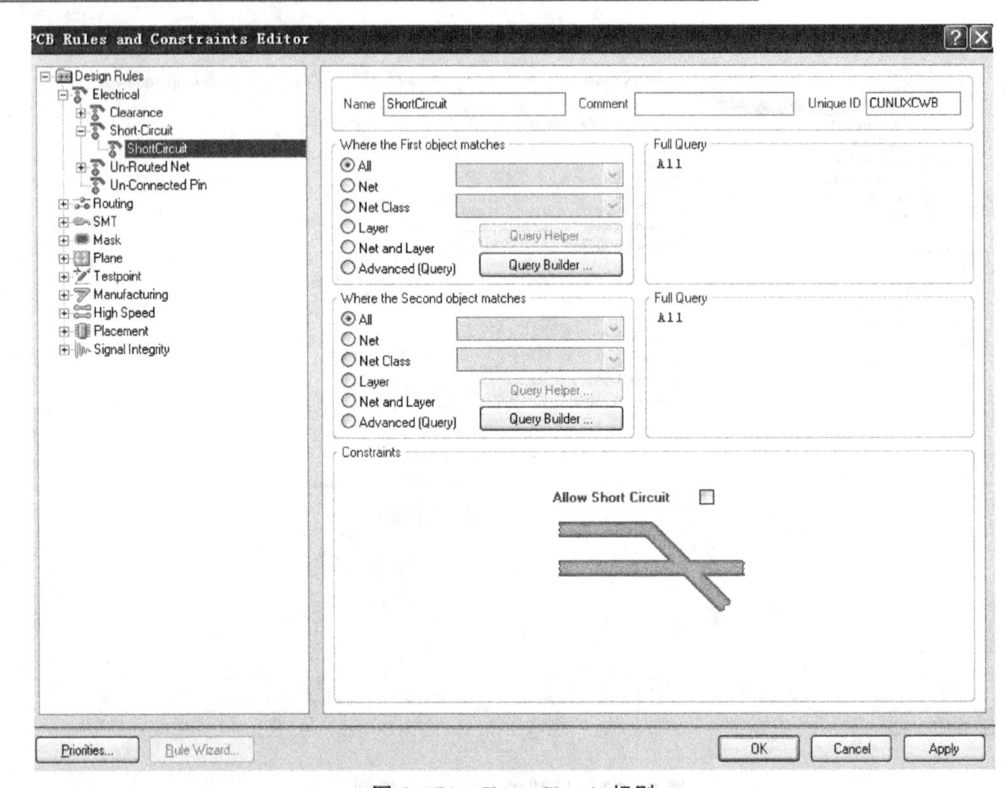

图 8－74　**Short Circuit 规则**

3) 设置 Un－Routed Net(未布线网络规则)

未布线网络规则表达的是同一网络之间的连接关系。单击 Electrical 展开目录下的 Un－Routed Net,在 PCB Rules and Constraints Editor 对话框右边区域将显示 Un－Routed Net 规则设置对话框,如图 8－75 所示。Un－Routed Net 规则用于检

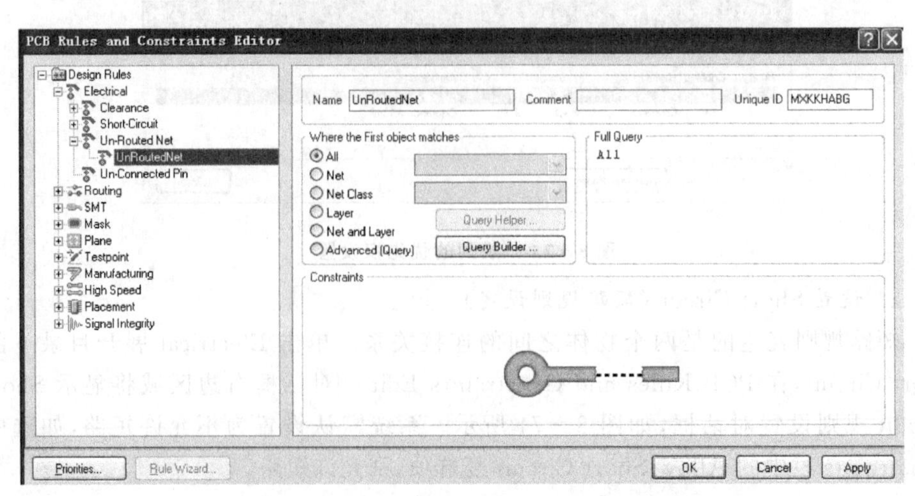

图 8－75　**Un-Routed Net 规则设置对话框**

查指定范围内的网络是否成功布线，如果有布线不成功的，则该网络中已布的导线将保留，没有成功布线的将保持飞线。

4）设置 Un－Connected Pin（未连引脚规则）

未连接引脚规则设置如图 8－76 所示，用来检测 PCB 板中是否有未连接的引脚。当增加这条规则时，只要在规则作用域定义即可。

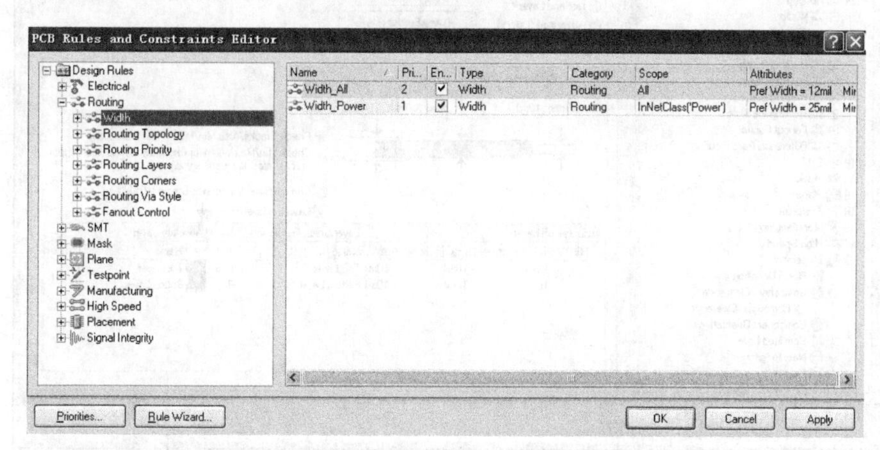

图 8－76　Un－Connected Pin 规则设置对话框

(2) Routing 规则

展开图 8－76 中的 Routing 树形结构目录菜单，此类规则设置主要和布线有关，共分以下几个规则：

1）Width（布线宽度）

Width 主要用于设定布线时的导线宽度。单击 Routing 展开目录下的 Width，在 PCB Rules and Constraints Editor 对话框右边区域将显示 Width 规则设置对话框，如图 8－77 所示。可分别在 Minimum 文本框中设置最小走线宽度，在 Maximum 文本框中设置最大走线宽度。

2）Routing Topology（拓扑规则）

Routing Topology 主要用于定义布线的拓扑结构。单击 Routing 展开目录下的 Routing Topology，在 PCB Rules and Constraints Editor 对话框右边区域将显示 Routing Topology 规则设置对话框，如图 8－78 所示。

在布线拓扑规则中，可以使用下面的拓扑结构：

① Shortest（连接最短）。这种拓扑方式连接所有的节点，使整体连接长度最短。

② Horizontal（水平）。这种拓扑方式把所有的节点连在一起，以 5∶1 的水平最短和垂直最短使水平更可取。用这种方法强制水平布线。

③ Vertical（垂直）这种拓扑方式把所有的节点连在一起，以 5∶1 的垂直最短和水平最短使垂直更可取。用这种方法强制垂直布线。

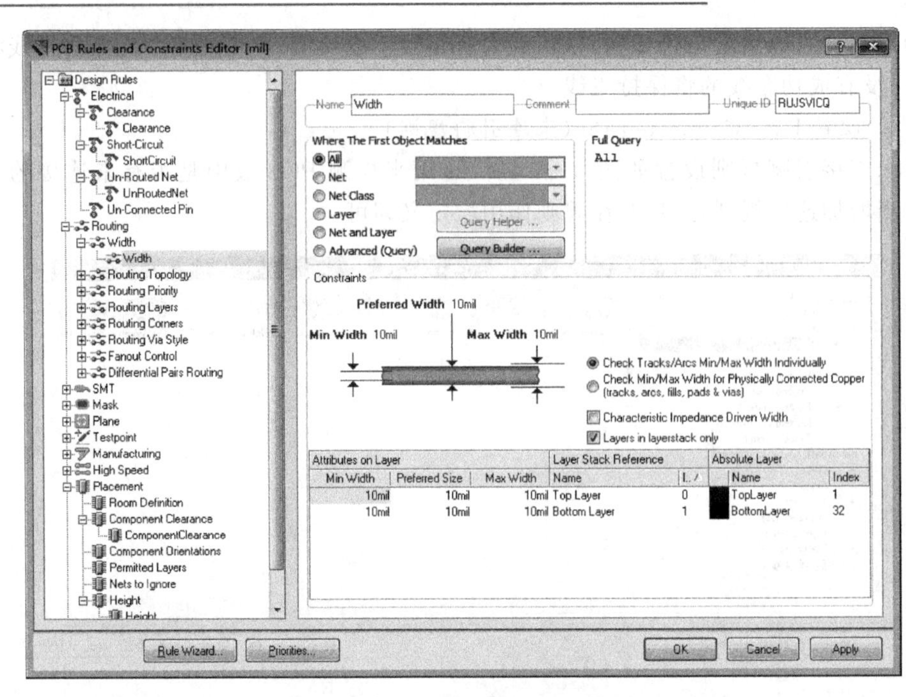

图 8-77 Width 规则设置对话框

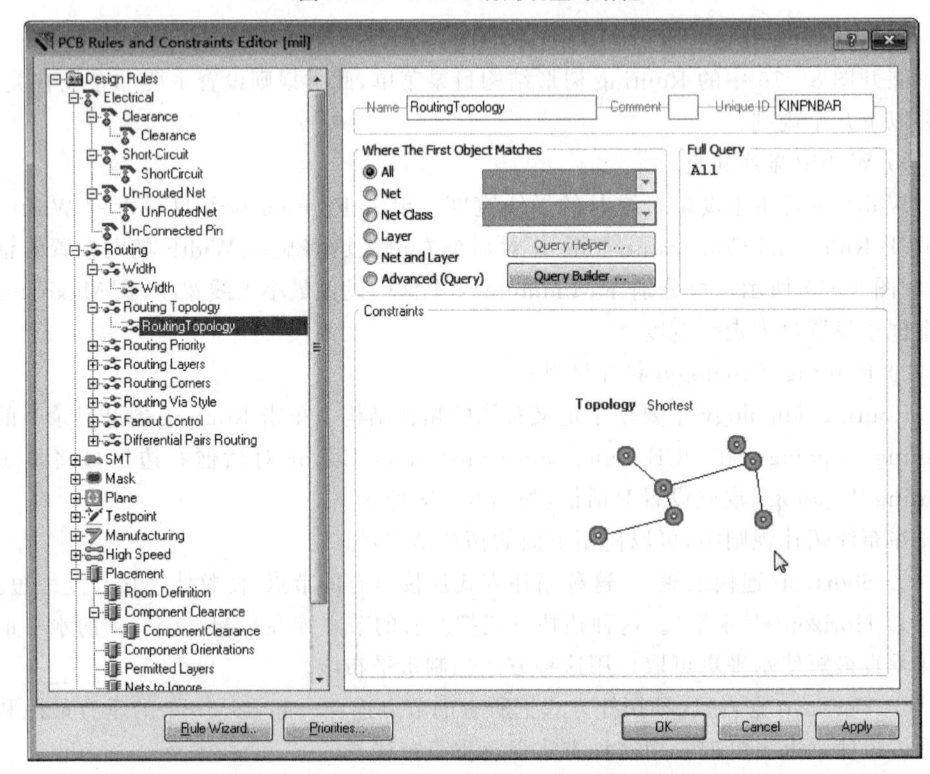

图 8-78 Routing Topology 规则设置对话框

④ Daisy - Simple(简易链)。这种拓扑方式把所有的节点一个接一个地连在一起,连接次序决定于整体长度最短的那种。如果起始焊盘和终结焊盘被指定了,所有其他的焊盘在它们之间被串成一条链,并使总长度尽可能短。编辑一个焊盘并把它设置为起始点或终结点。如果多个起始点(或终结点)被指定了,在每一个的末端它们将被连在一起。

⑤ Daisy - MidDriven(中间驱动)。这种拓扑方式把起始节点放在Daisy链的中间。先把节点分成相等的两段,再把它们分别连在一起,但任一边的起始节点不要连起来。这需要两个终结点,每段一个。多个起始节点在中间连在一起。如果没有两个终结点,那它就是一个简单的Daisy拓扑。

⑥ Daisy - Balanced(平衡)。这种拓扑先把所有的节点分成相等的几段,链的数目等于终结点的数目。然后把这些链都连到起始点形成一个平衡结构。多个起始点都被连在一起。

⑦ Star(星形)。这种拓扑把每个节点都直接连到起始节点。如果终结点存在,它们被连到每条节点之后。多个起始节点被连在一起,就像Daisy - Balanced拓扑一样。

3) Routing Priority(布线优先级)

Routing Priority主要用于设置布线优先次序。单击Routing展开目录下的Routing Priority,在PCB Rules and Constraints Editor对话框右边区域将显示Routing Priority对话框,如图8-79所示。

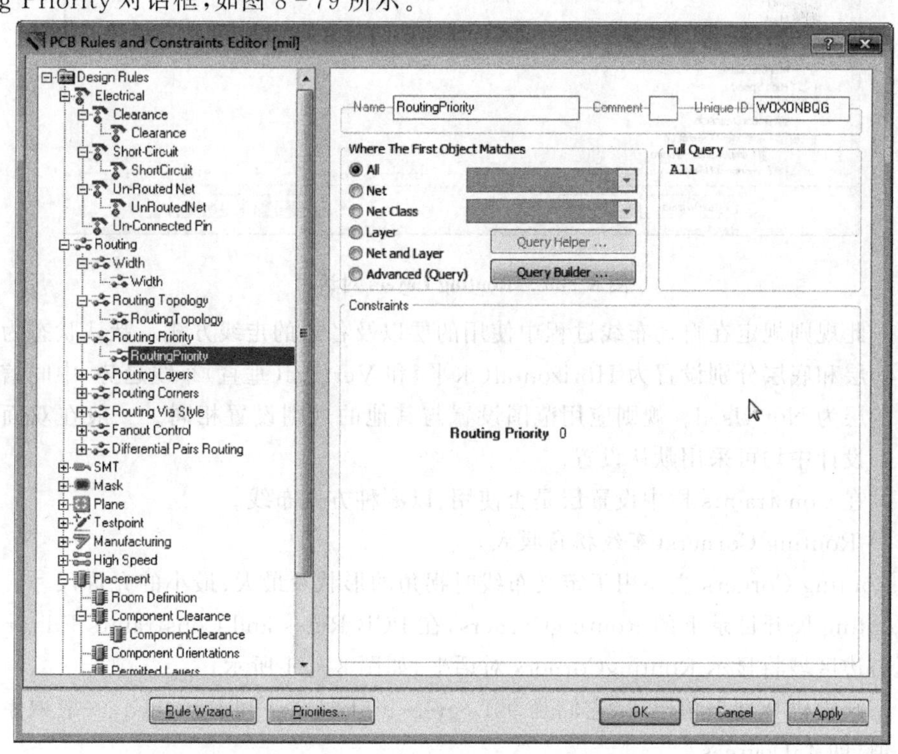

图8-79 Routing Priority对话框

Altium Designer Winter 09 提出了一个布线优先权的概念,即允许用户设定网络布线的顺序,先布线的网络的优先权比后布线的网络优先权要高。其中提供了0~100个优先权设定,数字0代表的优先权最低,数字100代表的优先权最高。

4）Routing Layers(布线工作层)

Routing Layers 主要用于设置布线的工作层面及各布线层面上的走线方向。单击 Routing 展开目录,在 PCB Rules and Constraints Editor 对话框右边区域将显示 Routing Layers 对话框,如图 8-80 所示。

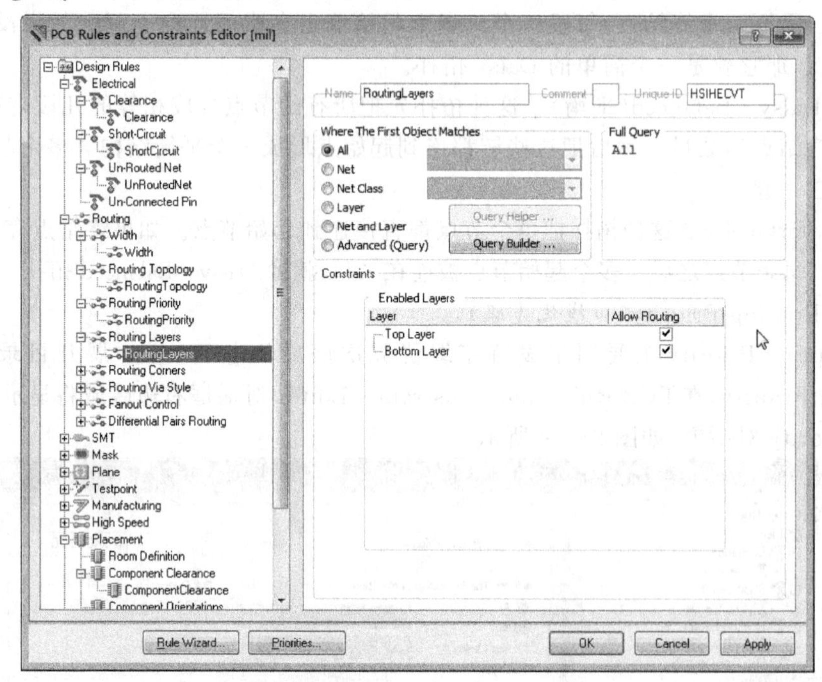

图 8-80 Routing Layers 对话框

➢ 此规则规定在自动布线过程中使用的层以及各层的走线方式。默认状态为顶层和底层分别设置为 Horizontal(水平)和 Vertical(垂直)布线趋势,中间信号层为 Not Used。规则应用范围设置与其他的规则设置相同。一般在双面板设计中均可采用默认设置。

➢ 在 Constraints 栏中设置层是否使用、以哪种方式布线。

5）Routing Corners(布线拐角模式)

Routing Corners 主要用于定义布线时拐角的形状及最大、最小的允许尺寸。单击 Routing 展开目录下的 RoutingCorners,在 PCB Rules and Constraints Editor 对话框右边区域将显示 RoutingCorners 对话框,如图 8-81 所示。

系统提供3种拐角模式,它们是 90Degrees、45Degrees 和 Rounded,一般取系统默认值,即 45Degrees。

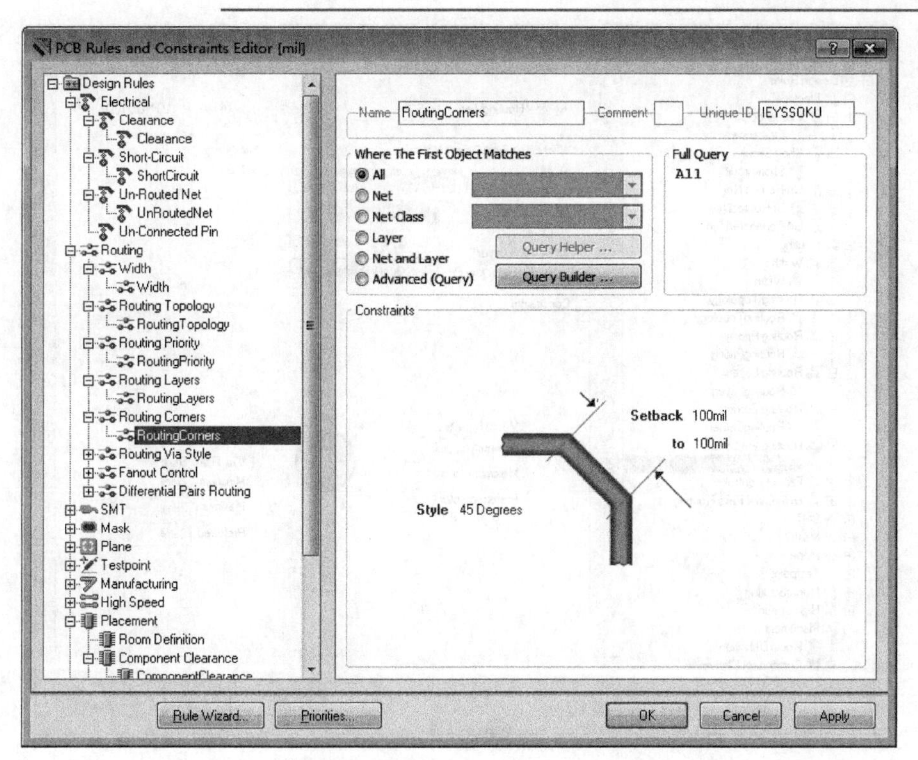

图 8-81 **Routing Corners** 对话框

6) Routing Via Style(过孔样式)

Routing Via Style 用于设置自动布线过程中使用的过孔的最大、最小孔尺寸。单击 Routing 展开目录下的 Routing Via Style，在 PCB Rules and Constraints Editor 对话框右边区域将显示 Routing Via Style 对话框，如图 8-82 所示。

7) Fanort Control(扇出控制规则)

Fanout Control 用于设置 SMD 扇出式布线控制。单击 Routing 展开目录下的 Fanout Control，在 PCB Rules and Constraints Editor 对话框右边区域将显示如图 8-83所示的 FanoutControl 对话框。大多数情况下可以采用默认设置。

(3) SMT 封装规则

1) SMT To Corner(SMD 焊盘引线长度)

展开图 8-83 中 SMT 树形结构目录菜单，单击 SMT 展开目录下的 SMDTo-Corner，在 PCB Rules and Constraints Editor 对话框右边区域将显示如图 8-84 所示的 SMD To Corner 对话框。SMD To Corner 用于设置 SMD 焊盘与导线拐角之间的最小距离。

2) SMD To Plane(SMD 与内地层连接)

SMD To Plane 用于设置 SMD 与 Plane(内地层)的焊盘或导孔之间的距离，如图 8-85 所示。

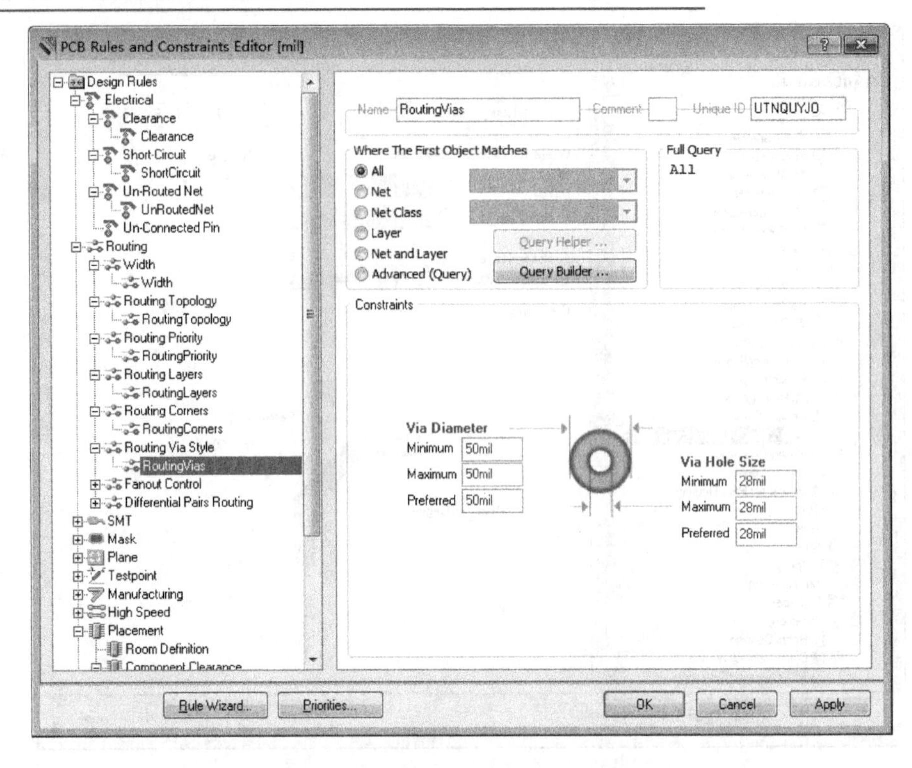

图 8 - 82　Routing Via Style 对话框

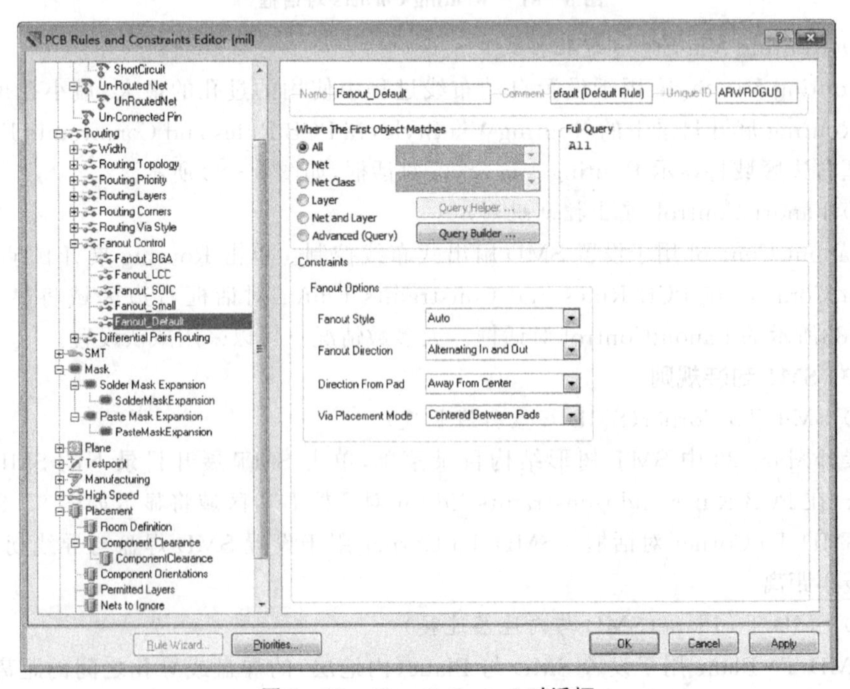

图 8 - 83　Fanout Control 对话框

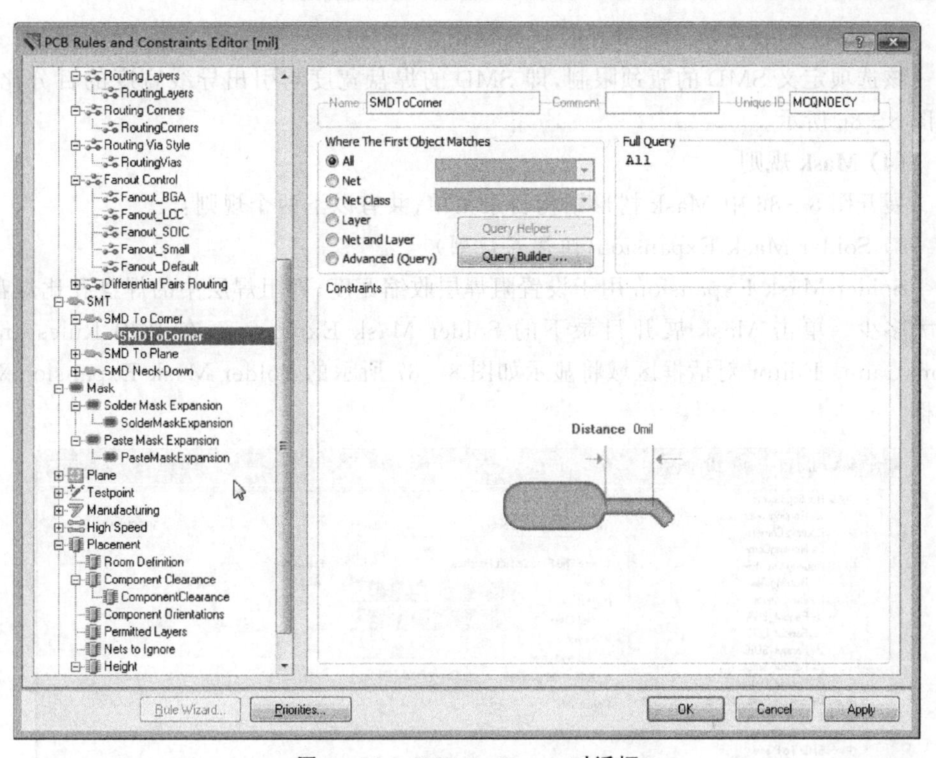

图 8-84 SMD To Corner 对话框

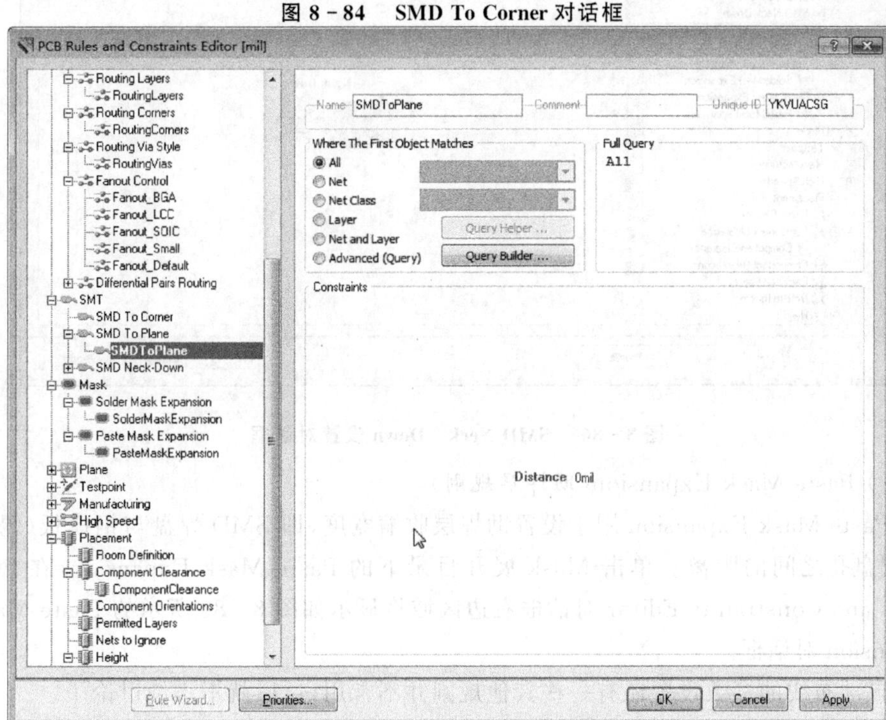

图 8-85 SMD To Plane 设置对话框

3) SMD Neck - Down(SMDR 瓶颈限制)

该选项定义 SMD 的瓶颈限制,即 SMD 的焊盘宽度与引出导线宽度的百分比,如图 8 - 86 所示。

(4) Mask 规则

展开图 8 - 86 中 Mask 树形结构目录菜单,共有以下两个规则:

1) Solder Mask Expansion(阻焊层规则)

Solder Mask Expansion 用于设置阻焊层收缩宽度,即阻焊层中的焊盘孔比焊盘要大多少。单击 Mask 展开目录下的 Solder Mask Expansion,在 PCB Rules and Constraints Editor 对话框区域将显示如图 8 - 87 所示的 Solder Mask Expansion 对话框。

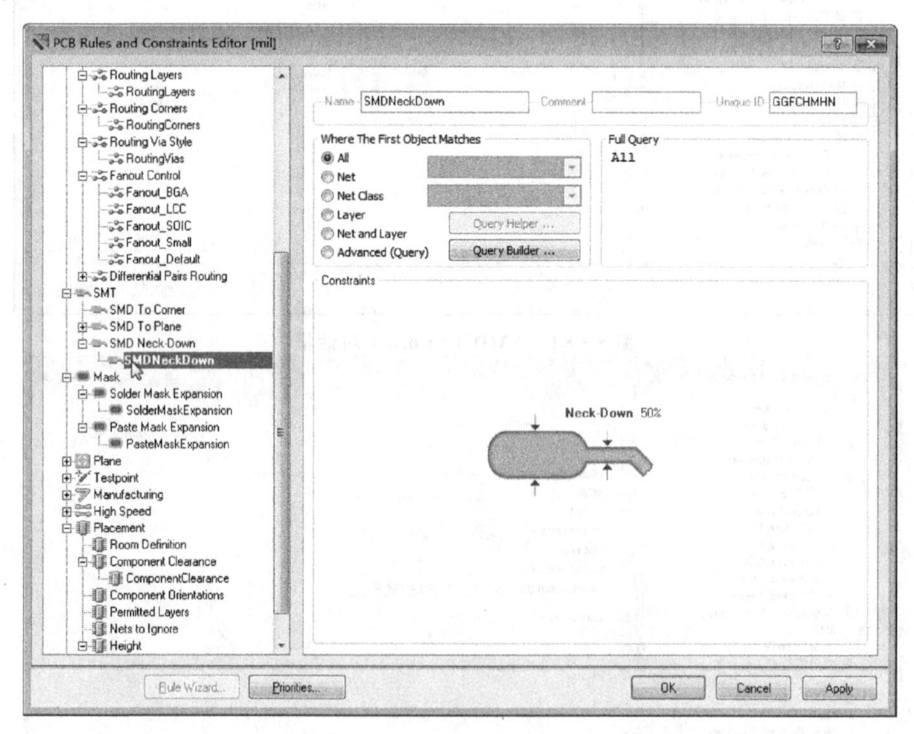

图 8 - 86　SMD Neck - Down 设置对话框

2) Paste Mask Expansion(助焊层规则)

Paste Mask Expansion 用于设置助焊层收缩宽度,即 SMD 焊盘与钢模板(锡膏层)焊盘孔之间的距离。单击 Mask 展开目录下的 Paste Mask Expansion,在 PCB Rules and Constraints Editor 对话框右边区域将显示如图 8 - 88 所示的 Paste Mask Expansion 对话框。

自动布线的参数设置还有一些其他规则并不常用,这里就不详细讨论了。

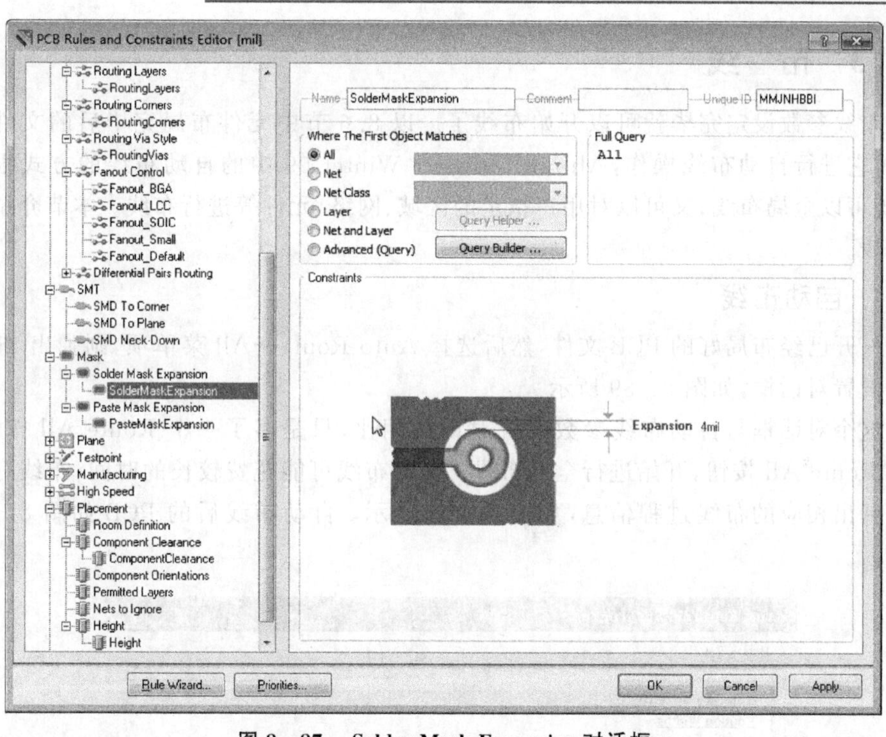

图 8－87 Solder Mask Expansion 对话框

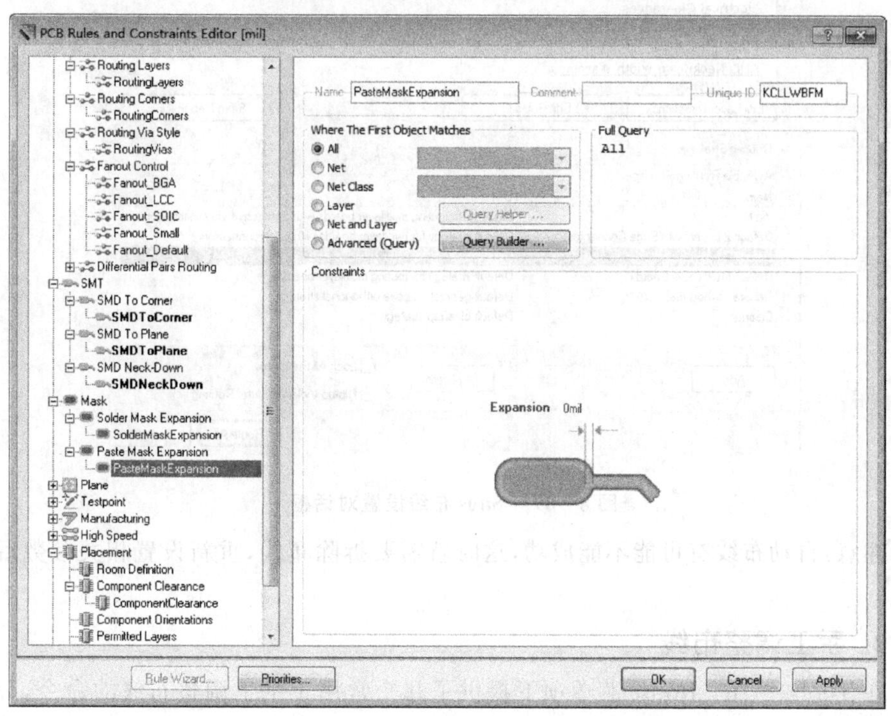

图 8－88 Paste Mask Expansion 对话框

8.7.3 布 线

布线参数设定完毕就可以开始布线了。以8.6节中元件布局完毕后的文件为例,对它进行自动布线操作,Altium Designer Winter 09中的自动布线的方式很丰富,既可以全局布线,又可以对用户指定的区域、网络、元件等进行布线。本节介绍自动布线。

1. 自动布线

打开已经布局好的PCB文件,然后选择Auto Route→All菜单项,则弹出Situs布线设置对话框,如图8-89所示。

这个对话框与自动布线参数设置对话框相比,只是多了一个Route All按钮。单击Route All按钮,开始进行全局布线。全局布线可能花费较长的时间,布线完成后会弹出相应的布线过程信息,如图8-90所示。自动布线后的PCB如图8-91所示。

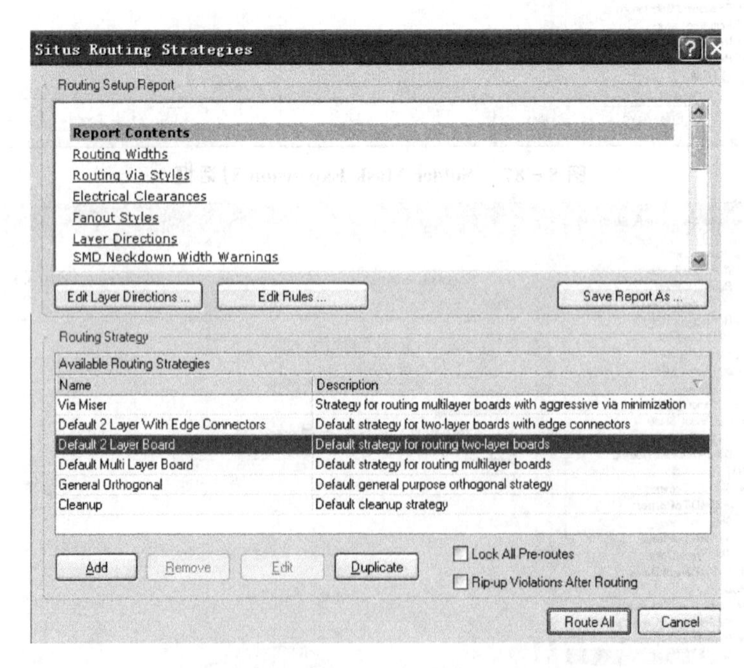

图8-89 Situs布线设置对话框

注意:自动布线有可能不能成功,这时就需要拆除布线,重新设置相关参数后再布线。

2. 手工调整布线

在Tools→Un-Route菜单项下提供了几个常用于手工调整布线的命令,分别用来进行不同方式的调整:

Messages

Class	Document	Source	Message	Time	Date	No.
Situs Ev...	PCB4.PcbDoc	Situs	Routing Started	15:46:19	2007-8-22	1
Routing ...	PCB4.PcbDoc	Situs	Creating topology map	15:46:32	2007-8-22	2
Situs Ev...	PCB4.PcbDoc	Situs	Starting Fan out to Plane	15:46:32	2007-8-22	3
Situs Ev...	PCB4.PcbDoc	Situs	Completed Fan out to Plane in 0 Seconds	15:46:32	2007-8-22	4
Situs Ev...	PCB4.PcbDoc	Situs	Starting Memory	15:46:32	2007-8-22	5
Routing ...	PCB4.PcbDoc	Situs	0 of 84 connections routed (0.00%) in 13 Seconds	15:46:32	2007-8-22	6
Situs Ev...	PCB4.PcbDoc	Situs	Completed Memory in 1 Second	15:46:33	2007-8-22	7
Situs Ev...	PCB4.PcbDoc	Situs	Starting Layer Patterns	15:46:33	2007-8-22	8
Routing ...	PCB4.PcbDoc	Situs	48 of 84 connections routed (57.14%) in 15 Seconds	15:46:34	2007-8-22	9
Situs Ev...	PCB4.PcbDoc	Situs	Completed Layer Patterns in 1 Second	15:46:35	2007-8-22	10
Situs Ev...	PCB4.PcbDoc	Situs	Starting Main	15:46:35	2007-8-22	11
Routing ...	PCB4.PcbDoc	Situs	Calculating Board Density	15:46:51	2007-8-22	12
Situs Ev...	PCB4.PcbDoc	Situs	Completed Main in 16 Seconds	15:46:51	2007-8-22	13
Situs Ev...	PCB4.PcbDoc	Situs	Starting Completion	15:46:51	2007-8-22	14
Routing ...	PCB4.PcbDoc	Situs	83 of 84 connections routed (98.81%) in 32 Seconds	15:46:51	2007-8-22	15
Situs Ev...	PCB4.PcbDoc	Situs	Completed Completion in 0 Seconds	15:46:52	2007-8-22	16
Situs Ev...	PCB4.PcbDoc	Situs	Starting Straighten	15:46:52	2007-8-22	17
Routing ...	PCB4.PcbDoc	Situs	84 of 84 connections routed (100.00%) in 33 Seconds	15:46:52	2007-8-22	18
Situs Ev...	PCB4.PcbDoc	Situs	Completed Straighten in 0 Seconds	15:46:52	2007-8-22	19
Routing ...	PCB4.PcbDoc	Situs	84 of 84 connections routed (100.00%) in 33 Seconds	15:46:53	2007-8-22	20
Situs Ev...	PCB4.PcbDoc	Situs	Routing finished with 0 contentions(s). Failed to complete 0 connectio...	15:46:53	2007-8-22	21

图 8-90　布线全过程记录

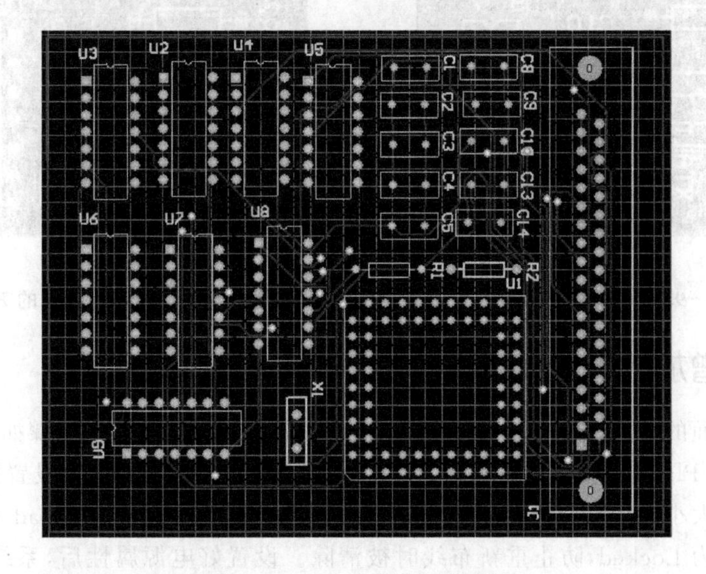

图 8-91　自动布线完毕图形

➢ All:拆除所有布线,进行手工调整。

➢ Net:拆除所选布线网络,进行手工调整。

➢ Connection:拆除所选的一条连线,进行手工调整。

➢ Component:拆除与所选元件相连的导线,进行手工调整。

为了从整个 PCB 上详细观察调整布线的过程,我们以 CPU Clock. sch 的 PCB 为例来介绍调整布线的操作步骤。这里只介绍 Connection 命令。

图 8-92 是 CPU Clock. sch 的 PCB，拆除元件 R5 的 1 引脚和 U9 的 14 引脚之间的连线，进行手工调整。步骤如下：

① 在层选择标签上选择工作层，将工作层切换到 Bottom Layer 层，使 Bottom Layer 层为当前活动的工作层。

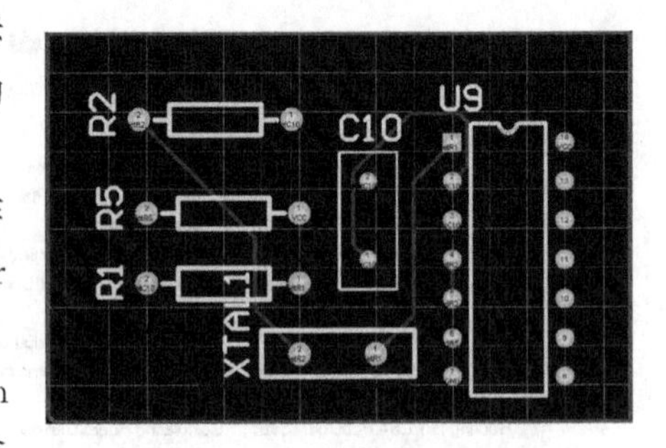

图 8-92 待调整的线路

② 选择 Tools→Un-Route→Connection 菜单项，则光标变为十字，移动光标到要拆除的连线上单击鼠标确定，这里选取元件 R5 的 1 引脚和 U9 的 14 引脚之间的连线。此时发现原先的连线会消失，如图 8-93 所示。

③ 接着进入 Top 工作层，选择 Place→Interactive→Routing 菜单项，将上述已拆除的元件 R5 的 1 引脚和 U9 的 14 引脚之间的连线重新走线，如图 8-94 所示。

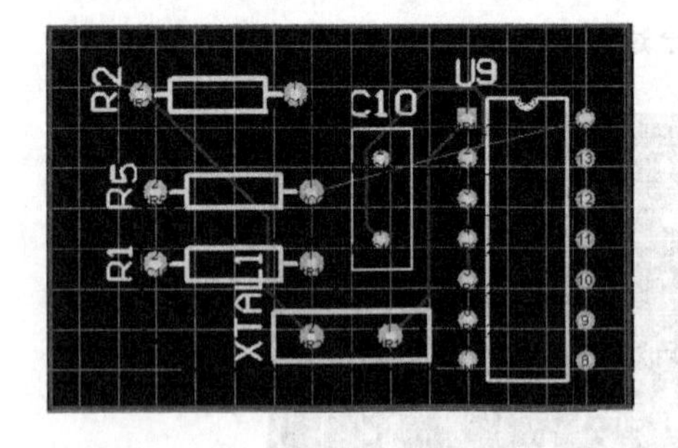

图 8-93 拆线后的结果

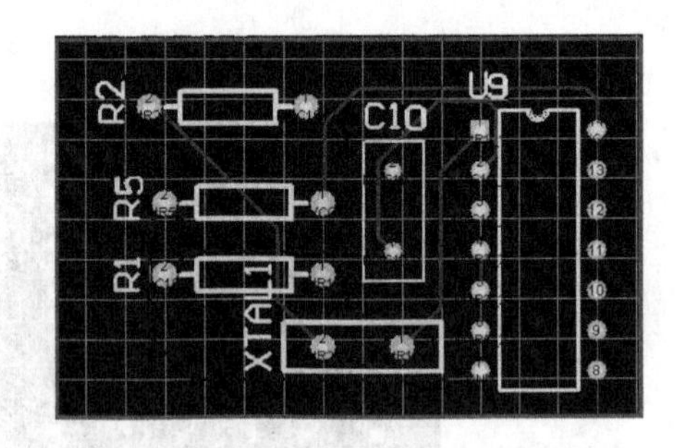

图 8-94 重新布线后的 PCB 板

8.7.4 增加电源及接地

对于上面的 PCB 来说，还需要添加介入电源线和地线的焊盘，步骤如下：

① 选择 Place→Pad 菜单项，在 PCB 上添加两个焊盘，焊盘参数设置如图 8-95 所示。孔径大小设置为 30 mil，Electricai Type 和 Net 分别设定为 Load 和 VCC，焊盘属性设定为 Locked，防止重新布线时被清除。设置好电源属性后，系统将电源焊盘与布线网络连接起来。

② 对生成的新网络进行布线，可以手动连线，也可以选择 Auto Route→All 菜单项。连线后的 PCB 板如图 8-96 所示。

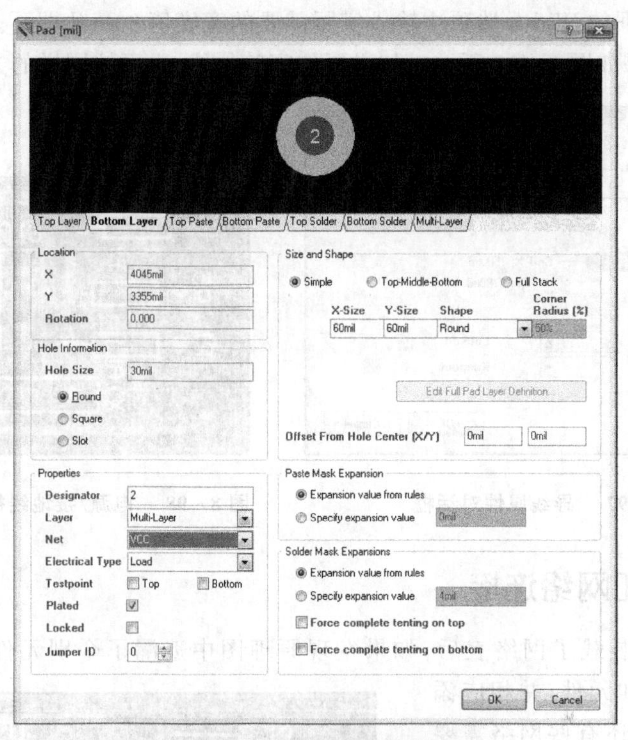

图 8－95　焊盘属性设置

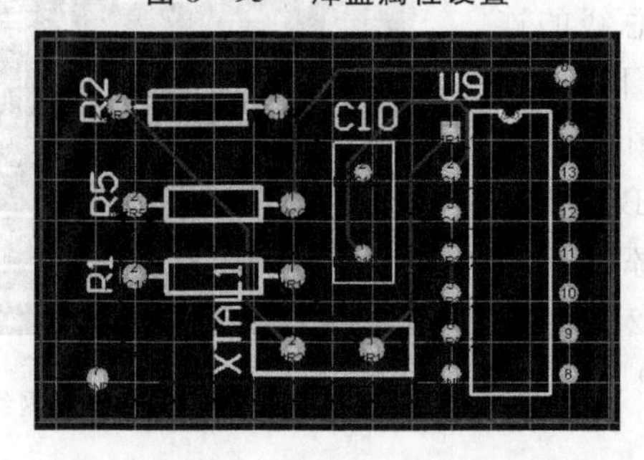

图 8－96　连线后的 PCB 板

8.7.5　电源/接地线的加宽

为了提高抗干扰能力，增加系统的可靠性，往往需要将电源/接地线和一些流过电流较大的线加宽。增加电源/接地线的宽度可以在前面讲述的设计规则中设定，读者可以参考前面的讲述，设计规则中设置的电源/接地线宽度对整个设计过程均有效。但是当设计完电路板后，如果需要增加电源/接地线的宽度，那么可以直接在印制电路板上电源/接地线加宽，步骤如下：

① 移动光标指向需要加宽的电源/接地线或其他线，双击电源或接地线，则弹出如图 8－97 所示的对话框。

② 在对话框的 Width 选项中输入实际需要的宽度值 30 mil 即可。电源/接地线被加宽后的结果如图 8－98 所示。如果要加宽其他线，也可按同样的方法操作。

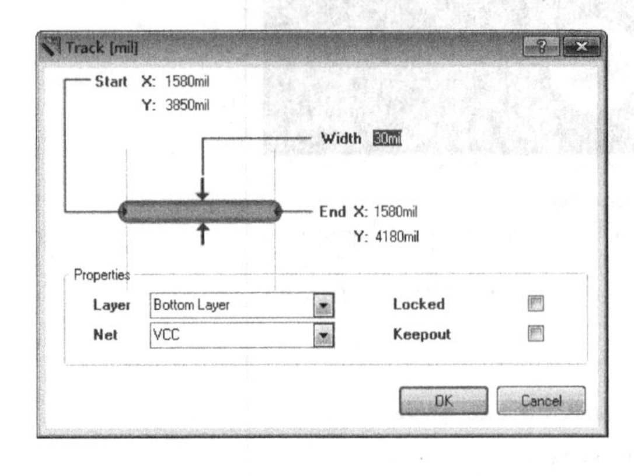

图 8－97　导线属性对话框

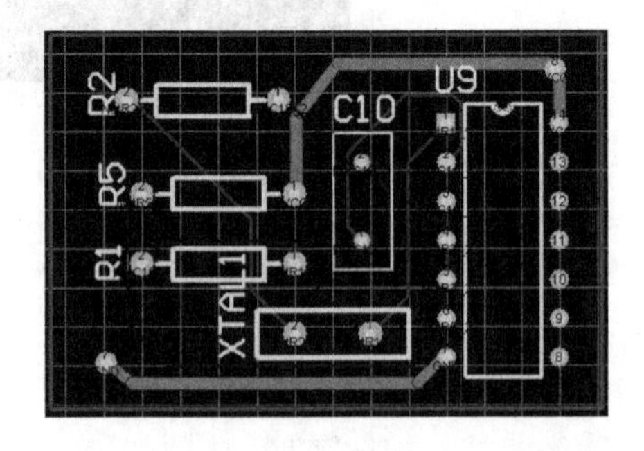

图 8－98　电源/接地线被加宽后的结果

8.7.6　添加网络连接

在 PCB 中装载了网络表后，如果发现原理图中遗漏了个别元件，那么可以在 PCB 中直接添加元件，并相应添加网络。另外，还有些网络需要用户自行添加，比如与总线的连接、与电源的连接。下面以图 8－99所示的 PCB 图为例来添加网络连接，假设 PCB 中有一电阻 R4 没有连接上，添加网络连接将 R4 的 1 脚和 R2 的 1 脚相连、R4 的 2 脚与 R2 的 2 脚相连。

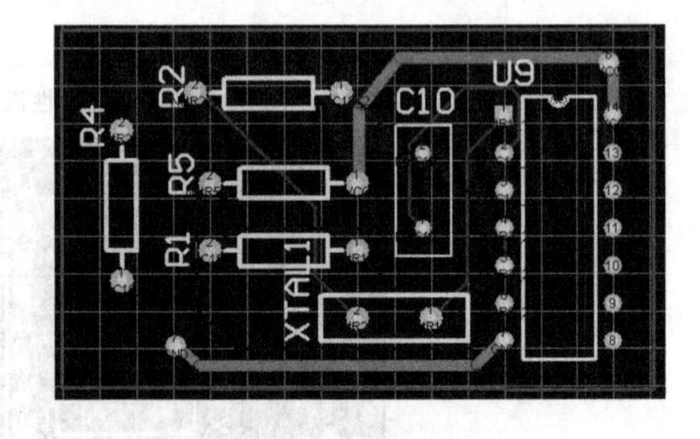

图 8－99　待添加网络连接的 PCB

具体操作步骤如下：

① 在打开的 PCB 文件中(需要装载了网络表)选择 Design→Netlist→Edit Nest 菜单项，则系统弹出如图 8－100 所示的“网络表管理器”对话框。

② 在 Nets in Class 栏中选择需要连接的网络，如 NetC10－2，然后双击该网络名或者单击下面的 Edit 按钮，则系统弹出如图 8－101 所示的“编辑网络”对话框，此时可以选择添加连接该网络的元件引脚，如 R4－1。用同样的方法，添加 R4 的 2 脚与 R2 的 2 脚的网络连接。添加了网络连接后的 PCB 如图 8－102 所示。

③ 然后在 Nets in Class 列表中单击下面的 Add 按钮，则可以向 PCB 添加新的网络，系统弹出的对话框与图 8－102 一样。此时可以在 Net Name 文本框中输入新的网络名。

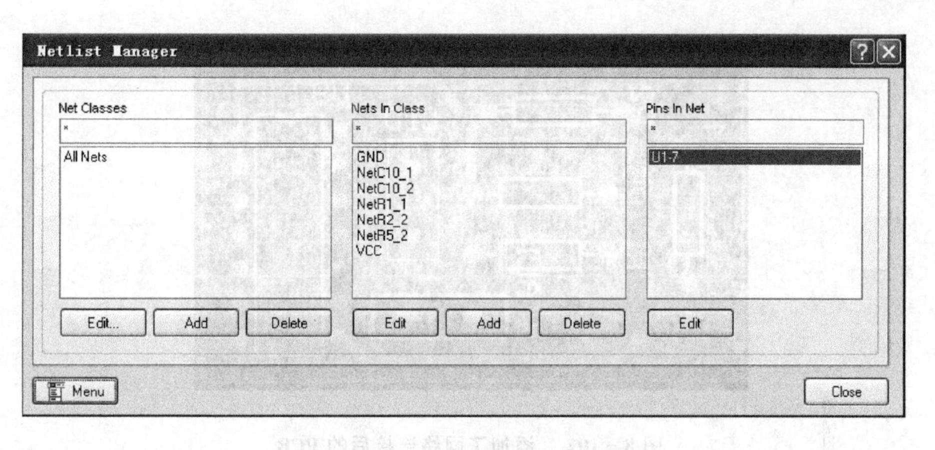

图 8-100 “网络表管理器”对话框

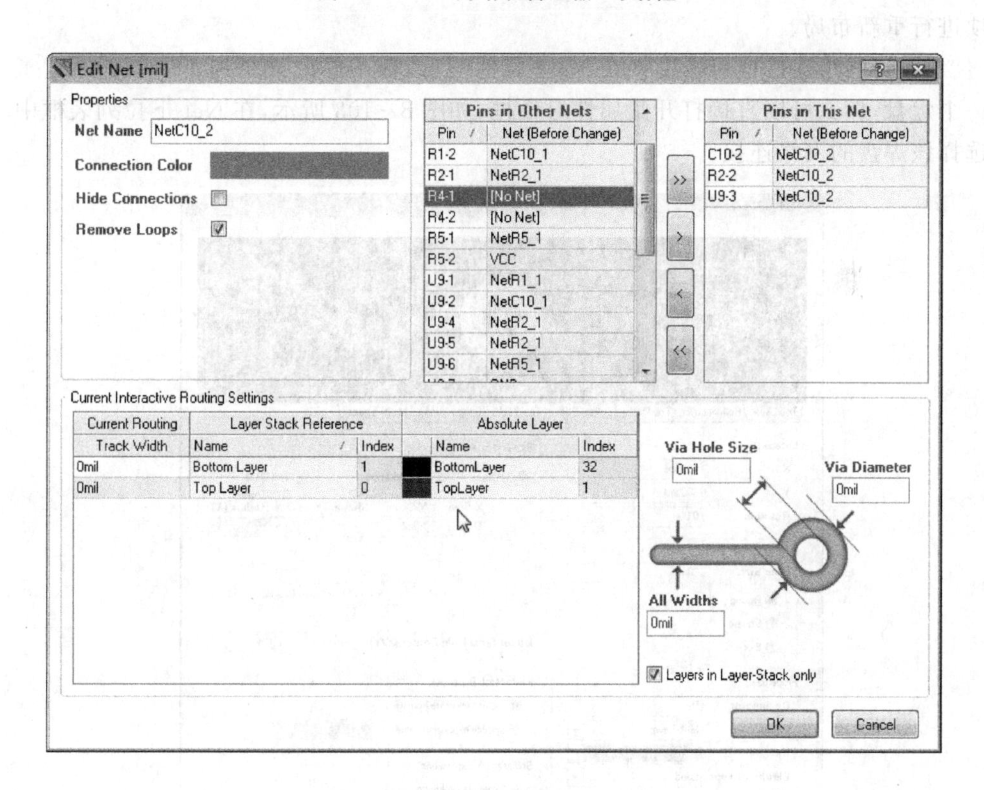

图 8-101 “编辑网络”对话框

④ 在图 8-100 的 Nets in Class 列表中单击下面的 Delete 按钮，则可以从 PCB 移去已有的网络。

⑤ 添加了网络连接后，在 Top(上层)或 Bottom(底层)手功完成连线。如果添加的元件和网络较多，则可以选择 Tools→Component Placement→Auto Placer 菜单

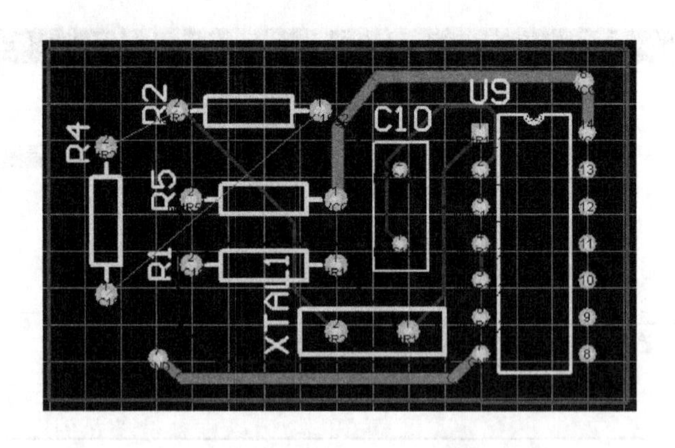

图 8 - 102　添加了网络连接后的 PCB

项进行重新布局。

技巧：网络连接也可以直接在“焊盘属性”对话框中修改或添加。如果新放置了一个焊盘，那么可以直接打开其属性对话框，如图 8 - 103 所示，在 Net 下拉列表框中选择该焊盘的网络连接。

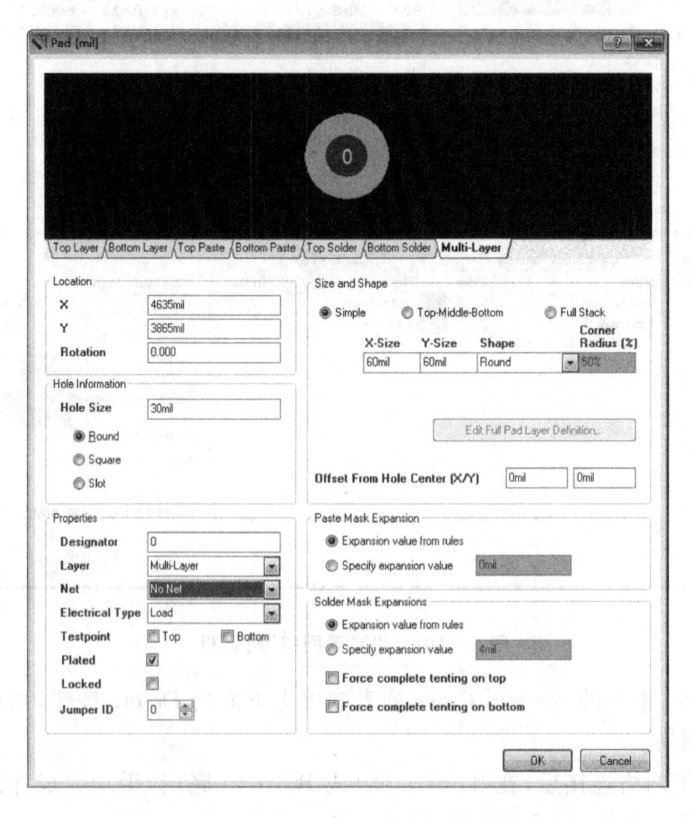

图 8 - 103　“焊盘属性”对话框

8.8 文字标准的调整

自动布局时,一般元件的标号以及注释等将从网络表中获得,并被自动放置到PCB上。自动布局后,元件的相对位置与原理图中的相对位置将发生变化,再经过手动布线调整后,有时元件的序号会变得很杂乱,所以经常需要对文字标注进行调整,使文字标注排列整齐,字体一致,使电路板更加美观,调整文字标注一般可以对元件进行流水号更新。

1. 手动更新流水号

步骤如下:

① 移动光标指向需要调整的文字标注。

② 然后双击鼠标,则弹出如图8-104所示的对话框。

③ 此时用户可以修改流水号,也可根据需要修改对话框中文字标注的内容、字体、大小、位置及放置方向等。

2. 自动更新流水号

步骤如下:

① 选择Tools→Re→Annotate菜单项,则系统弹出如图8-105所示的"选择流水号方式"对话框。

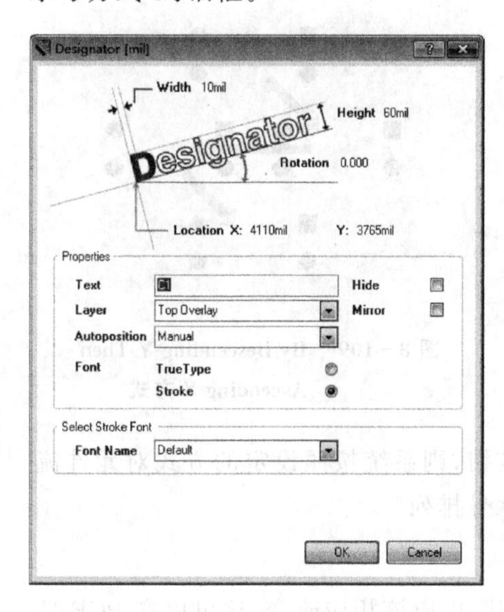

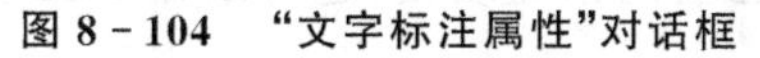

图8-104 "文字标注属性"对话框

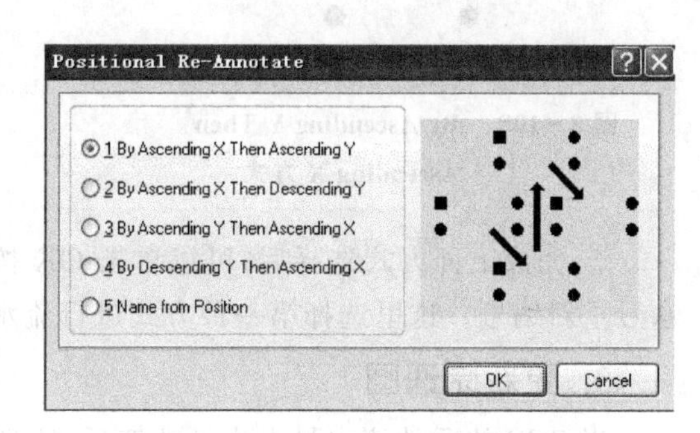

图8-105 "选择流水号方式"对话框

系统提供了5种更新方式,下面分别说明。

➢ By Ascending X Then Ascending Y:表示先按横坐标从左到右,然后再按纵

坐标从下到上编号,如图 8－106 所示。

➢ By Ascending X Then Descending Y:表示先按横坐标从左到右,然后再按纵坐标从上到下编号,如图 8－107 所示。

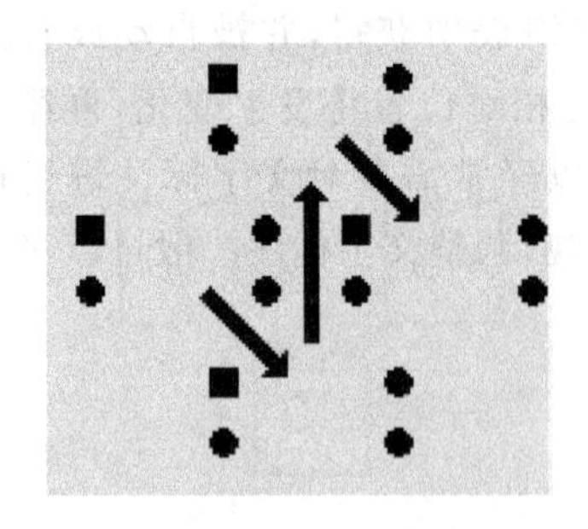

图 8－106　By Ascending X Then Ascending Y 方式

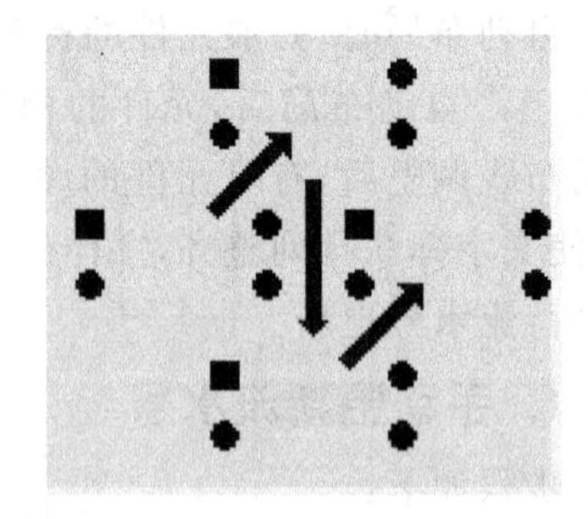

图 8－107　By Ascending X Then Descending Y 方式

➢ By Ascending Y Then Ascending X:表示先按纵坐标从下到上,然后再按横坐标从左到右编号,如图 8－108 所示。

➢ By Descending Y Then Ascending X:表示先按纵坐标从上到下,然后再按横坐标从左到右编号,如图 8－109 所示。

➢ Name from Position:表示根据坐标位置进行编号。

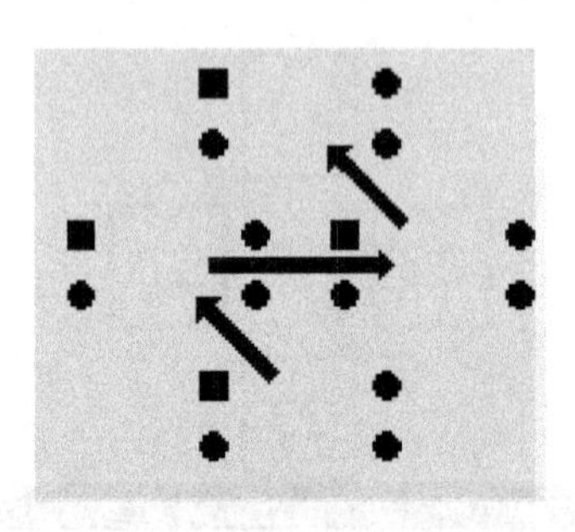

图 8－108　By Ascending Y Then Ascending X 方式

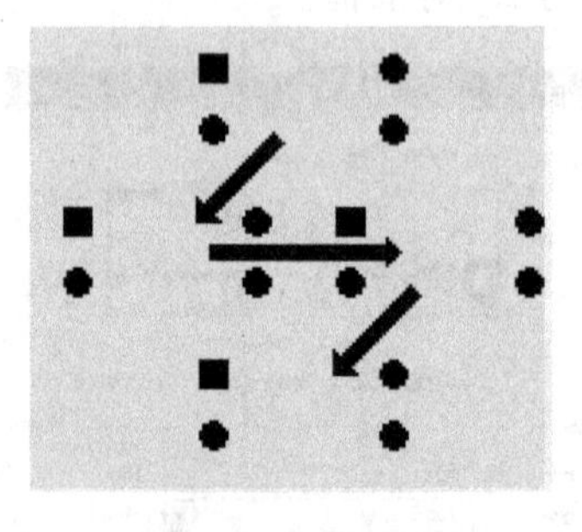

图 8－109　By Descending Y Then Ascending X 方式

② 完成上面方式选择后,可以单击 OK 按钮,则系统按照设定的方式对元件流水号重新编号。这里选择第一种方式进行流水号排列。

3. 更新原理图

当 PCB 的元件流水号发生了改变后,原理图也应该相应改变,这可以在 PCB 环境下实现,也可以返回原理图环境实现相应改变。

在 PCB 环境中更新原理图的相应流水号,其操作步骤如下:

① 选择 Design→Update Schematics 菜单项,则系统弹出一个提示框,如果确认要

更新原理图,则单击 Yes 按钮,系统弹出如图 8-110 所示的"工程改变顺序"对话框。

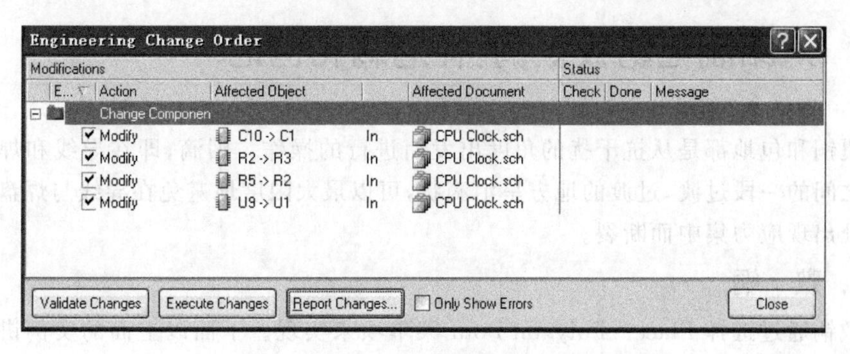

图 8-110　"工程改变顺序"对话框

② 在该对话框中单击 Validate Change 按钮使变化有效。

③ 然后再单击 Execute Change 按钮,执行这些变化,此时原理图就接受了这些变化,其元件流水号就根据 PCB 的改变而变化了。

④ 单击 Close 按钮结束更新操作,原理图进行相应的更新,如图 8-111、图 8-112 所示。

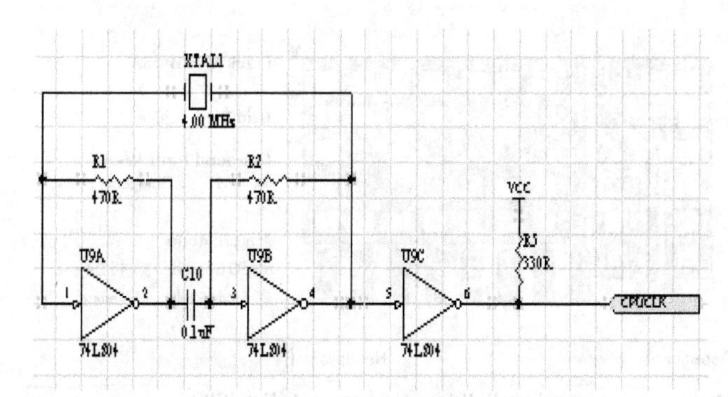

图 8-111　更新流水号前的原理图

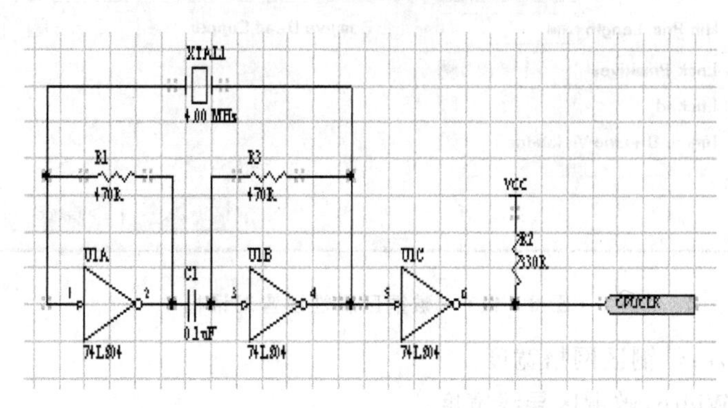

图 8-112　更新流水号后的原理图

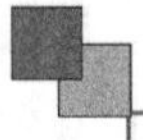

同理,如果在原理图中改变了某些元件的序号,也可以对PCB进行更新。

8.9 对印制电路板敷铜、补泪滴和包地

覆铜和包地都是从抗干扰的角度出发而进行的操作。泪滴,即在导线和焊盘或导孔之间的一段过渡,过渡的地方呈泪滴状,可以最大限度地避免在导线与焊盘的接触点处出现应力集中而断裂。

1. 敷 铜

敷铜通过选择Place→Polygon Pour菜单项来实现。下面以上面的实例讲述敷铜处理,顶层和底层的敷铜均与GND相连,步骤如下:

① 单击布线工具箱框内的图标,或选择Place→Polygon Plane菜单项,则弹出如图8-113所示的敷铜区属性设置对话框。

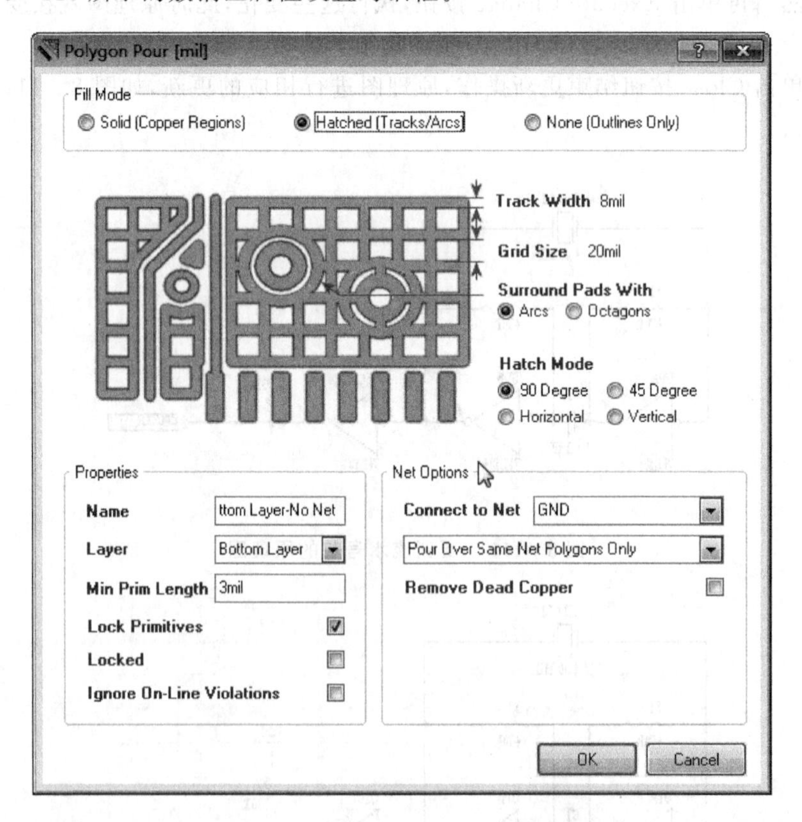

图8-113 敷铜区属性设置对话框

➢ Grid Size:敷铜区网格宽度。

➢ Track Width:敷铜区导线宽度。

Net Options栏:主要用来设置敷铜区的网络属性。

➢ Connect to Net 下拉列表框：设置敷铜区所属的网络。通常选择"GND"，即对地网络。

➢ Pour Over Same Net 下拉列表框：覆盖掉与敷铜区同一网络的导线。

➢ Remove Dead Copper 复选项：删除和网络没有电气连接的敷铜区。

Properties 栏：

➢ Layer 下拉列表框：敷铜区所在的工作层。

➢ Lock Primitives 复选项：只允许将敷铜区看作一个整体来执行修改、删除等操作，在执行这些操作时会给出提示信息。

Hatching Mode 分组框，用来设置敷铜区网格线的排列类型。

Surround Pads With 栏：

➢ Arcs：敷铜区按圆弧形方式包围焊盘。

➢ Octagons：敷铜区按八角形方式包围焊盘。

② 在 Connect to Net 下拉列表框中选择 GND，然后分别选中 Pour Over Same Net 和 Remove Dead Copper 复选框，Layer 下拉列表框中选择 Top Layer，其他设置项可以取默认值。

③ 设置完对话框后单击 OK 键，光标变成十字形状，将光标移到所需的位置单击，确定多边形的起点。然后再移动鼠标到适当的位置单击，确定多边形的中间点。

④ 右击终点处，则程序自动将终点和起点连接在一起，并且去除死铜，形成印制电路板上的敷铜，如图 8－114 所示。

对底层的敷铜操作与上面一样，只是 Layer 选择 Bottom Layer。

注意：敷铜操作时，应该选中 Lock Primitives(锁定元件)复选框，这样敷铜不会影响到原来布线的 PCB。

另外，敷铜前最好设置走线间距约束，一般应该在安全间距的 2 倍以上。为保险起见设为 30 mil 以上，覆完铜再改回原来的 8 mil(或自己原来设置的值)以免 DRC 时出错。

2. 补泪滴

为了增强印制电路板网络连接的可靠性，以及将来焊接元件的可靠性，有必要对 PCB 实行补泪滴处理，具体操作步骤如下：选择 Tools→Teardrops 菜单项，则弹出泪滴设置对话框，如图 8－115 所示。其中分为 3 个部分进行设置：General(通用设置)、Action(操作)和 Teardrop Style(泪滴形式)，下面分别进行介绍。

General 部分：

➢ All Pads：将泪滴应用于所有的焊盘。

➢ All Vias：将泪滴应用于所有的过孔。

➢ Selected Objects Only：将泪滴仅应用于选中的元件。

➢ Force Teardrops：强制实行泪滴。

➢ Create Report：建立补泪滴的报告文件。

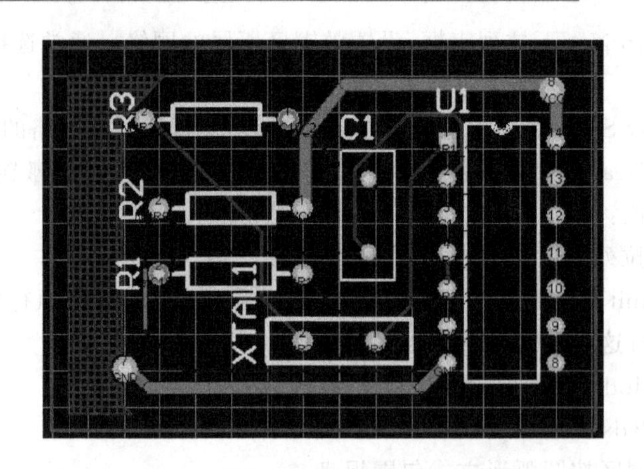

图 8－114　顶层敷铜后的 PCB 图

Action 中可供选择的有两个选项:Add(加泪滴)和 Remove(删除泪滴),可以根据实际情况进行选用。

Teardrop Style 部分:用于设置泪滴的形状,共有两个选项:

➢ Arc:圆弧形泪滴。

➢ Track:导线形泪滴。本例设置成导线形泪滴。

将泪滴属性设置完毕后单击 OK 按钮,就可以进行补泪滴。图 8－116 是补泪滴后的电路板图。

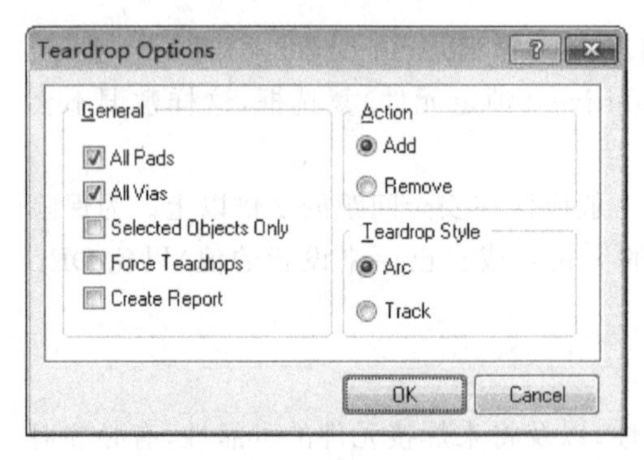

图 8－115　泪滴设置对话框

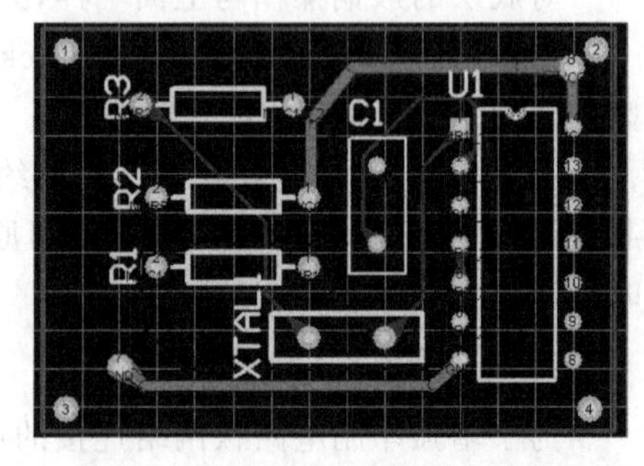

图 8－116　补泪滴后的电路板图

3. 包　地

包地就是为了防止干扰,用接地线将某一条导线或网络包在中间,从而与区域的导线和网络隔离开。下面对与时钟相连的线进行包地。

① 选择 Edit→Select→Net 菜单项,在弹出的级联菜单中选择需要包地的网络,如图 8－117 所示。

② 放置屏蔽导线。选择 Tool→Outline Selected Objects 菜单项,则选中的网络将会被地线包住,如图 8－118 所示。

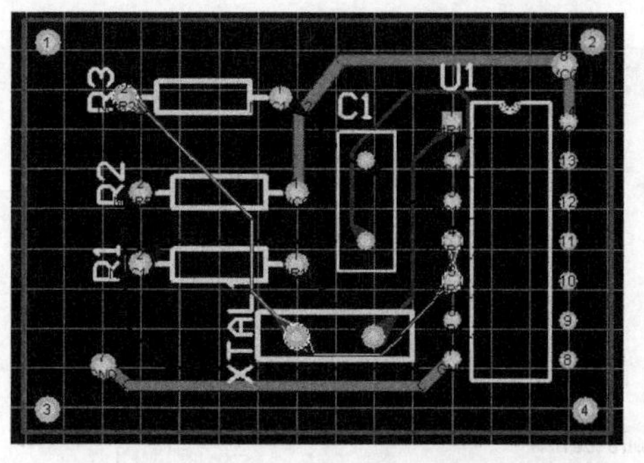

图 8-117 选择需要包地的网络

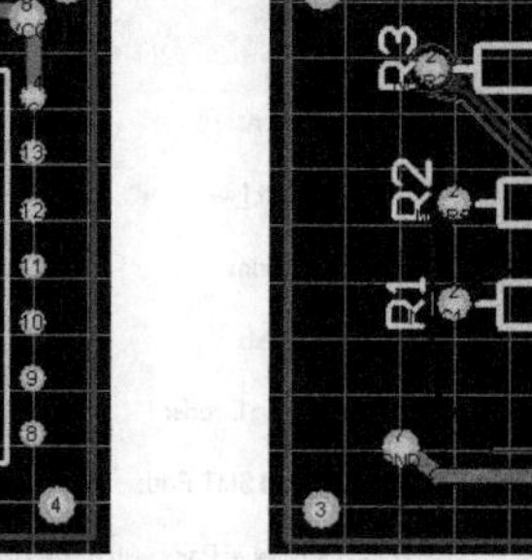

图 8-118 屏蔽导线

注意:需要放置屏蔽导线的导线一定要与其余的导线保持一定的距离,这是因为屏蔽导线也要占据一定的空间。

8.10 设计规则检查

对布线完毕后的电路板进行DRC(Design Rule Check)检验是必不可少的一步,通过检查可以查找出电路板上违反预先设定的规则的行为,为设计出正确的电路板提供了保证。

选择 Tools→Design Rule Check 菜单项,则系统弹出规则检验对话框,如图 8-119 所示。对话框中包括两项内容:Rules To Check(设计规则检验的设置)及 Report Options(报表选项),如图 8-120 所示。

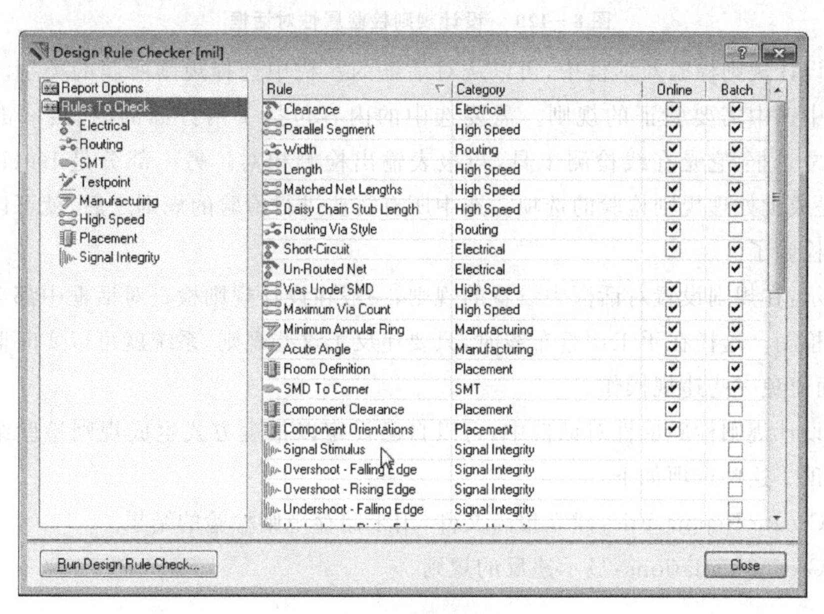

图 8-119 规则检验对话框

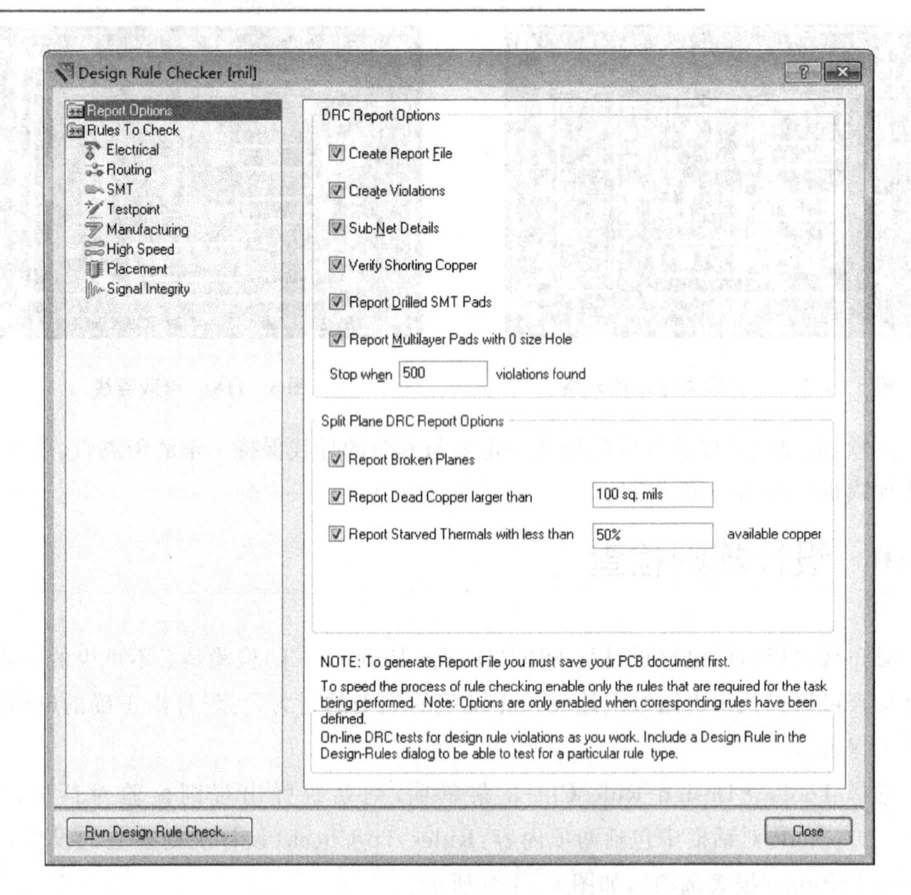

图 8-120 设计规则检验属性对话框

在设计规则检验对话框中，可以从对话框的左栏中选择规则所属的类别。然后在右栏中选中需要验证的规则。需要选中的内容包括了两方面的内容：一部分是 Online 复选框，它是在线检测工具，与报表输出检测相对。另一部分是 Batch 复选框，它是成批处理规则检验的选项。选中所有需要进行检验的规则之后，就可以进行规则地检验了。

提示：在规则设置对话框中设置的规则，一般在设计规则检查对话框中都会默认为在线检测。这样在手工调整布线时，只要违反了这些规则，系统就可以实时监测出来，从而避免一些违规操作。

在设计规则检验属性对话框中，可以自己设定以报表方式生成规则检验结果的各个选项。这些选项如下：

➢ Create Report File：建立报表文件，用来储存规则检验的结果。

➢ Create Violations：显示违反的规则。

➢ Sub－Net Details：对子网络一并进行规则检验。

➢ Internal Plane Warnings：内层警告。

➢ Verify Shorting Copper：设置覆铜是否短路。

➢ Stop when…violations found：当有 XX 次违反规则时停止规则检查。

设置完设计规则检验属性对话框后，单击 Close 按钮返回电路板文件设计的界面，这样就确定了需要在线检验的规则。如果想生成设计规则的报表文件，那么就单击对话框左下角的 Run Desing Rule Check 按钮，则 Altium Designer Winter 09 将会进行设计规则的全面检查，并生成一份检查报告，如图 8－121 所示。这份报告中将会记录所有违反规则的布局和布线。这些违反规则的布局和布线将在电路板上以高亮的绿色显示出来，并且在信息面板中给出违反规则的类型。要清除绿色的错误标记，则可以选择 Tools→Reset Error Markers 菜单项。

```
Protel Design System Design Rule Check
PCB File : \protel2004\Protel DXP 2004\Examples\PCB2.PcbDoc
Date     : 2007-8-23
Time     : 15:54:30

Processing Rule : Hole Size Constraint (Min=1mil) (Max=100mil) (All)
Rule Violations :0

Processing Rule : Height Constraint (Min=0mil) (Max=1000mil) (Prefered=500mil) (All)
Rule Violations :0

Processing Rule : Width Constraint (Min=10mil) (Max=10mil) (Preferred=10mil) (All)
   Violation         Track (2800mil,3720mil)(2800mil,3835mil)  Top Layer  Actual Width = 30mil
   Violation         Track (2765mil,3875mil)(2795mil,3845mil)  Top Layer  Actual Width = 30mil
   Violation         Track (2215mil,3875mil)(2770mil,3875mil)  Top Layer  Actual Width = 30mil
   Violation         Track (2111.177mil,3746.177mil)(2210mil,3880mil)  Top Layer  Actual Width = 30mil
   Violation         Track (2105mil,3555mil)(2105mil,3735mil)  Top Layer  Actual Width = 30mil
Rule Violations :5

Processing Rule : Clearance Constraint (Gap=10mil) (All),(All)
Rule Violations :0

Processing Rule : Broken-Net Constraint ( (All) )
   Violation         Net NetR5_2   is broken into 2 sub-nets. Routed To 0.00%
     Subnet : U1-6
     Subnet : R2-2
Rule Violations :1

Processing Rule : Short-Circuit Constraint (Allowed=No) (All),(All)
Rule Violations :0


Violations Detected : 6
Time Elapsed        : 00:00:01
```

图 8－121 规则检查报告

8.11 添加安装孔

PCB 板使用时需要用螺钉等固定，所以 PCB 板一定要设计安装方式。根据 PCB

板的安装要求，在需要放置固定安装孔的位置上放适当大小的焊盘来标记。焊盘的大小要根据使用的螺钉直径来判断，一般会选用 Multi－Layer(多层)安装焊盘的布置。先选定 Muti Layer(多层)，然后依次布置 1～4 号安装焊盘，如图 8－122 所示。至此便基本完成了一块实用电路板的创建。

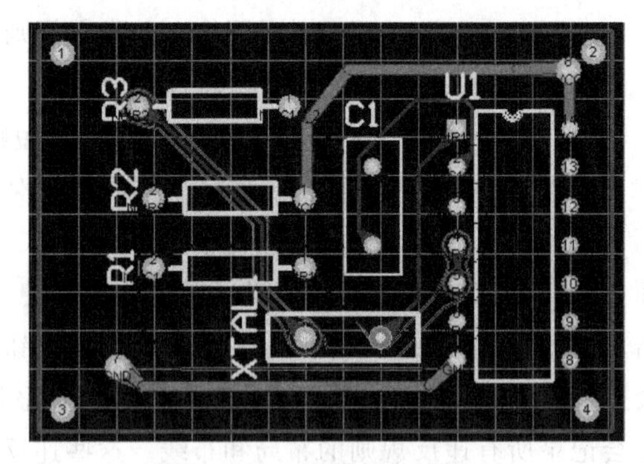

图 8－122 完成的电路板

8.12 3D 效果图

选择 View→Switch To 3D 菜单项，则 Altium Designer Winter 09 生成一个 3D 的效果图，如图 8－123 所示。同时，还会弹出一个效果导航面板，如图 8－124 所示。

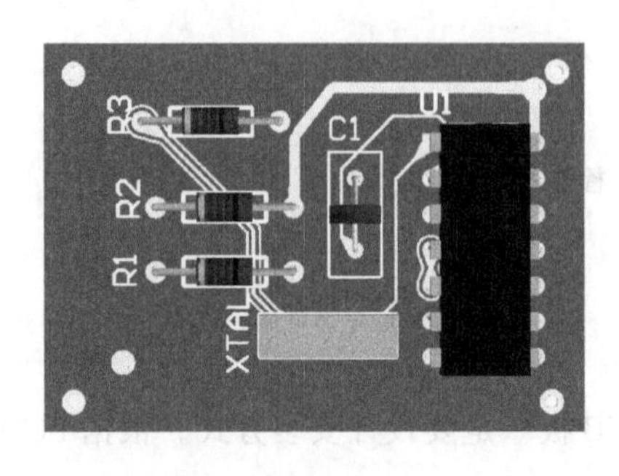

图 8－123 电路板的 3D 效果图

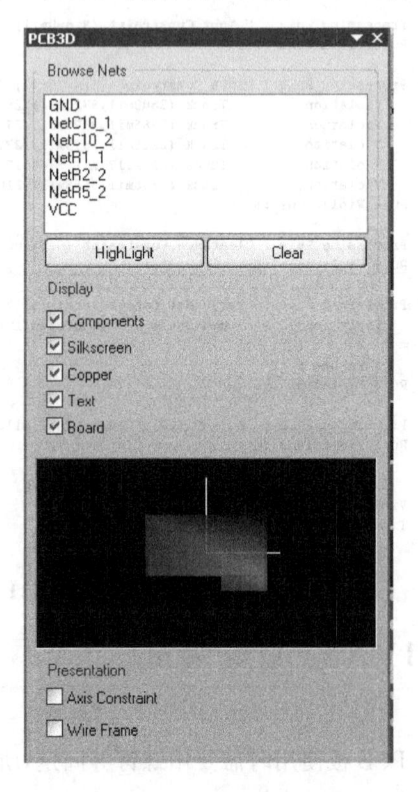

图 8－124 效果导航面板

PCB板视角切换栏可以对电路板进行各个角度的观察，只须在此栏中单击鼠标、左右或上下拖动，就可以看到视角变化后的效果图。

8.13 PCB制作实例

这里以单片机系统PCB设计为例进行介绍。工作原理：用单片机实现电流和电压的监测工作，在电流和电压都比较小的情况下，比较其值与某一标准值的大小。如果比标准值大，就输出声光报警信号。系统与RS232相连还可实现与PC机相连。

绘制单片机应用电路PCB步骤如下：

1. 准备工作

① 新建项目文件scma2.PRJPCB、原理图文件main.SCHDOC。放置AT89C2051单片机及外围必要的元件、地址编码接口（拨动开关和上拉电阻）并连线，构成一个单片机接口电路，如图8-125所示。绘制MAX232电平转换接口电路，如图8-126所示。绘制电流比较电路和电压比较电路，这两电路形式相同，但参数不同，可共用一个TL082P运放，如图8-127所示。

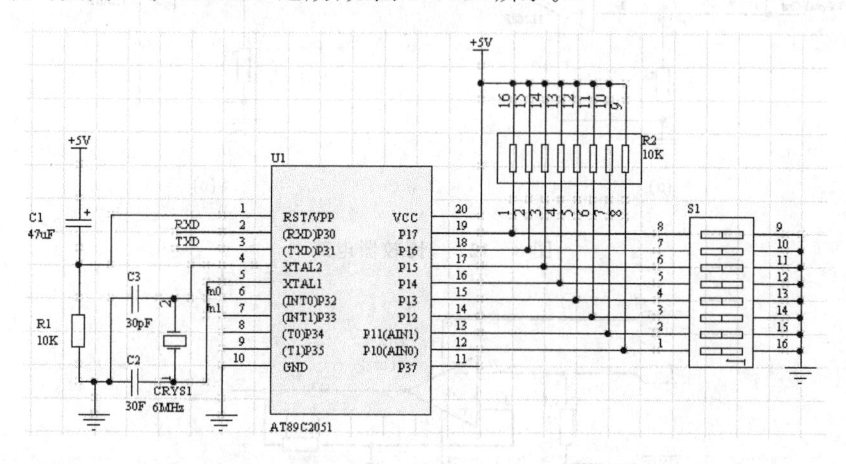

图8-125 单片机接口电路

② 新建原理图文件IV.SCHDOC，并绘制如图8-128所示的I/V转换电路原理图。

③ 新建原理图文件amp.SCHDOC，并绘制如图8-129所示运算放大电路原理图。

④ 新建原理图文件power.SCHDOC，并绘制如图8-130所示电源电路原理图。

至此，main.SCHDOC共包含4个原理图文件。

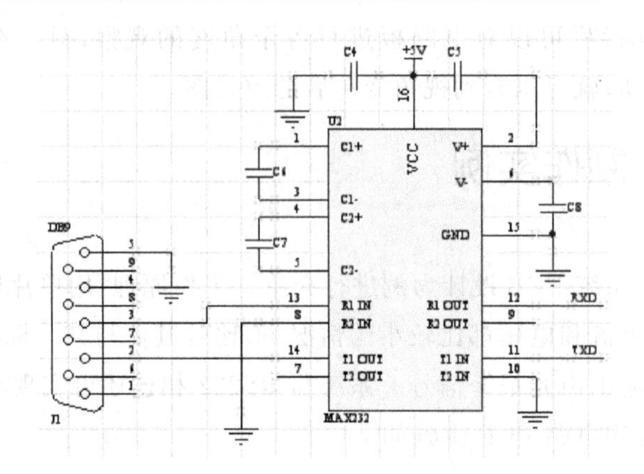

图 8-126 MAX232 电平转换接口

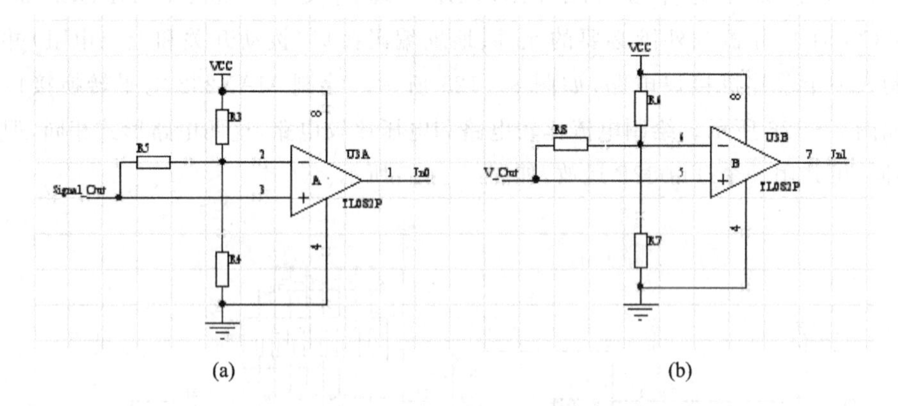

图 8-127 比较器电路

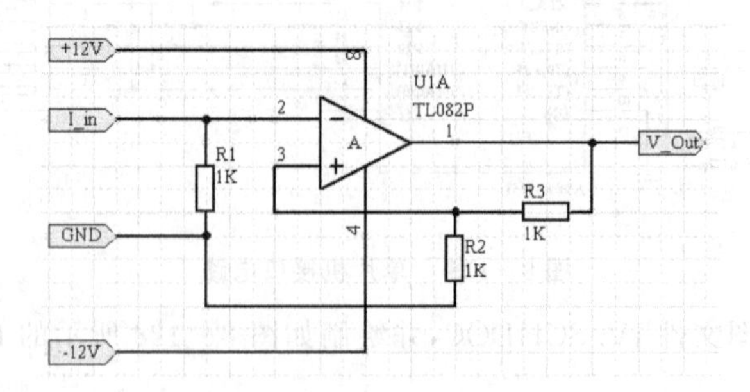

图 8-128 I/V 转换电路

⑤ 完成总电路图的绘制。加入电源电路 power. SCHDOC、I/V 转换电路 IV. SCHDOC 和运算放大电路 amp. SCHDOC 的标记。选择 Design→Create Sheet Symbol From Sheet 菜单项，则弹出如图 8-131 所示的对话框，该对话框列出项目中的 3 个原理图。

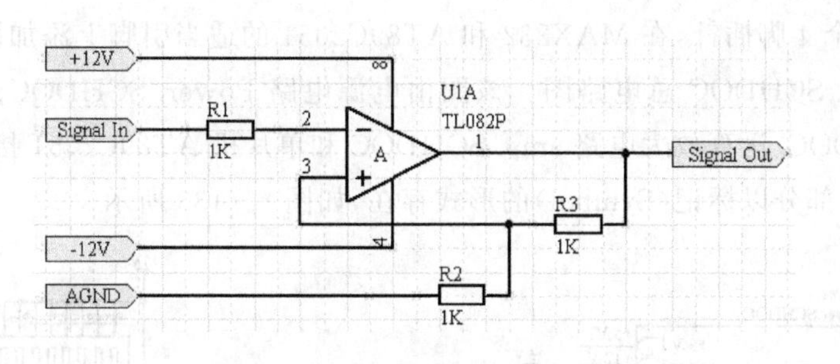

图 8-129 运算放大器电路图

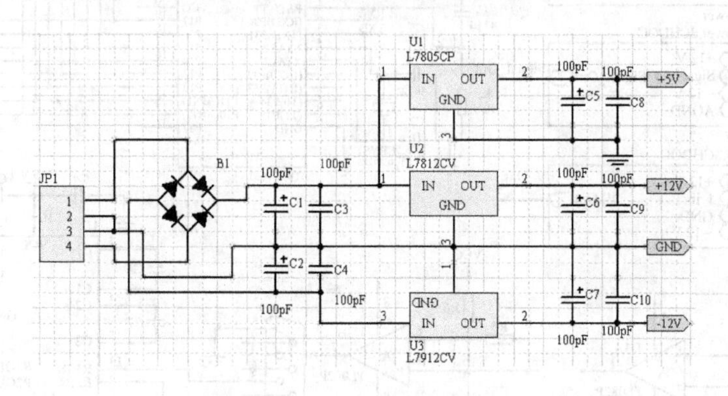

图 8-130 电源电路原理图

逐一选择放置 3 个标记，把 3 个模块各个端子引线导出，并添加网络标号，如图 8-132 所示。

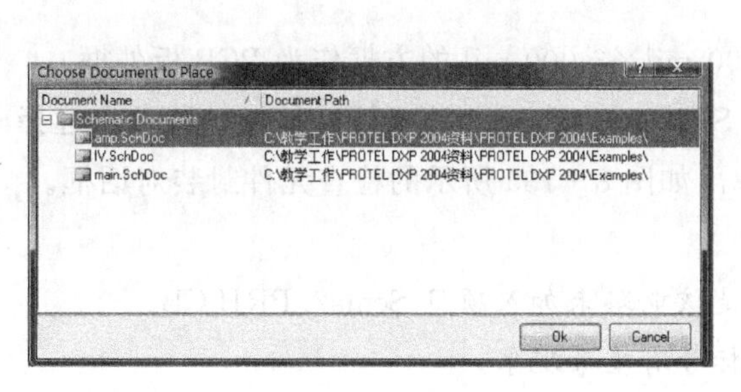

图 8-131 选择用于创建标记的原理图

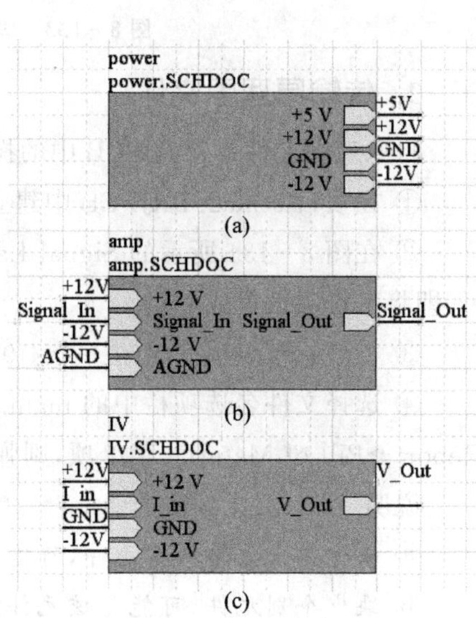

图 8-132 3 个原理图标记

添加一个 4 脚插针，在 MAX232 和 AT89C2051 的适当引脚上添加网络标号，完成最终 main. SCHDOC 总电路图。该图由电源电路 Power. SCHDOC、I/V 转换电路 IV. SCHDOC、运算放大电路 amp. SCHDOC 和单片机 AT89C2051 接口 4 部分组成，其中前 3 部分以标记(Symbol)的形式存在，如图 8－133 所示。

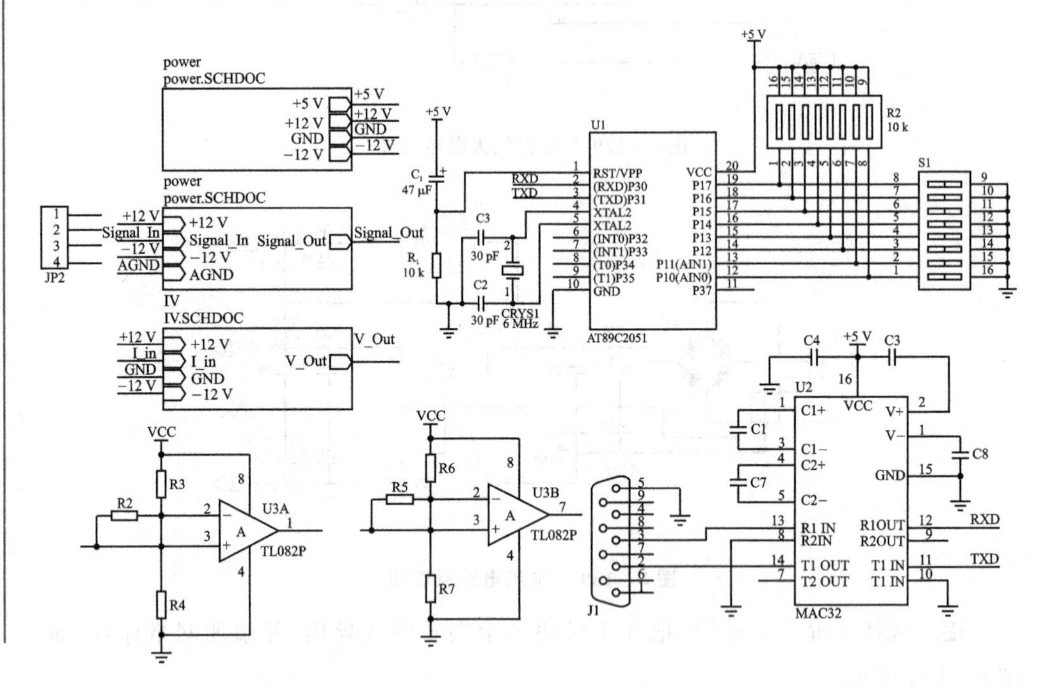

图 8－133 单片机应用系统原理整图

2. 传输原理图文件

将原理图文件传输到 PCB 中的操作步骤如下：

① 在项目 scma2. PRJPCB 中建立一个新的 PCB 文件 main. PCBDOC。

② 在图 8－134 所示的 Signal Layers 分组框中选中 Bottom Layer 和 Top Layer，即将工作层设置成双层。

③ 在禁止布线层中绘制一个 4 000 mil×3 000 mil 的方框作为 PCB 板外框。

④ 选择文件名选项栏中的 main. SCHDOC 选项，切换到原理图编辑环境，选择 Report→Bill of Material 菜单项，则弹出如图 8－135 所示的检查元件封装对话框。

说明：

ⓐ 缺少某一电路所有元件，可能是该电路未加入项目 Scma2. PRJPCB。

ⓑ 缺少个别元件，可能是该元件标号有重号现象。

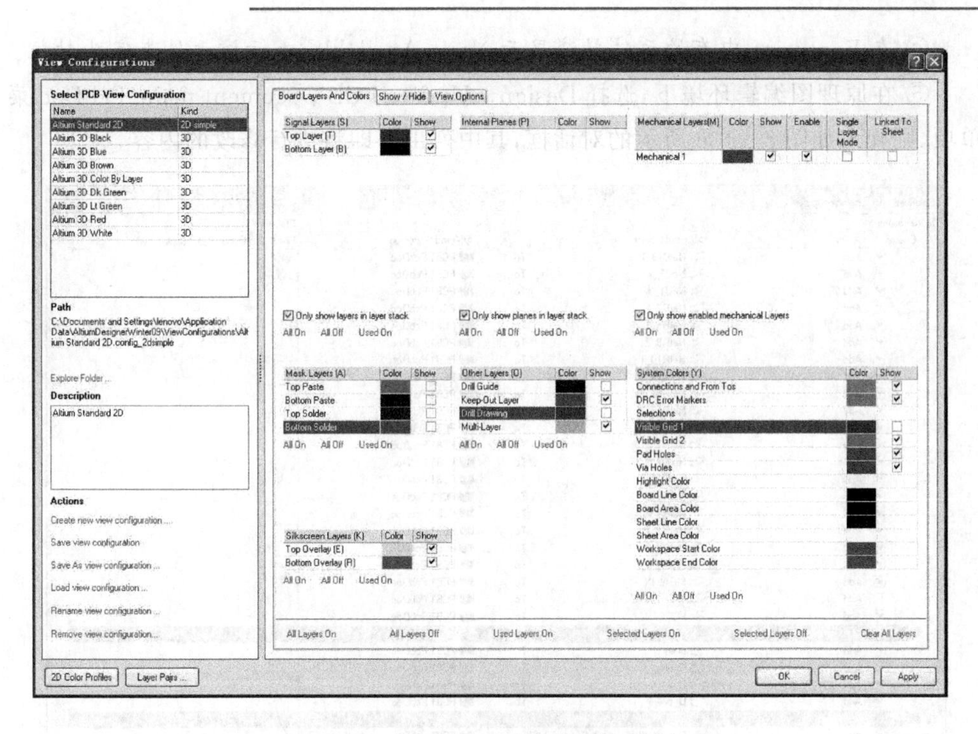

图 8－134　工作层设置对话框

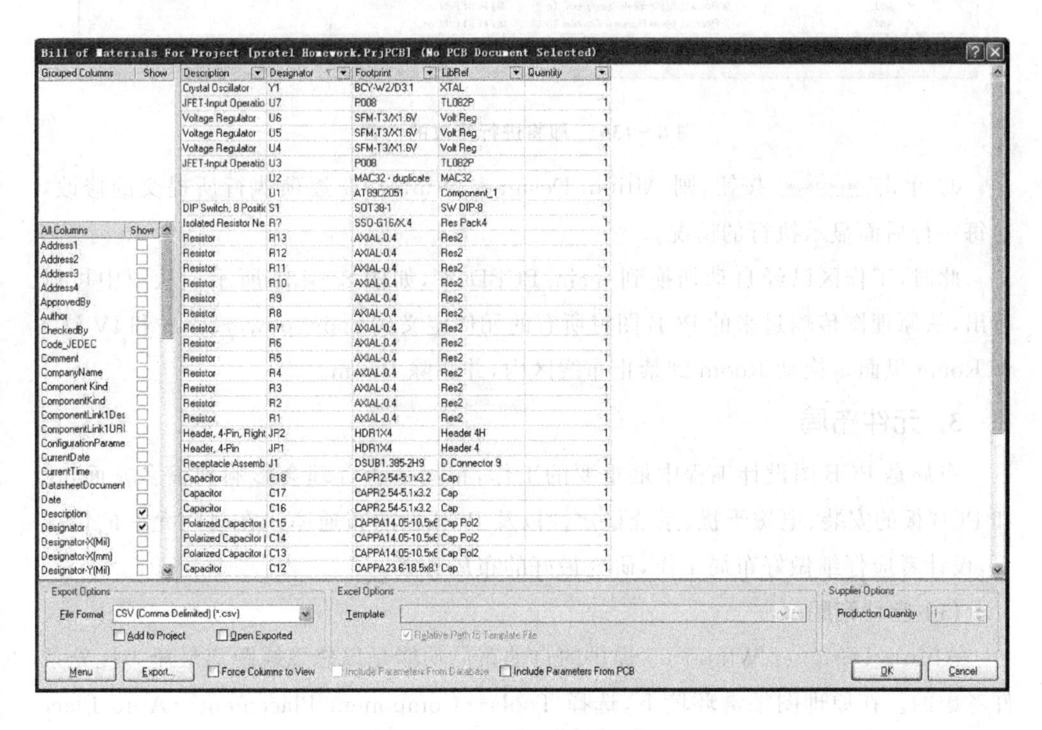

图 8－135　检查元件封装对话框

ⓒ 在Footprint中有的元件封装显示None Available,表示该元件未定义封装。

⑤ 在原理图编辑环境下,选择Design→Update PCB Document main. PcbDoc菜单项,则弹出如图8-136所示的对话框,其中列出了即将进行修改的内容。

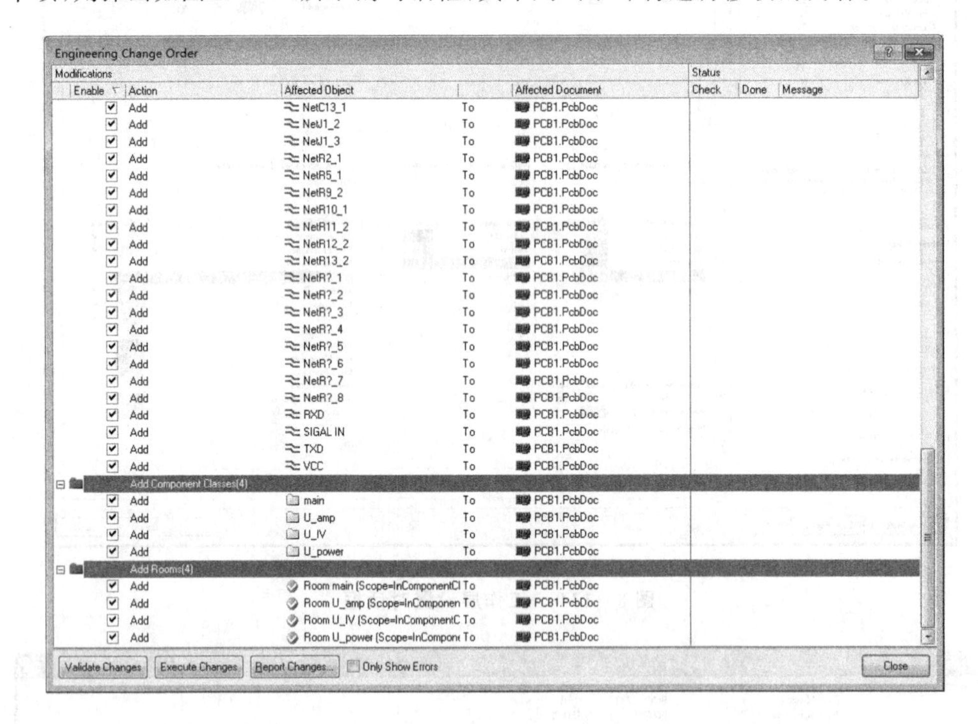

图8-136 即将进行修改的内容

⑥ 单击 Execute Changes 按钮,则Altium Designer Winter 09逐项执行所提交的修改,在每一行后面显示执行的情况。

此时,工作区已经自动切换到main. PCBDOC,如图8-137所示。从图中可以看出,从原理图传输过来的PCB图将所有的元件定义到main、power、amp和IV这4个Room里面。拖动Room到禁止布线区内,并删除Room。

3. 元件布局

布局是PCB图设计工程中最重要的工作,布局是否合理会影响到很多方面,比如PCB板的安装、电磁干扰、系统稳定性以及PCB板的布通率。在时间允许的情况下,设计者应仔细做好布局工作,研究最好的布局方案。

(1) 自动布局

Altium Designer Winter 09提供的自动布局功能是以总飞线距离最短为优先条件考虑的。在原理图编辑环境下,选择Tools→Component Placement→Auto Place菜单项,则弹出如图8-138所示的自动布局设置对话框。

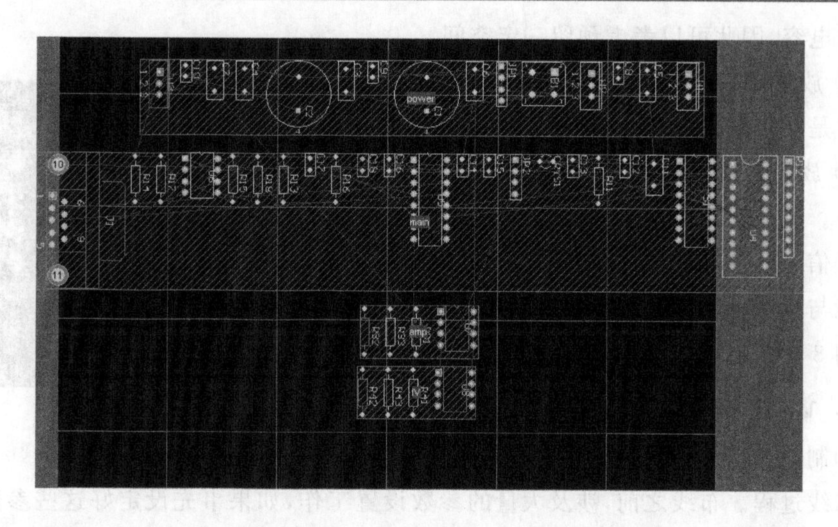

图 8-137 从原理图中传过来的内容

在该对话框中选择 Cluster Placer 方式，并且选中 Quick Component Placement 选项。单击 OK 按钮，自动布局结果如图 8-139 所示。从图中可以发现，所有的元件紧密排列，几乎每个元件都因为距离太近而被 Altium Designer Winter 09 以绿色作了标记。这种布局显然不合理，需要手工调整来使布局更加合理。

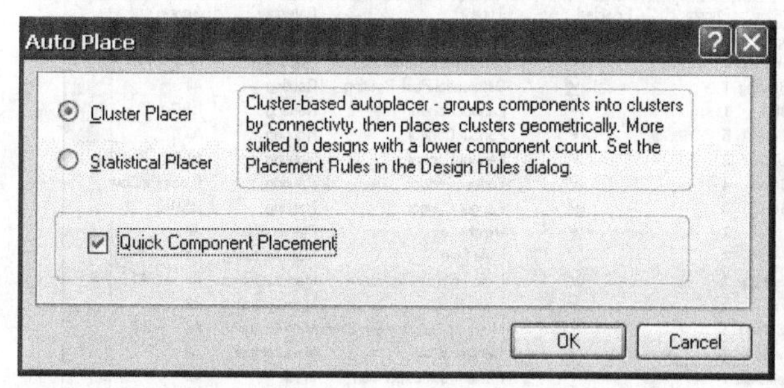

图 8-138 自动布局设置对话框

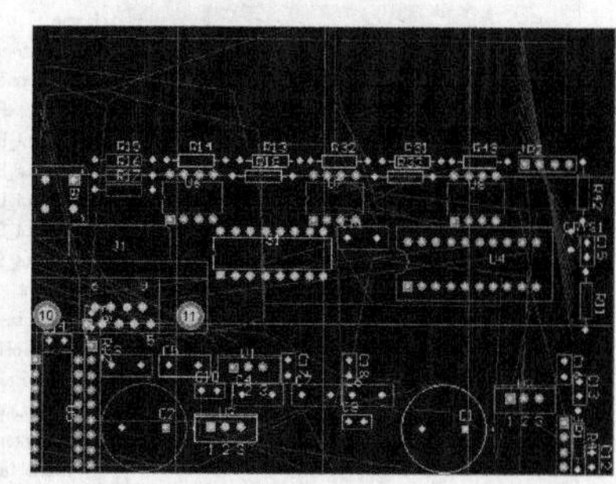

图 8-139 自动布局结果图

(2) 手工调整布局

在调整布局之前先大致构思一下，电路中哪些元件比较重要、哪些元件有特殊位置要求(如重量、散热等)，并对电路板大致做个分区。如本例中，电源部分放在上方、放大器电路和 IV 转换电路放在左下方、单片机电路放在右下方。

调整顺序如下：

① 放置接插件(J1、JP1、JP2)。单击鼠标，将接插件拖放到 PCB 板上适当的位置。

② 放置三端稳压器(U1～U3)。这个器件是电源部分的核心器件，由于两边各

有两个电容,因此可以考虑预留一定空间。

③ 放置单片机 89C2051(U4)。这个器件是数字电路的核心器件。

④ 放置晶振器件及电阻、电容等分立器件。晶振器件应尽可能靠近单片机的晶振信号输入脚(4、5 脚),电阻、电容尽可能与相应电路靠近。

图 8-140 为手工调整布局的结果。

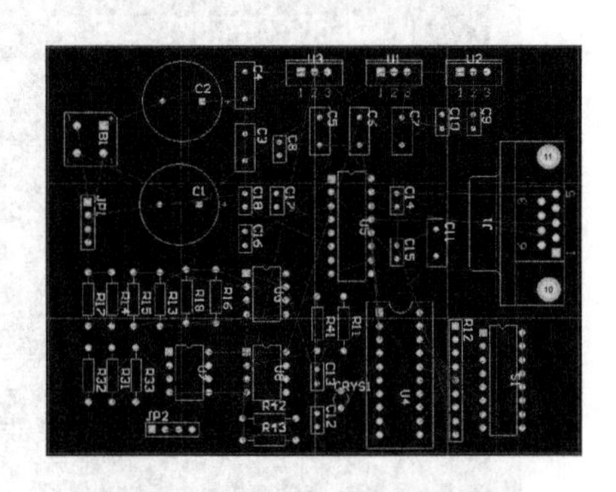

图 8-140　手工布局的结果

4. 设计规则的设置

印制电路板布局结束后便进入电路板的布线过程。布线之前,涉及大量的参数设置工作,如果事先设定好这些参数值,就可以减少很多修改工作。下面介绍布线规则设置的参数设置过程。

(1) 布线设计规则

选择 Design→Rules 菜单项,则弹出如图 8-141 所示的布线规则设置对话框,其中可以设置布线和其他参数。参数设置主要包括以下几部分:

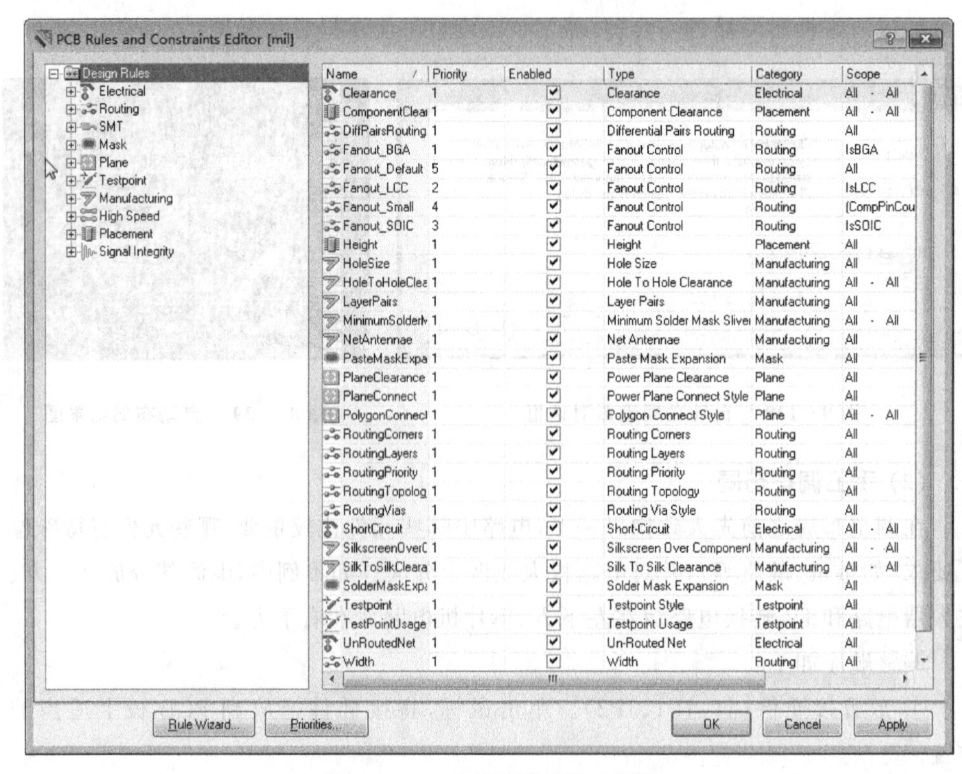

图 8-141　布线规则设置对话框

① 布线规则：一般集中在布线(Routing)类别中，包括走线宽度(Width)、布线的拓扑结构(Routing Topology)、布线优先级(Routing Priority)、布线工作层(Routing Layers)、布线拐角模式(Routing Corners)、过孔的类型(Routing Via Style)和传输控制(Fanout Control)。

② 电气规则(Electrical)类型包括：走线间距约束(Clearance)、短路(Short - Circuit)约束、Un - Routed Net(未布线的网络)和 Un - Connected Pin(未连接的引脚)。

③ SMT(表贴规则)设置具体包括：走线拐弯处表贴约束(SMD To Corner)、SMD 到电平面的距离约束(SMD To Plane)和 SMD 的缩颈约束(SMD Neck - Down)。

④ 阻焊膜和助焊膜(Mask)规则设置包括：阻焊膜扩展(Solder Mask Expansion)和助焊膜扩展(Paste Mask Expansion)。

⑤ 测试点(Testpoint)的设置包括：测试点的类型(Testpoint Style)和测试点的用处(Testpoint Usage)。

(2) 布线设计规则的参数设置

参见 8.7.2 小节的介绍，可设置如下参数：

- 走线宽度。
- 走线间距(Clearance)。
- 布线拐角模式(Routing corners)。
- 布线工作层(Routing Layers)。
- 布线优先级(Routing Priority)。
- 布线拓扑结构(Routing Topology)。
- 过孔类型(Routing Via Style)。
- 走线拐弯处与表贴元件焊盘的距离(SMD To Corner)。
- SMD 的缩颈限制(SMD Neck - Down)，即 SMD 的焊盘宽度与引出导线宽度的百分比。

5. PCB 自动布线

完成布线规则设置以后就可以进行布线操作了，但是这些布线规则并不能包括设计者所有的设计要求，因此还需要做一些预处理工作，以便更完整地体现设计者的设计思路。

(1) 自动布线前的预处理

1) 焊盘的处理(Pad)

设计封装库时，通常选择的焊盘半径都是用默认值。如果焊盘的半径偏小，焊接时烙铁的温度太高，就会出现脱落现象，因此常常需要对焊盘做一些处理。

在 PCB 图中选择一个焊盘，将光标移动到该焊盘上右击，在弹出的级联菜单中选择 Properties 项，则弹出如图 8 - 142 所示的对话框。设置完参数后，单击 OK 按钮，观察修改的结果。

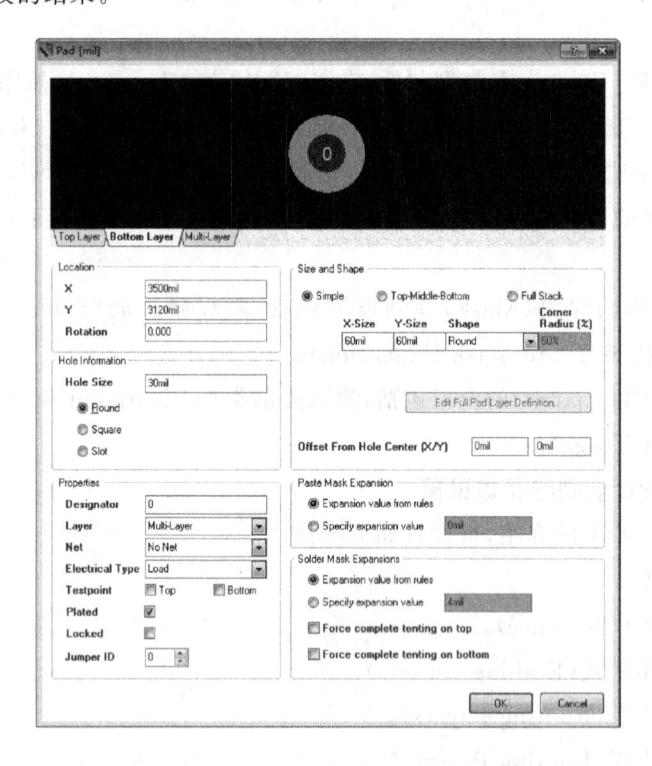

图 8 - 142　将圆形焊盘修改为椭圆形焊盘

2）对 PCB 板进行敷铜(Polygon Plane)

为了提高 PCB 的抗干扰性，通常对要求比较高的 PCB 板实行敷铜处理。比如，晶振电路是高频电路，应该禁止在晶振电路下面的顶层(Top Layer)走信号线，以免该信号线和晶振相互干扰，步骤如下：

① 单击布线工具箱框内的图标，或选择 Place→Polygon Pour 菜单项，则弹出如图 8 - 113 所示的敷铜区属性设置对话框。

② 设置好敷铜区属性参数后，单击 OK 按钮，然后用鼠标拉出一段首尾相连的折线，可以为任意形状多边形。本实例中，在顶层晶振电路下放置一块面积适当的敷铜区，如图 8 - 143 所示。

3）放置填充区(Fill)

填充区就是在 PCB 上的某些区域人为放置铜箔。填充区常常与地线相连，用于加大接地面积，提高 PCB 的屏蔽效果，同时还可以改善散热条件。填充区与敷铜区不同，填充区不带网格。

双击填充区，则系统弹出如图 8－144 所示的填充区属性设置对话框，选择填充区所在层(Layer)和所在的网络(Net)即可。

放置填充区操作方法：单击布线工具箱中的▢按钮，然后将光标移动到稳压集成电路和整流桥位置，拉出一个方框将它们覆盖起来，于是成功地放置了一块填充区。填充区属性默认为 Top Layer，如图 8－145 所示。

(2) PCB 自动布线

Altium Designer Winter 09 提供了具有先进技术的布线器来自动布线。选择 Auto Route 菜单项，打开如图 8－146 所示的下拉菜单。

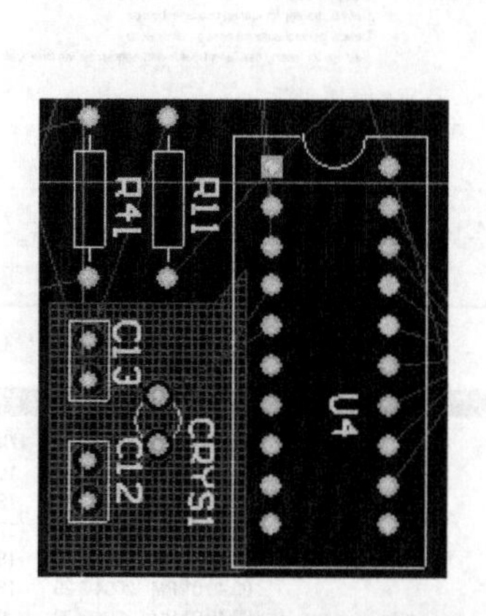

图 8－143　为晶振电路放置敷铜区

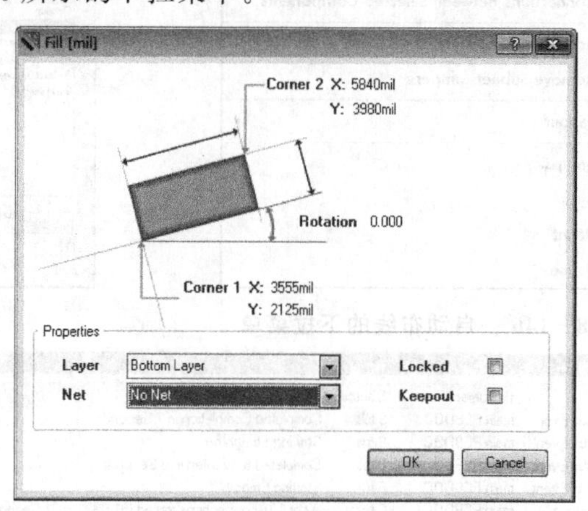

图 8－144　填充区属性设置对话框

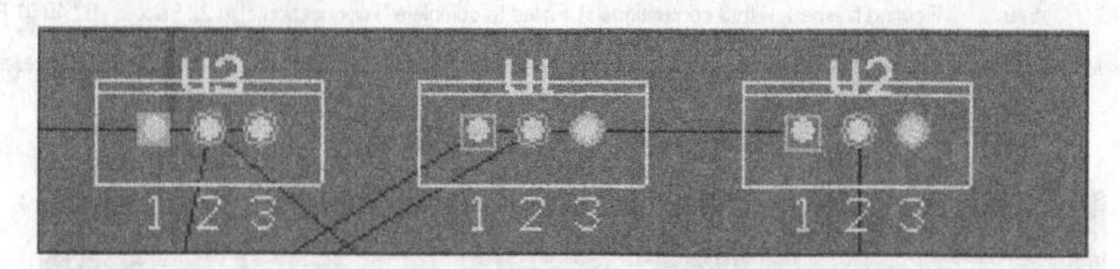

图 8－145　预处理后的效果图

1) 全局布线

其操作步骤如下：

① 选择 Auto Route→All 菜单项，对整个 PCB 图进行布线，则系统弹出如图 8－147所示的自动布线设置对话框。

② 单击 Route All 按钮，程序开始对电路板进行自动布线。最后，系统会弹出一个布线信息框，如图 8－148 所示，用户可以从中了解布线的情况。完成的布线结果如图 8－149 所示。从图 8－148 可看出仍有少量飞线未布成功，此时可调整相关器件位置，重新布线或手工布线。

如果发现以上自动布线结果不理想，可以选择 Tools→un-Rounte→All 菜单项，则发现刚才的所有布线全部消失了。

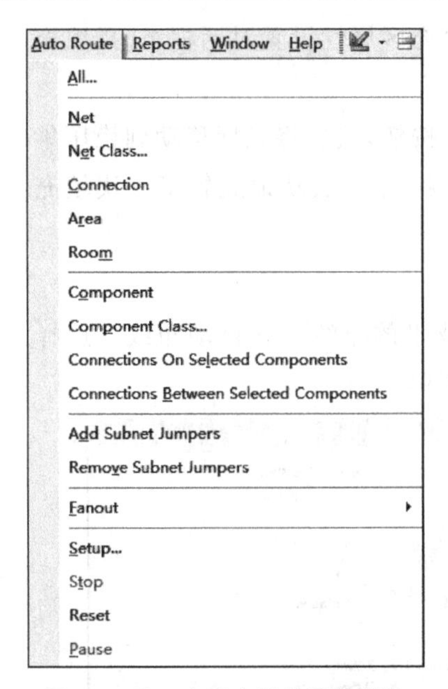

图 8－146　自动布线的下拉菜单

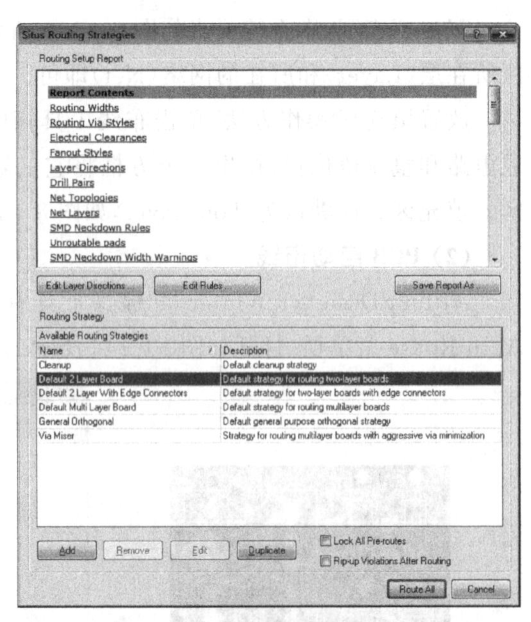

图 8－147　自动布线设置对话框

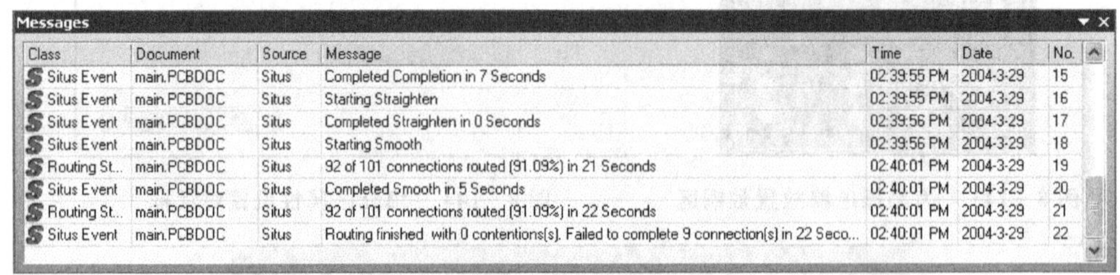

Messages

Class	Document	Source	Message	Time	Date	No.
Situs Event	main.PCBDOC	Situs	Completed Completion in 7 Seconds	02:39:55 PM	2004-3-29	15
Situs Event	main.PCBDOC	Situs	Starting Straighten	02:39:55 PM	2004-3-29	16
Situs Event	main.PCBDOC	Situs	Completed Straighten in 0 Seconds	02:39:56 PM	2004-3-29	17
Situs Event	main.PCBDOC	Situs	Starting Smooth	02:39:56 PM	2004-3-29	18
Routing St...	main.PCBDOC	Situs	92 of 101 connections routed (91.09%) in 21 Seconds	02:40:01 PM	2004-3-29	19
Situs Event	main.PCBDOC	Situs	Completed Smooth in 5 Seconds	02:40:01 PM	2004-3-29	20
Routing St...	main.PCBDOC	Situs	92 of 101 connections routed (91.09%) in 22 Seconds	02:40:01 PM	2004-3-29	21
Situs Event	main.PCBDOC	Situs	Routing finished with 0 contentions(s). Failed to complete 9 connection(s) in 22 Seco...	02:40:01 PM	2004-3-29	22

图 8－148　布线信息框

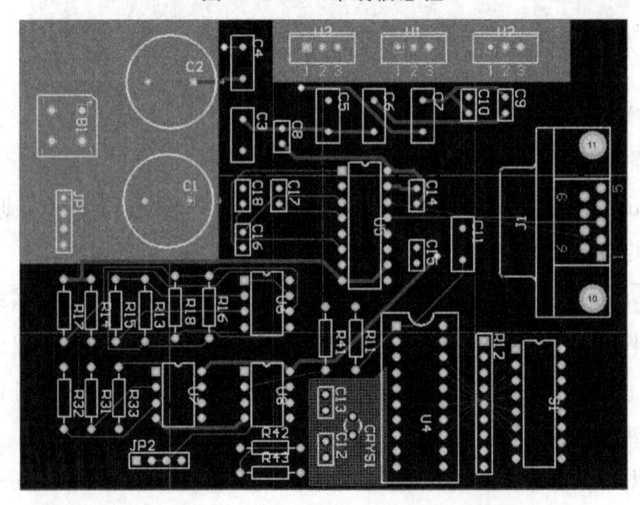

图 8－149　自动布线所得到的 PCB 图

2）选定网络进行布线

选择 Auto Route→Net 菜单项，对选中的网络自动布线，此时光标变成十字光标。在 PCB 编辑区内，单击的地方靠近焊盘时，则系统弹出如图 8－150 所示的菜单。选择需要布线网络的焊盘或者飞线，单击鼠标则选中的网络被自动布线，如图 8－151 所示。

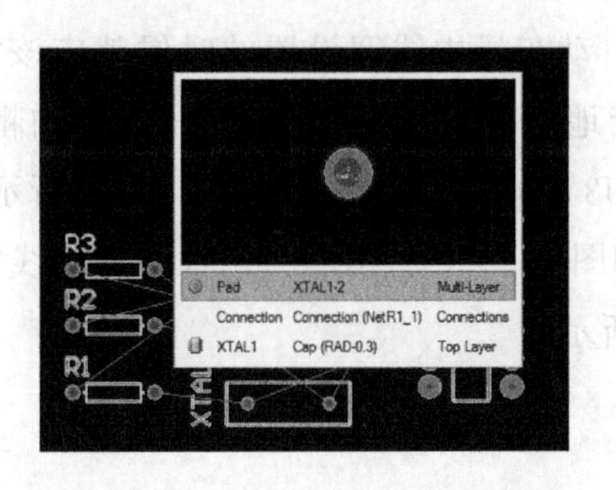

图 8－150 Net 布线方式菜单

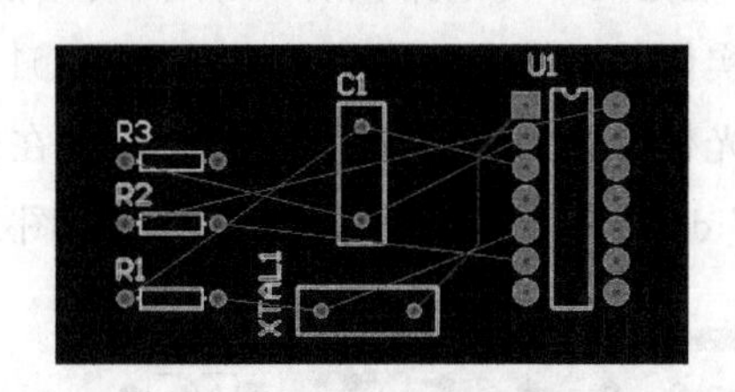

图 8－151 选定 Net 布线结果

3）两连接点进行布线

选择 Auto Route→Connection 菜单项，对选中的连接自动布线，如图 8－152 所示。

4）指定元件进行布线

选择 Auto Route→Component 菜单项，对选中元件上的所有连接进行布线，此时光标变成十字光标。在 PCB 编辑区内，选择需要进行布线的元件，则与该元件相连的网络被自动布线。本实例选中 U7 运算放大器，如图 8－153 所示。

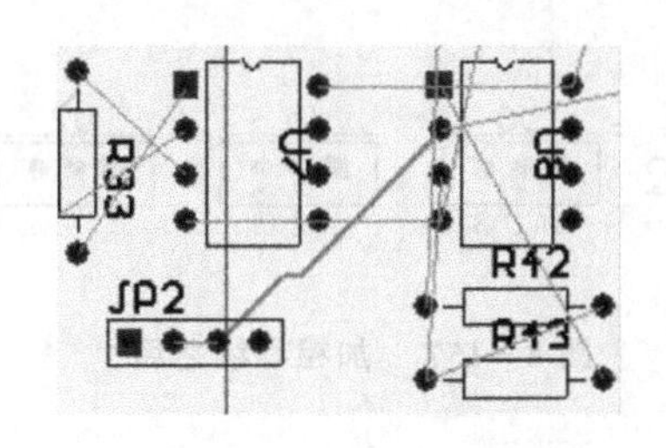

图 8－152 选定连接点进行布线

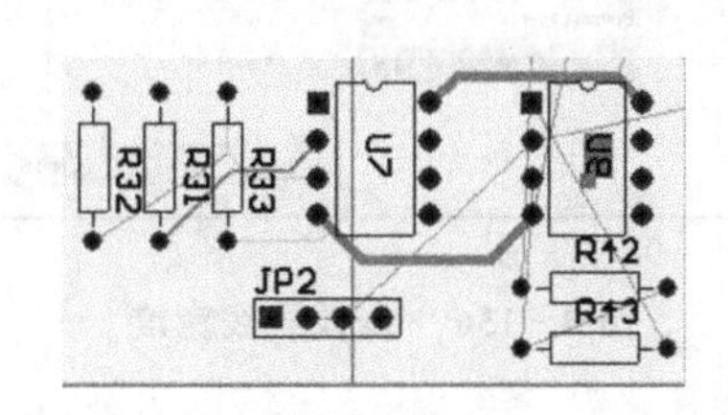

图 8－153 指定元件进行布线

5）指定区域进行布线

选择 Auto Route→Area 菜单项，对选中区域内所有的连接布线。不管是焊盘还是飞线，只要该连接有一部分处于该区域即可。选择该菜单项后，光标变成十字光标。在 PCB 编辑区内，用鼠标拉出一片区域，该区域内所有连接被自动布线，如图 8－154 所示。

6）自动布线设置

选择 Auto Route➝Setup 菜单项，则系统弹出图 8－147 所示的自动布线设置对话框。

(3) 手工调整印制电路板

自动布线之后，还应该用手工方式进行多次修改。

① 加宽电源/接地线。这一步工作其实在自动布局中线宽设置的时候就应该完成，但是设计完电路板后，如果需要增加电源/接地线的宽度，这时就需要手工加粗。本实例需要加宽三端稳压集成电路 U1、U2 和 U3 的电源输入线，如图 8－155 所示。将光标移动到要修改的导线上双击，在弹出的如图 8－156 所示的对话框中修改线宽（Width＝25 mil）。加宽后的导线如图 8－157 所示。

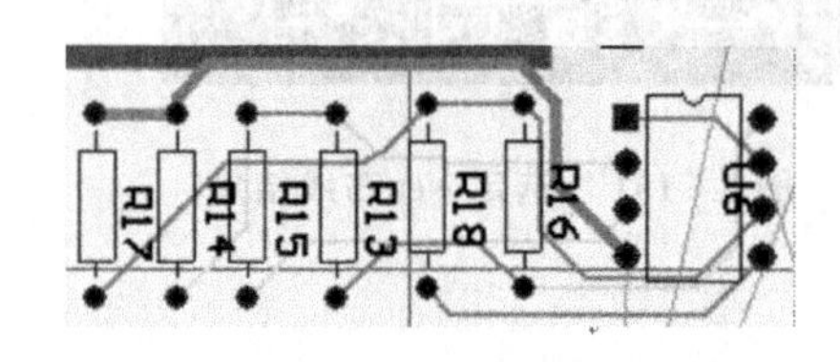

图 8－154　指定区域进行布线

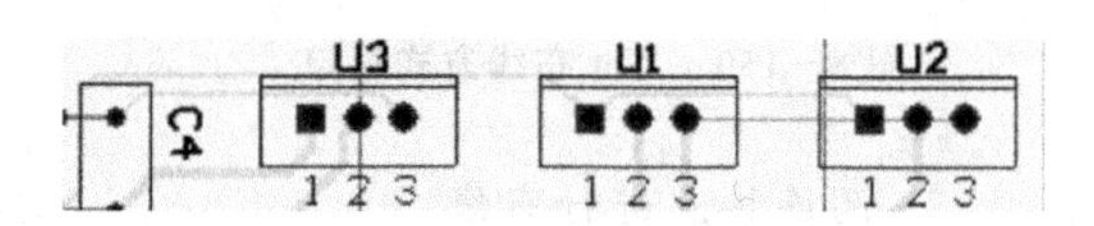

图 8－155　需要加粗的导线

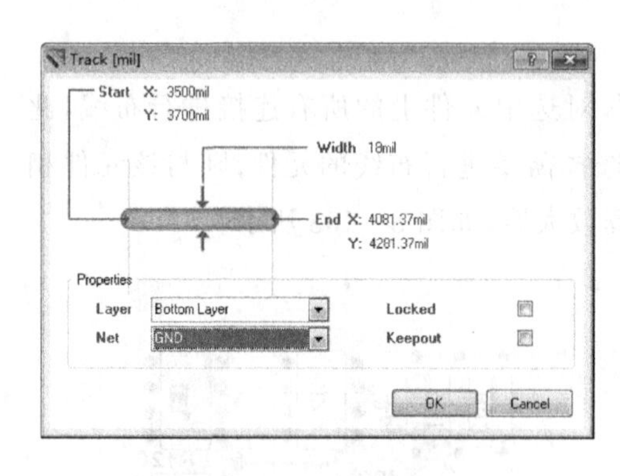

图 8－156　修改导线宽度

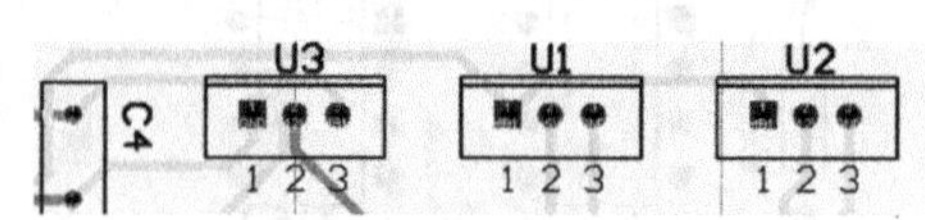

图 8－157　加粗导线之后

② 给飞线添加连线。自动布线完成后，有时少部分连线会未布成功，此时可调整器件位置并选择 Auto Route➝Connection 菜单项进行两连接点自动布线。

③ 修改拐弯太多的线。拐弯太多的线既不美观，又增加了走线长度，因此需要修改。有时候为了修改一条线，需要删除很多线，并重新手工布线。

④ 调整疏密不均匀的线。自动布线后可以看到板上很多的导线排列很密集，但是周围却有很大的空间，这时可以适当将这些导线的距离拉开，均匀分布。

⑤ 移动严重影响多数走线的导线。有时候由于某一根导线的位置安排得不好，

影响了几根导线的走线,这时可以调整这根导线的位置,以方便其他导线走线。

⑥ 去掉填充区。填充区的主要作用是防止在填充区内走线。在所有的布线工作完成之后,可以删除填充区。选择 Edit→Delete 菜单项,将光标移动到填充区上单击鼠标即可删除该填充区。

(4) 进一步处理

1) 补泪滴处理

选择 Tools→Teardrops 菜单项,弹出如图 8-158 所示的对话框。

选中 General 分组框中的 All Pads 复选项:对所有焊盘执行泪滴化操作。All Vias 复选项:对所有过孔执行泪滴化操作。Action 栏中选中 Add:执行泪滴化操作。Teardrop Style 栏中选中 Arc:圆弧形泪滴。之后单击 OK 按钮,泪滴化操作效果如图 8-159 所示。

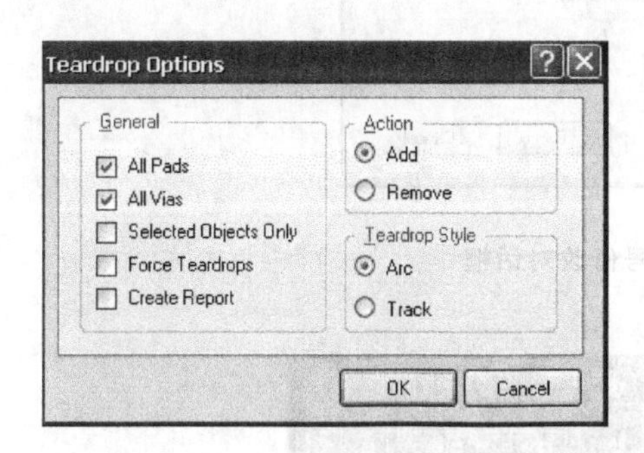

图 8-158 泪滴操作设置对话框

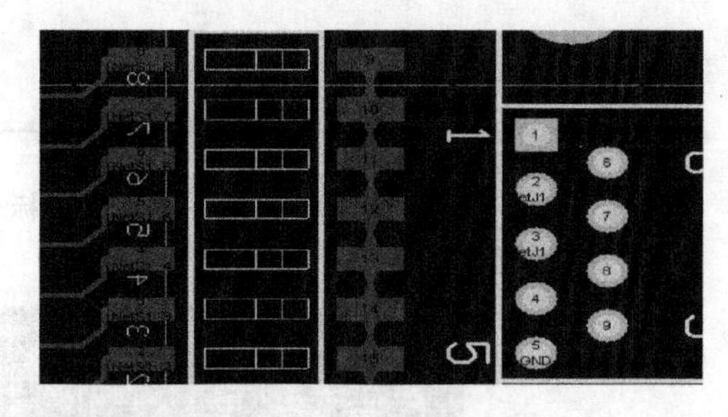

图 8-159 泪滴化效果图(部分)

2) 设置大面积敷铜区

在高频电路中,为了增强电路抗干扰能力,通常需要大面积的敷铜区与地线相连。敷铜区设置方法在前面预处理时已经讲过,这里不再赘述。

3) 调整器件标号

自动布局时,元件的标号以及注释是从网络表中获得的,并自动放置到 PCB 上。布线完毕以后,需要对器件标号进行调整,使文字排列整齐,字体一致,电路板更加美观。调整器件标号的步骤如下:

① 移动光标到需要移动的器件标号处,按住鼠标左键不放,拖动标号到合适的位置。拖动状态下按空格键可转动标号方向。

② 手工更改器件标号。在需要更改的标号处双击鼠标,则弹出如图 8-160 所示的对话框。在对话框中可修改标号的内容、字体、大小、位置以及放置方向等。

本实例经以上操作后,最终完成的 PCB 如图 8-161 所示。当然图中还有很多不足之处,请读者加以修改。

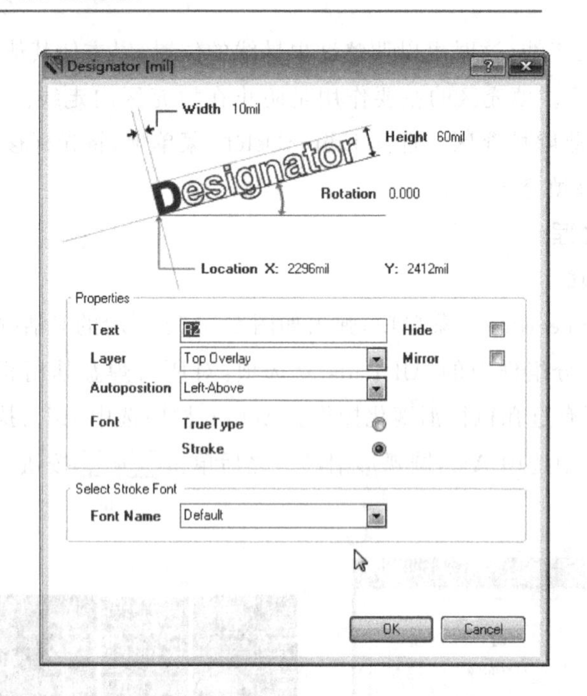

图 8-160 器件标号修改对话框

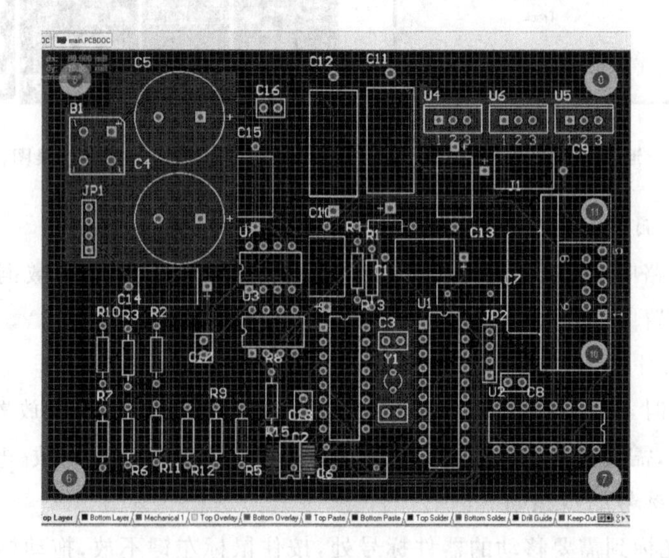

图 8-161 本实例最终 PCB 图

为了从整体上观察 PCB 的设计效果,可以使用 3D 仿真显示模式来显示 PCB。3D 模式可以让用户从任意角度观察自己设计的 PCB。要从 PCB 编辑器切换到 3D,只要选择 View→Switch To 3D 菜单项,或按下快捷键 3,或者从列表中的 PCB 标准工具栏中选择一个 3D 视图配置。

Altium Designer 的 3D 环境要求支持 DirectX 及相关技术,并使用一块独立的显卡。要想测试系统,以及让 Altium Designer 可以使用 DirectX,须打开 Preference 对话框中的 PCB Editor - Display 选项进行设置(选择 Tools→Preference 菜单项打开对话框)。

使用如下操作,用户可从不同角度观察电路板,如可以缩放显示、平移显示或旋转显示。

- 缩放:按下 Ctrl 键+鼠标右键,或者按下 Ctrl 键+鼠标滚轮,或者 PageUp 键与 PageDown 键。
- 平移:鼠标滚轮向上/向下,shift 键+鼠标滚轮向左/向右或向右拖动鼠标来向任何方向移动。
- 旋转:按住 shift 键进入 3D 旋转模式。光标处以一个定向圆盘的方式来显示。
  - ■ 用鼠标右键拖曳圆盘 Center Dot,可沿任意方向旋转视图。
  - ■ 用鼠标右键拖曳圆盘 Horizontal Arrow Y,可沿 Y 轴旋转视图。
  - ■ 用鼠标右键拖曳圆盘 Vertical Arrow X,可沿 X 轴旋转视图。
  - ■ 用鼠标右键拖曳圆盘 Circle Segment Y - plane,可在 Y 平面旋转视图。

按数字 0、9 键可将 PCB 进行 0°及 90°旋转,按键盘 V+F 键可全屏显示 PCB。

注意:在 PCB 编辑环境中,如果切换 3D 后显示效果如图 8 - 162 所示,移动电路板时在电路板中间显示 Action not available in 3d view,可能是计算机显卡不支持三维显示。选择 Tools→Legacy Tools→Legacy 3d view 菜单项,就可以显示正常的 3D 效果了,如图 8 - 163 所示。

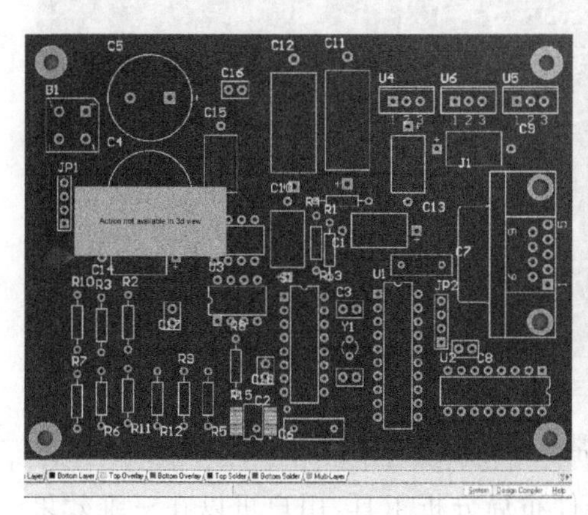

图 8 - 162　计算机显卡不支持三维显示

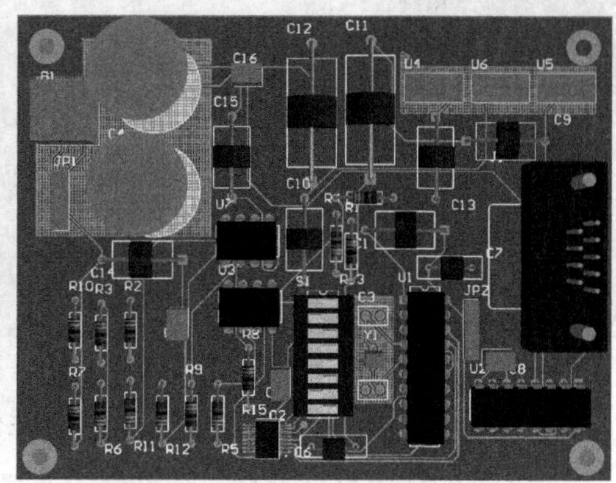

图 8 - 163　显示正常的三维效果图

在正常显示的三维效果图的左侧会打开 PCB 3D 面板,该面板主要是用于控制 3D 图形的显示效果。

➢ Browse Nets 区域：该区域列出了当前 PCB 文件的所有网络。选择其中的一个或几个网络，单击 Highlight 按钮，则 3D 效果图中相应的网络呈高亮状态显示。当希望取消高亮显示时，单击 clear 按钮即可取消高亮显示。

➢ Display 区域：该区域列出了 3D 图像中显示的元素，包括元件、丝印层、敷铜、文本及电路板。默认全部选中，如取消某选项，则 3D 图像不再显示选项对应的内容。

➢ 预览旋转工具区域：可以预览当前 3D 图像的方向及位置。移动光标到该区域中，单击鼠标，在该区域内上下左右拖动，3D 图像也会随之转动，可以看到不同方向上的 PCB 效果图。

➢ Presentation 区域：该区域包含两个复选框，用于控制 3D 图像的显示方式。

■ Axis Constraint：选中该复选框后，则每次光标调整 PCB 方向时只能沿一个坐标轴旋转。

■ Wire Frame：选中该复选框后，3D 图像将以线框的形式表现出来，如图 8-164 所示。

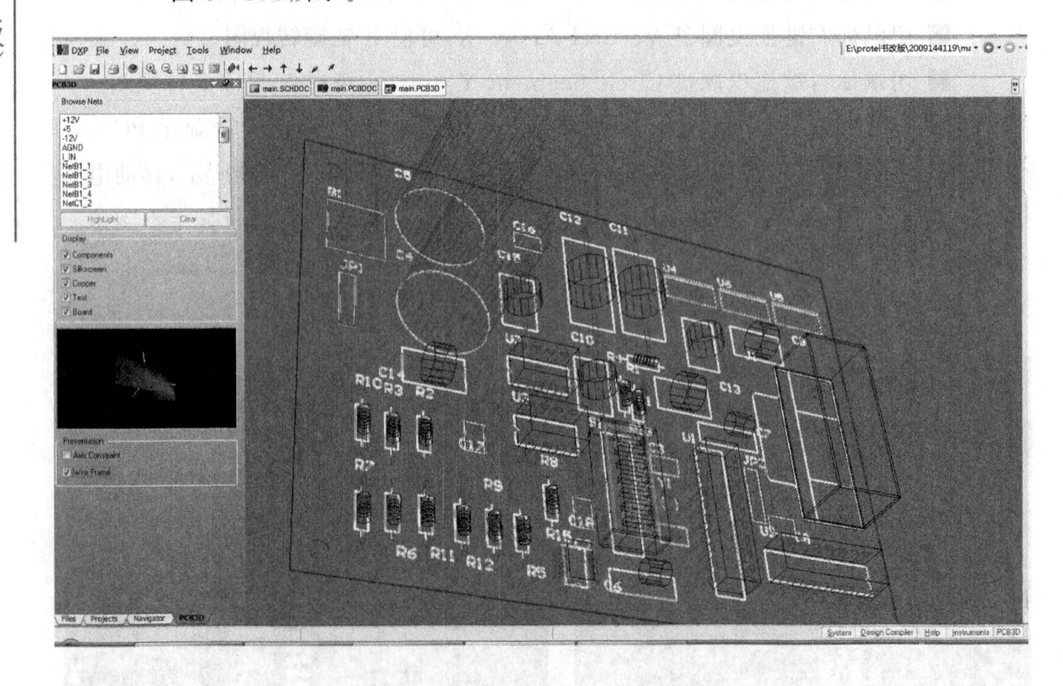

图 8-164　显示正常的 3D 效果图

PCB 的 3D 效果显示是一个很好的元器件布局分析工具，用户可以在三维效果图中观察到 PCB 的全貌，以便检查元器件封装的正确性和元器件之间的安装是否干涉以及布局是否合理等，尽量在 PCB 的设计阶段改正问题，从而缩短产品的设计周期并降低成本。

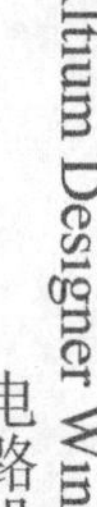

练习题

8.1　叙述进行电路原理图仿真的一般步骤。

8.2　简述网络连接的电气意义以及在已有的 PCB 板上添加网络连接的方法。

8.3　简述从装载网络表到生成 PCB 板的操作过程。

8.4　简述对 PCB 板敷铜、包地和补泪滴的作用。

第9章

制作元件封装

本书前面提到的元件封装都是使用 Altium Designer Winter 09 系统自带的元件封装。若设计中需要的元件封装在现有库中找不到，则需要使用元件封装编辑器生成一个新的元件封装。本章主要介绍使用 PCB LIB 创建元件封装的两种方法，即手工创建和利用元件封装向导（Wizard）来创建，最后介绍了把元件封装从 Protel99 中的元件库导入 Altium Designer Winter 09 元件库的方法。

9.1 启动元件封装编辑器

制作元件封装之前，首先需要启动元件封装编辑器，步骤如下：

① 选择 File→New→Library→PCB Library 菜单项，则可以启动元件封装编辑器，如图 9-1 所示。

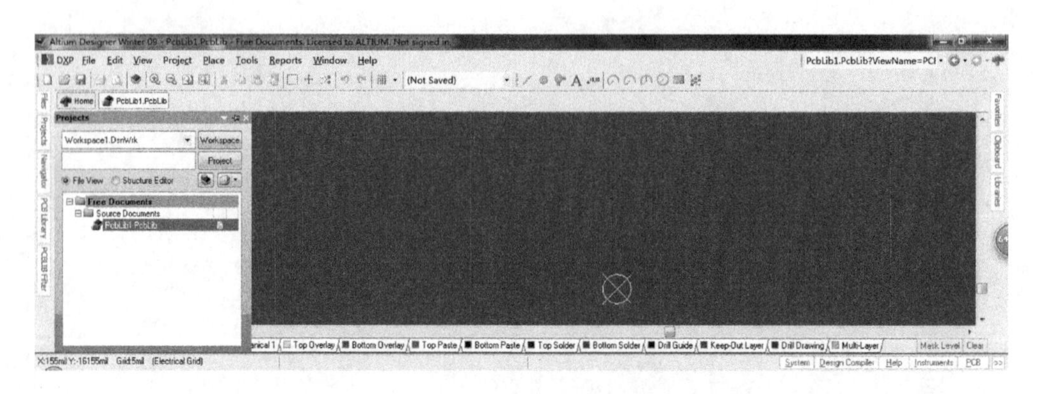

图 9-1 元件封装编辑器界面

② 将元件封装库保存起来。元件封装库文件的后缀名为. PcbLib，系统默认的文件名为 PcbLib1. PcbLib，保存时可以更改元件名保存。

9.2 创建新的元件封装

新建一个元件封装库后,就可以将自己设计的封装放在这个封装库中。创建元件的封装有两种方式:一是手工创建,二是利用向导创建。

下面介绍手工创建元件封装的过程。使用手工创建新的元件封装,首先需要设置封装参数。合理设置这些参数,可以使绘制封装简便许多。

9.2.1 元件封装参数设置及层的管理

初始设置元件封装时,只需要设置板面参数。板面参数主要设置与编辑操作、编辑界面有关的一些参数,如度量单位、过孔的内孔层尺寸、鼠标移动的最小间距等。选择 Tools→Library Options 菜单项,则弹出如图 9-2 所示的对话框。

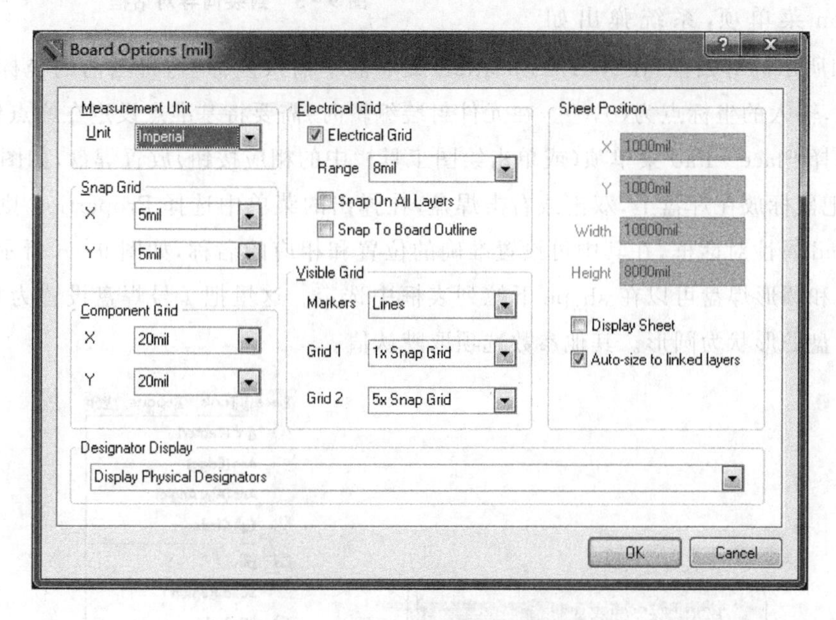

图 9-2 板面参数设置对话框

在这个对话框中主要设置栅格。将 Snag Grid (捕捉栅格)设为 20 mil,将 Component Grid (元件栅格)设为 20 mil,Visible Grid (可视栅格)设为 20 mil。

制作 PCB 元件时,同样需要进行层的设置和管理,其操作过程与 PCB 编辑管理的层操作相同,具体操作参考 7.7 节的介绍。

9.2.2 手工绘制元件封装

手工绘制元件封装的步骤如下:

1. 创建新的封装

进入到当前的元件库文件后，选择 Tools → ComponentWizard 菜单项，则弹出封装向导对话框，如图 9-3 所示。因为要进行手工绘制元件封装，所以单击 Cancel 按钮退出封装向导程序，系统自动切换到新建的元件封装设计页面。

图 9-3　封装向导对话框

2. 放置焊盘

选择 Edit→Jump→New→Location 菜单项，系统弹出如图 9-4所示的对话框，在 X/Y-Location 文本框中输入坐标值，将当前的坐标点移到原点，输入的坐标点为(0,0)。在元件封装编辑时，需要将基准点设定在原点位置。

选择 Place→Pad 菜单项(或单击绘图工具栏中的相应按钮)放置焊盘，如图 9-5 所示，把鼠标放在焊盘上，双击或右击焊盘，在弹出的菜单中选择 Properties，则显示焊盘 Pad 属性对话框，在其中可设置准确的位置和相应的名称，如图 9-6 所示。方形焊盘和圆形焊盘可以在 shape 下拉列表框中选定。这里把 1 号焊盘设置为矩形，其他焊盘的形状为圆形。其他参数选项取默认值。

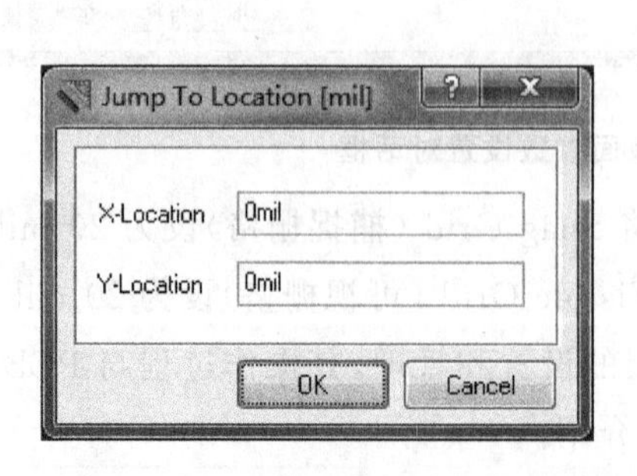

图 9-4　"位置设置"对话框

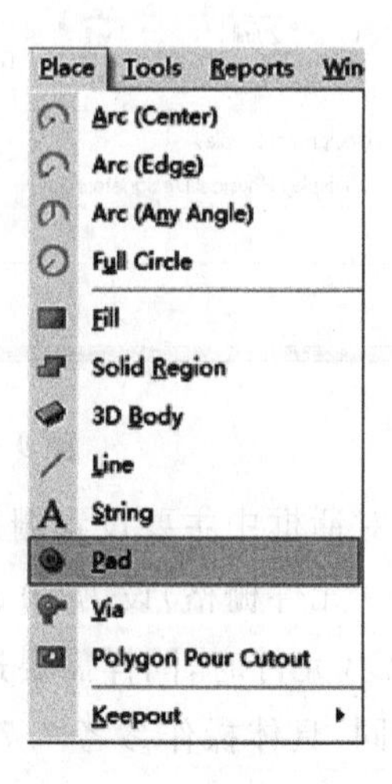

图 9-5　Place 菜单

在放置焊盘时，要根据元件引脚之间的实际距离，设置相邻两焊盘之间的水平间

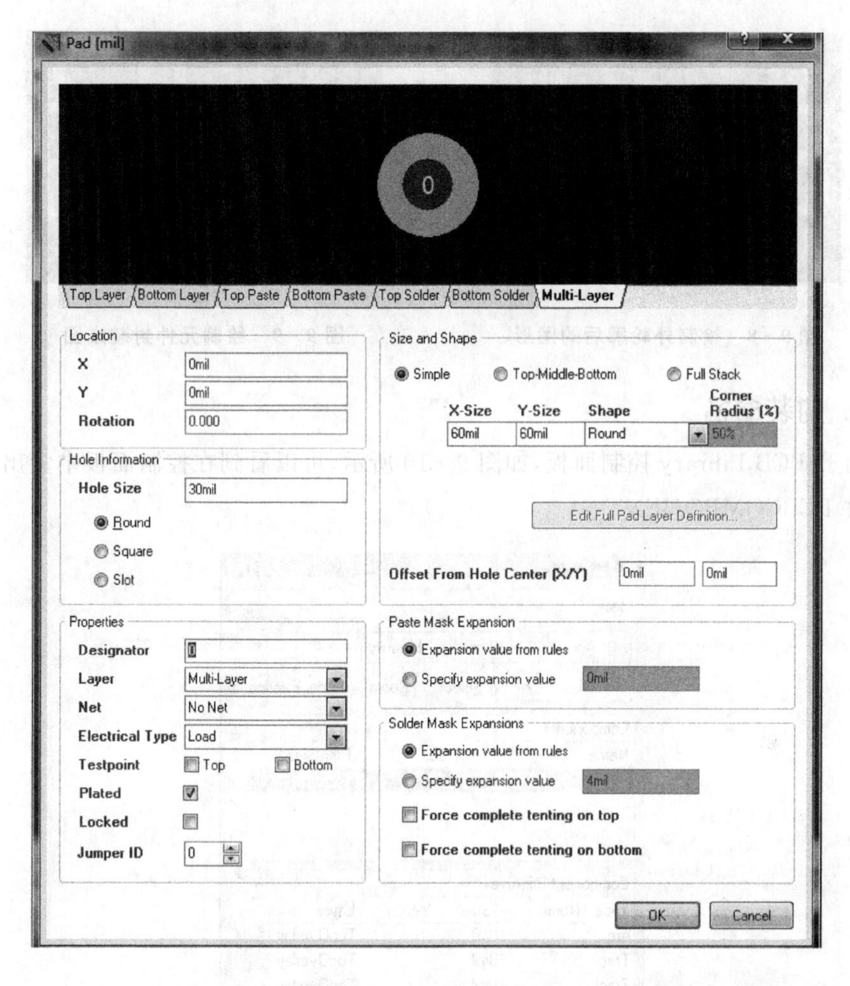

图 9-6 焊盘属性设置

距和垂直间距。放置完焊盘后如图 9-7 所示。

3. 绘制轮廓线

轮廓线一般放置在丝印层中，因此，要先将板层切换到 Top Overlay 层。选择 Place→Line 菜单项，或使用绘图工具绘制直线命令，完成轮廓线的绘制，如图 9-8 所示。选择 Place→Arc 菜单项，或使用绘图工具在外形轮廓上绘制圆弧，最终完成元件封装的绘制，如图 9-9 所示。

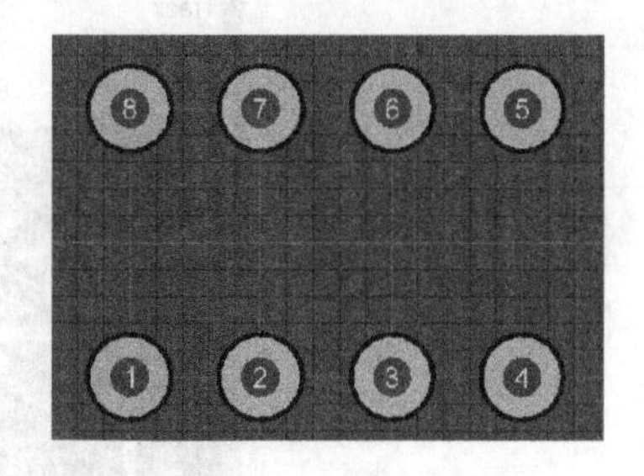

图 9-7 在图纸上放置焊盘

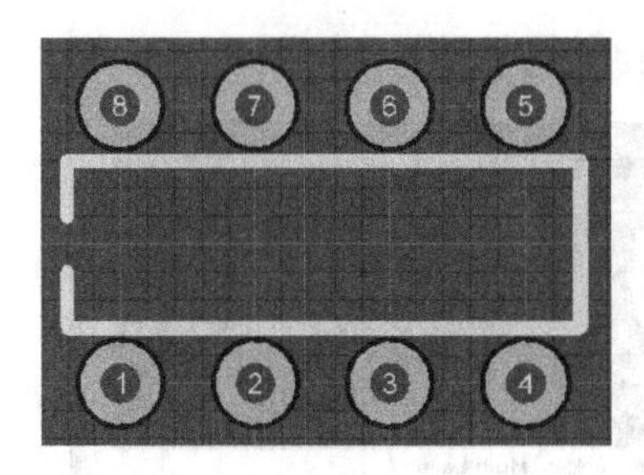

图 9-8 绘制外轮廓后的图形

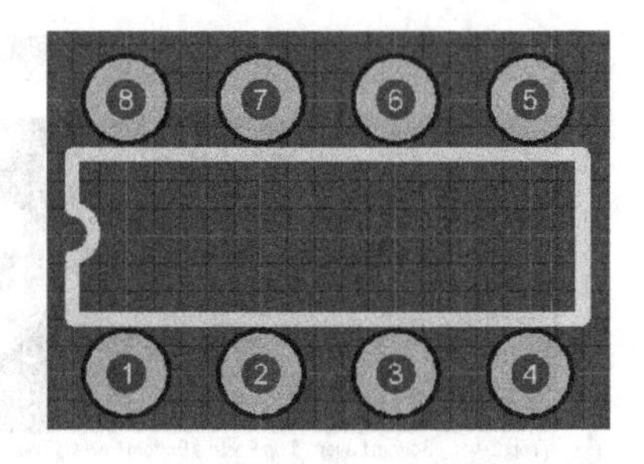

图 9-9 绘制元件封装成图

4. 封装命名

打开 PCB Library 控制面板，如图 9-10 所示，可以看到在控制面板中多出了一个文件 PCBCOMPONENT_1。

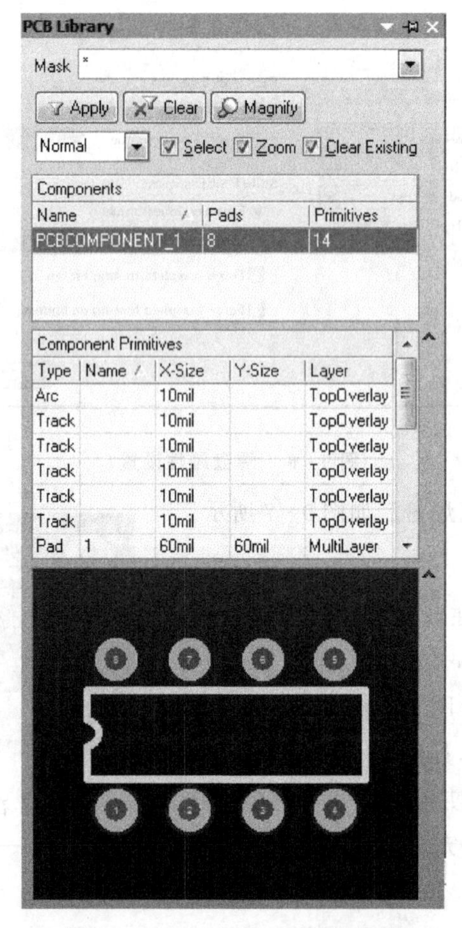

图 9-10 PCB Library 控制面板

在这个名称上双击，则弹出一个对话框，如图 9-11 所示。在 Name 文本框中为新创建的元件封装重新命名，如 DIP8。输入元件封装的名称后可以看到，元件封装管理器中的元件名称也相应改变了。

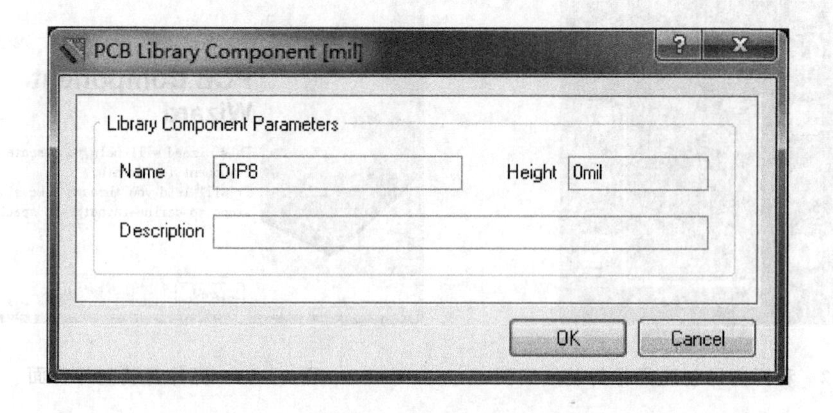

图 9-11 元件封装属性的设置

5. 设置元件封装参考点

为了标记一个 PCB 元件用作元件封装，需要设定元件的参考坐标，通常设定 Pin1（即元件引脚 1）为参考坐标。

设置元件封装的参考点可以选择 Edit→Set Reference 菜单项中的相关命令，其中包含 Pin1、Center 和 Location 这 3 项。如果执行 Pin1 命令，则设置引脚 1 为元件的参考点；如果执行 Center，则表示将元件的几何中心作为元件的参考点；如果执行 Location，则表示由用户选择一个位置作为元件的参考点。

6. 元件封装库的保存

选择 File→Save 菜单项，将新建的元件库保存，以后应用时即可调用。

9.2.3 使用封装向导创建元件封装

Altium Designer l 提供的元件封装向导是电子设计领域里的新概念，允许用户预先定义设计规则，定义结束后元件封装编辑器自动生成相应的新元件封装。下面以图 9-12 为例介绍用向导创建元件封装的基本步骤：

① 启动并进入元件封装编辑服务器。

② 选择 Tools→New Component 菜单项，则系统弹出如图 9-13 所示的对话框，这就进入了创建元件封装向导，接下去可以选择封装形式，并定义设计规则。

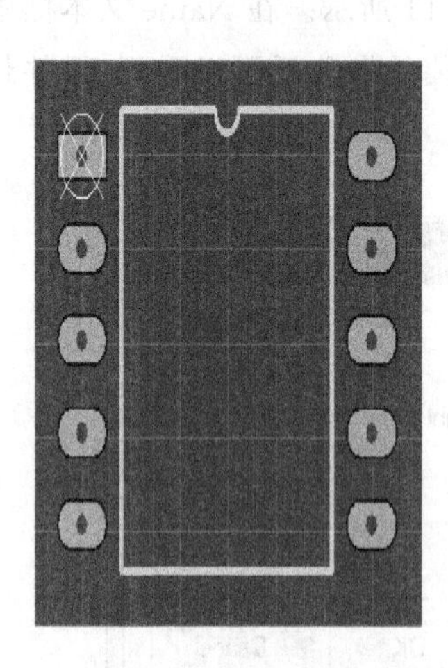

图9-12 利用向导创建元件封装的实例

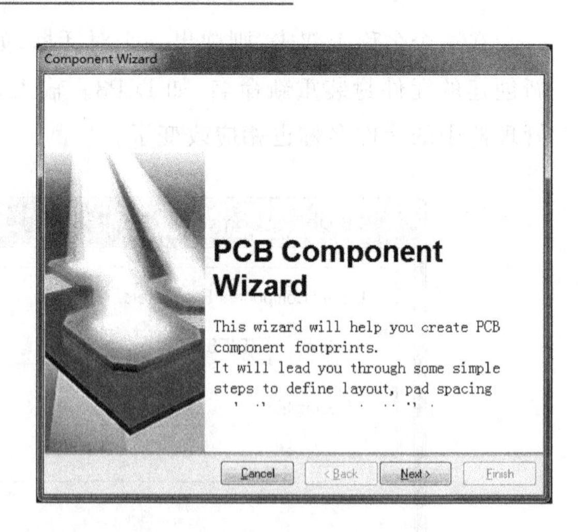

图9-13 元件封装向导界面

③ 单击 Next 按钮进入下一步。根据本实例要求,选择 DIP 封装外形。另外在如图 9-14 所示对话框中还可以选择元件封装的度量单位,有 Metric(mm,米制)和 Imperial(mil 英制)。

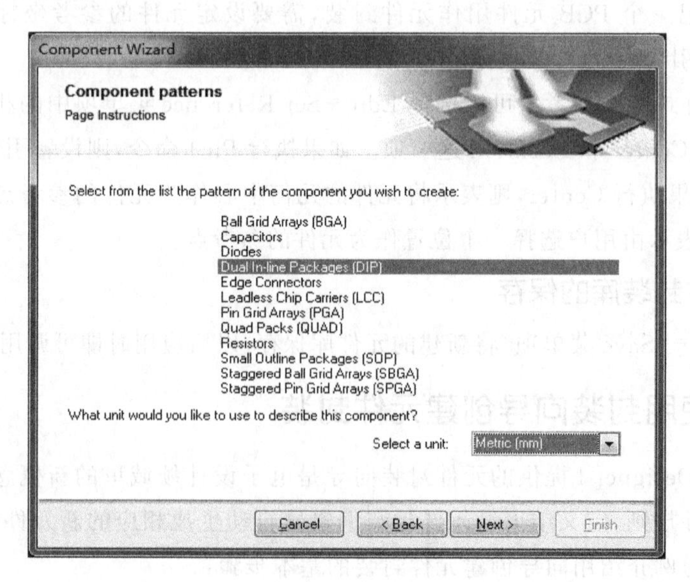

图9-14 选择元件封装样式

④ 单击 Next 按钮,则显示如图 9-15 所示对话框,这里设置焊盘的有关尺寸。

⑤ 单击 Next 按钮,则显示如图 9-16 所示对话框,这里设置引脚的水平间距、垂直间距。

⑥ 单击 Next 按钮,则显示如图 9-17 所示对话框,这里设置元件符号的线宽。

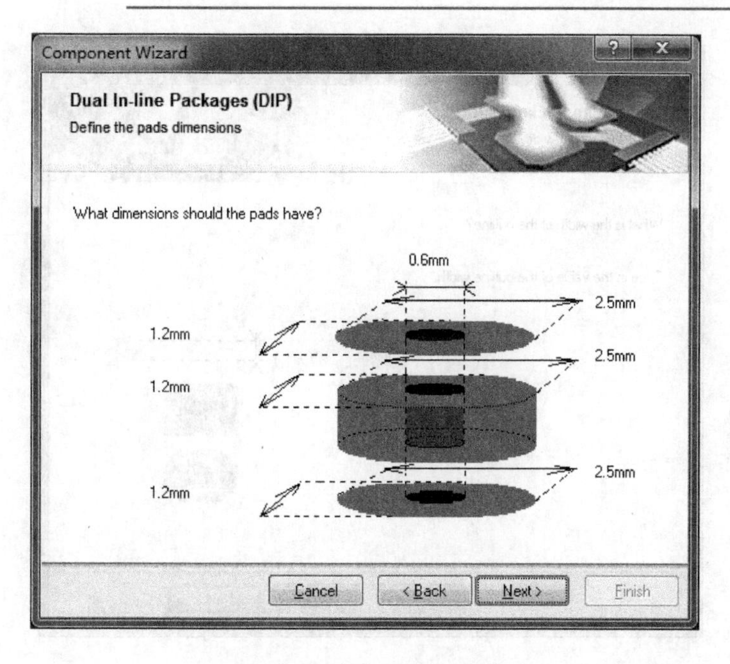

图 9-15 设置焊盘尺寸

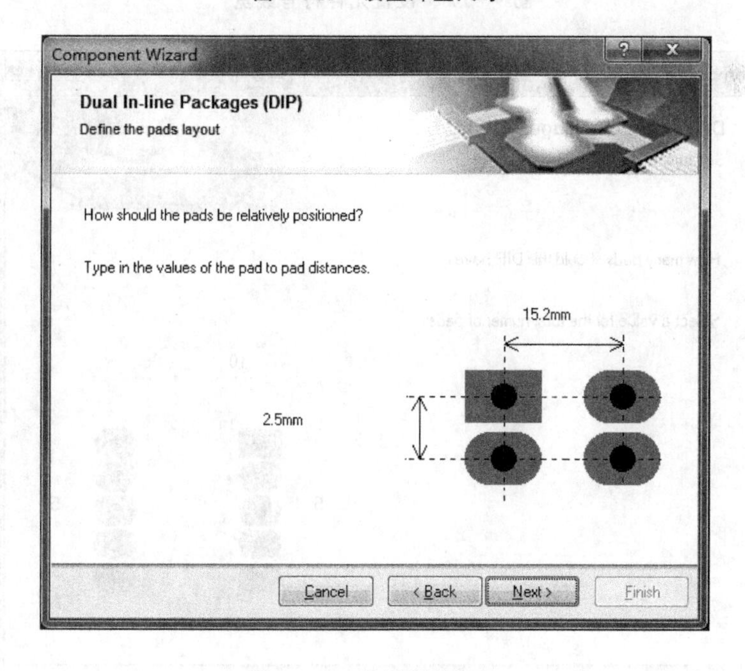

图 9-16 设置引脚间距

⑦ 单击 Next 按钮,则显示如图 9-18 所示对话框,这里设置元件引脚数量。

⑧ 单击 Next 按钮,则显示如图 9-19 所示对话框,这里设置元件封装名称,在此设置为 DIP10。

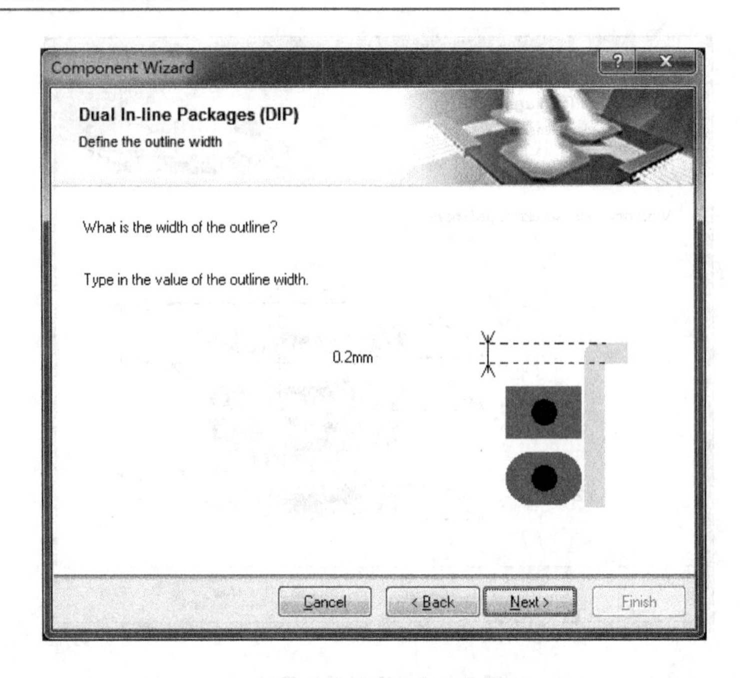

图 9－17　设置元件符号线宽

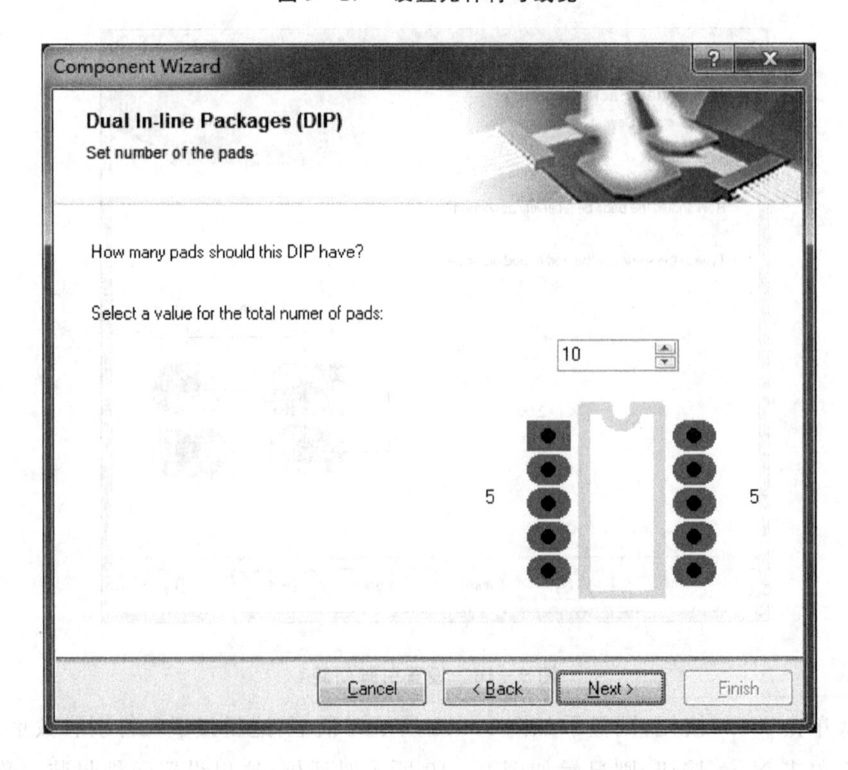

图 9－18　设置元件引脚数量

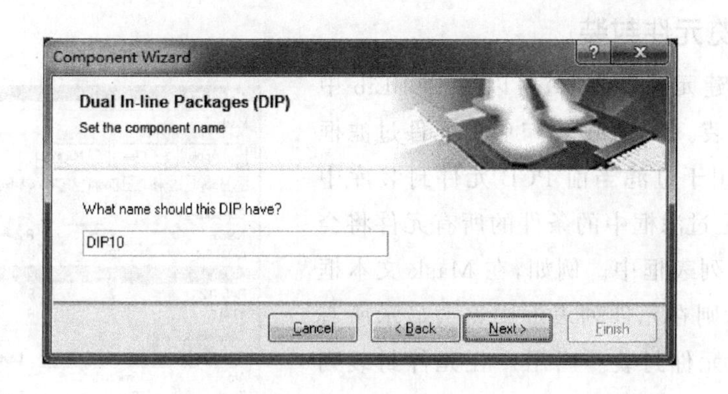

图 9-19　设置元件封装的名称

⑨ 单击 Next 按钮,则系统弹出如图 9-20 所示的完成对话框,单击 Finish 按钮即可完成对新元件封装设计规则的定义,同时按设计规则生成了新元件封装。完成后的元件封装如图 9-12 所示。

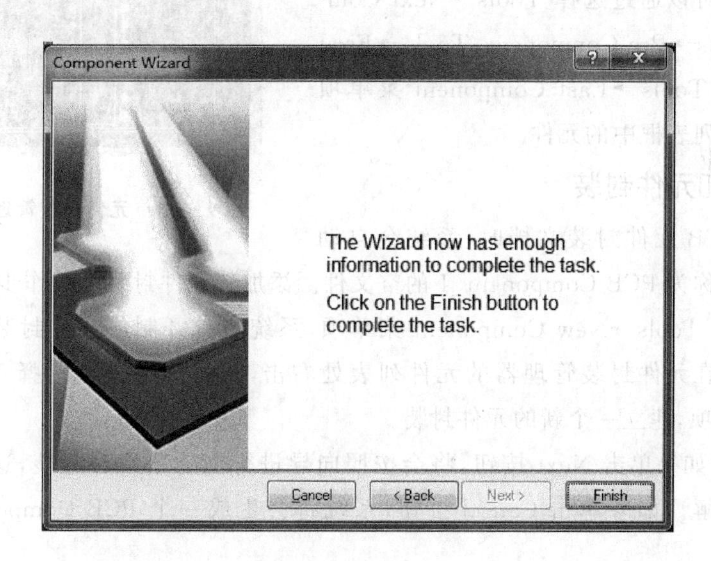

图 9-20　创建完成

9.3　元件封装管理

当创建了新的元件封装后,可以使用元件封装管理器进行管理,具体包括元件封装的浏览、添加、删除等操作。

1. 浏览元件封装

用户创建元件封装时，可以在 PCBLib 中浏览元件封装。PCBLib 窗口中的元件过滤框(Mask 框)用于过滤当前 PCB 元件封装库中的元件，满足过滤框中的条件的所有元件将会显示在元件列表框中。例如，在 Mask 文本框中输入 J *，则在元件列表框中将会显示所有以 J 开头的元件封装。当用户在元件封装列表框中选中一个元件封装时，该元件封装的引脚将会显示在元件引脚列表框中，同时元件的封装形式显示在下方的显示窗中，如图 9－21 所示。

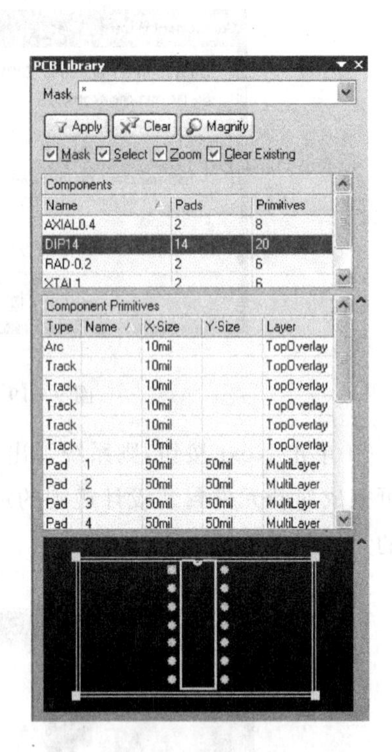

图 9－21　元件封装管理界面

用户也可以通过选择 Tools→Next Component、Tools→Pre Component、Tools→First Component、Tools→Last Component 菜单项来选择元件列表框中的元件。

2. 添加元件封装

新建 PCB 元件封装文档时，系统会自动建立一个名称为 PCB Component_1 的空文件。添加新元件封装的操作步骤如下：

① 选择 Tools→New Component 菜单项，系统将打开制作元件封装向导对话框。也可以在元件封装管理器的元件列表处右击，从快捷菜单中选择 New Blank Component 项，建立一个新的元件封装。

② 此时如果单击 Next 按钮，将会按照向导进行创建新元件封装，这可以参考 9.2 节的讲解。如果单击 Cancel 按钮，系统将会生成一个 PCB Component_1 空文件。

用户还可以对该元件封装进行重命名，并可以进行绘图操作生成一个元件封装。

3. 元件封装重命名

创建了一个元件后，用户还可以对该元件进行重命名，具体操作如下：

① 在元件封装管理器的元件列表处选中一个元件封装，然后单击，系统将会弹出如图 9－22 所示的元件封装属性对话框。

② 在对话框中可以输入元件的新名称，然后单击 OK 按钮即完成重命名操作。

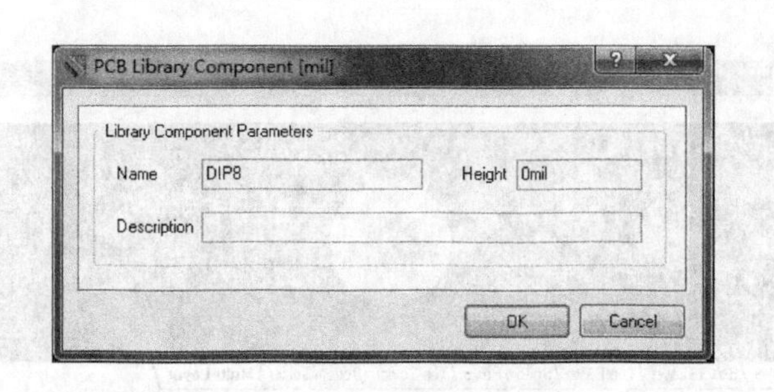

图 9-22　元件封装属性对话框

4. 删除元件封装

如果用户想从元件库中删除一个元件封装，则可以先选中需要删除的元件封装，然后右击，从快捷菜单中选 Clear 项，或者直接选择 Tools→Remove Component 菜单项，则系统弹出如图 9-23 所示的对话框。单击 Yes 按钮则执行删除操作，单击 No 按钮则取消删除操作。

图 9-23　Confirm(确认)

5. 放置元件封装

通过元件的封装浏览管理器，还可以放置元件封装。如果想通过元件封装浏览管理器放置元件封装，则可以先选中需要放置的元件封装，然后右击，从快捷菜单中选择 Place 项，或者直接选择 Tools→Place Component 菜单项，系统将会切换到当前打开的 PCB 设计管理器，用户可以将该元件放在适当位置。

6. 编辑元件封装引脚焊盘

用户可以使用 PCBLIB 元件封装浏览管理器编辑封装引脚焊盘的属性，具体操作如下：

① 在元件列表框选中元件封装，然后在图元列表框选中需要编辑的焊盘。

② 双击选中的对象，系统将弹出焊盘属性对话框，如图 9-24 所示。在该对话框中可以实现焊盘属性的编辑，也可以双击封装上的焊盘进入焊盘属性对话框。

图 9-24 编辑焊盘属性

9.4 创建项目元件封装库

项目元件封装库是按照本项目电路图上的元件生成的一个元件封装库，就是把整个项目用到的元件整理并存入一个元件库文件中。下面以第 8 章创建的 PCB1.PcbDoc 板为例，简介创建项目元件库的步骤：

① 打开 PCB1.PrjPcb，然后再打开 PCB1.PcbDoc 电路板文件。

② 选择 Design→Make PCB Library 菜单项，则程序自动切换到元件封装库编辑服务器，生成相应的项目文件库 PCB1.PcbLib。在图 9-25 所示的元件封装管理器所列出的元件封装库中，包括了该项目中的所有元件。

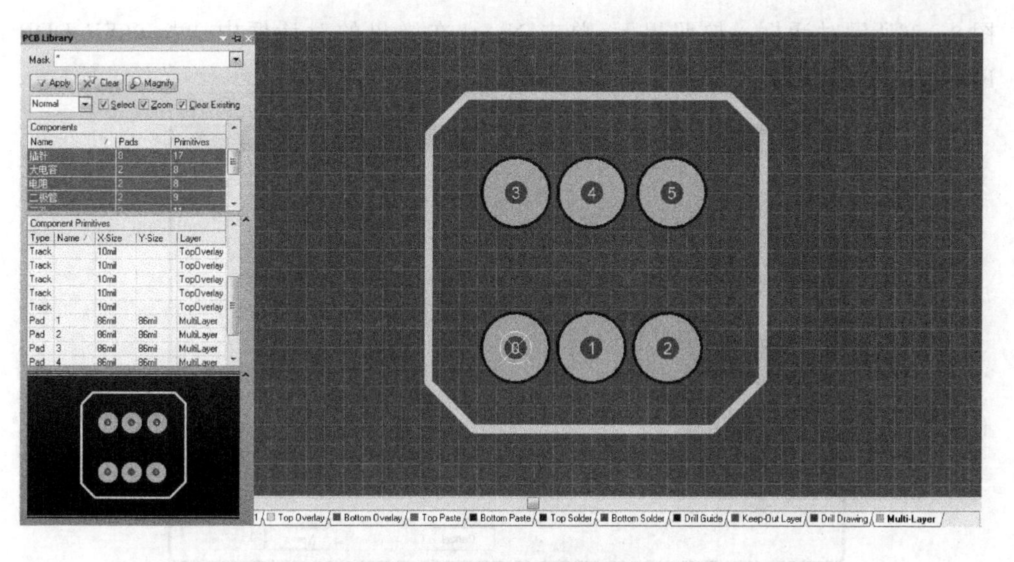

图9-25 生成新的元件封装库

9.5 将Protel 99SE元件库导入Altium Designer

Altium Designer的库文件是以集成库的形式提供的，而Protel 99SE的库文件是DDB的形式，在元件库的使用方面用户可能一时很难适应集成元件库的构成和组织方式；更重要的一点是，在长期使用Protel 99SE设计电路板的过程中，积累了丰富的元器件封装知识，还可能自制了大量的原理图符号和元器件封装。我们不能因为使用Altium Designer Winter 09而舍弃这些元器件的封装库，由此Altium Designer Winter 09系统给Protel老版本的用户留了转换的接口，使以前版本的元器件库可以导入到Altium Designer Winter 09中。

由于Protel 99SE版本的库文件是 *.DDB格式，所以必须进行转换才能使用，即将Protel 99SE中的 *.DDB文件的库打开，导出为 *.lib格式的文件，同时创建集成库，这样的库文件才能进行信号完整性分析。为了介绍该方法须从Altium官方网站下载元器件库：

① 在http://www2.altium.com/forms/libraries/p99se/library_list.asp下载Atmel_003112000.zip元件库，并保存在用户自己建立的"F:\ad9\99SE库文件下载"文件夹下。

② 下载完成后将其解压，解压后为Atmel.ddb。在硬盘上建立"F:\Altium Designer9\Protel99se库文件转AD9"文件夹，用于存放导入的库文件。

③ 启动Altium Designer软件，选择File→Import Wizard菜单项，打开如

图 9-26所示对话框。按照提示,单击 Next,在弹出的对话框中选择 99SE DDB Files,如图 9-27 所示。

图 9-26 Import Wizard 对话框

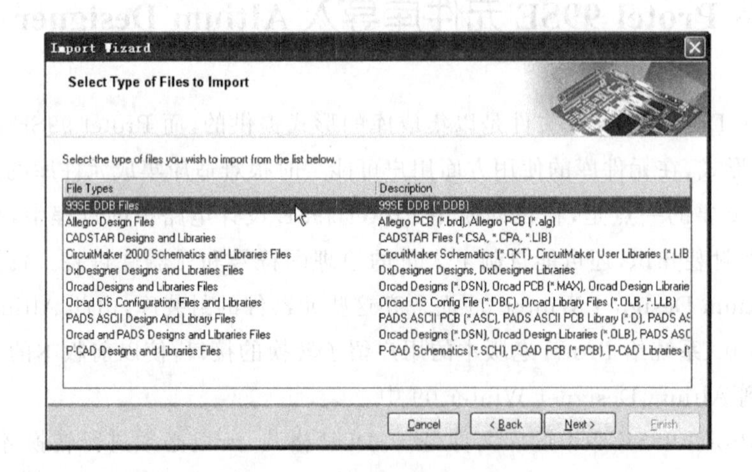

图 9-27 选择导入文件的类型

单击 Next,则弹出如图 9-28 所示的 Choose files or folders to import 对话框,用于设置需要导入的文件。如果需要批量导入文件,可以单击左侧 Folders To Process 栏下方的 Add 按钮,打开"浏览文件夹"对话框,选择需要批量导入的文件所在的目录,这样可以一次将所选目录下的所有.DDB 文件全部导入。如果需要一次导入多个.DDB 文件,可以单击右侧 Files To Process 栏下方的 Add 按钮,打开"浏览文件夹"对话框,选择需要批量导入的文件。

这里选择右边的 Add 按钮,选择"F:\ad9\99SE 库文件下\Atmel_003112000\

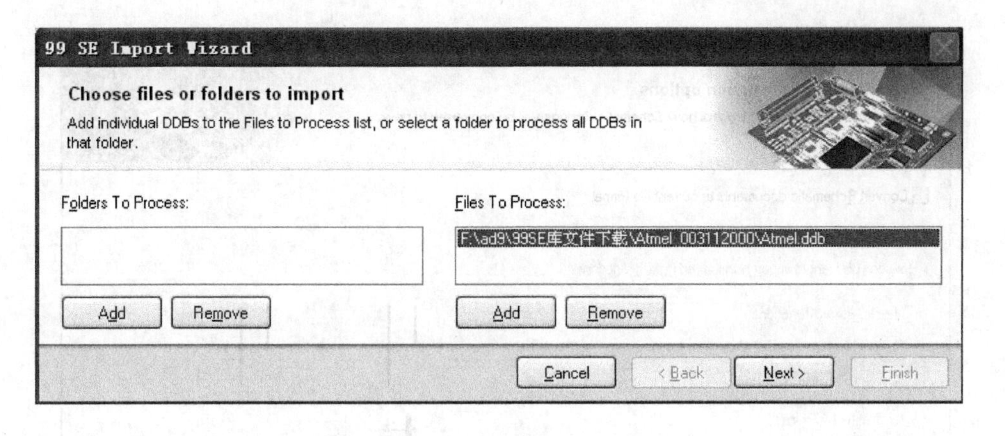

图 9-28 选择导入的文件

Atmel. ddb”文件,如图 9-28 所示。单击 Next,则弹出如图 9-29 所示的选择输出文件夹对话框,其中的 Output Folder 文本框用于设置导入后的文件保存的路径。

99 SE Import Wizard

Set file extraction options

Use the following options to control how your files will be extracted.

Extraction Options

Please select an output folder. For each of the selected DDBs, all files will be extracted into a sub-folder of the same name as the DDB.

Output Folder: F:\Altium Designer9\Protel99se库文件转AD9

Cancel < Back Next > Finish

图 9-29 Set file extraction options 对话框

在图 9-29 中的 Output Folder 下拉列表框选择导入文件的保存路径,单击“确定”按钮,然后单击图 9-29 中的 Next 按钮,则弹出 Set Schematic conversion options 对话框,如图 9-30 所示,用于设置原理图导入选项,本例中没有原理图,所以不需要设置该对话框。

单击 Next 则弹出 Set import options 对话框,可以选择为每个 DDB 文件创建一个 Altium Designer 项目、为每个 DDB 文件夹创建一个 Altium Designer 项目,或者是否在项目中创建 PDF 或者 Word 说明文档,如图 9-31 所示。

用户可以根据自己使用 DDB 的需要选择合适的选项,单击 Next,则弹出选择导入设计文件的对话框,如图 9-32 所示。

确认没有问题,则单击 Next 进入下一步,于是弹出 Review project creation 对话

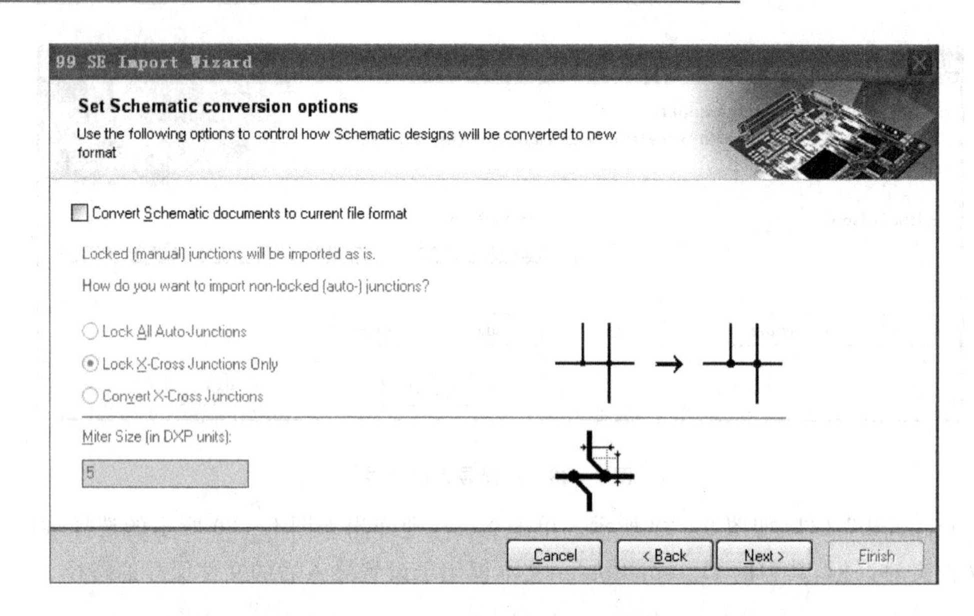

图 9 - 30　Set Schematic conversion options 选项

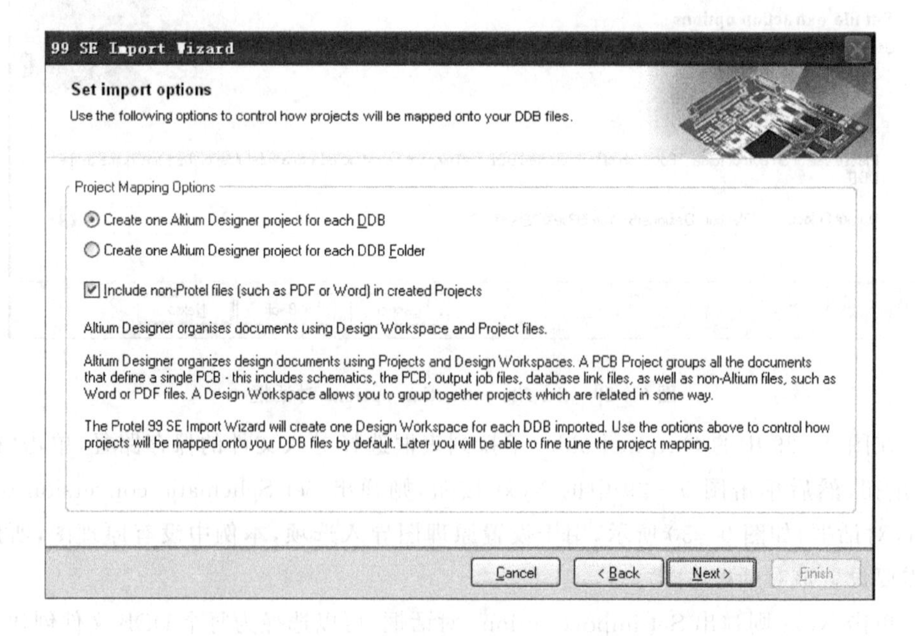

图 9 - 31　Project Mapping Options 对话框

框,如图 9 - 33 所示。图 9 - 33 所示对话框内显示了 Protel 99SE 的具体哪些文件将转换成对应的 Altium Designer 内的文件。

单击 Next,则弹出 Import summary 对话框,如图 9 - 34 所示,用于告知源文件发现了一个 DDB 文件,目标文件将产生一个工作空间、一个集成库包。检查无误后便可进入下一步。若有错误,则退回相应步骤重新修改。

99 SE Import Wizard

Select design files to import

Altium Designer has found the following DDB files. Select which DDBs to import.

Designs to import:

Design	Found in
☑ Atmel.ddb	F:\ad9\99SE库文件下载\Atmel_003112000\

Import All　Import None

Cancel　< Back　Next >　Finish

图 9-32　选择导入文件对话框

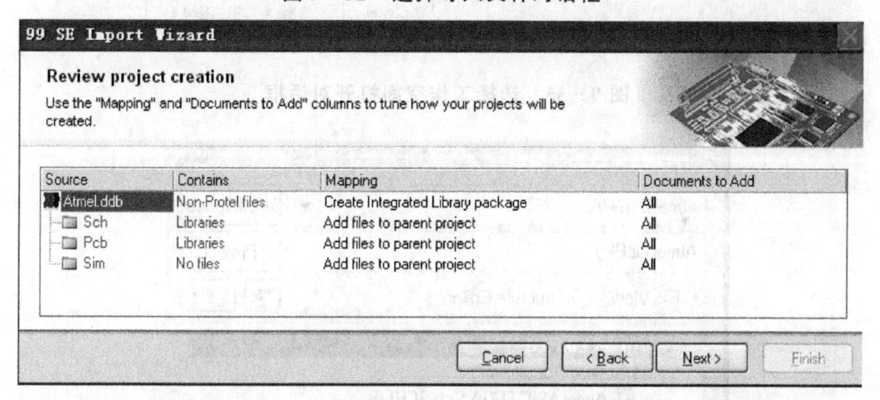

图 9-33　Review project creation 对话框

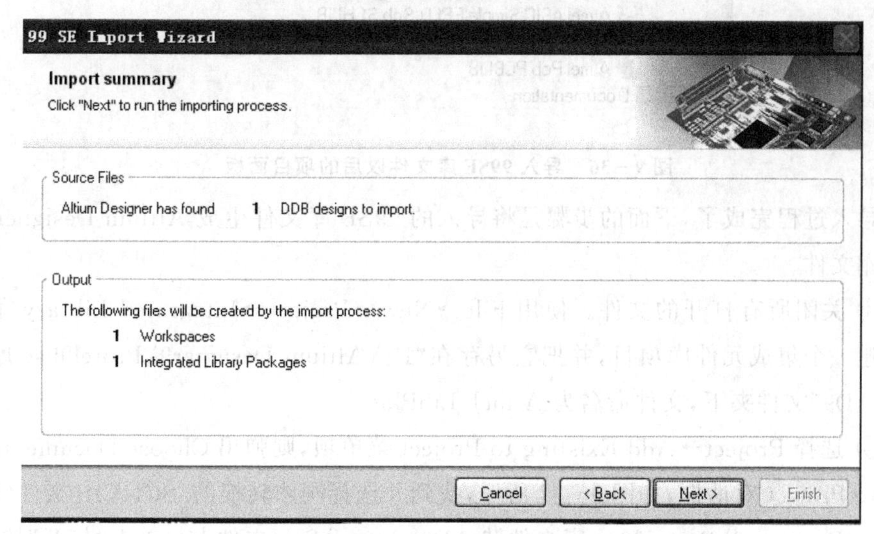

图 9-34　Import summary 对话框

单击 Next 按钮开始导入过程,完成后显示如图 9－35 所示对话框。选择该对话框列表内的新建工作空间,单击 Next 按钮,则弹出 Protel 99 SE DDB Import Wizard is complete 对话框,单击 Finish 按钮完成导入过程。系统会自动打开导入后生成的 Altium Designer 项目,如图 9－36 所示。

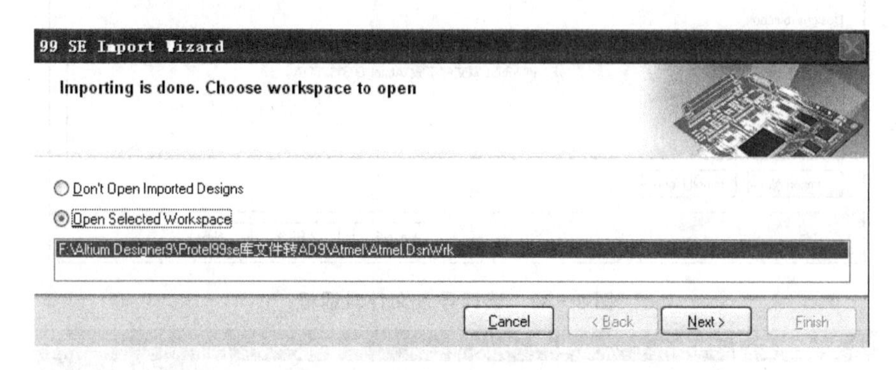

图 9－35 选择工作空间打开对话框

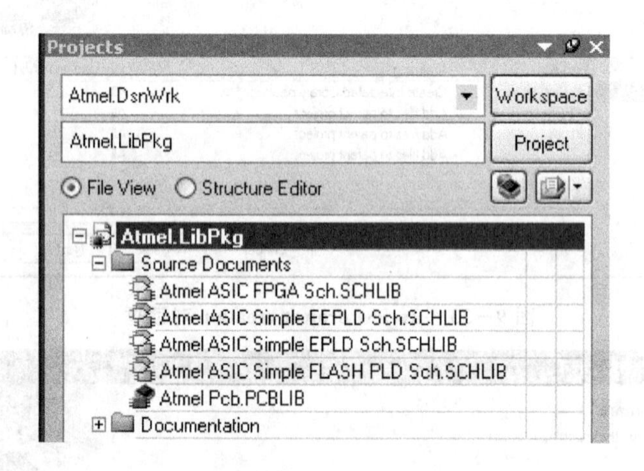

图 9－36 导入 99SE 库文件以后的项目面板

导入过程完成了,下面的步骤是将导入的 99SE 库文件生成 Altium Designer 的集成库文件。

④ 关闭所有打开的文件。使用 File→New→Project→Integrated Library 菜单项创建一个集成元件库项目,并把它另存在"F:\Altium Designer9\Protel99se 库文件转 AD9"文件夹下,文件命名为 Atmel. LibPkg。

⑤ 选择 Project→Add Existing to Project 菜单项,则弹出 Choose Documents to Add to Project 对话框,如图 9－37 所示,找到并选择刚才转换的. SCHLIB 文件(F:\Altium Designer9\Protel99se 库文件转 AD9\Atmel\Sch 文件夹),单击"打开"按钮,

则被选择的文件就添加到项目中了。

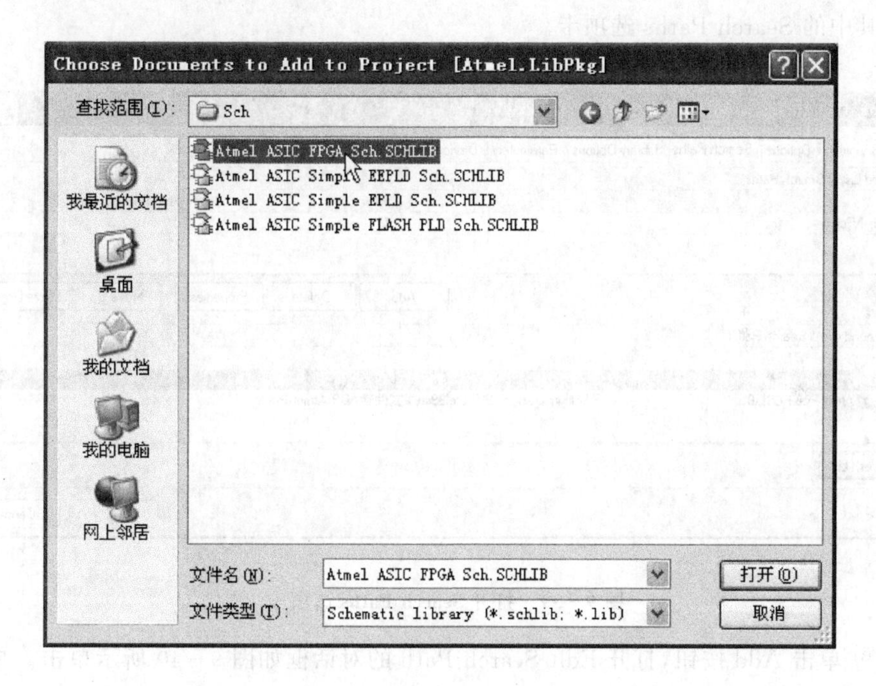

图 9-37　添加 SCHLIB 文件

⑥ 重复⑤,把4个.SCHLIB的文件添加完。

⑦ 重复⑤,选择刚转换的.PCBLIB文件,将其添加到项目中,如图9-38所示。

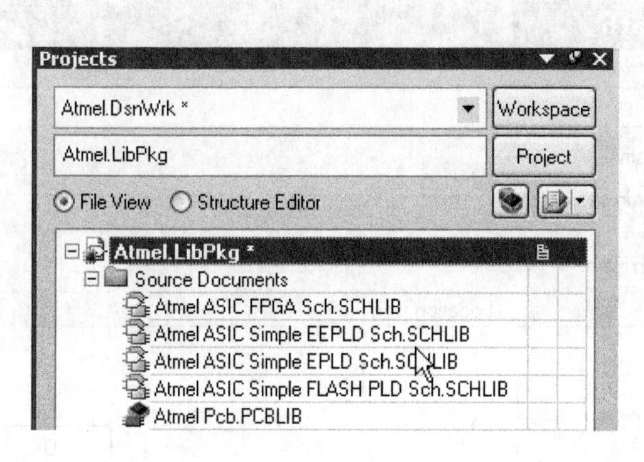

图 9-38　添加了 SCHLIB、PCBLIB 文件

⑧ 选择 Project→Project Options 菜单项，则弹出如图 9－39 所示的对话框，并打开其中的 Search Paths 选项卡。

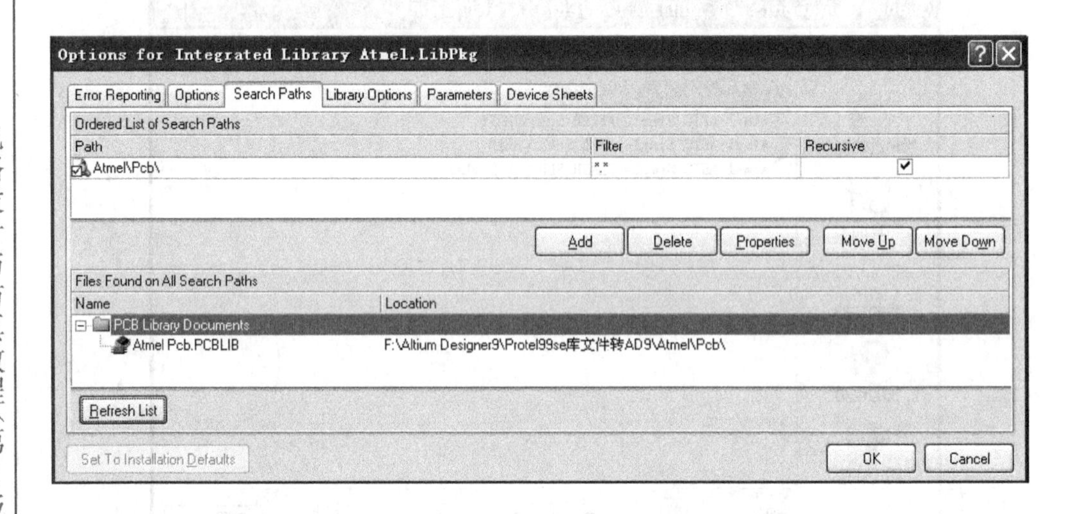

图 9－39　打开 Search Paths 选项卡

⑨ 单击 Add 按钮，打开 Edit Search Path 的对话框如图 9－40 所示单击。单击 ⋯ 按钮，在弹出对话框中选择.PCBLIB 所在的文件夹(如图 9－40 所示)，单击 OK 按钮返回上一对话框，单击 Refresh List 按钮确认所选择文件夹是否正确，然后单击 OK 按钮关闭对话框(如图 9－39 所示)。

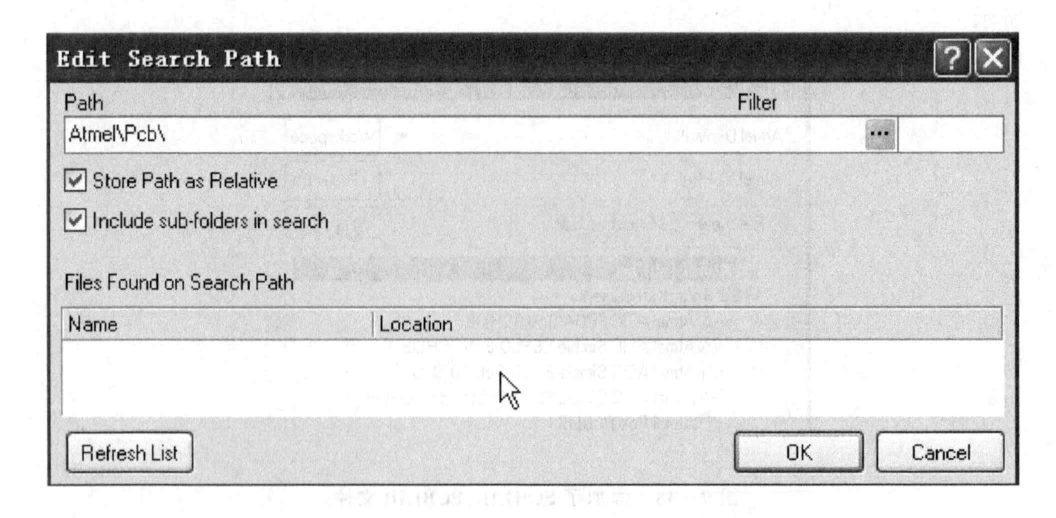

图 9－40　选择.PCBLIB 所在的文件夹

⑩ 在如图 9－39 所示的对话框中，选中 Error Reporting 标签，设置需要的内容，单击 OK 按钮关闭对话框，本例选择默认值。

⑪ 保存这 4 个原理图库文件。在 Projects 面板上选择一个原理图库文件 SCHLIB，单击保存按钮，则弹出 File Format 对话框，如图 9－41 所示。选择 SCH Library Version 5.0 单选项，单击 OK 按钮。

保存 Atmel Pcb. PCBLIB 图库文件，选择 PCB Library Version 5.0(Altium Designer)，单击 OK 按钮。

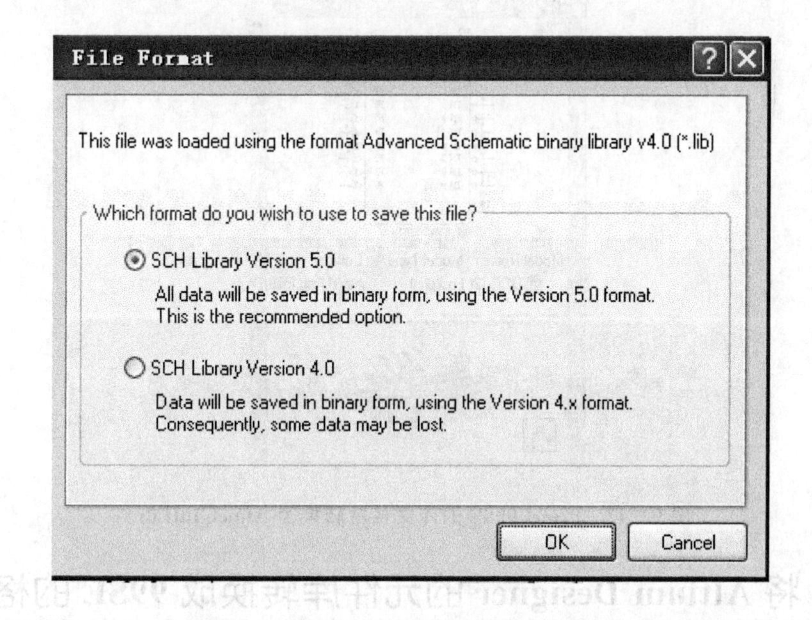

图 9－41　Altium Designer 认识的原理图格式

⑫ 选择 Project→Compile Integrated Library Atmel. LibPkg 菜单项，编译完成后自动打开库元器件编辑界面。这样 Altium Designer 就在"F:\Altium Designer9\Protel99se 库文件转 AD9\Project Outputs for Atmel"文件夹下生成了一个集成元件库 Atmel. IntLib。打开 Libraries 面板就会发现，在库列表中生成的库即为当前库，在该列表下面会看到，每个器件名称都对应一个原理图符号和一个 PCB 封装，如图 9－42 所示。

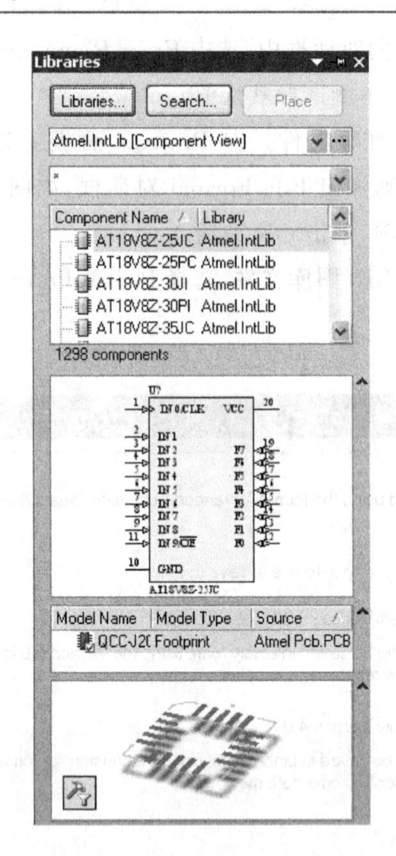

图 9-42 Protel 99SE 的库文件就转换为 Atmel. IntLib

9.6 将 Altium Designer 的元件库转换成 99SE 的格式

Altium Designer 的库文件是以集成库的形式提供的，而 Protel 99SE 的库文件是 DDB 的形式，它们之间转换需要对 Altium Designer 的库文件做一个分包操作，具体步骤如下：

① 打开一个要转换的 Altium Designer 库文件。以\Altlum Designer winter 09\Library\Miscellaneous Devices. IntLib 为例，将该文件复制到"F:\Altium Designer9\AD9 库文件转 99SE"文件夹下，双击 Miscellaneous Devices. IntLib 文件则弹出 Extract Sources or Install 的对话框。

② 选择 Extract Sources 选项，则生成了 Miscellaneous Devices. LibPkg，软件自动跳转到项目编辑界面，如图 9-43 所示。

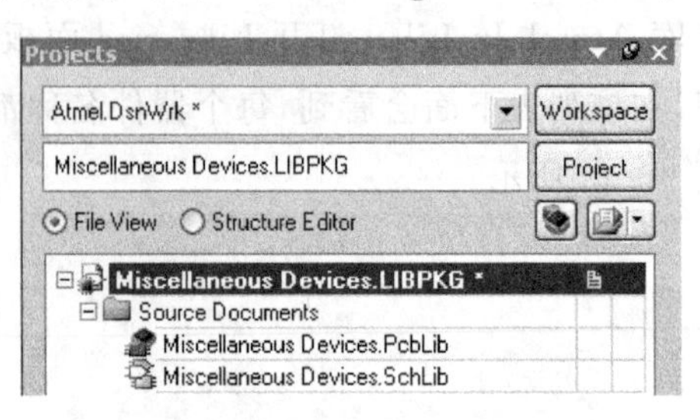

图 9-43 跳转到项目编辑界面

③ 将项目中的 PCB 库文件保存为 99SE 格式。选择 Miscellaneous Devices. PCBLIB 库文件,选择 File→Save As 菜单项,则弹出 Save 对话框,选择要保存的文件夹,在保存类型中选择 PCB 4.0 Library File(*. lib),这是 99SE 可以导入的格式,如图 9-44 所示。

重复上述步骤,选择 Miscellaneous Devices. SCHLIB 库文件,在保存类型中选择 Schematic binary 4.0 library(*. Lib),即 99SE 可以导入的格式。这样就完成了由 Altium Designer 的库文件转换成 99SE 的格式。

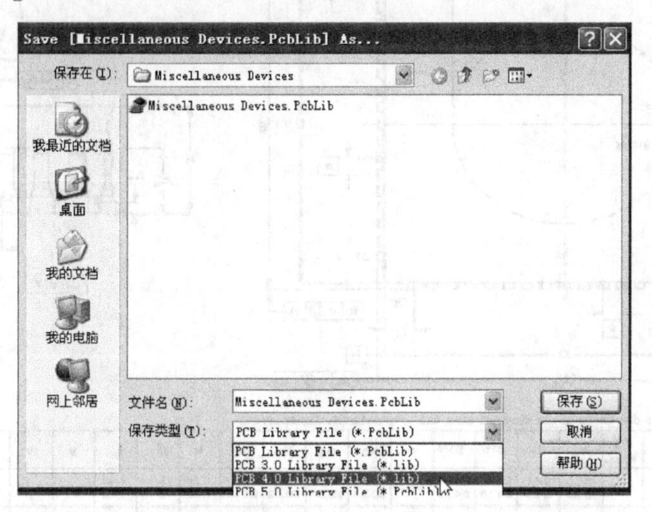

图 9-44　选择 PCB 保存的类型为 99SE 可以导入的类型

9.7　PCB 元件封装制作实例——使用封装向导制作 LCC 元件封装

这里以使用封装向导制作 LCC 元件封装为例进行介绍,图 9-45 为 LCC68 封装,步骤如下:

① 在项目管理器(Projects)面板中双击 My. PCBLIB 文件名,则打开新创建的库文件。选择 Tools→ComponentWizard 菜单项,则弹出如图 9-46 所示的界面。然后就可以选择封装形式,并可以定义设计规则。

② 单击图 9-46 的 Next 按钮,则系统弹出如图 9-47 所示的对话框。在该对话框中可以设置元件的类型。

③ 单击图 9-47 中的 Next 按钮,则系统弹出如图 9-48 所示的焊盘尺寸设置对话框。

④ 单击图 9-48 中的 Next 按扭,则系统弹出如图 9-49 所示的焊盘形状设置对话框。一般情况下,For the first pad(第一脚)设置为圆角焊盘(Rounded),其他引脚设置为方形焊盘(Rectangular)。

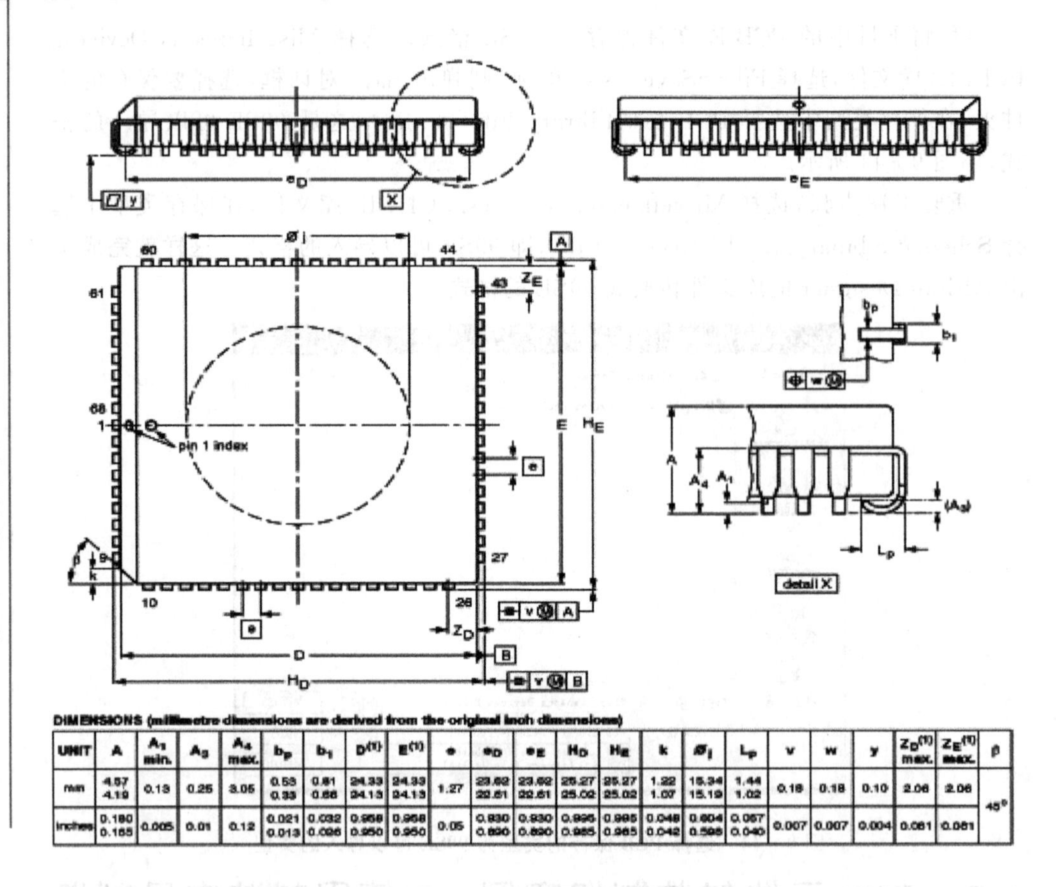

DIMENSIONS (millimetre dimensions are derived from the original inch dimensions)

UNIT	A	A_1 min.	A_3	A_4 max.	b_p	b_1	$D^{(1)}$	$E^{(1)}$	e	e_D	e_E	H_D	H_E	k	$\varnothing_j$	L_p	v	w	y	$Z_D^{(1)}$ max.	$Z_E^{(1)}$ max.	β
mm	4.57 4.19	0.13	0.25	3.05	0.53 0.33	0.81 0.66	24.33 24.13	24.33 24.13	1.27	23.62 22.61	23.62 22.61	25.27 25.02	25.27 25.02	1.22 1.07	15.34 15.19	1.44 1.02	0.18	0.18	0.10	2.06	2.06	45°
inches	0.180 0.165	0.005	0.01	0.12	0.021 0.013	0.032 0.026	0.958 0.950	0.958 0.950	0.05	0.930 0.890	0.930 0.890	0.995 0.985	0.995 0.985	0.048 0.042	0.604 0.598	0.057 0.040	0.007	0.007	0.004	0.081	0.081	

图 9－45　LCC68 封装尺寸

图 9－46　元件封装向导

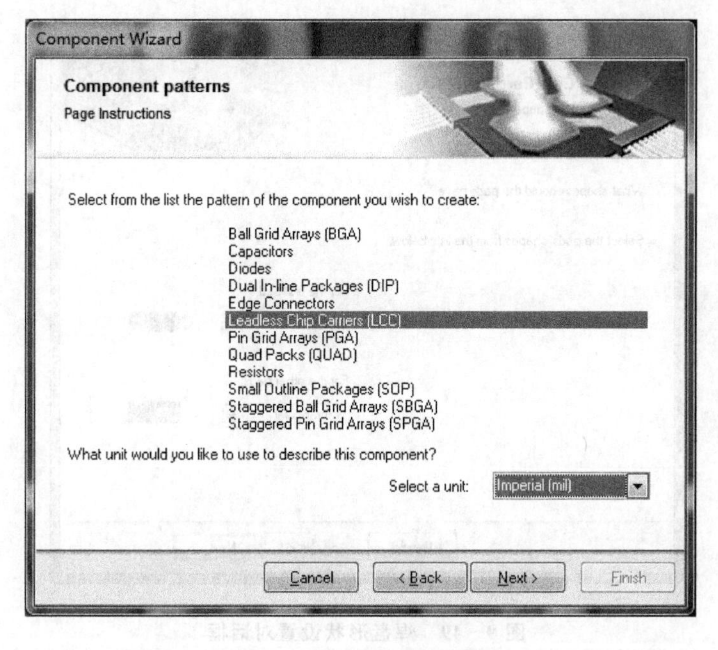

图 9 – 47　选择封装类型

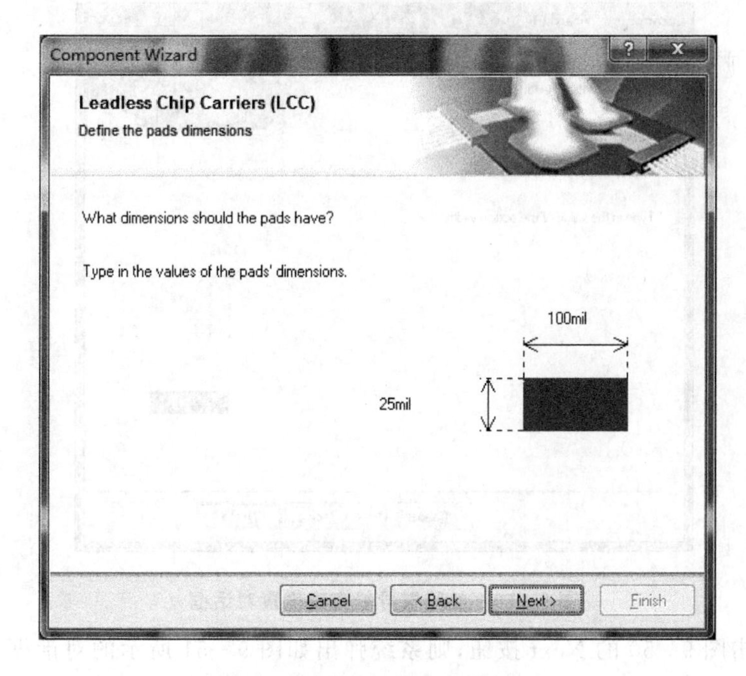

图 9 – 48　焊盘尺寸设置对话框

⑤ 单击图 9 – 49 中的 Next 按钮，则系统弹出如图 9 – 50 所示的对话框。在该对话框中可以设置丝印层导线宽度。本例将丝印层导线宽度设置为 10 mil。

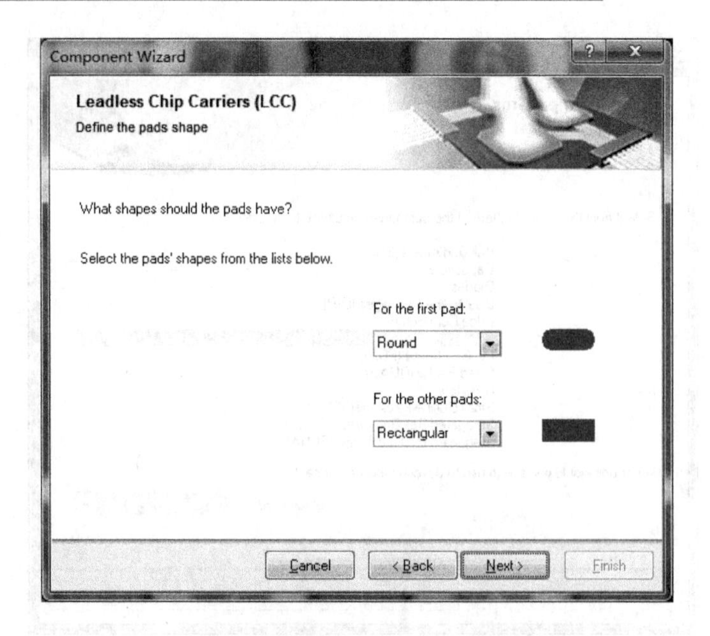

图 9-49 焊盘形状设置对话框

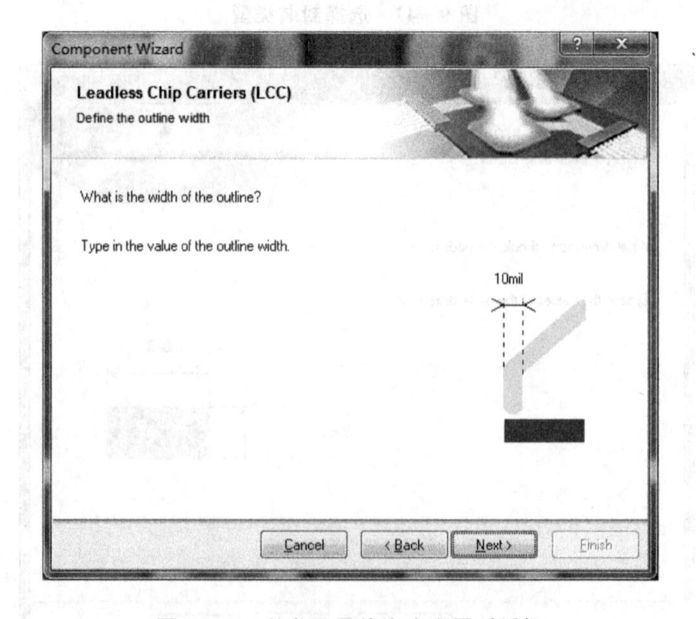

图 9-50 丝印层导线宽度设置对话框

⑥ 单击图 9-50 的 Next 按钮，则系统弹出如图 9-51 所示的对话框。在该对话框中可以设置焊盘的水平间距、垂直间距和尺寸。注意，这些尺寸应严格按照产品手册给出的尺寸来设置，否则会导致制作出来的封装与实际元件尺寸不一致而无法插入的问题，本实例采用默认值。

⑦ 单击图 9－51 中的 Next 按钮,则系统弹出如图 9－52 所示的引脚排列方向设置对话框。在该对话框中可以设置元件第一脚所在的位置和引脚排列方向,本例引脚按逆时针方向排列。

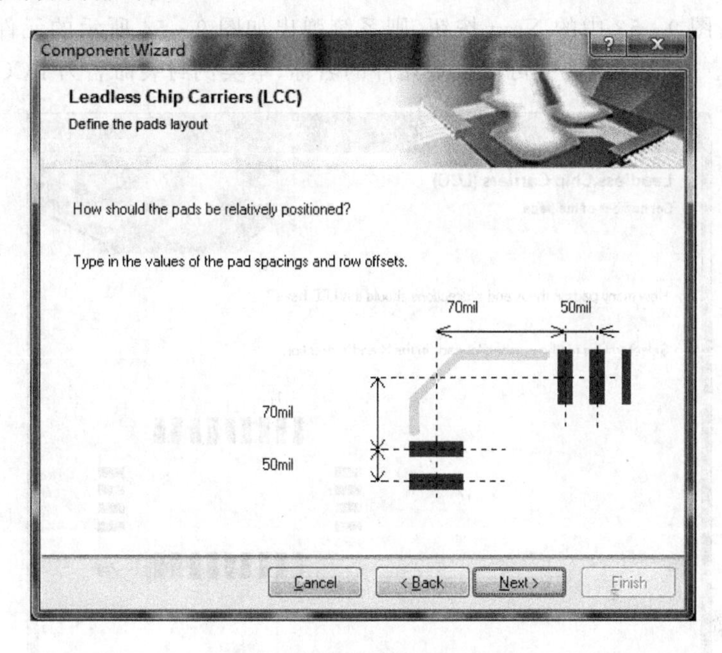

图 9－51 焊盘间距设置对话框

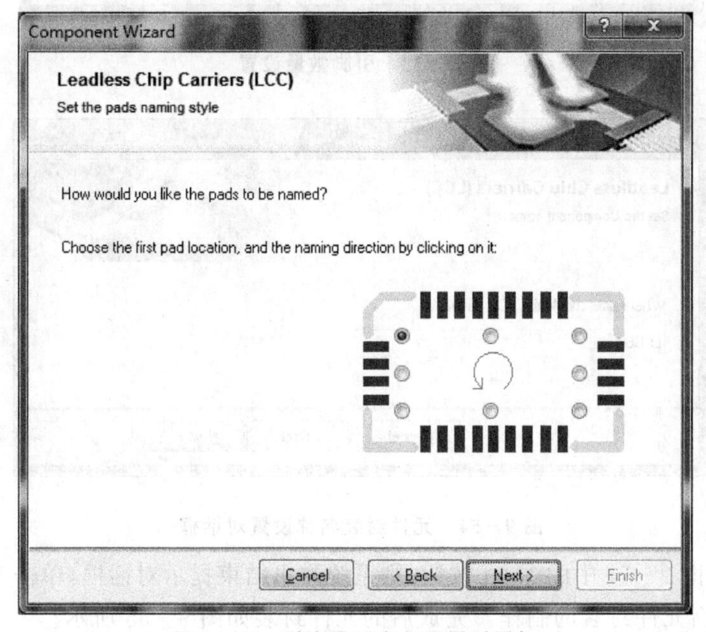

图 9－52 引脚排列方向设置对话框

⑧ 单击图9-52中的Next按钮,则系统弹出如图9-53所示的对话框。在该对话框中可以设置元件引脚数量。本实例封装有68根引脚,每边17根,故只须在指定位置输入元件引脚数量“17”即可。

⑨ 单击图9-53中的Next按钮,则系统弹出如图9-54所示的元件封装名称设置对话框。在该对话框中可以设置元件的名称,本实例封装命名为LCC68。

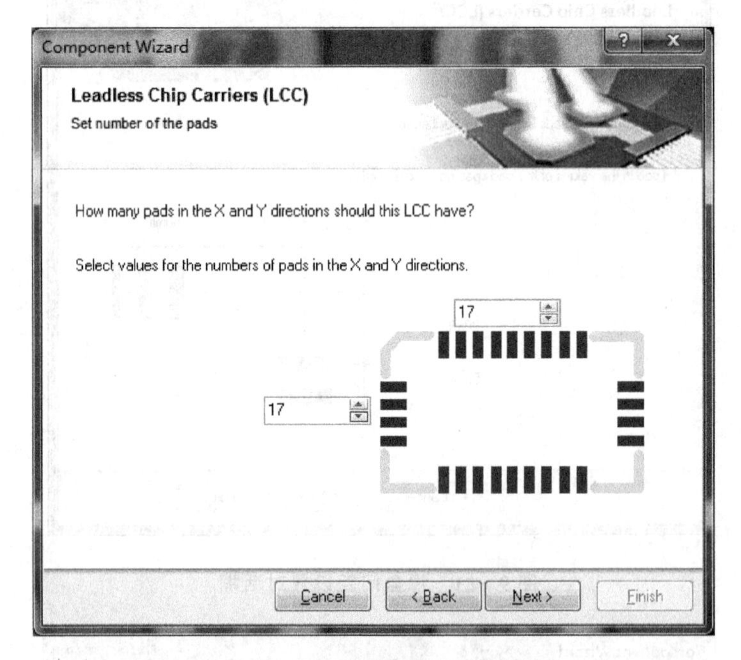

图9-53 引脚数量设置

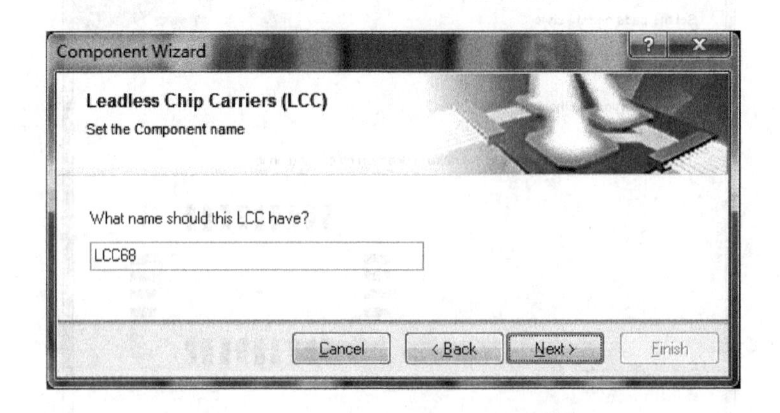

图9-54 元件封装名称设置对话框

⑩ 单击图9-54中的Next按钮,则系统弹出结束提示对话框,单击Finish按钮即可完成对新元件封装的制作。完成后的元件封装如图9-55所示。

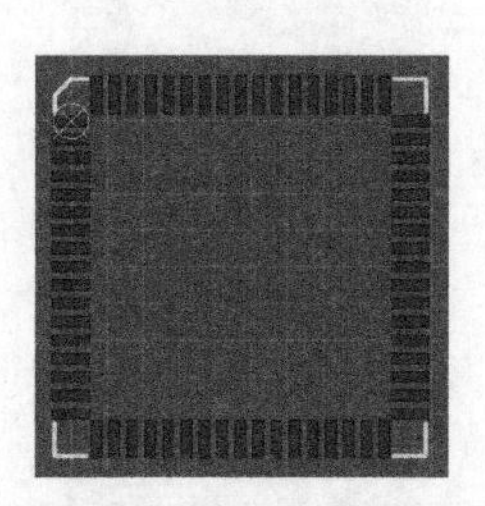

图 9－55　完成的 LCC68 封装

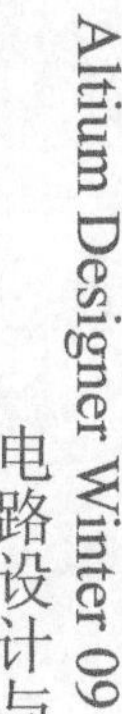

练习题

9.1　创建元件封装有哪些方式?

9.2　如何添加元件封装?怎样使用自己制作的封装元件?

9.3　什么是项目元件封装库?如何生成?

9.4　在 Altium Designer Winter 09 中设计一个如图 9－56 所示的 PCB 元器件封装。可以采用人工方法,也可以采用向导方法。同时,在设计中完成焊盘属性设置及元器件的外形绘制。

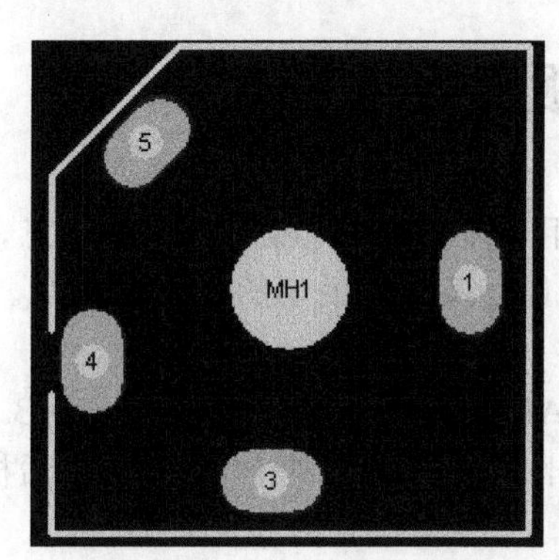

图 9－56　PCB 封装

9.5　简述将 Protel 99SE 中的元件封装库导入 Altium Designer Winter 09 中的方法。

9.6　自己创建一个元件库,并在该元件库中加入 2～3 个自己设计制作的元件(尝试利用窗口工具栏的快捷工具进行相关操作),方便今后使用。

第 10 章

报表的生成与 PCB 文件的打印

Altium Designer Winter 09 的 PCB 设计系统提供了生成各种报表的功能，它可以给用户提供有关设计过程及设计内容的详细资料，包括设计过程中的电路板状态信息、引脚信息、元件封装信息、网络信息及布线信息等。当完成了电路板的设计后，还可以打印输出图形，方便焊接元件及存档保留。下面具体讲述报表的生成与 PCB 文件的打印操作步骤。

10.1 生成电路板信息报表

电路板信息报表能给用户提供一个电路板的完整信息，包括电路板的尺寸、印制电路板上的焊点、导孔的数量以及电路板上的元件标号等。生成电路板信息报表的步骤如下：

① 打开 PCB 文件 BOARD1.pcbdoc，选择 Reports→Board Information 菜单项，如图 10－1 所示，则弹出如图 10－2 所示的 PCB 信息对话框。该对话框中包括了 3 个选项卡，分别说明如下：

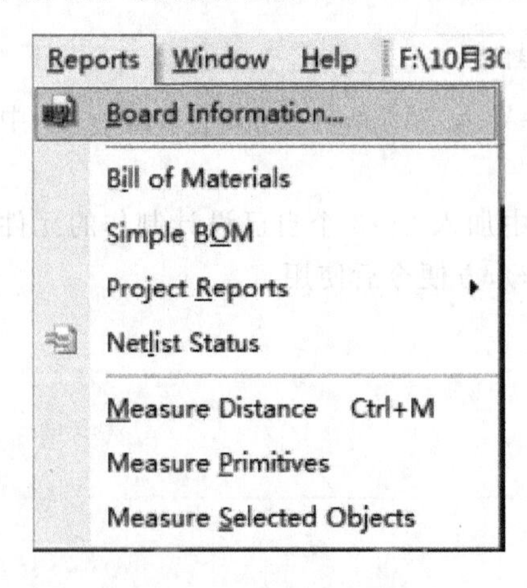

图 10－1 Reports 菜单

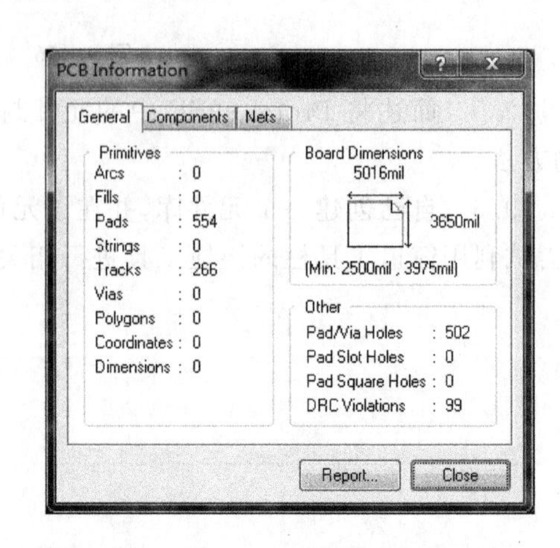

图 10－2 PCB 信息对话框

➢ Gerneral 选项卡，主要用于显示电路板的一般信息，如电路板的尺寸、电路板上各个组件的数量，如弧线数、导孔数、焊点数、导线数、敷铜数、违反设计规则的数量等。

➢ Components 选项卡，用于显示电路板上使用的元件序号以及元件所在的层，如图10-3所示。

➢ Nets 选项卡，用于显示当前电路板中的网络信息，如图10-4所示。如果单击 Nets 选项卡中的 Pwr/Gnd 按钮，则系统弹出如图10-5所示的内部平面层信息对话框，该对话框列出了各个内部平面层连接的网络、导孔和焊盘以及导孔或焊盘和内部平面层间的连接方式。由于本实例没有内层网络，所以图10-5所示的对话框中没有层信息，也没有内部层网络，然后单击 Close 按钮关闭该对话框。

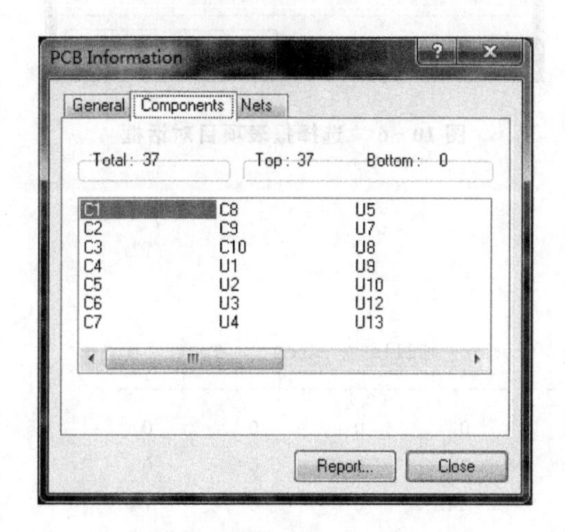

图10-3　Components 选项卡

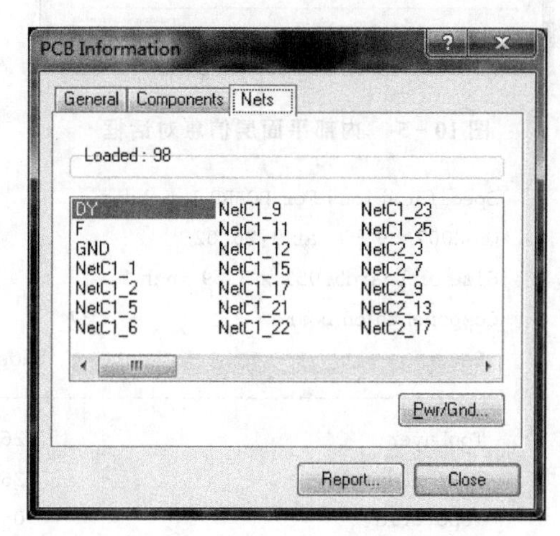

图10-4　Nets 选项卡

② 在 PCB Information 对话框中的任何一个选项卡中单击 Report 按钮，则系统弹出如图10-6所示的 Board Report 对话框，要求选择需要报表的项目。用鼠标选中需要产生报表项目的复选框，也可以用 All On 按钮选择所有的项目，或用 All Off 按钮不选择任何项目，还可以用 Selected objects only 复选框只产生所选定对象的板信息报表。

③ 在 Board Report 对话框中选定好需要报表的项目，然后单击 Report 按钮，将电路板信息生成相应的报表文件，生成的文件以.rep 为后缀。下面是截取的生成的 board 1.rep 文件的部分信息：

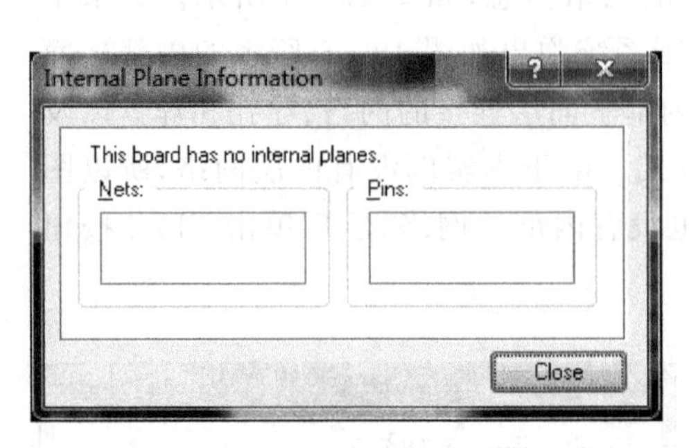

图 10-5 内部平面层信息对话框

Board Report
Check items that you would like included in the report
Board Specifications
Layer Information
Layer Pair
Non-Plated Hole Size
Plated Hole Size
Non-Plated Slot Size
Plated Slot Size
Non-Plated Square Holes Size
Plated Square Holes Size
Top Layer Annular Ring Size
Mid Layer Annular Ring Size
Bottom Layer Annular Ring Size
Pad Solder Mask
Pad Paste Mask
All On All Off Selected objects only
Report Close

图 10-6 选择报表项目对话框

```
Specifications For BOARD 1.pcbdoc
On 2007-9-7  at 9:26:02
Size of board5.051 x 3.69 inch
Components on board                 37
 Layer                    Route    Pads   Tracks    Fills     Arcs     Text
-----------------------------------------------------------------------------

 TopLayer                           26     0          0        0        0
 BottomLayer                        26     0          0        0        0
 TopOverlay                         0      242        0        0        74
 KeepOutLayer                       0      24         0        0        0
 MultiLayer                         502    0          0        0        0
-----------------------------------------------------------------------------
 Total                              554    266        0        0        74
 Layer Pair                         Vias
----------------------------
----------------------------
 Total                                0
```

10.2 生成元件清单报表

元件清单报表可用来整理一个电路或一个项目中的元件,形成一个元件列表供用户查询。有两种方法生成元件清单报表:一种方法是选择 Reports→Bill of Materia 菜单项;另一种简单的方法是选择 Reports→Simple BOM 菜单项。先来讲述第一种方法。

① 打开 PCB 文件 board1. pcbdoc，选择 Reports→Bill of Material 菜单项，则系统弹出 Bill of Materials For PCB 对话框，如图 10－7 所示。

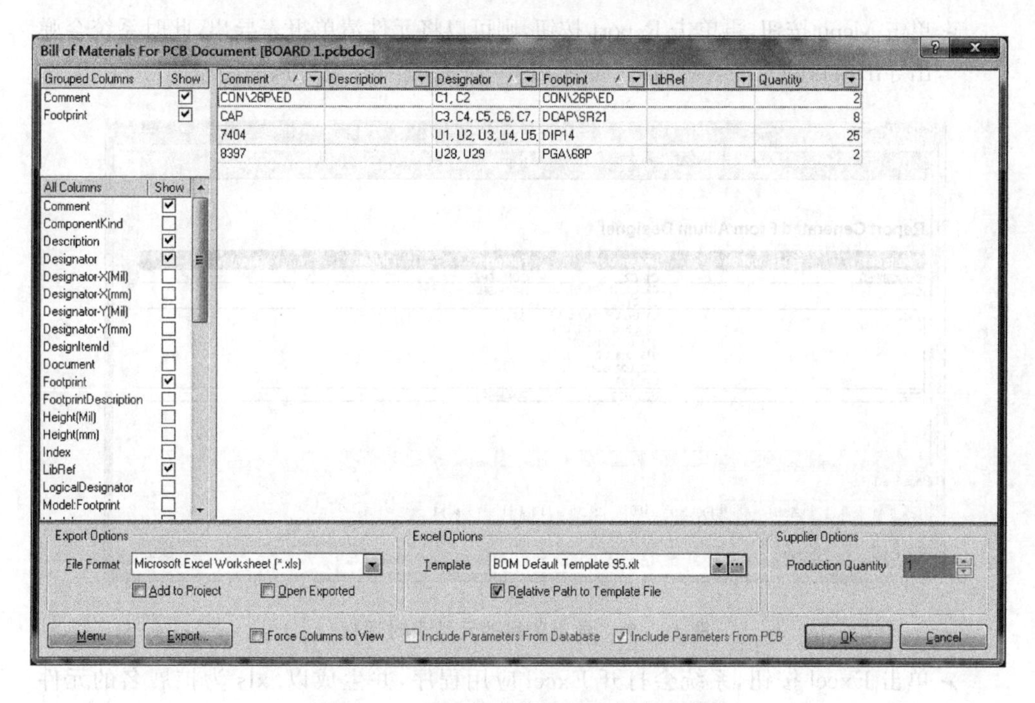

图 10－7　PCB 元件清单报表生成对话框

② 在 Other Columns 列表框中选中对应元件 Show 列中的复选框，右边区域中显示该元件清单的项目和内容。然后设置输出的元件列表文件格式并执行相关的操作。

➢ 单击 Report 按钮，则可以生成预览元件清单报表，如图 10－8 所示。在该对话

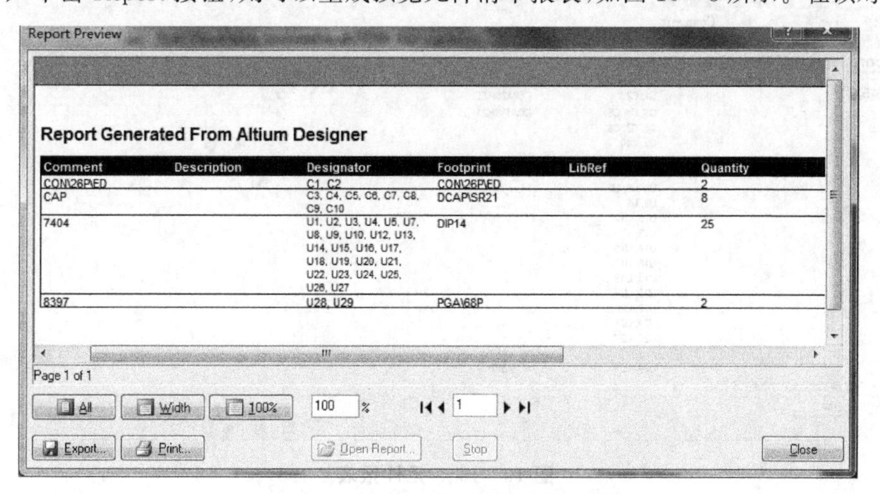

图 10－8　PCB 元件清单报表打印预览

框中可以单击 Print 按钮进行打印操作，也可以单击 Export 按钮导出元件清单报表。

➢ 单击 Menu 按钮，再单击 Report 按钮，则可以将元件清单报表导出，此时系统会弹出导出项目的元件表对话框，如图 10-9 所示，选择需要导出的类型即可。

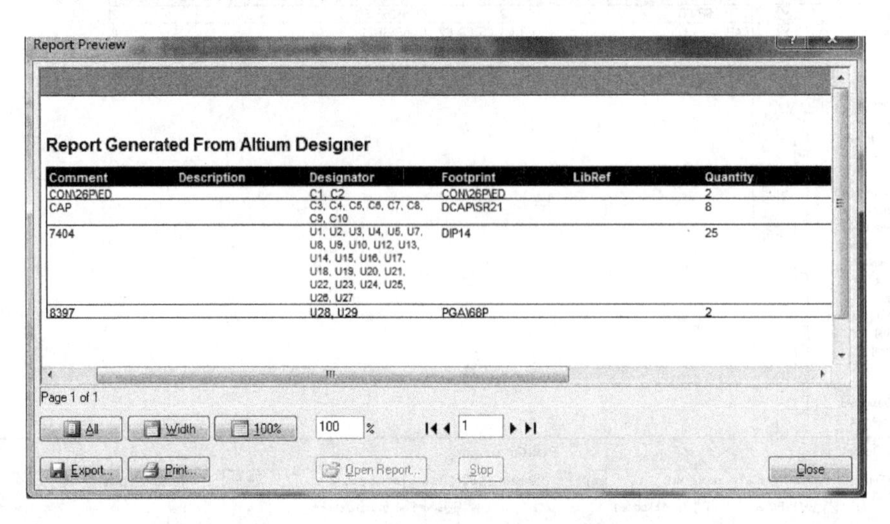

图 10-9 导出项目的元件表对话框

➢ 单击 Excel 按钮，系统会打开 Excel 应用程序，并生成以.xls 为扩展名的元件报表文件，如图 10-10 所示。

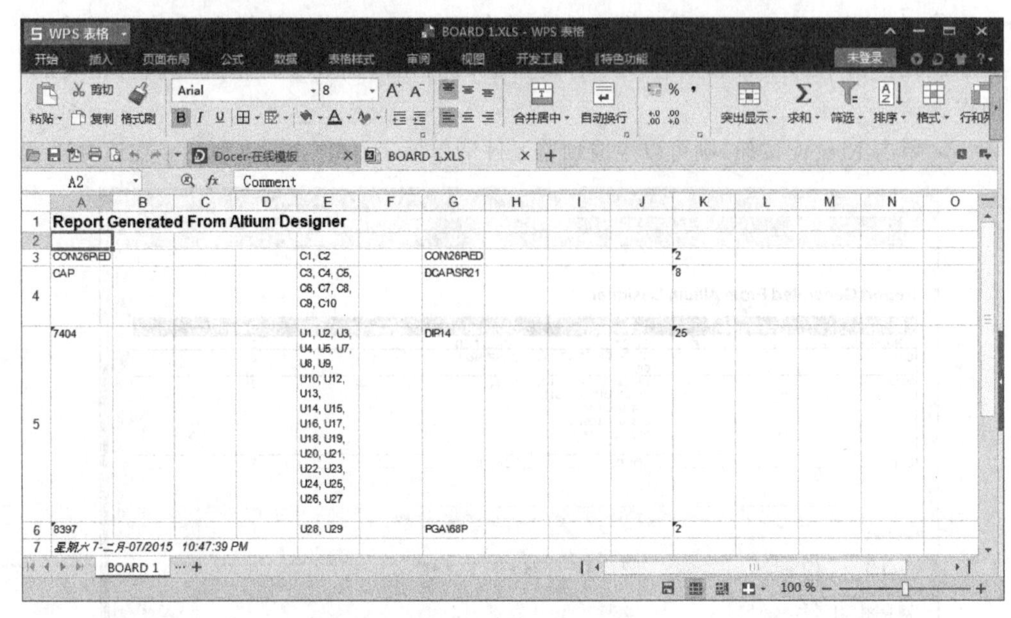

图 10-10 元件报表

➢ Template 文本框可以设置输出文件名及模板。

➢ 在 Batch Mode 下拉列表框中可以选择 BOM 报表的格式，xls 为展开的 Excel 表格式，txt 为文本格式，CSV 为字符串形式，xml 为扩展表格式，html 为网页格式。

➢ 选中 Open Exported（打开导出）复选框时，一旦报表文件被保存到一个文件路径，则可以在指定的应用中打开一个表格化的元件数据。

➢ 选中 Force Columns Into View（将元件列表充满列表区）复选框，则在元件列表区所有列均匀分布，并且可以看到所有列表信息。

当然，也可以从 Menu 菜单中选择快捷命令来操作，其中 Menu 菜单中的 Export Grid Contents（导出命令）相当于上面的 Export 按钮，Create Report（生成报告）相当于上面的 Report 按钮。

③ 单击 OK 按钮完成生成元件报表的操作。

第二种生成元件清单报表的简单步骤为：打开需要生成元件清单报表的 PCB 文件 board1. pcbdoc，选择 Reports→Simple BOM 菜单项即可。这种方法生成的元件报表文件只有. BOM 和. CSV 两种，均以纯文本方式表示。

① 生成的 BOARD 1. BOM 文件内容如下：

```
Bill of Material for BOARD 1.pcbdoc
On 2007 - 9 - 8 at 21:48:34
 Comment              Pattern     Quantity  Components
-----------------------------------------------------------------
 7404                 DIP14          25        U1, U2, U3, U4, U5, U7, U8
                                               U9, U10, U12, U13, U14, U15
                                               U16, U17, U18, U19, U20, U21
                                               U22, U23, U24, U25, U26, U27
8397                  PGA\68P        2         U28, U29
CAP                   DCAP\SR21      8         C3, C4, C5, C6, C7, C8, C9
                                               C10
CON\26P\ED            CON\26P\ED     2         C1, C2
```

② 生成的 BOARD 1. CSV 文件内容如下：

```
"Bill of Material for BOARD 1.pcbdoc"
"On 2007 - 9 - 8 at 21:48:34"
"Comment","Pattern","Quantity","Components"
"7404","DIP14","25","U1, U2, U3, U4, U5, U7, U8, U9, U10, U12, U13, U14, U15, U16, U17,
U18, U19, U20, U21, U22, U23, U24, U25, U26, U27",""
"8397","PGA\68P","2","U28, U29",""
"CAP","DCAP\SR21","8","C3, C4, C5, C6, C7, C8, C9, C10",""
"CON\26P\ED","CON\26P\ED","2","C1, C2",""
```

注意:上面讲述的是针对单个PCB文件的元件报表,而针对项目的元件报表可以选择Reports→Project Reports→Bill of Materials或Reports→Project Reports→Simple BOM菜单项完成。

10.3 生成网络状态报表

网络状态报表用于显示电路板中每一条网络走线的长度。生成网络状态报表的步骤也非常简单:打开PCB文件后,直接选择Reports→Netlist Status菜单项,系统自动打开文本编辑器,产生PCB文件相应的网络状态报表,文件名以.rep为后缀。以board 1.pcbdoc电路板为实例,生成的网络状态报表的部分内容如下:

```
Nets report For
On 2007 - 9 - 9 at 9:47:14
DY     Signal Layers Only   Length:0 mils
F      Signal Layers Only   Length:0 mils
GND      Signal Layers Only   Length:0 mils
NetC1_1        Signal Layers Only   Length:0 mils
NetC1_11        Signal Layers Only   Length:0 mils
NetC1_12        Signal Layers Only   Length:0 mils
```

……(后面还有,这里只截取了前面一部分)

10.4 生成NC钻孔报表

焊盘和过孔在电路板加工时都需要钻孔,而钻孔报表则用于提供制作电路板时可直接用于数控钻孔机的所有钻孔信息。生成NC钻孔报表有两种方法,第一种方法的具体步骤如下:

① 打开PCB文件board1.pcbdoc,选择File→New→Output Job File菜单项,系统将弹出如图10-11所示的输出文件工作面板。

注意:Altium Designer Winter 09所有输出文件功能都集中在该管理器中实现,本书讲到的所有输出文件报表均可以在这里选择输出。

② 此工作面板内包含了所有的输出文件对象选项,这里选中NC Drill File选项即生成NC钻孔文件。然后单击Name栏中的NC Drill File,将其修改为BOARD1,再单击Data Source栏中的Use Default - No PCB Document,从下拉框中选择BOARD 1.pcbdoc。修改完后,若在NC Drill Files栏处双击,则会弹出一个NC Drill Setup对话框,如图10-12所示,可以设置用于输出的钻孔报表数据的单位及格式。有Inches(英制)和Milimeters(公制)两种单位可供选择,英制单位又有2:3、2:4、2:5这3种单位的格式可供选择,其中,单位格式2:3的分辨率为1 mil,即2位

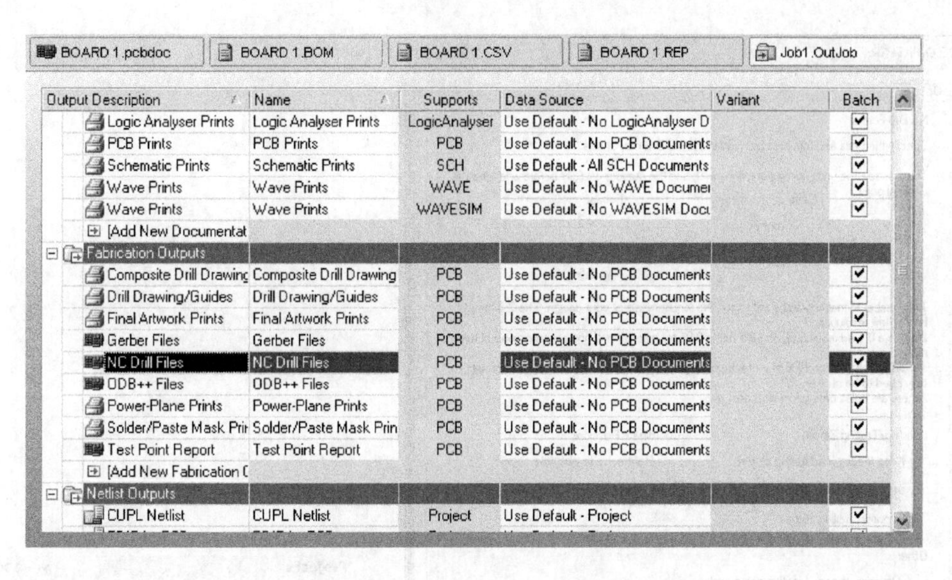

图 10-11　输出文件工作面板

整数 3 位小数的数据格式,2:4 的分辨率为 0.1 mil,2:5 的分辨率为 0.01 mil,而公制单位也有 4:2、4:3、4:4 这 3 种,其中单位格式 4:2 的分辨率为 0.01 mm。还可以对 Leading/Trailing Zeros(前导零/拖尾零)及 Coordinate Positions(调整位置)进行选择设置。

③ 然后选择 Tools→Run Output Generator 菜单项,系统将在 Board 1. pcbdoc 文件夹生成 NC 钻孔文件。此时可以在图 10-13 所示的 projects 对话框中看到 Free Documents 目录下生成的 Generated 文件夹。展开该文件夹,然后再展开 Text Documents 文件夹,则可以看到生成了 BOARD1. DRR、BOARD1. LDP、BOARD1. TXT 共 3 个文件,内容如下:

① BOARD 1. DRR 文件内容如下:

```
------------------------------------------------------------
NCDrill File Report For: BOARD 1.pcbdoc     2007-5-29   9:50:51
------------------------------------------------------------
Layer Pair : TopLayer to BottomLayer
ASCII File : NCDrillOutput.TXT
EIA File    : NCDrillOutput.DRL
Tool          Hole Size          Hole Count Plated        Tool Travel
------------------------------------------------------------
T1      37mil (0.9398mm)         502                73.32 Inch (1862.22 mm)
------------------------------------------------------------
Totals                           502                73.32 Inch (1862.22 mm)
Total Processing Time (hh:mm:ss) : 00:00:00
```

NC Drill Setup

Options

NC Drill Format

Specify the units and format to be used in the NC Drill output files.

This controls the units (inches or millimeters), and the number of digits before and after the decimal point.

Units: Inches / Millimeters

Format: 2:3 / 2:4 / 2:5

The number format should be set to suit the requirements of your design. The 2:3 format has a 1 mil resolution,
2:4 has a 0.1 mil resolution, and 2:5 has a 0.01 mil resolution. If you are using one of the higher resolutions you
should check that the PCB manufacturer supports that format. The 2:4 and 2:5 formats only need to be chosen
if there are holes on a grid finer than 1 mil.

Leading/Trailing Zeroes: Keep leading and trailing zeroes / Suppress leading zeroes / Suppress trailing zeroes

Coordinate Positions: Reference to absolute origin / Reference to relative origin

Other: Optimize change location commands / Generate separate NC Drill files for plated & non-plated holes / Use drilled slot command (G85) / Generate Board Edge Rout Paths

Rout Tool Dia 200mil

OK　Cancel

图 10－12　NC 钻孔设置对话框

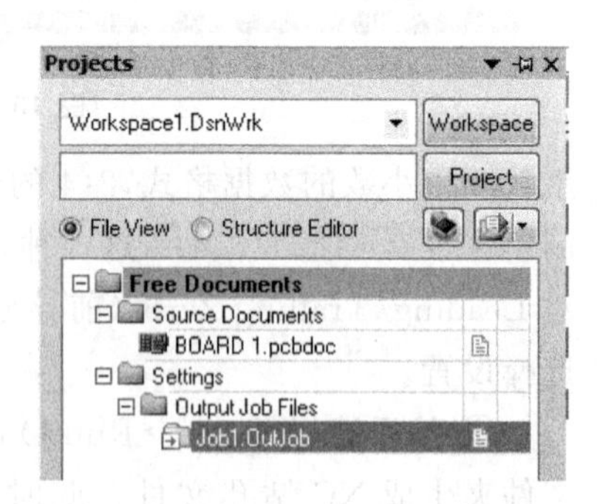

图 10－13　Projects 管理器对话框

② BOAD 1. LDP 文件内容如下：

```
Layer Pairs Export File for PCB: D:\ Altium Designer Winter 09\Examples\PCB Auto - Routing\BOARD 1.pcbdoc
LayersSetName = Top_Bot_Thru_Holes|DrillFile = txt|LayerPairs = gtl,gbl
```

③ BOAD 1. TXT 文件内容如下：

```
M48
;Layer_Color = 15461320
;FILE_FORMAT = 2:3
INCH,LZ
;TYPE = PLATED
T1F00S00C0.037
%
T01
X0062Y0208
```

```
X0072
X0082
X0092
X0102
X0112
Y0238
X0102
```

………(后面还有,这里只截取了前面一部分)

第二种方法生成 NC 钻孔报表的具体步骤如下:

① 打开 PCB 文件 board1. pcbdoc,选择 File→Fabrication Outputs→NC Drill Files 菜单项,系统将弹出一个如图 10-12所示的 NC Drill Setup 对话框。

② 设置完输出的钻孔报表数据的单位及格式后,单击该对话框中的 OK 按钮,系统会弹出 Import Drill Data 对话框,如图 10-14 所示。

图 10-14　Import Drill Data 对话框

③ 单击 OK 按钮,系统生成后缀为. DRR、. TXT 和. DRL 的 3 个文件会自动保存到该 PCB 文档所在的文件夹。

10.5　生成元器件交叉参考表

元器件交叉参考表主要用来列举各个元器件的编号、名称以及所在的电路图。生成元器件交叉参考表的操作步骤如下:

① 打开 PCB 文件 board1. pcbdoc,选择 Reports→Project Reports→Component Cross Reference 菜单项,则系统自动进入文本编辑器,并且产生元件交叉参考表,如图 10-15 所示。

② 选择 All Columns 列表框中的选项(如 Pins),按住鼠标左键不放,将其拖放

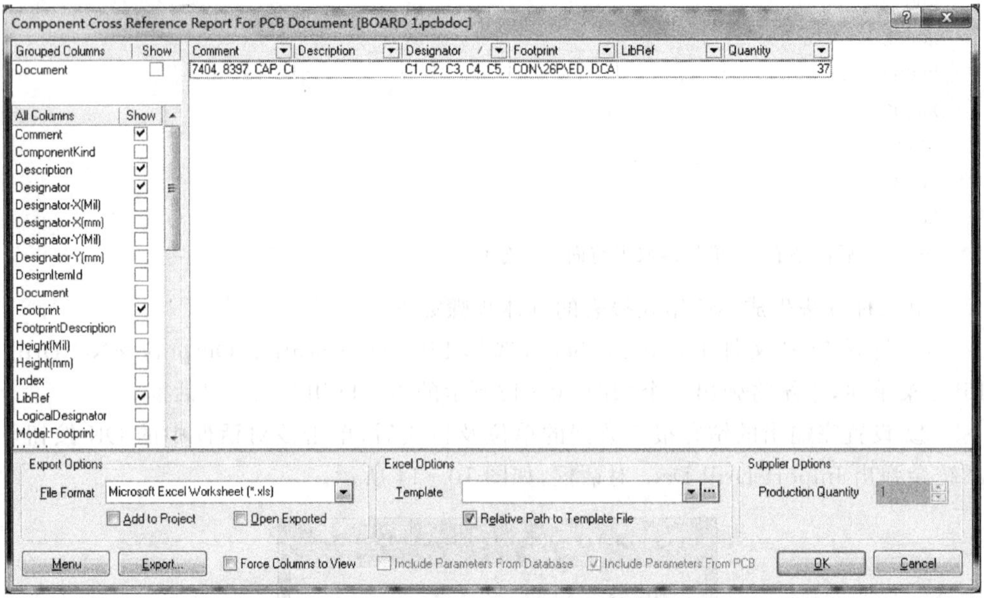

图 10 - 15　交叉参考表

到 Grouped Columns 列表框中，则右边栏中将显示相应的结果，如图 10 - 16 所示，Pins 栏中增加了元器件的引脚数目。

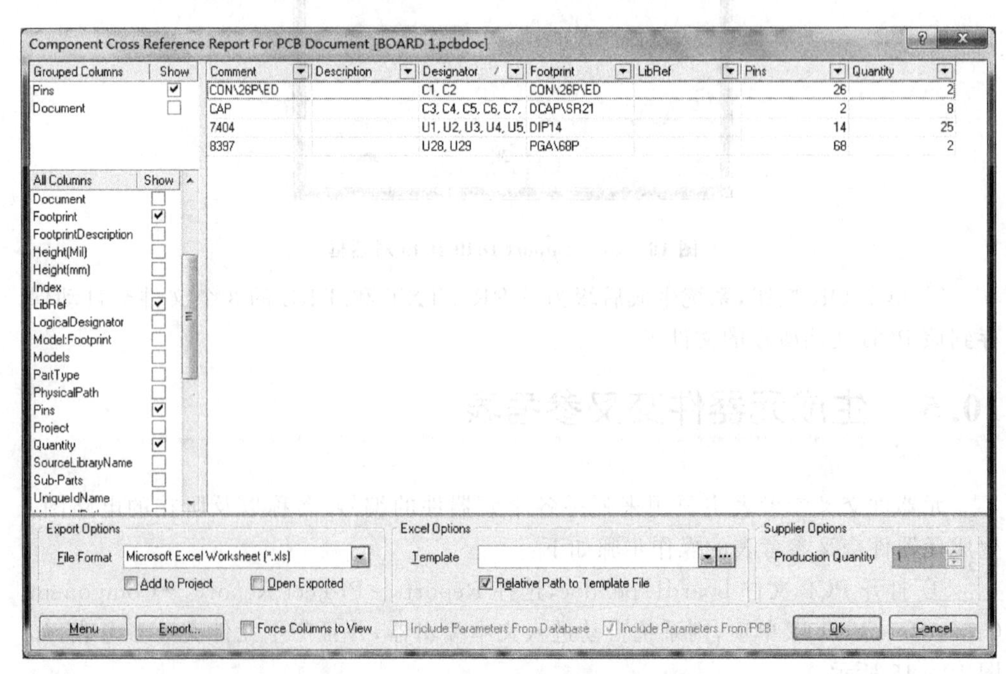

图 10 - 16　移动选项后的交叉参考表

10.6　距离测量报表

在电路板文件中，要想准确地测量出两点之间的距离，可按如下操作：

① 打开 PCB 文件 BOARD 1. pcbdoc。

② 选择 Reports→Measure Distance 菜单项，则光标变成十字形，用鼠标左键分别在电路板的起点和终点位置单击一下，则弹出一个测量报告对话框，如图 10－17所示。图 10－17 中的 Distance 为两点之间的直线距离，X Distance 为 X 轴方向水平距离，Y Distance 为 Y 轴方向垂直距离。

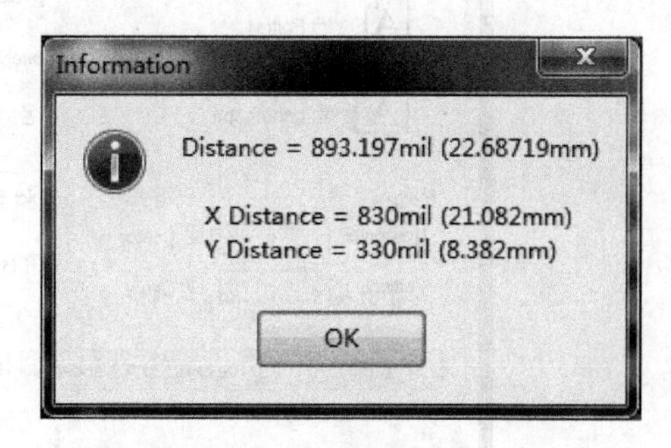

图 10－17　距离测量报表对话框

10.7　对象距离测量报表

在电路板文件中，要想准确地测量出两个对象（焊盘、导线、标注文字等）之间的距离，可按如下操作：

① 打开 PCB 文件 BOARD 1. pcbdoc。

② 选择 Reports → Measure Primitives 菜单项，则光标变成十字形，用鼠标左键分别在两个对象的测量位置单击一下，就会弹出一个对象距离测量报表对话框，如图 10－18所示。图 10－18 显示出了对象测量点的坐标及两个焊盘之间的距离。

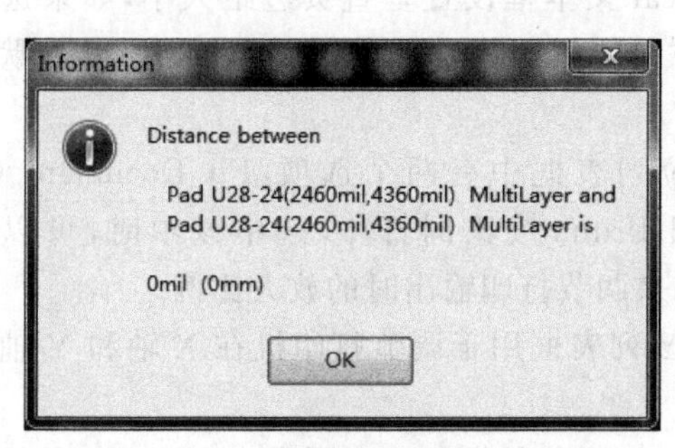

图 10－18　对象距离测量报表对话框

10.8　打印电路板图

PCB 设计完之后，就需要用打印机或绘图仪将其打印出来，以生成印刷板和焊接元件。打印之前，首先需要对打印机进行设置，包括对打印机的类型、纸张大小、电路图纸的设置等内容，然后再打印输出。打印机设置及打印的操作步骤如下：

① 打开 PCB 文件 BOARD 1. pcbdoc。

② 选择 File→Page Setup 菜单项，系统将弹出一个的复合属性设置对话框，如

图 10－19 所示。

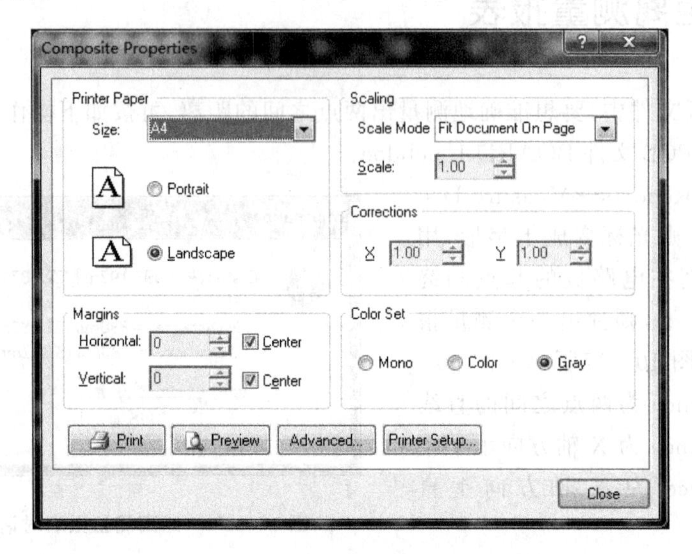

图 10－19　复合属性设置对话框

➢ 在 Printer Paper 栏中可以设置打印纸张的大小及打印的方向，包括 Portrait(纵向)和 Landscape(横向)。

➢ 在 Margins 栏中设置页边距，在 Horizontal 列表框设置水平方向的页边距大小，如果选中 Center 复选框，则不能设置水平方向的页边距，将以水平居中的方式打印(默认的方式)；在 Vertical 文本框设置垂直页边距大小，如果选中 Center 复选框，则不能设置垂直方向的页边距，将以垂直居中方式打印(默认的方式)。

➢ 在 Scaling 栏中，Scale Mode 下拉列表框中有两个选项：Fit Document On Page，文档适应整个页面；Scaled Print，按比例打印，选中该项时，可以在 Scale 下拉列表框中单击上下箭头来调节打印输出时的放大比例。

➢ 在 Corrections 栏中，X 列表框和 Y 列表框用于调节打印机在 X 轴和 Y 轴的输出比例。

➢ 在 Color Set 栏中，可以选择单色(Mono)、彩色(Color)及灰色(Gray)3 种打印的颜色。

③ 复合属性设置对话框中设置完后，单击 Print Setup 按钮，系统将弹出打印机配置对话框(也可以通过选择 File→Print 菜单项或快捷键 Ctrl＋P 来生成打印机配置对话框)，如图 10－20 所示。在该对话框中可以选择打印机的型号、打印的范围及打印的份数。

其中，Print What 下拉列表框中有 4 个选项：

➢ Print All Valid Document：打印所有有效的文档；

➢ Print Active Document：打印活动的文档；

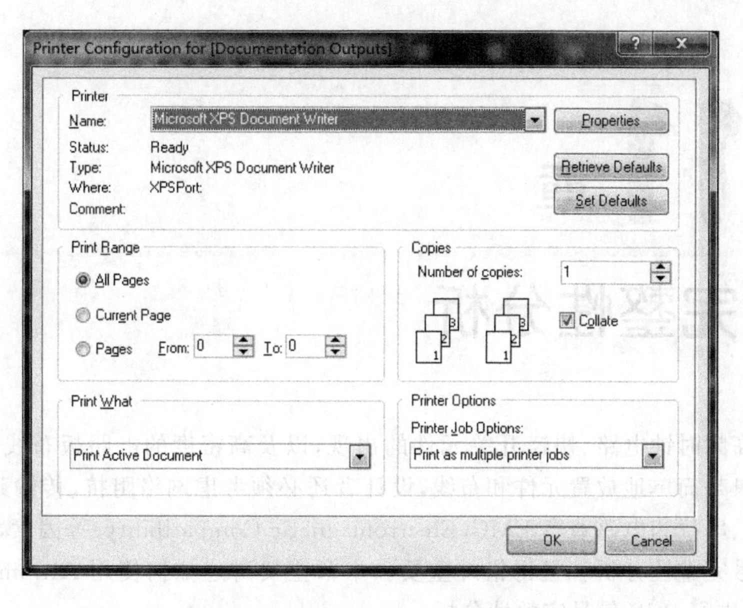

图 10－20　打印机配置对话框

➢ Print Selection：打印选择的区域；

➢ Print Screen Region：打印屏幕显示区域。

如果单击该对话框中的 Properties 按钮，则可以在弹出的对话框中设置打印纸的方向。设置完后单击 OK 按钮，则系统自动开始打印。另外，在打印之前，如果单击图 10－19 中的 Preview 按钮，则可以对打印的图形进行预览。

练习题

10.1　请说出本章所讲的各种报表中，哪些用于对 PCB 图的检查校对，哪些用于印刷电路板的生产加工。

10.2　以 Altium Designer Winter 09 系统提供的 Examples\Reference Designs\4 Port Serial Interface\ 4 Port Serial Interface. PrjPcb 为实例，对它分别生成电路板信息报表、NC 钻孔报表和元器件交叉参考表。

10.3　利用窗口工具栏的快捷工具完成 10.2 题，进而简化操作步骤。

第11章

信号完整性分析

随着高频时钟电路、快速开关元件的出现，以及高密度的电路板布线使得PCB设计已不只是简单地放置元件和布线，设计者还必须考虑网络阻抗、传输延迟、信号质量、反射、串扰和电磁兼容EMC(Electromagnetic Compatibility)等因素，因而制版之前的信号完整性分析就显得格外重要。本章主要讲述如何使用Altium Designer Winter 09进行PCB信号完整性分析。

11.1 信号完整性分析简介

Altium Designer Winter 09包含一个高级信号完整性仿真器，该仿真器能分析PCB设计、检查设计参数，能检查整板的串扰、过冲/下冲、上升时间/下降时间和阻抗等问题。用最小化的代价来解决高速电路设计带来的电磁兼容/电磁干扰EMC/EMI(Electromagnetic Interference)等问题。

Altium Designer Winter 09的信号完整性分析模块具有如下特性：

① 设置简单，可以像在PCB编辑器中定义设计规则一样定义设计参数(阻抗、上冲、下冲、斜率等)。

② 通过运行DRC(设计规则检查)，快速定位不符合设计要求的网络。

③ 无需特殊的经验要求，就可在PCB中直接进行信号完整性分析。

④ 提供快速的反射和串扰分析。

⑤ 利用I/O缓冲器宏模型，无需额外的Spice或模拟仿真知识。

⑥ 完整性分析结果采用示波器形式显示。

⑦ 成熟的传输线特性计算和并发仿真算法。

⑧ 用电阻和电容参数值对不同的终止策略进行假设分析，并可对逻辑块进行快速替换。

Altium信号完整性分析模块中的软件I/O缓冲器模型具有如下特性：

① 宏模型逼近使仿真更快、更精确。

② 提供IC模型库，包括校验模型。

③ 模型同 INCASES EMC-WORKBENCH 兼容。

④ 自动模型连接。

⑤ 支持 I/O 缓冲器模型的 IBIS 2 工业标准子集。

⑥ 利用完整性宏模型编辑器可方便、快速地自定义模型。

⑦ 引用数据手册或测量值。

11.2 信号完整性分析注意事项

为了成功地对设计进行信号分析,得到精确的仿真结果,运行前通常需要注意以下几个问题:

(1) IC 输出引脚

分析的网络中至少包含一个 IC 芯片的输出引脚。这个引脚将驱动 IBIS 模型,为该网络提供激励,获得期望的仿真结果。

(2) 正确的信号完整性模型

仿真之前要确认每一个元件的信号完整性模型正确。模型匹配可以通过模型分配(Model Assignments)的对话框指定,或者在原理图源文档中编辑元件属性,指派信号完整性模型时在信号完整对话框的 Type 栏里手动输入正确的模型。如果这栏信息没有定义,模型分配对话框将尝试根据元件的描述推断元件类型 Type。

(3) 电源网络

仿真前要在设计规则中定义设计的供电网络。通常至少要有电源和地两个基本供电网络,规则应用范围可以是网络也可以是网络类。

(4) 激励信号

设计规则中系统设置了默认的激励信号,也可以根据需要改变此激励规则。

(5) 层堆栈设置正确

PCB 的层堆栈必须设置正确。信号完整性分析器需要连续的电源平面,不支持分割电源层,因此应将网络分配到整个电源层上。如果不是这种情况,分析器将假设电源平面,添加并设置它们。铜层的厚度、板基、板材、介电常数等参数都要正确设置。选择 Design→Layer Stack Manager 菜单项,在 PCB 编辑器中设置层堆栈。在原理图中运行信号完整性时,使用一个默认的带两个内电层的 PCB 板。

11.3 设置信号完整性分析规则

Altium Designer Winter 09 中包含了许多完整性分析规则,这些规则用于在 PCB 板设计中检测一些潜在的信号完整性问题。

信号完整性分析是基于布好线的 PCB。打开需要进行信号完整性分析的 PCB 文档,选择 Design→Rules 菜单项,系统将弹出如图 11-1 所示的 PCB 设计规则设置对话框。在该对话框打开 Design Rules 的树状目录,展开其中的 Singal Integrity 规则设置选项即可看到各种信号完整性分析的选项,可以根据设计工作的要求对所选择的规则进行设置。

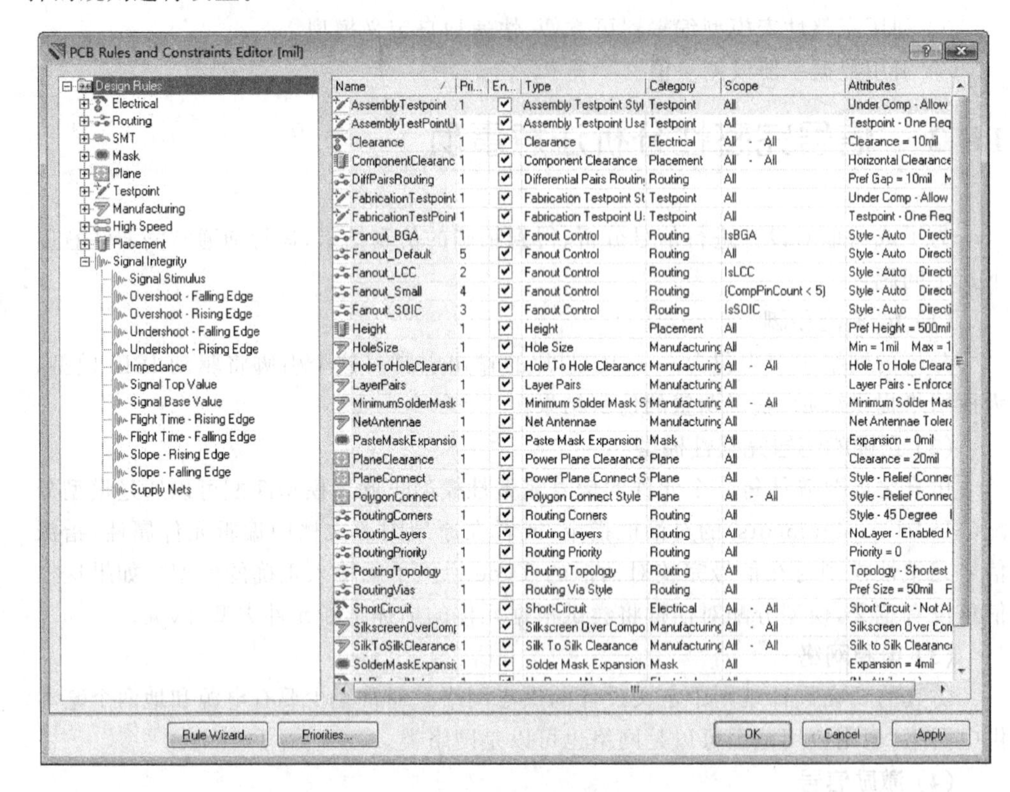

图 11-1　PCB 设计规则设置对话框

PCB 设计规则设置对话框中列出了系统提供的所有设计规则,但要想在 DRC 校验时真正使用这些规则,还需要在第一次使用时把该规则作为新规则添加到实际使用的库中。

在需要进行分析的某一项规则上右击,在弹出的级联菜单中选择 New Rule,如图 11-2 所示,即可建立一个新的分析规则到实际使用的规则库中。如果需要多次用到该规则,可以为它建立多个新的规则,并用不同的名称加以区别。然后双击建立的分析规则即可进入规则设计对话框。

要想在实际使用的规则库中删除某个规则,则可以选中该规则并右击,在弹出的级联菜单中选择 Delete Rule,即可从实际使用的规则库中删除该规则。同样的道理,在该快捷菜中选择 Export Rules 命令,则可以把选中的规则从实际使用的规则库中导出;选择 Import Rules 命令,系统弹出如图 11-3 所示的 PCB 设计规则库,可以从设计规则库中导入所需的规则;选择 Report 命令,则可以为该规则建立相应的报告文件,并可以打印输出。

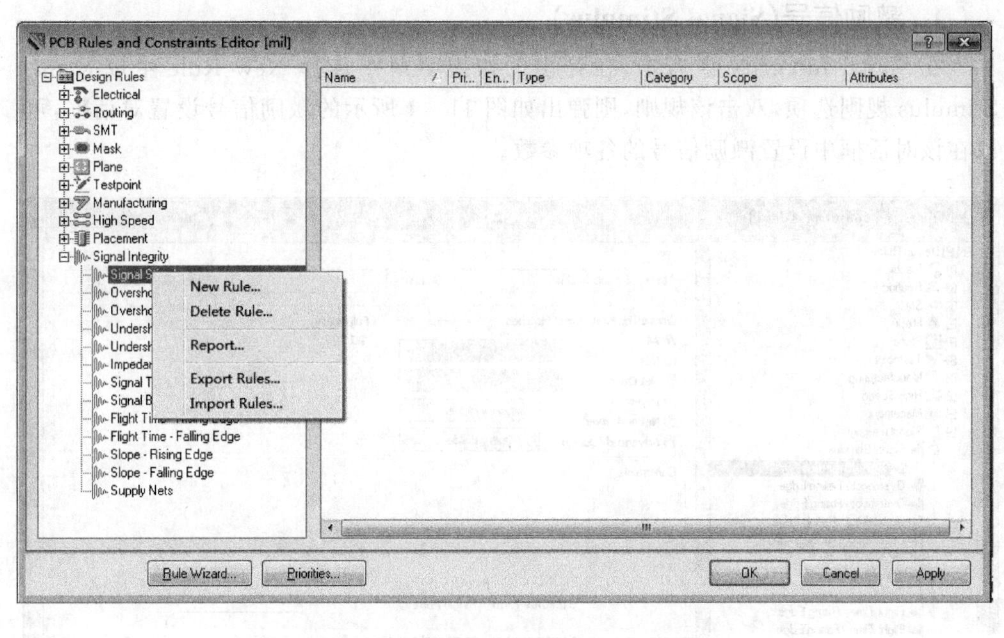

图 11-2 在 PCB 设计规则中添加新规则

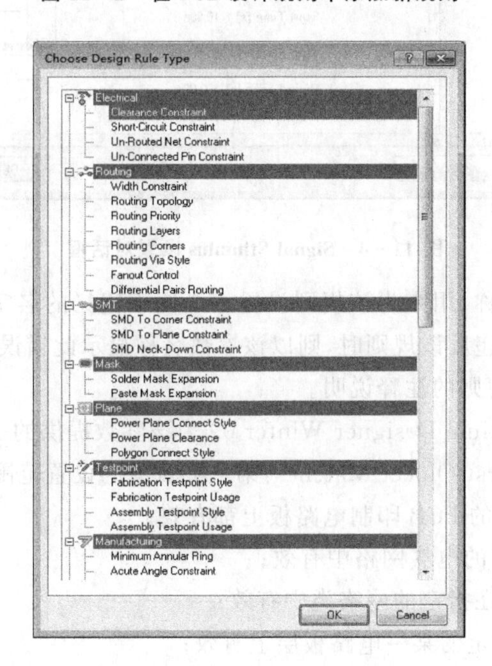

图 11-3 导入设计规则对话框

Altium Designer Winter 09 信号完整性分析主要包括如下 13 条的规则，下面分别介绍。

1. 激励信号(Signal Stimulus)

在 Signal Integrity 上右击,在弹出的快捷菜单中选择 New Rule 生成 Signal Stimulus 规则选项,双击该规则,则弹出如图 11-4 所示的激励信号设置对话框,可以在该对话框中设置激励信号的各项参数。

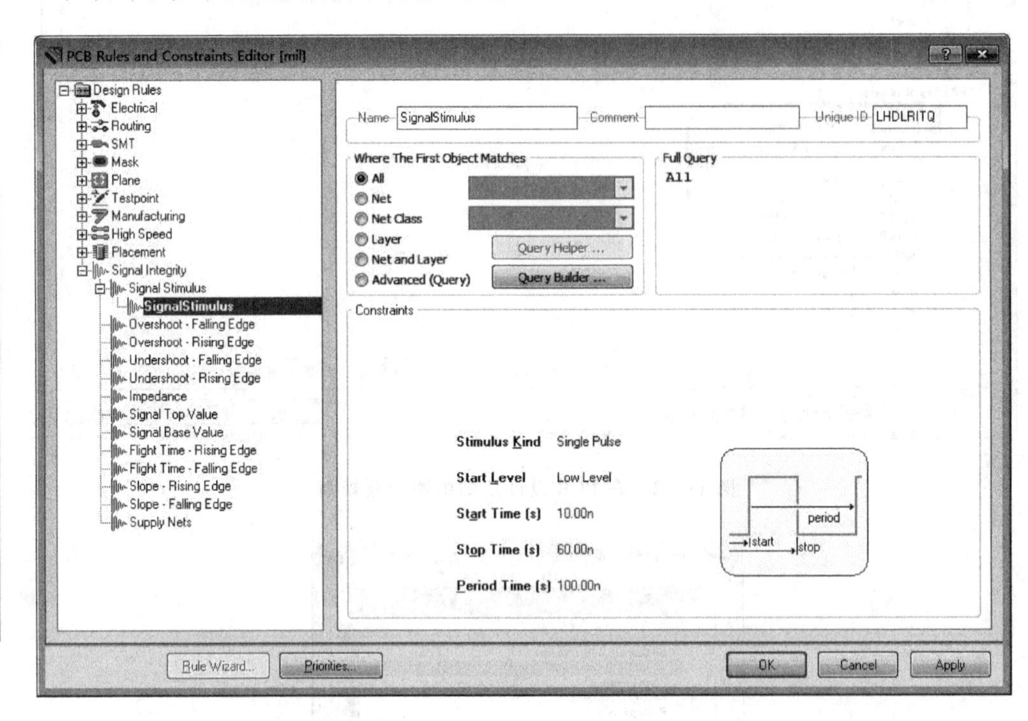

图 11-4 Signal Stimulus 设置对话框

- Name:参数名称,用来为该规则设置一个便于记忆的名字。在 DRC 校验中,当电路板布线违反该规则时,则以该参数名称显示此错误。
- Comment:该规则的注释说明。
- Unique ID:Altium Designer Winter 09 为该参数提供的一个随机 ID 号。
- Where The First Object Matches:第一类对象的设置范围,一共有 6 种选项:
  - All:在指定的 PCB 印制电路板上都有效;
  - Net:在指定的电气网格中有效;
  - Net Class:在指定的网络类中有效;
  - Layer:在指定的某一电路板层上有效;
  - Net and Layer:在指定的网络和指定的电路板层上有效;
  - Advanced(Query):在指定的高级设置选项,选择该单选按钮后,可以单击右侧的 Query Builder 按钮,从而自行设计规则使用范围。
- Full Query:观察窗口,例如,若选择规则适用范围是 All,则在观察窗口中显示 All;如果选择规则适用范围是 Net,则在观察窗口中显示 InNet('Net Name')。

➢ Constraints:用于设置激励信号规则。共有5个选项,含义如下:
- Stimulus Kind:设置激励信号的种类,该下拉框中又包括3种选项即:
  Constraint Level 表示激励信号为某个常数电平;
  Single Pulse 表示激励信号为单个脉冲信号;
  Periodic Pulse 表示激励信号为周期性脉冲信号。
- Start Level:设置激励信号的初始电平,仅对 Single Pulse 和 Periodic Pulse 有效,设置初始电平为低电平(选择 Low Level),设置初始电平为高电平(选择 High Level);
- Start Time:激励信号高电平脉宽的起始时间;
- Stop Time:激励信号高电平脉宽的终止时间;
- Period Time:激励信号的周期。

注意:设置激励信号的 Start Time、Stop Time、Period Time 时,须注意时间单位的选择。Altium 默认的时间单位是秒(s),若要采用其他时间单位,应该在相应的数值后添加时间单位的标志,如毫秒(ms)、微秒(μs)、纳秒(ns)等。

2. 信号过冲的下降边沿(Overshoot - Falling Edge)

信号过冲的下降边沿定义了信号下降沿允许的最大过冲值,即信号下降沿上低于信号基值的最大阻尼振荡,如图11-5所示。信号过冲的下降边沿最大过冲值设置对话框与图11-4类似。

3. 信号过冲的上升边沿(Overshoot - Rising Edge)

信号过冲的上升边沿定义了信号上升边沿允许的最大过冲值,即信号上升沿上高于信号上位值的最大阻尼振荡,如图11-6所示。信号过冲的上升边沿最大过冲值设置对话框与图11-4类似。

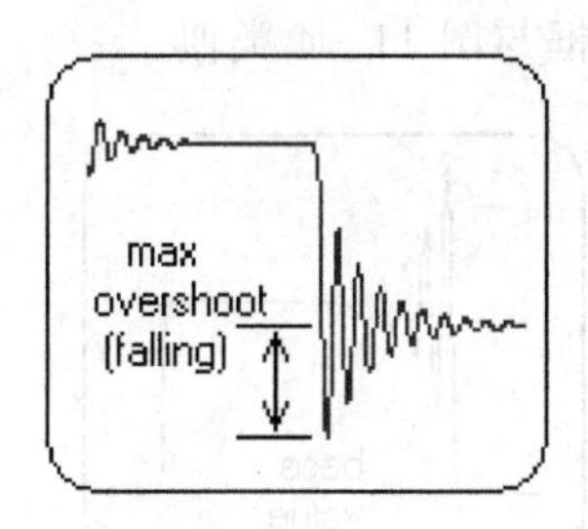

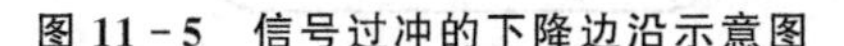

图11-5 信号过冲的下降边沿示意图

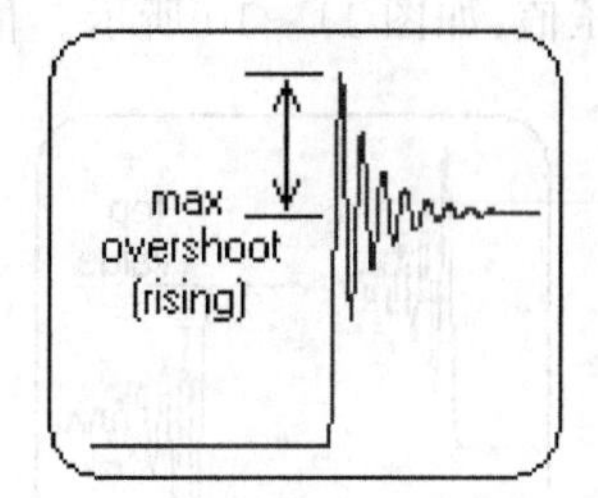

图11-6 信号过冲的上升边沿示意图

4. 信号下冲的下降边沿(Undershoot - Falling Edge)

信号下冲与信号过冲略有区别。信号下冲的下降边沿定义了信号下降沿允许的最大下冲值,即信号下降沿上高于信号基值的阻尼振荡,如图11-7所示。信号下冲的下降边沿最大下冲值设置对话框与图 11-4 类似。

5. 信号下冲的上升边沿(Undershoot-Rising Edge)

信号下冲的上升边沿定义了信号上升边沿允许的最大下冲值,即信号上升沿上低于信号上位值的阻尼振荡,如图 11-8 所示。信号下冲的上升边沿最大上冲值设置对话框与图 11-4 类似。

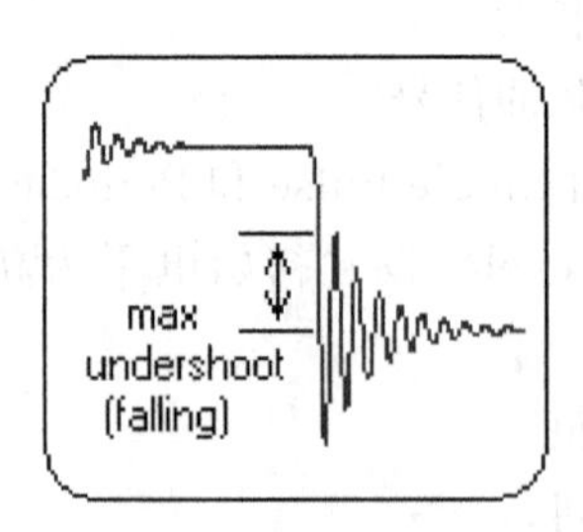

图 11-7 信号下冲的下降边沿示意图

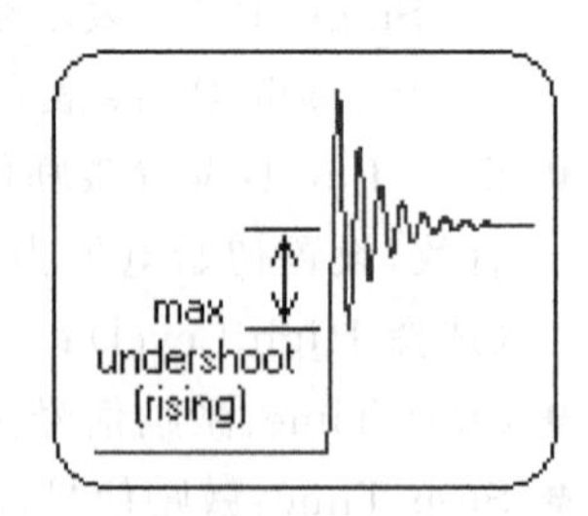

图 11-8 信号下冲的上升边沿示意图

6. 阻抗(Impedance)

阻抗定义了允许电阻的最大和最小值。阻抗和导体的几何外观及电导率、导体外的绝缘层材料以及电路板的几何物理分布(即导体间在 Z 域的距离)相关。上述绝缘层材料包括板的基本材料、多层间的绝缘以及焊接材料等。阻抗设置对话框与图 11-4 类似。

7. 信号高电平(Singal Top Value)

信号高电平定义了信号在高电平状态下允许的最小稳定电压值,如图 11-9 所示。信号高电平属性设置对话框和图 11-4 类似。

8. 信号基值(Singal Base Value)

信号基值与信号高电平是相对应的,定义了信号在低电平状态下允许的最大稳定电压值,如图 11-10 所示。信号基值属性设置对话框与图 11-4 类似。

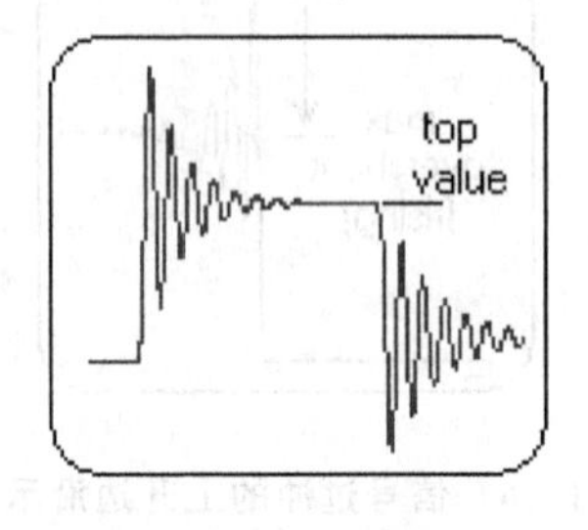

图 11-9 信号高电平示意图

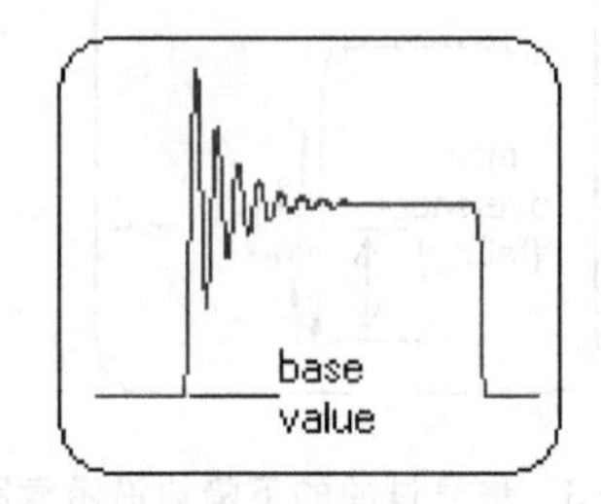

图 11-10 信号基值示意图

9. 飞升时间的上升边沿(Flight Time-Rising Edge)

飞升时间的上升边沿定义了信号上升边沿所允许的最大飞行时间,即信号上升边沿到达信号设定值的50%时所需的时间,如图11-11所示。飞升时间的上升边沿设置对话框与图11-4类似。

10. 飞升时间的下降边沿(Flight Time - Falling Edge)

飞升时间的下降边沿是相互连接结构的输入信号延迟,是实际的输入电压到门限电压之间的时间;小于这个时间将驱动一个基准负载,该负载直接与输出相连。

飞升时间的下降边沿定义了信号下降边沿允许的最大飞行时间,即信号下降边沿到达信号设定值的50%时所需的时间,如图11-12所示。飞升时间的下降边沿设置对话框与图11-4类似。

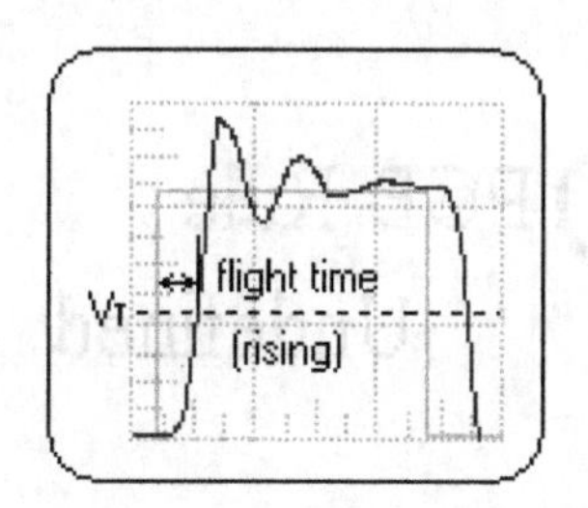

图11-11 飞升时间的上升边沿示意图

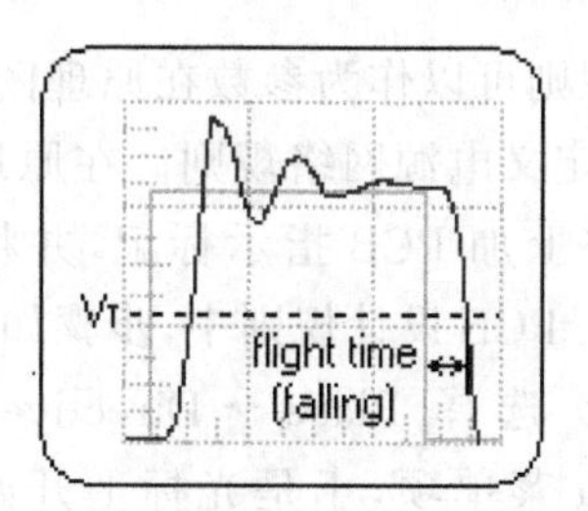

图11-12 飞升时间的下降边沿示意图

11. 上升边沿斜率(Slope - Rising Edge)

上升边沿斜率定义了信号从门限电压 V_T 上升到一个有效的高电平 V_{IH} 时所允许的最大时间,如图11-13所示。上升边沿斜率设置对话框与图11-4类似。

12. 下降边沿斜率(Slope - Falling Edge)

下降边沿斜率定义了信号从门限电压 V_T 下降到一个有效的低电平 V_{IL} 时所允许的最大时间,如图11-14所示。下降边沿斜率设置对话框与图11-4类似。

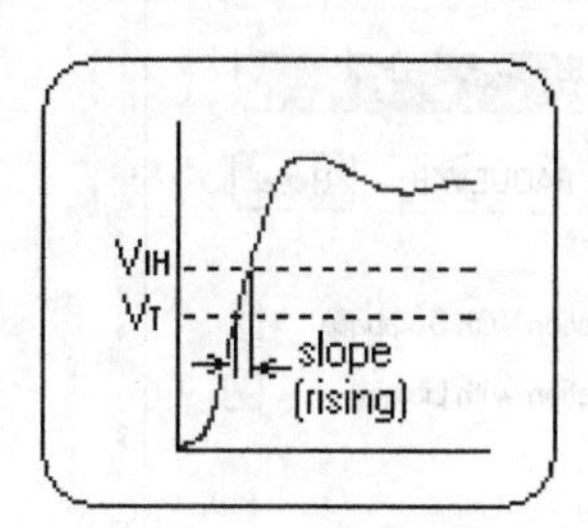

图11-13 上升边沿斜率示意图

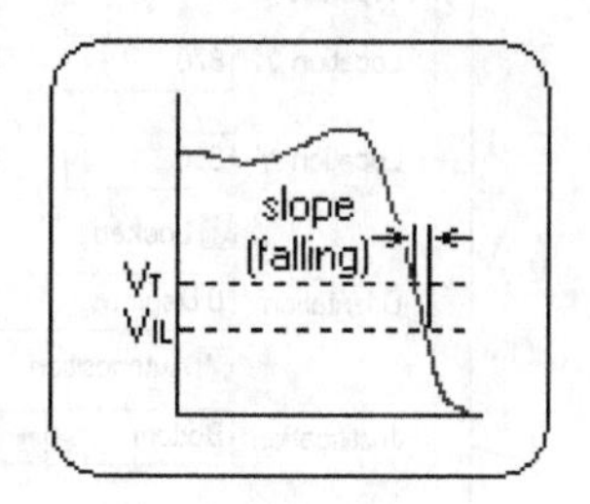

图11-14 下降边沿斜示意图

13. 供电网络(Supply Nets)

供电网络用来定义印制电路板上的供电源网络标号。进行信号的完整性分析时需要了解供电网络标号的名称和电压值。供电网络标号设置对话框与图11-4类似。

通过以上设置后,系统即可根据信号完整性规则进行 PCB 印制电路板的板级信号完整性分析。

11.4 在原理图中进行信号完整性分析

在 Altium Designer Winter 09 中可以在原理图中进行信号完整性分析,找出解决阻抗、反射等潜在问题。

11.4.1 设置信号完整性分析的设计规则

规则可以作为参数在原理图中定义。首先,定义电源网络规则。在原理图的电源网络上加 PCB 指示标记,并将这个规则加入 PCB 设计规则中,步骤如下:

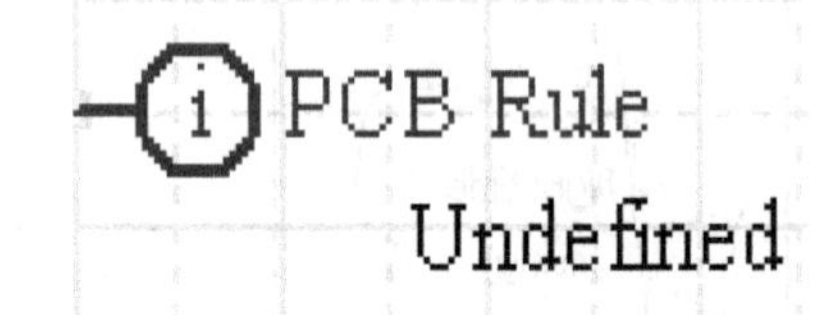

图 11-15 PCB 规则指示符

① 选择 Place → Directives → PCB Layout 菜单项,于是光标上开始浮动一个指示符,如图 11-15 所示。按 Tab 键弹出规则参数设置的 Parameters 对话框,选中未定义的规则然后单击 Edit 按钮,则弹出 Parameter Properties(参数属性)对话框,如图 11-16 所示。

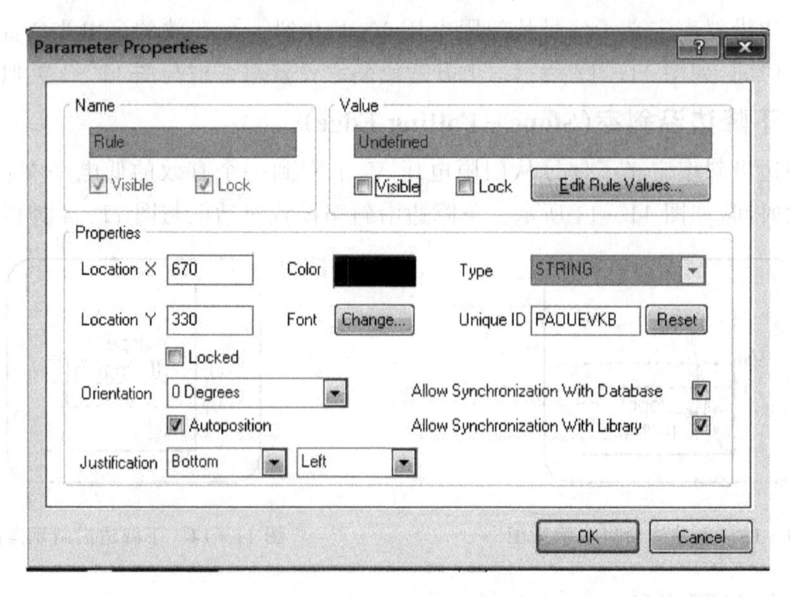

图 11-16 参数属性对话框

② 在图 11-16 中单击 Edit Rule Values 按钮,则弹出 Choose Design Rule Type(选择设计规则类型)对话框,如图 11-17 所示。

③ 选中信号完整性规则中的 Supply Nets 项,单击 OK 按钮,则弹出如图 11-18 所示的 Edit PCB Rule(From Schematic)对话框。

④ 输入电源网络的电压值,单击 OK 按钮关闭对话框。

⑤ 移动鼠标到刚定义的电源网络的适宜位置单击,确定放置位置。

⑥ 同样的操作步骤放置 GND 网络(如果电路中有其他电源网络,比如+12 V 网络、-12 V 网络等,则同样放置)的电源网络设计规则。

⑦ 右击鼠标,退出指示放置模式。

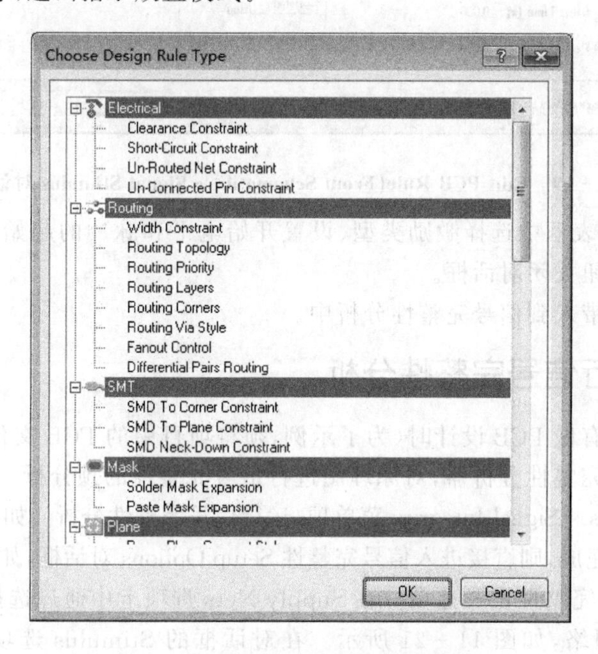

图 11-17 选择设计规则类型对话框

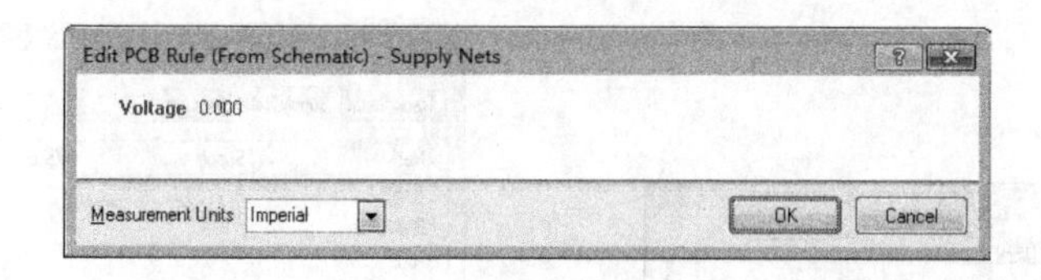

图 11-18 从原理图编辑 PCB 规则对话框

然后,定义激励信号规则。运行仿真时,这个激励信号加到待分析网络的输出引脚。这就需要一个设计规则范围是 All,现在为这个规则创建一个图纸参数(如果不设置这个参数,将使用默认规则选项),步骤如下:

① 在原理图编辑器中选择 Design→Document Options 菜单项,在弹出的 Document Options 对话框中的 Parameters 选项卡添加一个图纸参数。单击 Add as Rule 按钮,弹出 Parameters Properties 对话框,如图 11-16 所示。

② 单击 Edit Ruls Values 按钮,则弹出 Choose Design Rule Type 对话框。在信

号完整性规则下双击 Signal Stimulus 选项，则弹出 Edit PCB Rule(From Schematic)-Signal Stimulus 对话框，如图 11-19 所示。

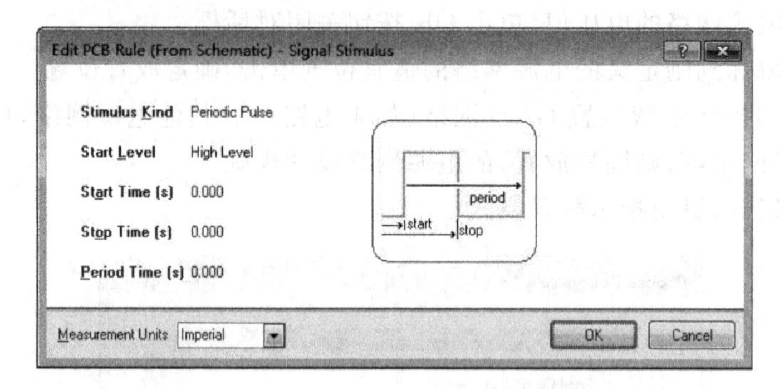

图 11-19　Edit PCB Rule(From Schematic)-Signal Stimulus 对话框

③ 从下拉列表框中选择激励类型、设置开始电平和脉冲的起始、停止时间及周期。单击 OK 按钮关闭对话框。

这个规则也带入到信号完整性分析中。

11.4.2　运行信号完整性分析

项目中还没有做 PCB 设计时(为了示例，须将项目中的 PCB 文件临时从项目中移出)，运行信号完整性分析器，对原理图进行信号完整性的预分析。

① 选择 Tools→Signal Integrity 菜单项，运行信号完整性分析。如果仿真模型等前述各项设置均已完成，则直接进入信号完整性 Setup Options 对话框，如图 11-20 所示。

② 设置信号完整性设置选项。在 Supply Nets 选项卡中通过选择网络对应的复选框，启用电源网络，如图 11-21 所示。在对话框的 Stimulus 选项卡设置激励信号，如图 11-22 所示。

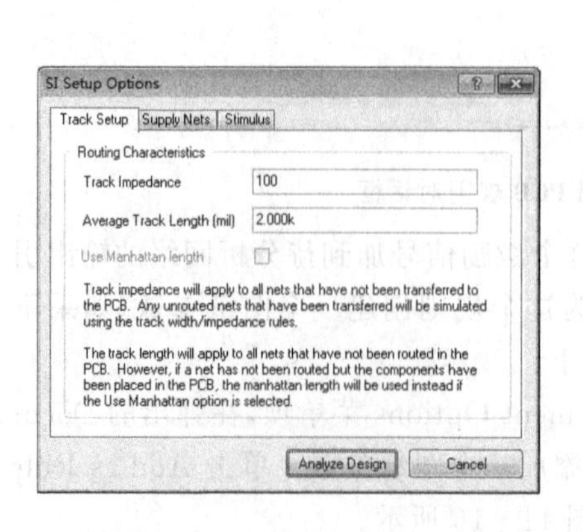

图 11-20　SI Setup Options 对话框

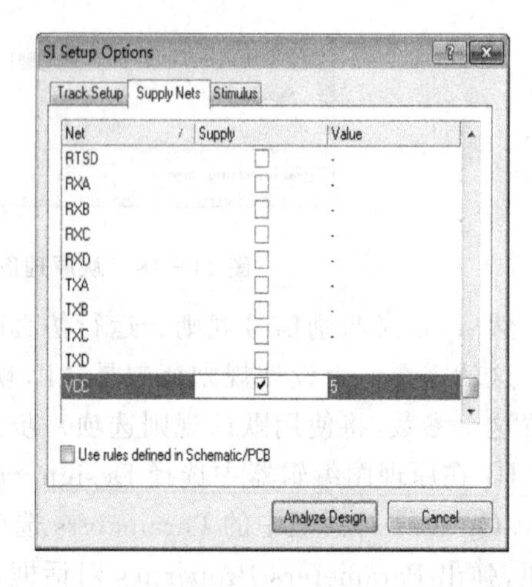

图 11-21　在 Supply Nets 选项卡中启用电源网络

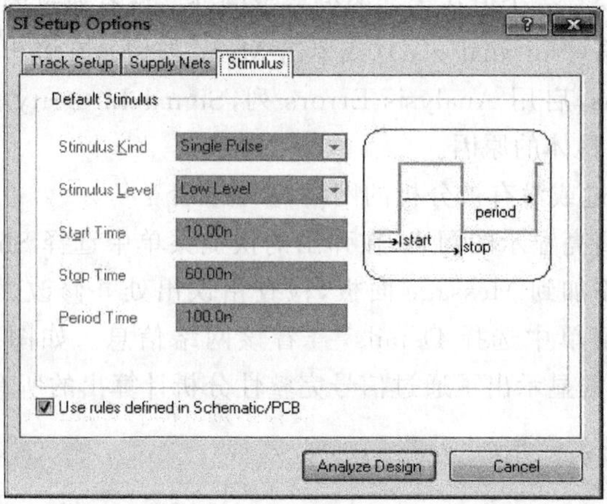

图 11－22　在 Stimulus 选项设置激励信号规则规则信息

③ 单击 Analyze Design 按钮，运行信号完整性分析器分析设计。

④ 则弹出 Signal Integrity（信号完整性）面板，显示信号完整性分析器，使用初始化设置分析设计结果。面板左侧的状态（Status）列显示网络通过测试的状态，如图 11－23 所示。通过（Passed）的网络所有值都在测试设置范围内，分析未通过的网

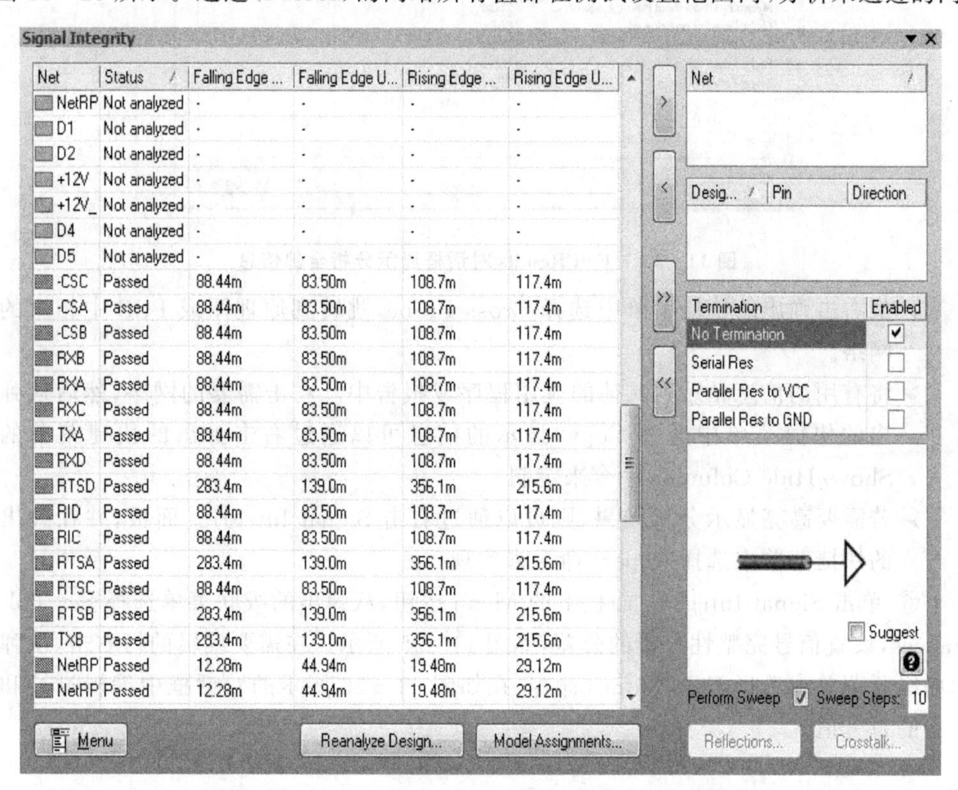

图 11－23　Signal Integrity 面板显示首次分析数据

络(failed nets),至少有一个值在定义的公差范围外。没有通过的值以红色显示。右击没有被分析的网络(Not analyzed)(或单击 Menu 按钮),在弹出的快捷菜单中选择 Show/Hide Columns,启用 Analysis Errors 列,Signal Integrity 面板显示 Analysis Errors 列,从而查看具体的原因。

⑤ 检查没有通过或没有被分析的网络,步骤如下:

➢ 右击以红色高亮显示的网络,在弹出的快捷菜单中选择 Show Errors,则这个错误信息被添加到 Message 面板,检查错误出处并修改。在网络上右击,在弹出的快捷菜单中选择 Details,查看该网络信息。如图 11-24 所示,Full Results 对话框显示出了通过信号完整性分析计算出的所有信息。

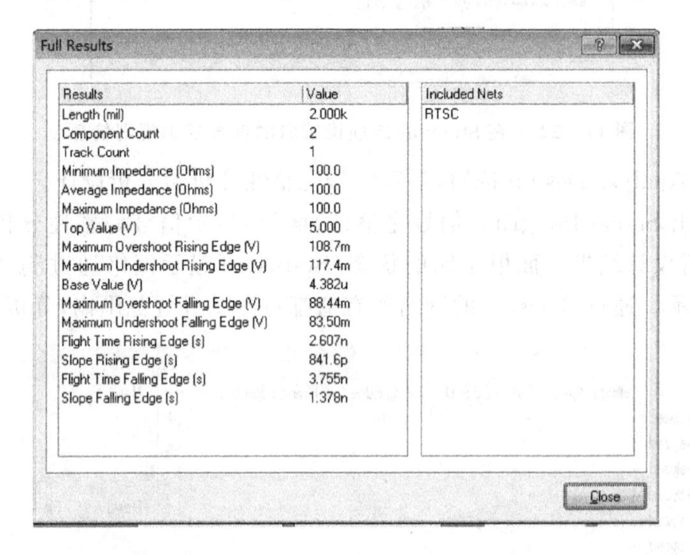

图 11-24　Full Results 对话框显示分析全部信息

➢ 从右击弹出的快捷菜单中选择 Cross Probe,跳转到原理图或 PCB 中相应的网络。

➢ 将有用的信息粘贴到其他的应用程序或报告中。右击需要的网络,然后从弹出的快捷菜单中选择 Copy,显示的信息可以通过右击弹出的快捷菜单的 Show/Hide Columns 命令来定制。

➢ 若需要高亮显示分析结果,则可以通过右击 Signal Integrity 面板,并在弹出的快捷菜单中选择 Report 命令来实现。

⑥ 单击 Signal Integrity 面板上的 Menu 按钮,从弹出的级联菜单选择 Set Tolerances,设置信号完整性分析的公差,如图 11-25 所示。在需要编辑的行右击,从弹出的级联菜单中选择 Edit Values 命令,在如图 11-26 所示的对话框中编辑过冲和下冲的百分值。

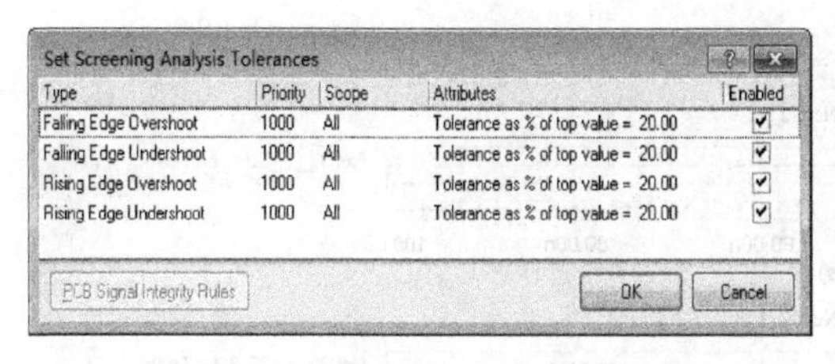

图 11-25 设置信号完整性分析公差

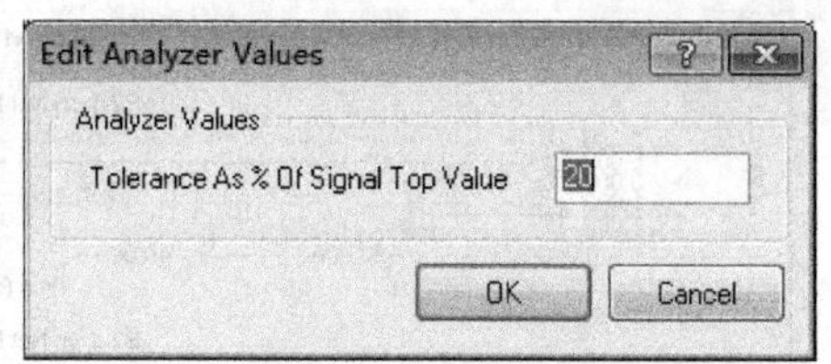

图 11-26 编辑公差值

⑦ 完成所有设置后单击 Signal Integrity 面板底部的 Reanalyze Design 按钮,再次分析设计。

⑧ 分析具体网络的反射情况。选择要分析的网络,例如 NetS2_1 网络,单击“>”按钮,将网络放到 Net 列,如图 11-27 所示。

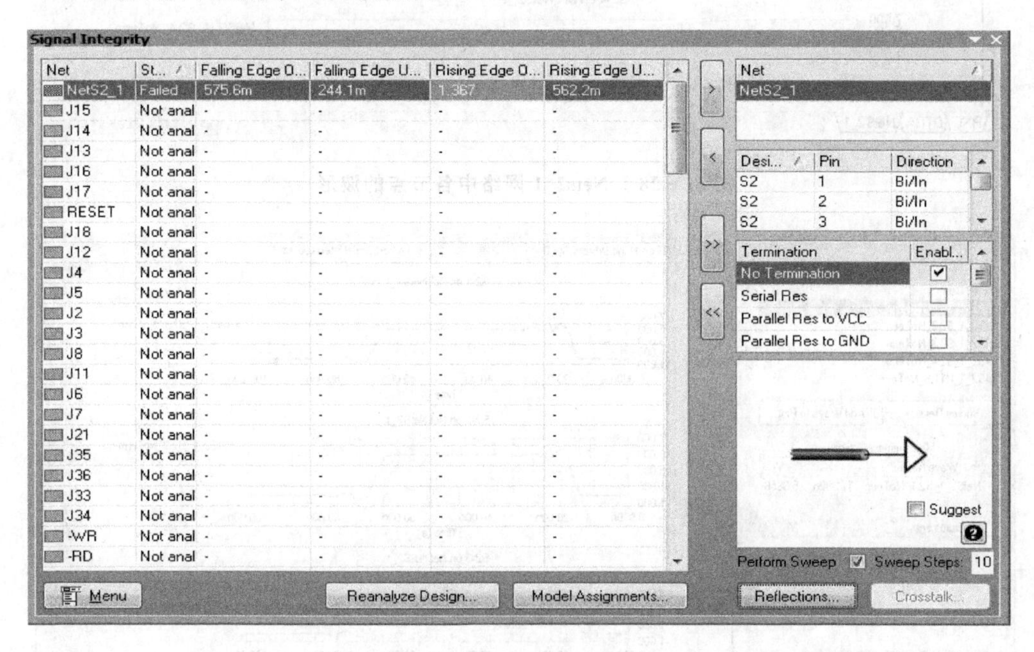

图 11-27 选择要分析的网络

⑨ 单击 Reflections 按钮对网络进行反射分析。在波形分析窗口显示反射波形,如图 11-28 所示。

⑩ 分析某个节点的波形。单击波形标题使其激活,然后右击,从弹出的级联菜单中选择相应的波形操作。测量数据显示在 Sim Data 面板(单击 Sim Data 标签查看),如图 11-29 所示。

⑪ 利用终端专家系统查看端接解决方案效果。在 Signal Integrity 面板的 Termination 选项组列出了常用的解决方案。选择终端方案对应的复选框,再次运行反射分析查看分析结果。Termination 方式提供了 7 种常用的建议选项,每一选项具体

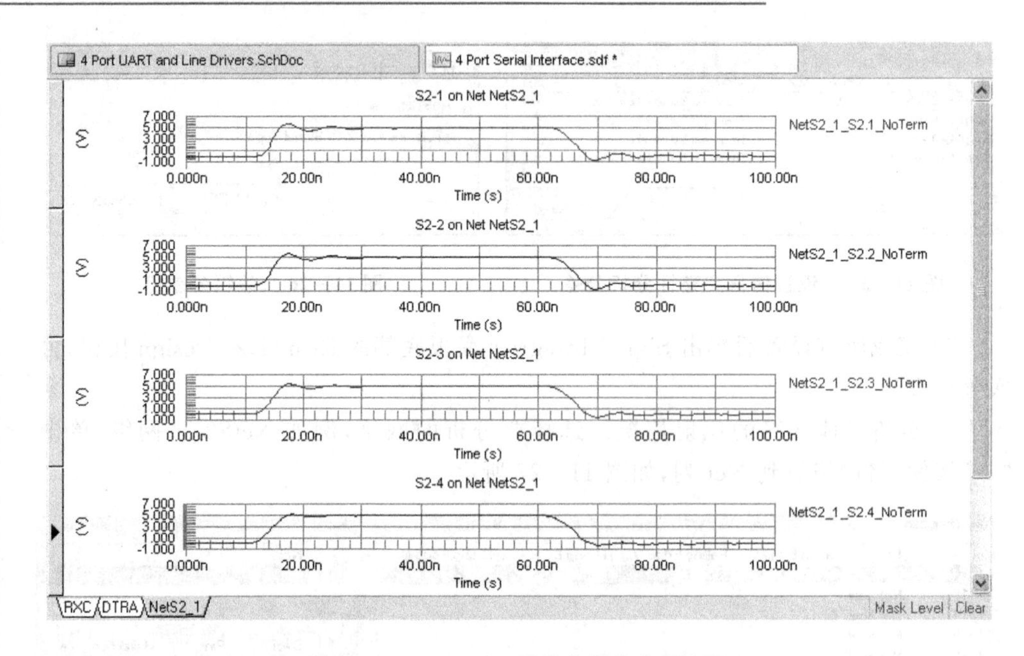

图 11-28 Nets2_1 网络中各节点的波形

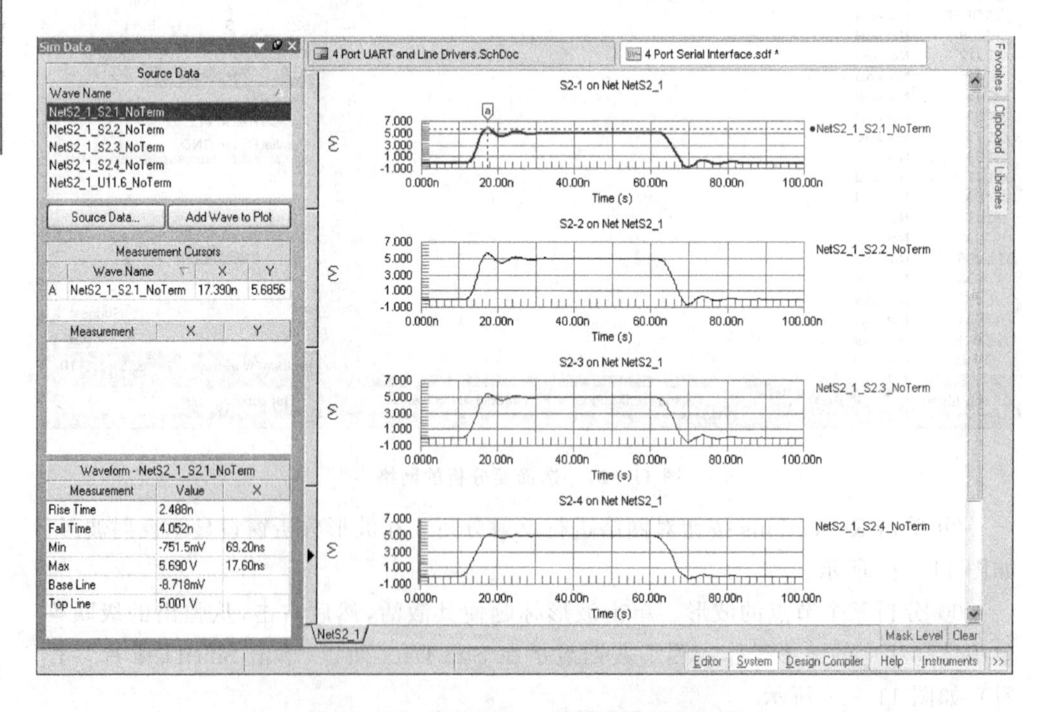

图 11-29 在 Sim Data 面板查看仿真数据

含义将在 11.7 节的信号完整性仿真器中介绍。这 7 种端接方式都有利弊，设计者应根据电路的实际情况综合考虑解决方案。例如，端接一个电阻，系统提示一个优值

Pref 47.00 Ω,再次运行反射分析,则波形中出现一条添加终端电阻后的波形,如图 11-30 所示。

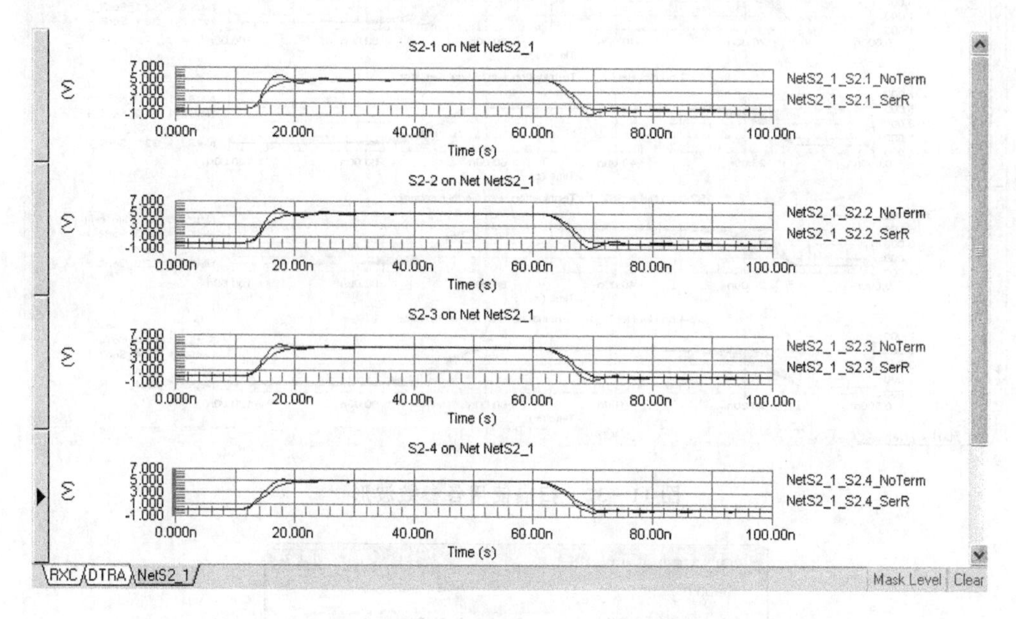

图 11-30 添加端接电阻后的波形

⑫ 扫描终端串联电阻的值。选中 Perform Sweep 复选框,在 Sweep Steps 微调框中选择扫描步数,Pref 项变为最大 Max、最小 Min 设置,可以修改最大最小值,如图 11-31 所示。

⑬ 再次运行反射分析,则弹出各参数值的扫描波形,如图 11-32 所示。单击某波形,则弹出当前波形使用的参数值。从中挑选一个最优的结果,应用到设计中。

⑭ 将最适合的终端连接器件放回原理图中。

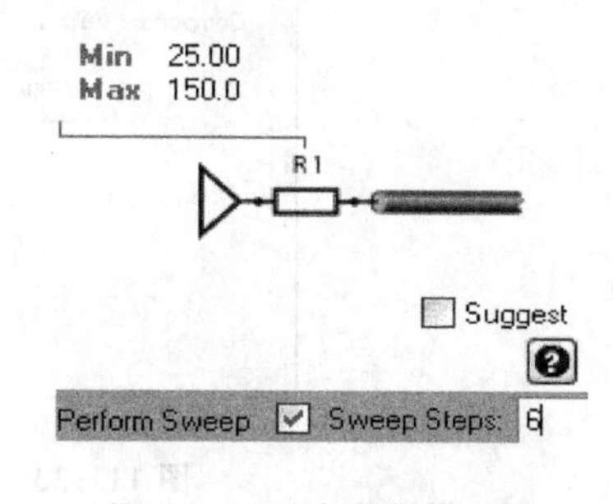

图 11-31 参数扫描设置

在 Signal Integrity 面板上右击终端选项,然后在弹出的快捷菜单中选择 Place on Schematic 命令,则弹出 Place Termination 对话框,如图 11-33 所示。设置各参数,例如在复选框选择自动放置、手动放置和仅放置选定的引脚以及该元件的值。单击 OK 按钮,则系统弹出一个信息提示的对话框,提示在原理图中放置了一个终端电阻。至此完成了在原理图中进行信号完整性分析。

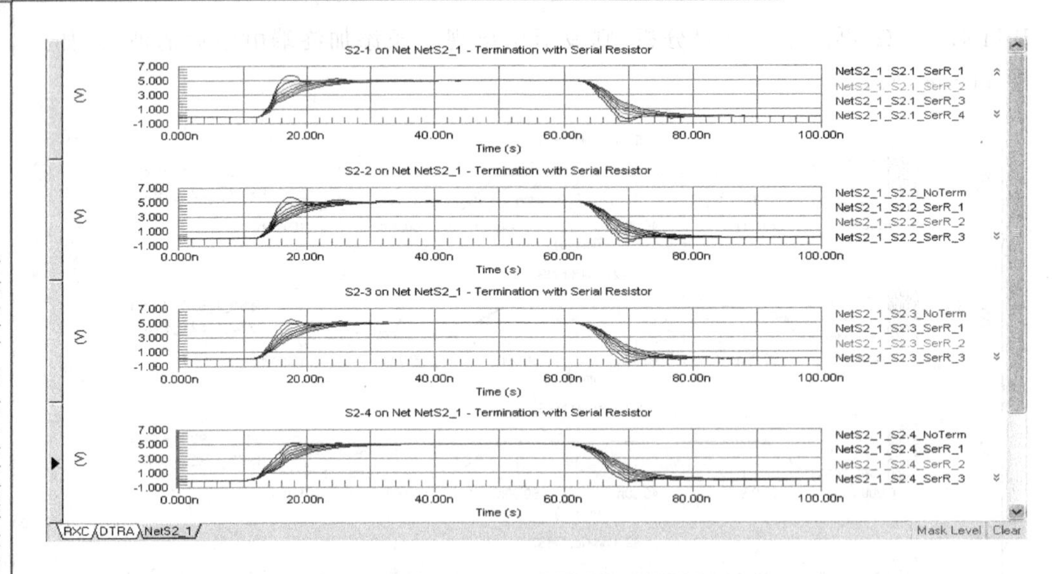

图 11－32　扫描使用各参数波形

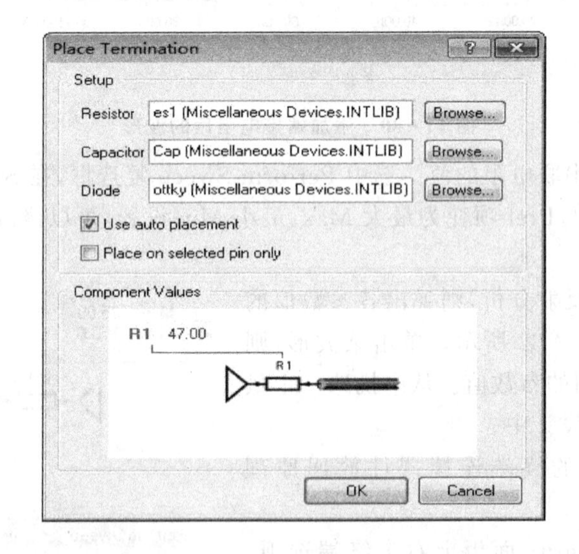

图 11－33　Place Termination 对话框

11.5　在 PCB 中进行信号完整性分析

PCB 中的信号完整性分析是基于电路板的结构(Layer Stack)、各种板材的参数、铜层厚度、电路板结构含有的内部电源板层(Internal Plane)、板上的布局/布线以及器件的信号完整性模型等基本情况进行的。

下面以 Altium Designer Winter 09 安装路径下系统自带的 Examples\Reference Designs\4 Port Serial Interface\4 Port Serial Interface. PrjPcb 项目文件为例说明。打开 4 Port Serial Interface. PcbDoc 文件,如图 11-34 所示。

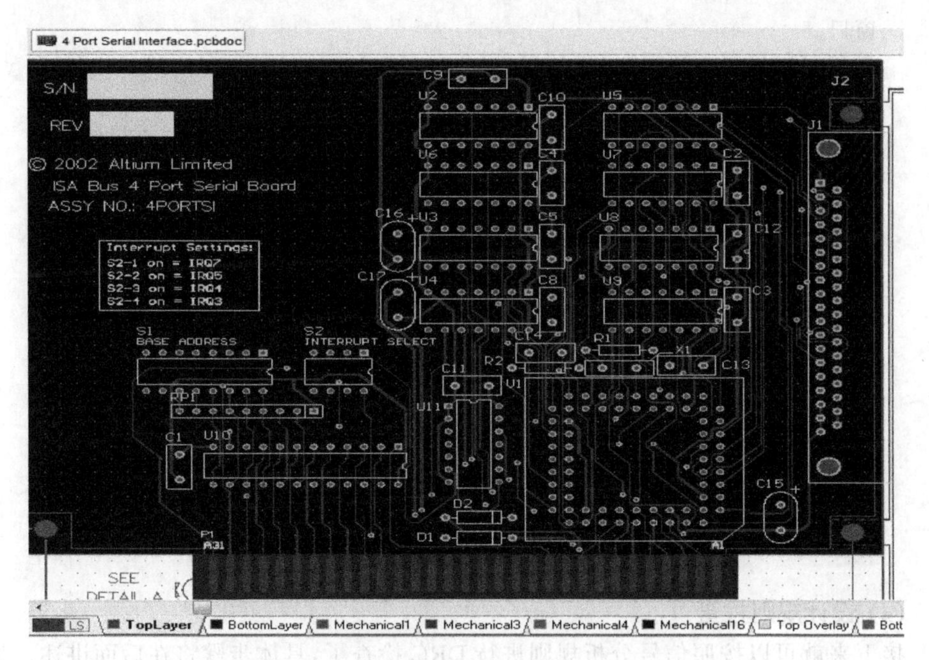

图 11-34 4 Port Serial Interface PCB 文件

11.5.1 分析前的设置准备工作

分析前也需要做一些设置(如果在原理图中进行了相关设置,这里可以不做),这样才会使分析准确。

(1) 定义元件的信号完整性模型

在原理图放置器件的时候,就会把库中带有的 SI 模型加载到项目中。如果默认库中没有添加 SI 分析模型,则可以在元件属性设置的对话框中添加模型。

(2) 定义信号完整性设计规则

在 PCB 环境中设置信号完整性规则的步骤为:选择 Design→Rules 菜单项,则系统弹出 PCB Rules and Constraints Editor 对话框。从对话框左侧的树状列表框中右击 Signal Integrity 类别中的设计规则,比如 Supply Nets,在弹出的快捷菜单中选择 New Rules,建立新的规则。单击新生成的规则,在右边的栏中进行各项设置。其他的规则设置参照 PCB 设计规则章节中的介绍,这里不再重复。

(3) 检查层堆栈设置

➢ 选择 Design→Layer Stack Manager 菜单项,打开 Layer Stack Manager 即层堆栈管理器对话框。

➢ 查看层的分配是否与设计相符。单击 Properties 按钮,在 Dielectric Properties 对话框中检查设置印制板的材料、铜层厚度、介电常数等参数是否与设计中使用的相符,如图 11－35 所示。设置完成后,单击 OK 按钮,返回 PCB 窗口。

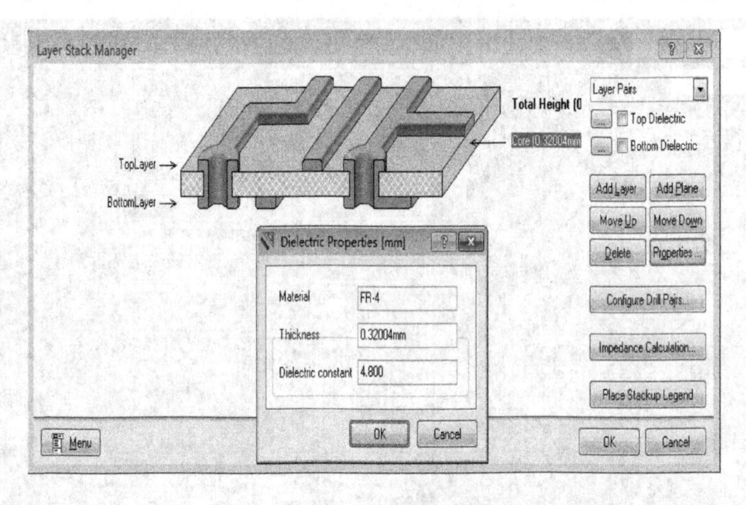

图 11－35 堆栈层管理器

(4) 设计规则检查

接下来就可以按照信号分析规则进行 DRC 检查了,具体步骤将在后面讲述。如果没有相关设计规则,也可以跳过这一步,直接进行信号完整性分析。

11.5.2 运行 PCB 信号完整性分析

当 DRC 报告中提示有违反信号完整性分析设计规则时,就需要打开信号完整性分析仿真程序进行仿真。信号完整性分析的仿真程序主要是针对信号反射现象和信号串扰现象进行分析,并在波形窗口中显示仿真波形。对有问题的信号网络,分析仿真程序会提供多个解决方案以供参考。

① 启动信号完整性分析仿真程序。选择 Tools→Signal Integrity 菜单项,如果有元器件的 SI 模型不匹配,则弹出错误或警告对话框,如图 11－36 所示。若单击 Model Assignments 按钮,则配置 SI 仿真模型,可以得到较真实的仿真结果;若只是观察一下波形,则单击 Continue 按钮,系统弹出信号完整性设置对话框,如图 11－37 所示。

② 在 PCB 中进行信号完整性分析时可以忽略这个设置,单击 Analyze Design 按钮,SI 仿真器将按照前面的各项参数及规则设置,分析当前 PCB 数据库中的所有网络,并将结果显示在 Signal Integrity 面板中,如图 11－38 所示。

③ 若想了解某个网络的具体的细节,则可以在列表中该网络上右击,从弹出的快捷菜单中选择 Details 命令,系统将弹出 Full Results 对话框,其中列出该网络的全部分析结果,如图 11－39 所示。

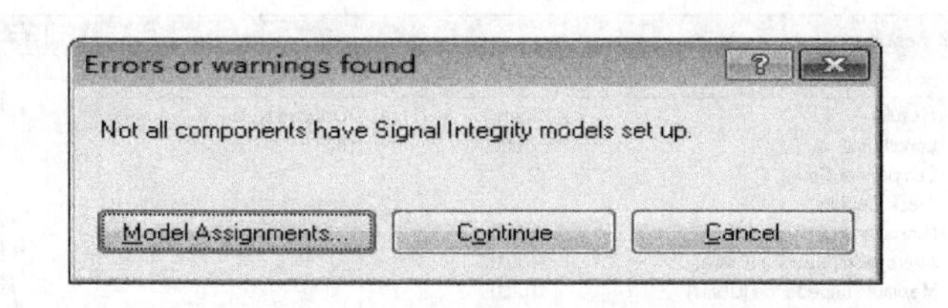

图 11－36　错误或警告对话框

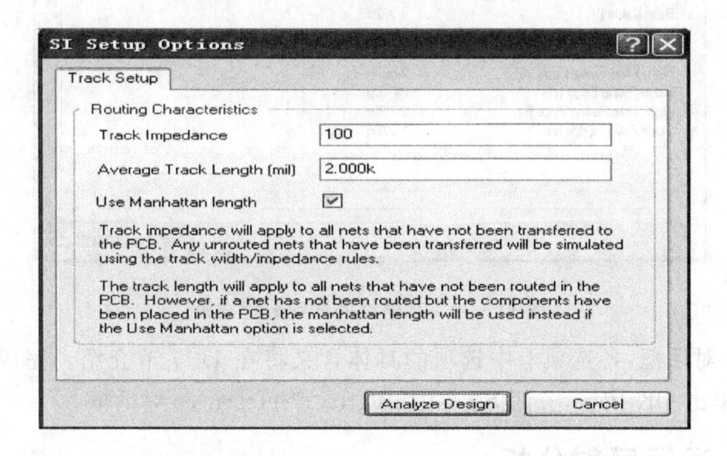

图 11－37　SI Setup Options 对话框

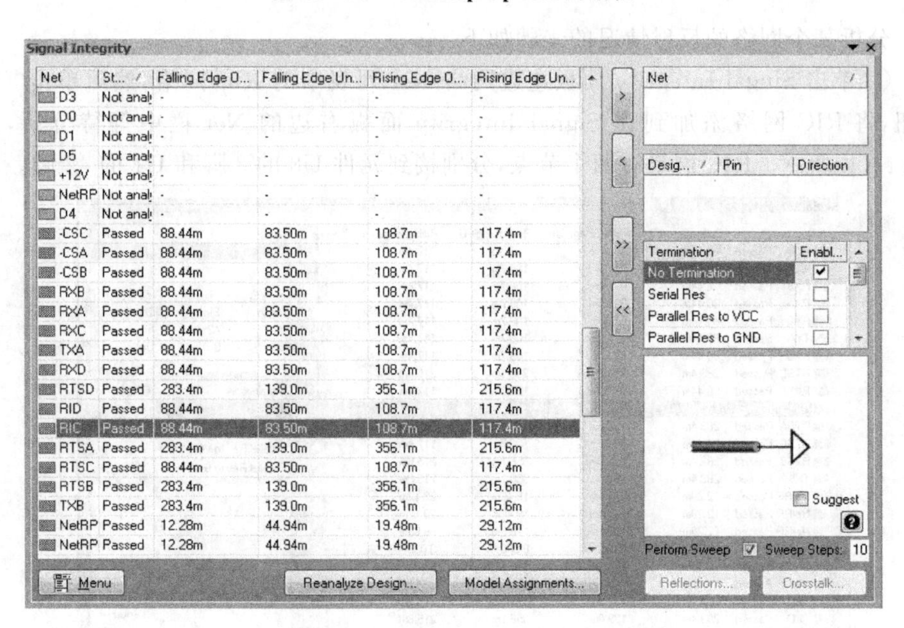

图 11－38　SI 分析结果显示在 Singal Integrity 面板

④ 若想改变信号分析的属性，则可以在 Signal Integrity 面板底部的 Menu 菜单选项中选择 Preferences 命令，则系统弹出设置信号完整性属性的 Signal Integrity

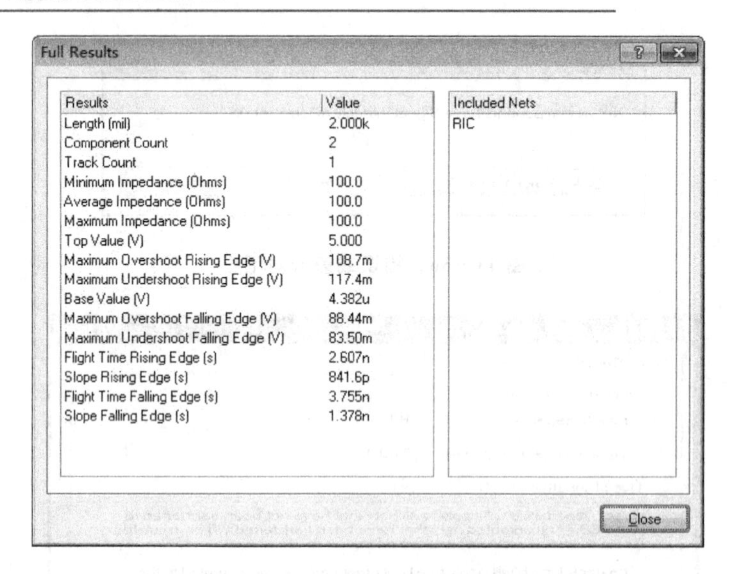

图 11-39　某网络的详细分析结果

Preferences 对话框,各选项卡中选项的具体含义将在 11.7 节介绍。完成各选项卡的设置后,单击 OK 按钮,关闭 Signal Integrity Preferences 对话框。

11.5.3　运行反射分析

分析某个网络的反射情况的步骤如下:

① 单击 Singal Integrity 面板左边网络 Net 列表中的 RIC 网络,然后单击“>”按钮,将 RIC 网络添加到在 Signal Integrity 面板右边的 Net 栏中等待分析,如图 11-40所示。RIC 网络有两个节点,分别接到元件 U8 的 8 脚和 U1 的 42 脚。双

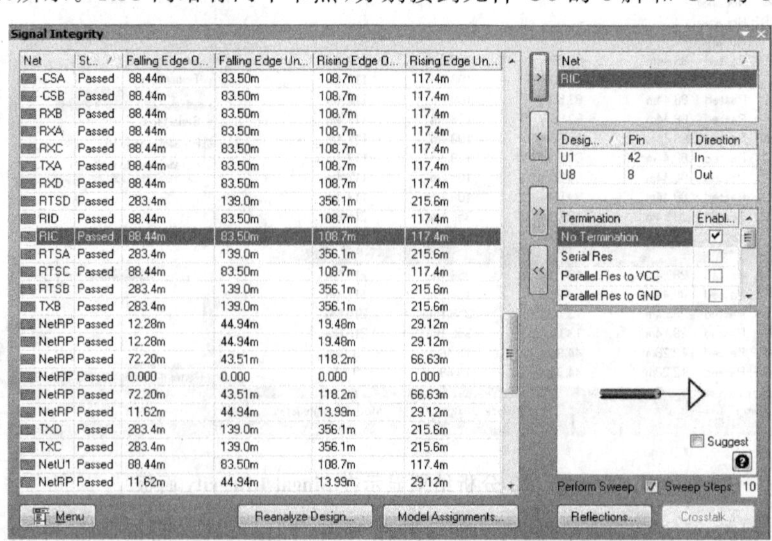

图 11-40　添加了 RIC 网络的 Signal Integrity 面板

击 Designator 列表框下的引脚 U1，则弹出 Integrated Circuit 对话框，如图 11－41 所示。在该对话框中可以进行一些必要的设置。

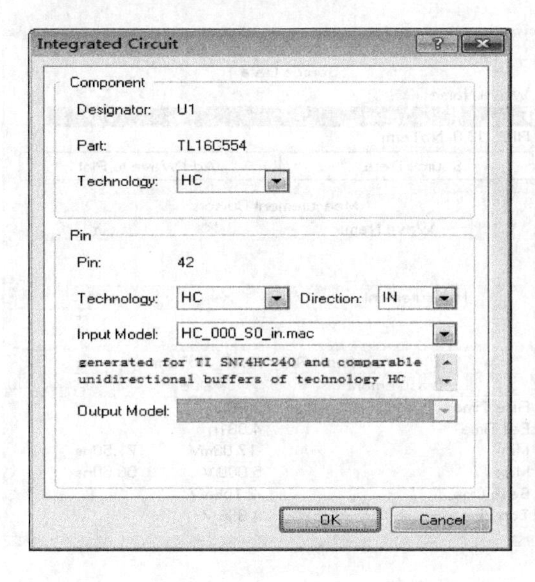

图 11－41　Integrated Circuit 对话框

② 单击 Singal Integrity 面板中的 Reflections 按钮，从而进行反射分析，分析结果显示在波形窗口中，如图 11－42 所示。

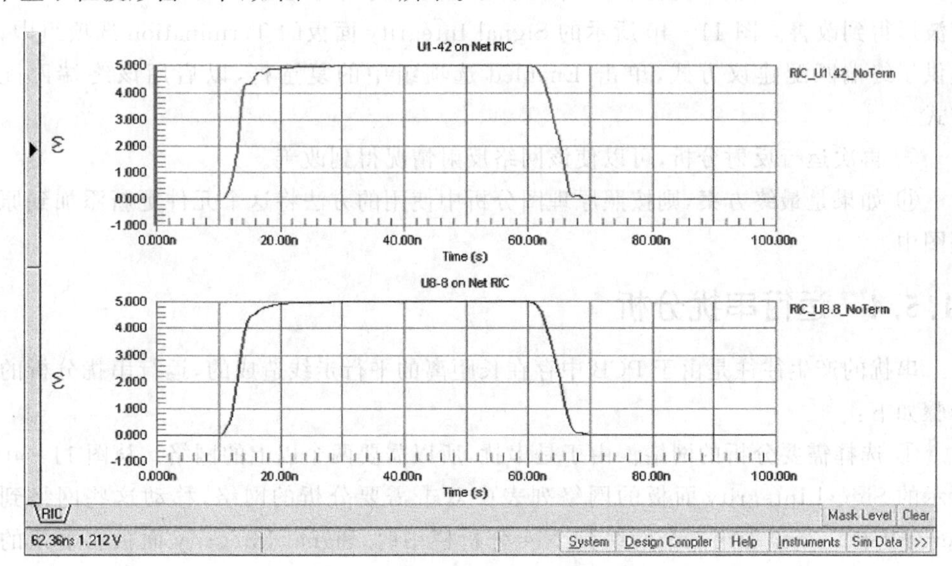

图 11－42　RIC 网络的反射波形

③ 可以看出，在 U1－42 网络信号的传输末端已经有了轻微的反射振荡。单击图 11－42 上面波形右边的 RIC_U1.42NoTerm，则 RIC_U1.42NoTerm 左侧会出现

一个圆点，打开图 11－42 右下角的仿真数据 Simdata 面板查看仿真数据，如图 11－43 所示。

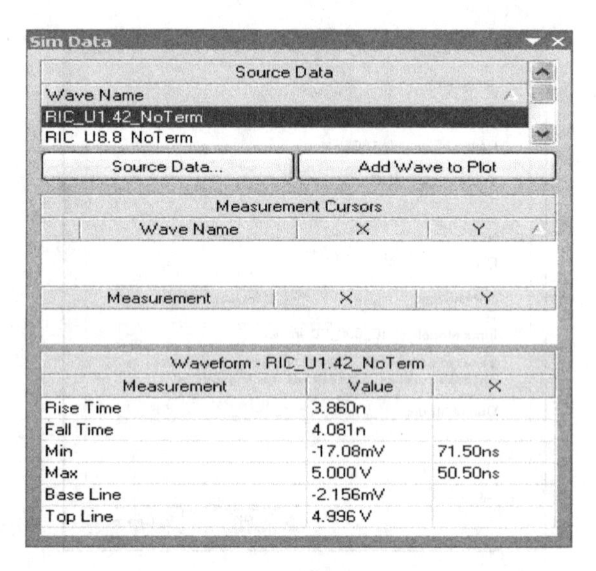

图 11－43 仿真数据面板中的波形数据

④ 对那些反射振荡较严重的网络就需要重新走线，甚至重新布局。Altium Designer Winter 09 的信号完整性分析程序也提供了终端匹配建议，可以不修改走线而使波形得到改善。图 11－40 所示的 Signal Integrity 面板的 Termination 选项组中，提供了终端匹配建议方式，单击 Enabled 选项组中的复选框，以启用该终端匹配方式。

⑤ 再次运行反射分析，可以使该网络反射情况得到改善。

⑥ 如果是最终方案，则按照原理图分析中使用的方法将这个元件更新添加到原理图中。

11.5.4 运行串扰分析

串扰的产生往往是由于 PCB 中存在长距离的平行走线造成的，运行串扰分析的步骤如下：

① 选择需要分析的网络。由于是串扰，所以需要两个以上的网络。从图 11－40 所示的 Signal Integrity 面板的网络列表中双击需要分析的网络，移动这些网络到 Net 分析栏。当添加第二个网络到 Net 分析栏中时，Signal Integrity 面板右下角的 Crosstalk 按钮由灰色按钮会变成活动按钮。这里选中 RIC 和 RID 网络进行分析，如图 11－44 所示。

② 设置一个被侵害(Set Victim)的网络或者一个攻击网络(Set Aggressor)。注意：只有选择了两个或者更多的网络时才能使用这个设置。

在 Net 分析栏中右击一个网络,从弹出的快捷菜单中选择 Set Aggressor 或 Set Victim 命令,网络的状态被更新。比如选择 RIC 网络为 Set Aggressor,更新后的网络状态如图 11-45 所示。要想取消这个网络的设置,只须右击该网络,并从弹出的快捷菜单中选择 Clear Status 命令即可。

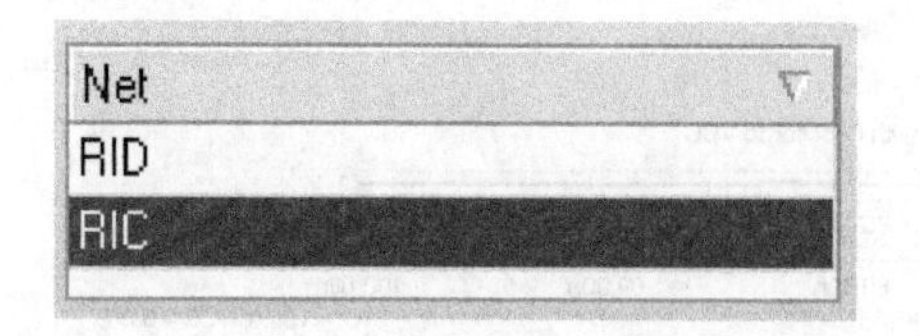

图 11-44 添加了两个网络的 Net 分析栏

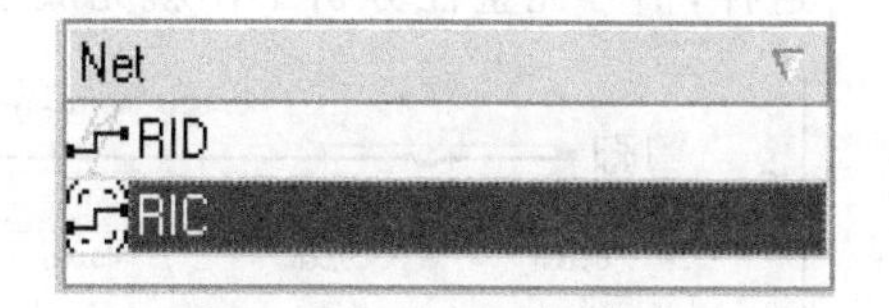

图 11-45 更新后的 Net 分析栏

③ 单击 Signal Integrity 面板中的 Crosstalk 按钮,运行串扰分析。串扰分析波形出现在波形窗口中,如图 11-46 所示。可以看出,由于 RIC 网络振荡的干扰,RID 网络产生了振荡。此时可以通过测量波形查看振荡幅度是否能够满足设计的要求,从而决定是否需要改善干扰源网络的振荡情况;是否需要改变这种长距离走线的方式,以改善串扰情况;是否需要改变 PCB 的布局,以达到设计要求。

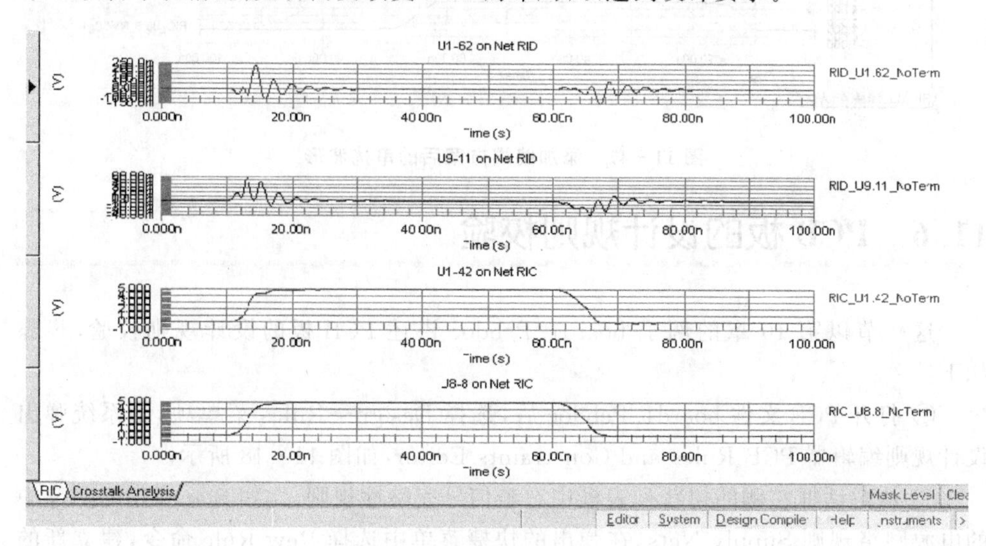

图 11-46 串扰仿真的波形

④ 如果想看给 RIC 网络添加了终端方案后的串扰波形,则选中 Signal Integrity 面板的 Termination 选项组 Parallel Res to VCC 项后的复选框,并将上拉电阻 R1 的最大、最小值都设置为 100 Ω, VCC 电压值为 5 V,重新单击 Crosstalk 按钮。由于 RIC 网络本身的振荡改善了,它对于 RID 网络的影响也明显减小,如图 11-47 所示。

⑤ 在 Net 栏或 Net 栏下 Designator 中右击某个网络或引脚,从系统弹出的快捷

菜单中选择 Cross Probe→To Schematic 或 To PCB 命令，则可以跳转到相应的原理图或 PCB 文档中查看具体网络连接情况。该网络或引脚在窗口中心高亮显示。

⑥ 如果确定了这个终端端接方案，则按照原理图分析中使用的方法，将这个解决方案中的元件加到原理图中去。

这样，信号完整性分析工作就完成了。

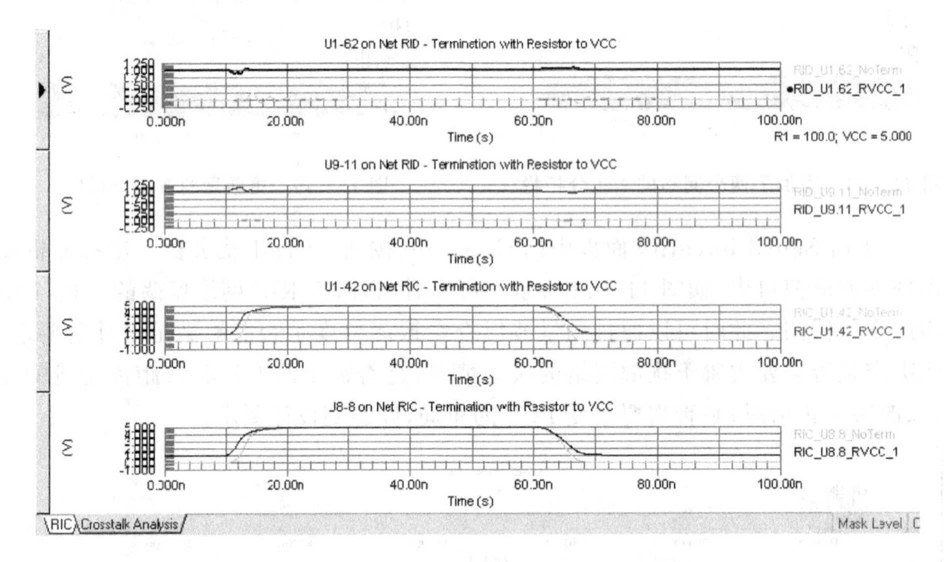

图 11 - 47　添加终端方案后的串扰波形

11.6　PCB 板的设计规则校验

这一节以第 10 章的例子 board1. Pcbdoc 讲述 PCB 板的设计规则校验，步骤如下：

① 打开 PCB 文件 board1. Pcbdoc 后，选择 Design→Rules 菜单项，则系统弹出设计规则编辑器 PCB Rules and Constraints Editor，如图 11 - 48 所示。

② 从对话框左侧的树状列表框中右击信号完整性规则，比如 Signal Integrity 中的电源网络规则 Supply Nets，在弹出的快捷菜单中选择 Rew Rule 命令，建立新的规则。

③ 在树状列表框中单击新生成的规则，则树状列表框右侧的内容随之改变，在 Where the First object matches 栏中选择 Net 项，在网络的下拉列表中选择 GND。

④ 在约束限制栏 Constrains 中的 Voltage 文本框中输入 0.000，如图 11 - 49 所示。

⑤ 设置完毕，单击 OK 按钮。

⑥ 重复上述步骤，设置电源网络 VCC，在约束限制栏 Constrains 中的 Voltage

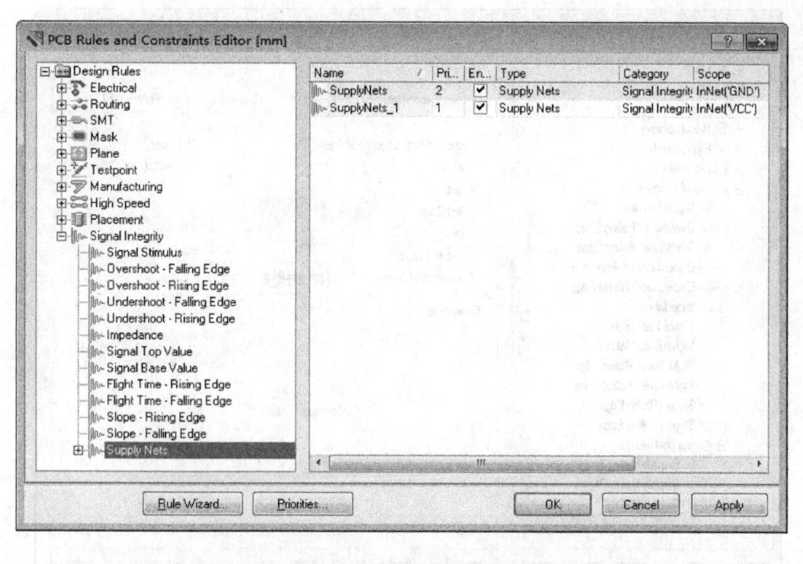

图 11-48 设计规则编辑器

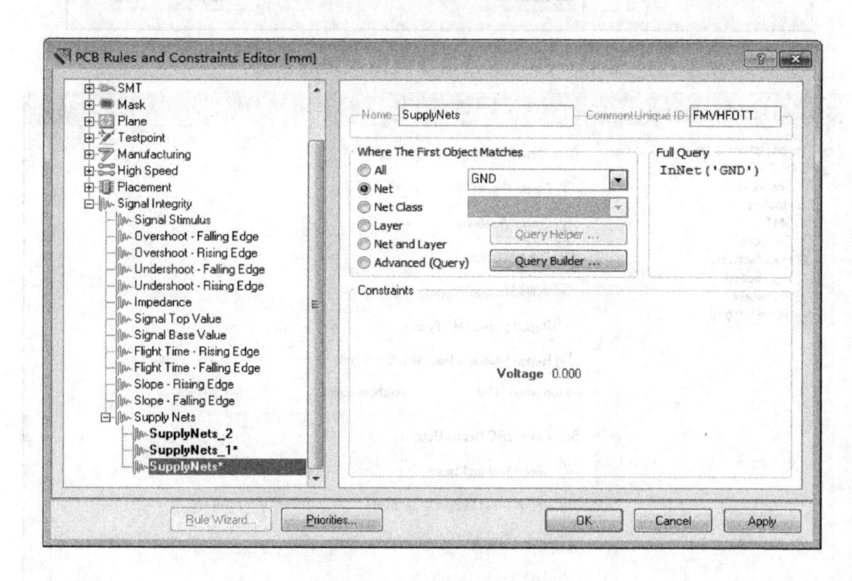

图 11-49 设置新的规则

文本框中输入 5.000，如图 11-50 所示。设置完毕后，单击 OK 按钮。

⑦ 选择 Tools→Design Rule Check 菜单项，则系统弹出 Design Rules Checker 即 DRC 设置对话框，如图 11-51 所示。

⑧ 在 DRC 设置对话框中选中 DRC Report Options 栏的所有复选框，在 DRC 设置对话框左侧的树状列表框中选择信号完整性规则 Signal Integrity，则对话框的右侧显示与信号完整性相关的各项设计规则列表，如图 11-52 所示。注意：图 11-52 是将设计规则检查的结果以报告的形式显示。

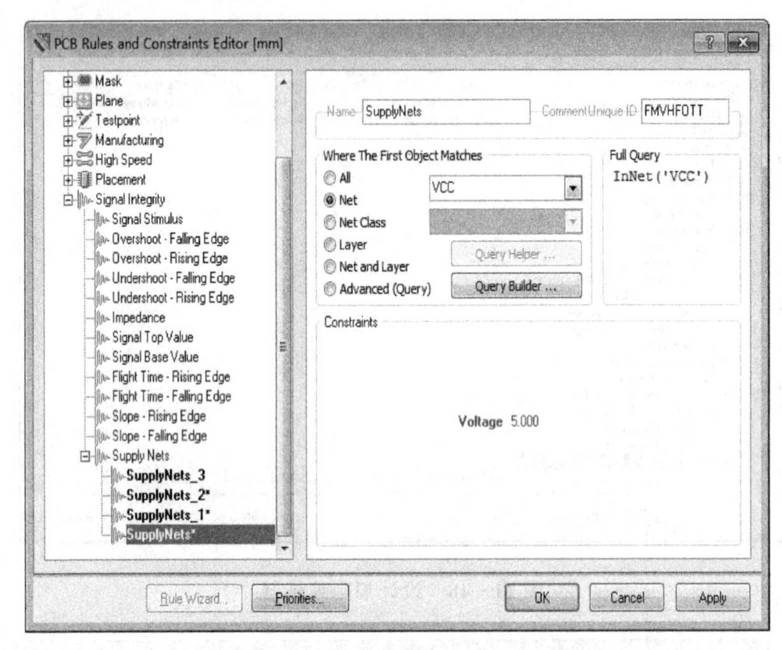

图 11-50 设置电源网络规则的规则

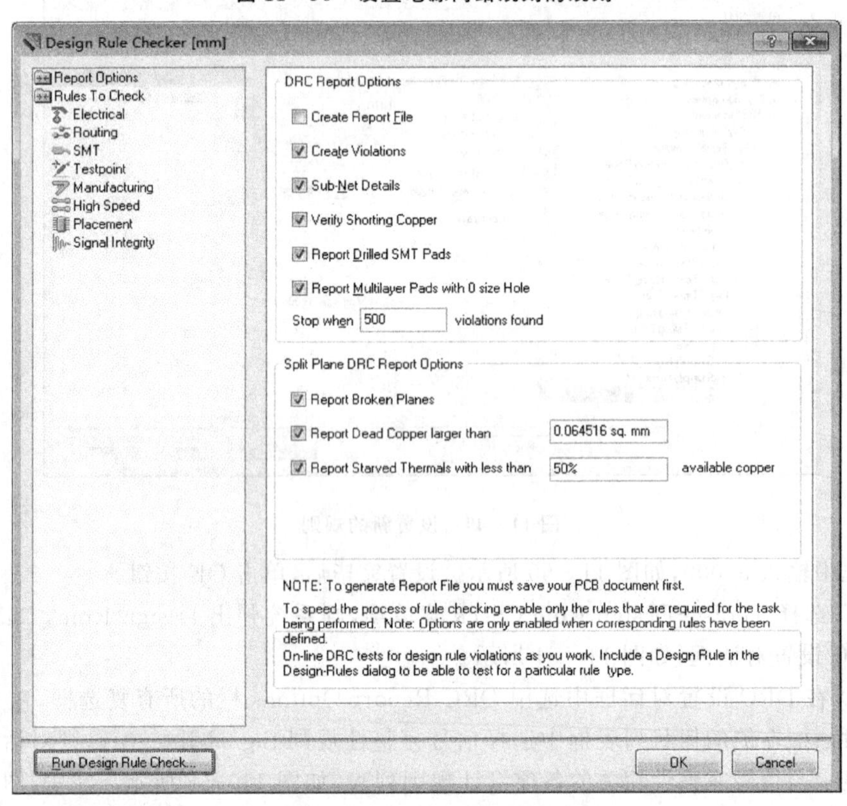

图 11-51 DRC 设置对话框

⑨ 在该列表中可以将需要检查的规则选中,如选择 Supply Nets 项。

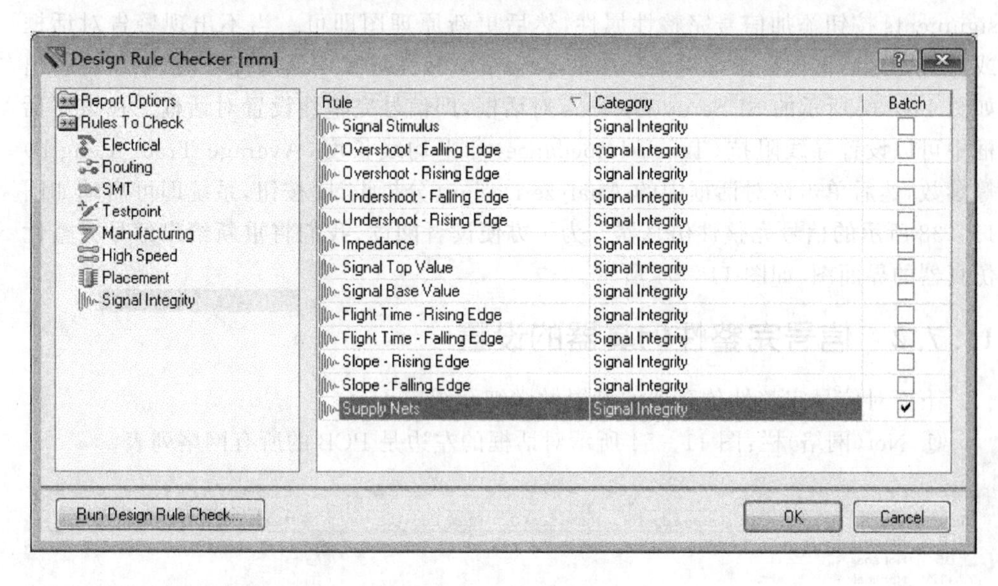

图 11－52　设计规则列表

⑩ 单击 Design Rule Checker 对话框中的 Run Design Rule Check 按钮,开始运行 DRC 检查。

⑪ DRC 检查检查完毕,系统弹出如图 11－53 所示的 DRC 检查结果消息栏。

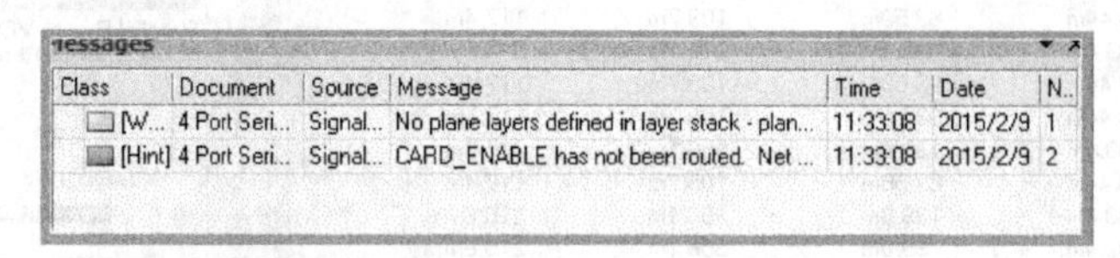

图 11－53　DRC 检查结果消息栏

11.7　内部完整性仿真器

11.5 节介绍的信号完整性分析中已经涉及信号完整性仿真器的简单设置,这一节将具体讲述仿真器的设置。Altium Designer Winter 09 中的信号完整性仿真器能精确地模拟已布好线的 PCB,它使用典型的线阻抗、传输线计算和 I/O 缓冲器模型信息作为仿真的输入,是基于一个快速反射和串扰的仿真器,是经工业标准证明能产生精确结果的仿真器。

11.7.1　启动信号完整性仿真器

在 Altium Designer Winter 09 中打开 PCB 文件,然后选择 Tools→Signal Integrity 菜单项,启动内部完整性仿真器。如果有元件没有定义信号完整性属性,则系统弹出如图 11－36 所示的错误或警告对话框,此时可以单击该对话框中的 Model Assignments 按钮添加信号完整性属性,然后更新原理图即可。当不出现警告对话框或有警告对话框但单击该对话框中的 Continue 按钮继续后面的操作时,系统将弹出如图 11－37 所示的 SI Setup Options 对话框,即信号完整性设置对话框。在该对话框中可以设置导线阻抗(Track Impedance)和平均线长度(Average Track Length)等参数,然后单击该对话框中的 Analyze Design(分析设计)按钮,系统即可启动如图 11－38 所示的信号完整性仿真器。为了方便读者阅读,我们将重新给出信号完整性仿真器的界面图,如图 11－54 所示。

11.7.2　信号完整性仿真器的设置

下面对信号完整性仿真器的设置做详细介绍。

① Net(网络)栏:图 11－54 所示对话框的左边是 PCB 的所有网络列表。

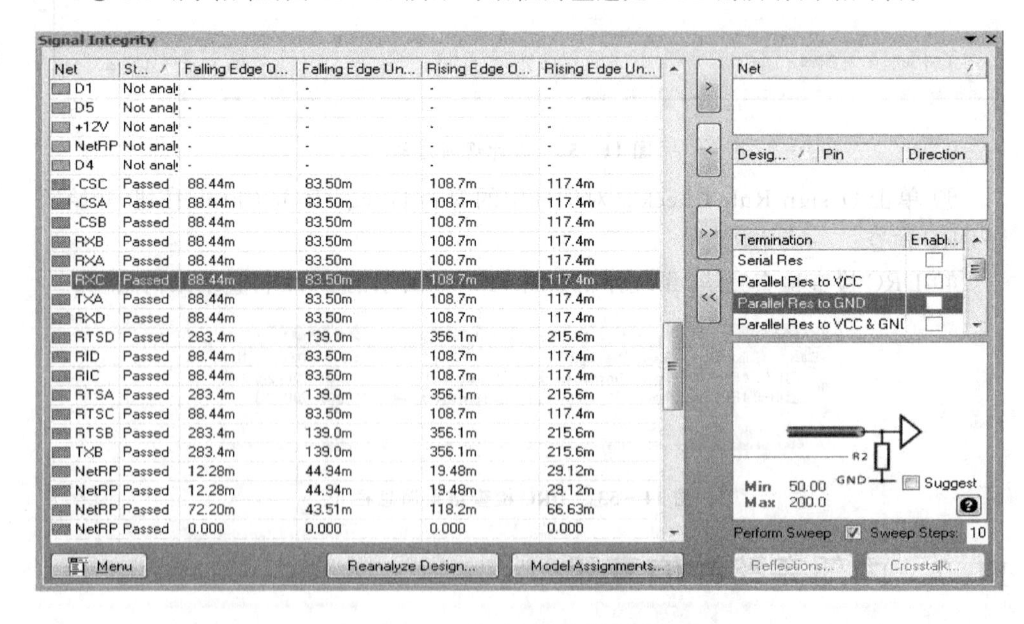

图 11－54　信号完整性仿真器界面

② 待分析的网络列表:对话框右上角的 Net 栏中列出的是将要进行分析的网络。在信号分析前,需要将分析的网络添加该分析栏中。添加的方法是:选中 Net 列表中的某个需要分析的网络,然后单击“＞”按钮或者直接双击 Net 列表中的某个需要分析的网络,即可将该网络添加到 Net 分析栏中;在 Net 分析栏选中某个网络,然后单击“＜”按钮或者直接双击 Net 分析栏中的某个网络,即可将该网络从 Net 分析栏中移去。单击“＞＞”按钮可将所有网络添加到待分析的网络列表中,单击“＜＜”按钮可将所有网络从待分析的网络列表中移去。

③ Designator 栏中显示的是 Net 分析栏中选中的网络所连接元件的引脚及信

号方向。

④ Termination方式：在该栏中可以定义终止条件。默认情况下，没有终止条件，即默认情况下 No Termination 后的 Enable 复选框是被选中的。该设置对反射或串扰分析有效，对 Screening(屏蔽)模式无效。在 Termination 方式中有如下 7 种终止模型可供选择：

ⓐSerial Res：串阻。输出驱动器的串阻在点对点的连接中是一个非常有效的终止技巧，这将减少外来电压波形的幅值。正确的终止线将消除接收器的过冲现象，这种终止方式较适用于 CMOS 编程元件。图 11－55 所示的模式中，Rl＝ZL－Rout。其中，ZL 是传输线阻抗，Rout 是缓冲器的输出电阻。

ⓑ Parallel Res to VCC：即电源 VCC 端并联电阻，如图 11－56 所示。在电源 VCC 接收输入端并联的电阻是和传输线阻抗匹配的。对于线路信号反射，这是一种比较完美的终止条件，但也不断有电流流过这个电阻，增加了电源的消耗，导致低电平电压的升高；该幅值将根据电阻值的不同而变化，这将有可能超出在数据区定义的操作条件。

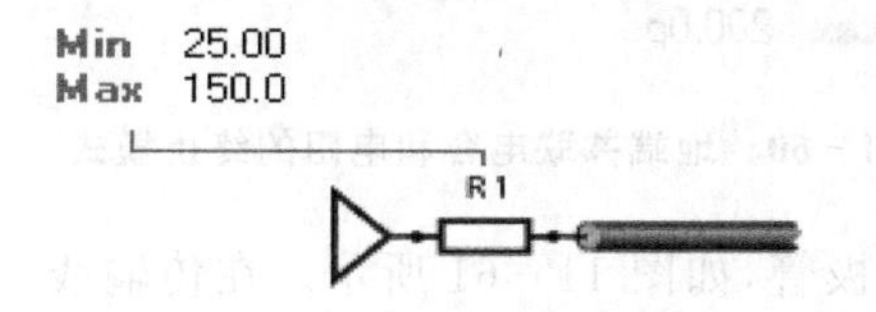

图 11－55 终止模式的串阻模型

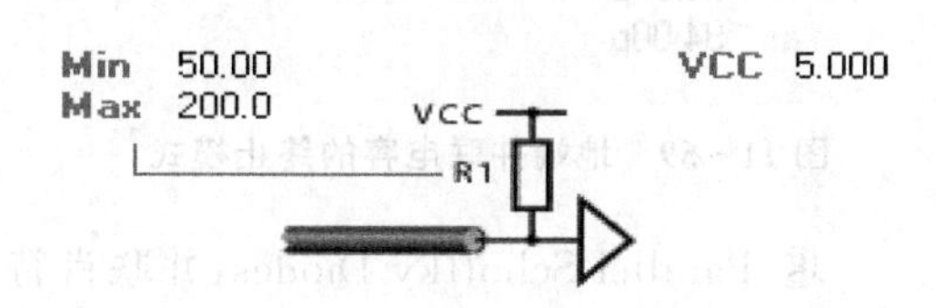

图 11－56 电源 VCC 端并联电阻的终止模式

ⓒ Parallel Res to GND：地端并联电阻，如图 11－57 所示。并联在地接收输入端的电阻将和传输线阻抗匹配。和电源端并联电阻一样，这也是一种终止线路信号反射的方法。同样将增大电源消耗，也将导致高电平电压的减小。

ⓓ Parallel Res to VCC&GND：地和电源端都并联电阻，如图 11－58 所示。这种类型的终止条件对于 TTL 总线系统是可以接受的。这种方式的最大缺点就是将有一个比较大的直流电流通过电阻。为了避免和定义的数据违背，这两个电阻的电阻值应当小心分配。大多数情况下，可以找到一个折衷方案。

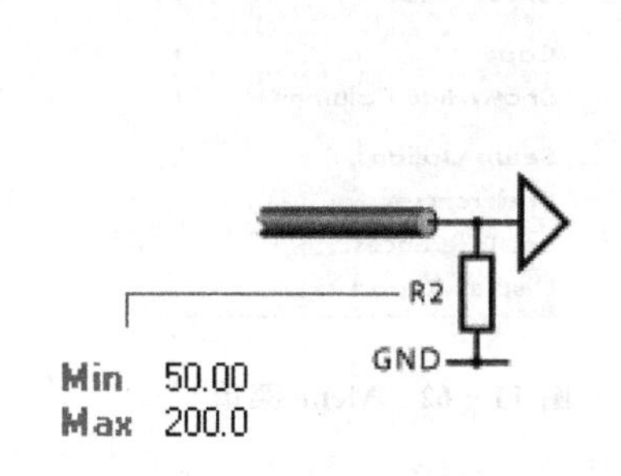

图 11－57 地端并联电阻的终止模式

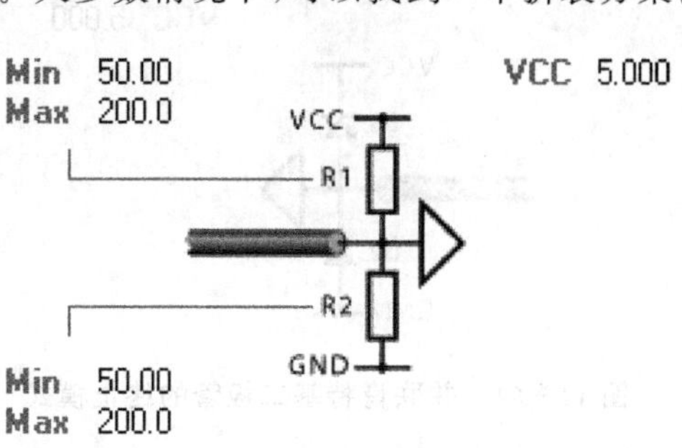

图 11－58 地和电源端并联电阻的终止模式

ⓔ Parallel Cap to GND：地端并联电容，如图 11-59 所示。在接收输入端对地并联电容可以减少信号噪声。这种方式的缺点是由于电容充放电效应可能会使波形的上升和下降沿变得太过平坦，增加了上升和下降时间，容易导致信号时序的错误。

ⓕ Res and Cap toGND：地端并联电阻和电容，如图 11-60 所示。使用电容和电阻的优点是终结网络中没有直流电流流过。当时间常数 RC 为延迟的 4 倍左右时，大多数情况下，传输线可以被充分终结。图中 R2 的值将等于传输线的典型的阻抗值。

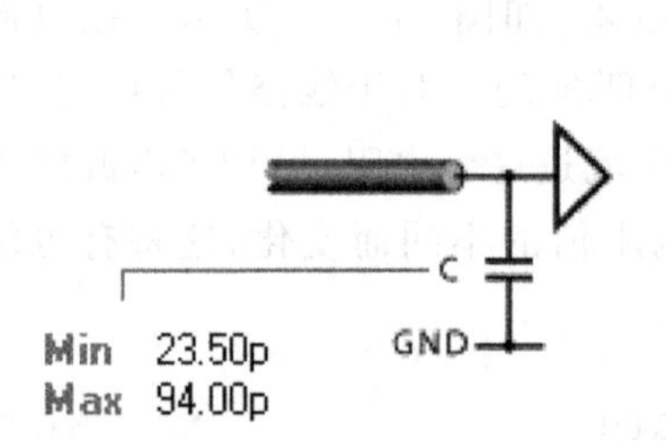

图 11-59　地端并联电容的终止模式

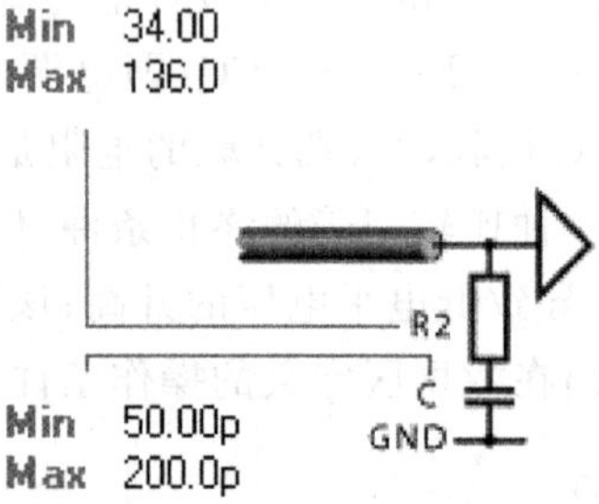

图 11-60　地端并联电容和电阻的终止模式

ⓖ Parallel Schottky Diodes：并联肖特基二极管，如图 11-61 所示。在传输线终结的电源和地上并联两个二极管，而且这两个二极管都处于反向偏压的工作状态，这样可以减少接收的过冲和下冲值。大多数标准逻辑集成电路的输入电路都包含肖特基二极管。

⑤ 如果选中 Perform Sweep(执行扫描)复选框，则信号分析时会对整个系统的信号完整性进行扫描，其中 Sweep Steps 选项设置扫描的步数。一般可以选择 Perform Sweep 选项，扫描步数设置为默认值 10 即可。

⑥ Menu 菜单：如图 11-62 所示，该菜单有多个命令可以用来进行辅助分析：

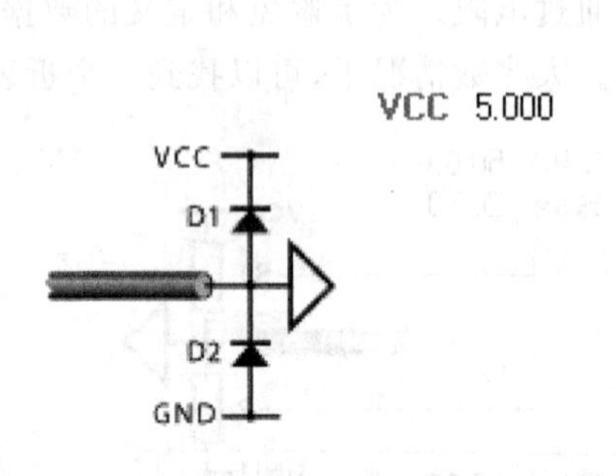

图 11-61　并联肖特基二极管的终止模式

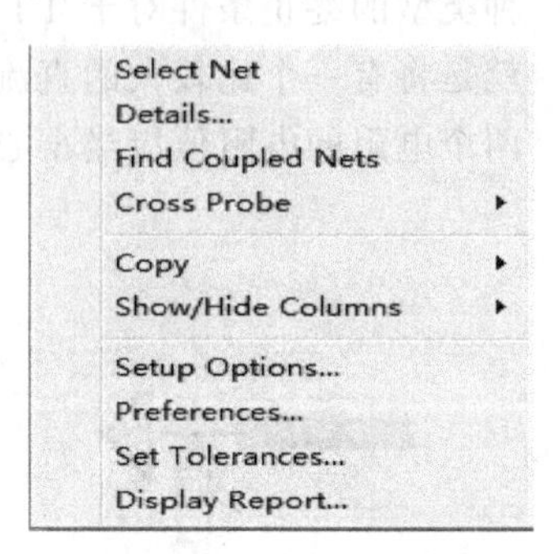

图 11-62　Menu 菜单

ⓐ Details 命令,执行该命令后系统将在弹出的如图 11-39 所示的 Full Results 对话框中显示左边网络列表选中网络的全部分析结果,包括定义的分析规则的详细情况。

ⓑ Find Coupled Nets 命令,执行该命令将能找到所有与选中网络有关联的网络,并在信号完整性仿真器的 Net 列表中高亮度显示。

ⓒ Cross Probe 命令,包括两个子命令,To Schematic 和 To PCB,分别表示向原理图添加探针和向 PCB 添加探针。

ⓓ Copy 命令,复制所选中的网络。

ⓔ Show/Hide Columns 命令,用来在左边的网络列表框中显示或隐藏某些列属性。

ⓕ Preference 命令,执行该命令后系统将打开如图 11-63 所示的对话框,其中可以设置相关信号分析的参数。该对话框包括 5 个选项卡,下面分别介绍。

➢ 一般 General 选项卡,如图 11-63 所示,用来设置信号分析时的一般选项。

Options 选项组中的选项包括:

Show Warnings 选项选中后,则在信号完整性分析时显示相关的警告。

Show Plot Titles 选项用于显示图表的标题。

Display FFT Charts 选项用于在波形窗口显示 FFT(快速傅里叶变换)图表。

Single Click Cross Probes 选项用于设定单击交叉探测点有效。

Hide panel after displaying waveforms 选项选中后,则显示波形后隐藏 Signal Integrity 面板。

Show License Error Dialog 选项用于显示许可证错误对话框。

Units 选项组中有千分之一寸(mil)和毫米(mm)两个选项,用来设置测量单位。

➢ 配置 Configuration 选项卡,如图 11-64 所示,该选项卡可以设置信号分析选项配置。

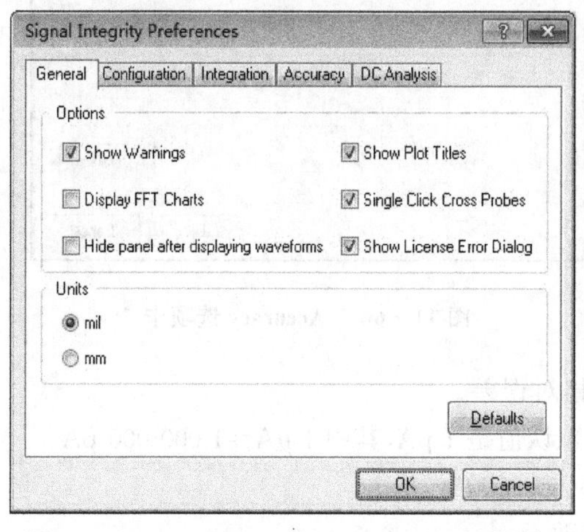

图 11-63 Signal Integrity Preferences 对话框

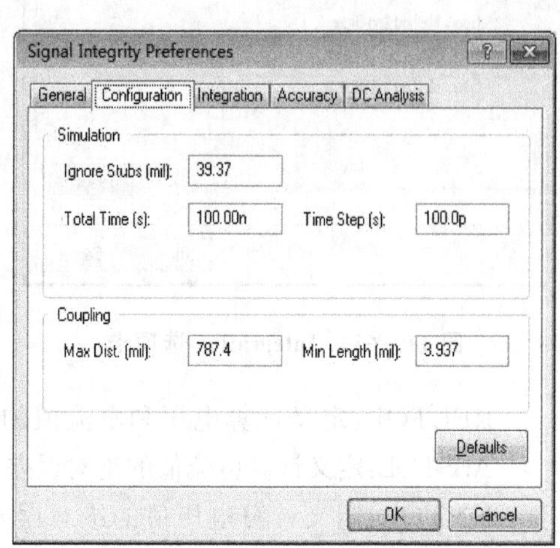

图 11-64 Configuration 选项卡

Simulation 选项组中的选项包括：

Ignore Stubs(mil)文本框中定义了仿真时忽略的传输线长，小于该文本框中设定的线长时，仿真时将被视为零。传输线长度越短，则分析时间越长。

Total Time(s)文本框中设定仿真的总时间。

Time Steps(s)文本框中设定仿真的时间步长。

注意：仿真时间为 ns，而时间步长为 ps，其中 1 ns=1 000 ps。这是因为在高速电路中的缘故。

耦合 Coupling 选项组用来设置计算耦合的最大距离 Max Dist(mil)和最小长度 Min Length(mil)。在串扰仿真分析中，传输线间的距离大于 Max Dist(mil)文本框中定义的值或小于 Min Length(mil)文本框中定义的值都将被忽略。

➢ 综合算法 Integration 选项卡，如图 11－65 所示，用来设置仿真分析振荡波形的时候采用的逼近方式。梯形函数(即 Trapezoidal)速度最快，但精确最差，且在一定的条件下容易产生振荡；采用一阶调整函数(即 Gear's Method 1st Order)、二阶调整函数(即 Gear's Method 2st Order)甚至三阶调整函数(即 Gear's Method 3st Order)来逼近振荡波形，分析的精度越来越高且易于稳定，但速度也越来越慢。

➢ 分析精度 Accuracy 选项卡，如图 11－66 所示，用来设置仿真精度。

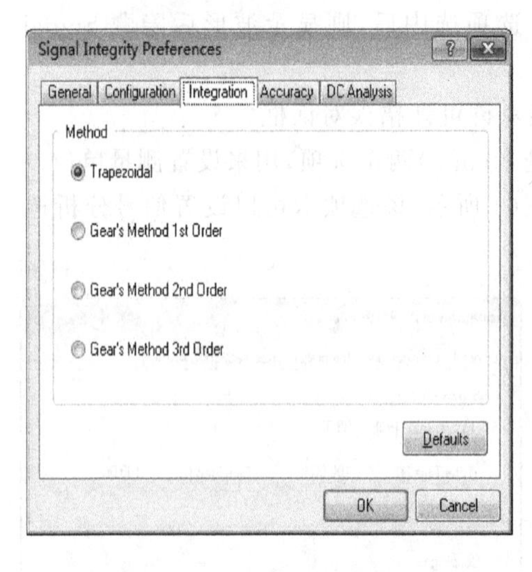

图 11－65　Integration 选项卡

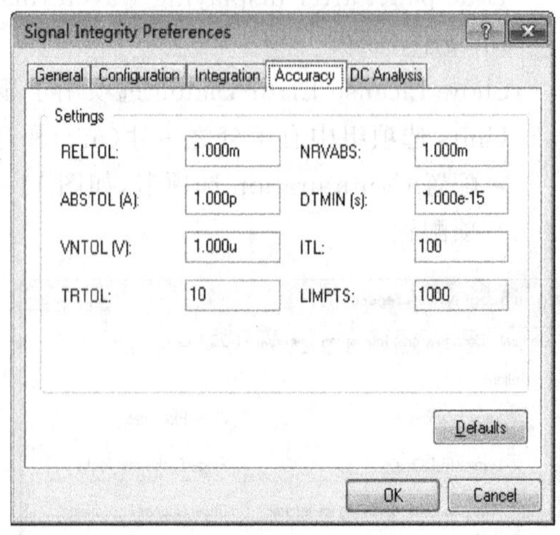

图 11－66　Accuracy 选项卡

RELTOL：定义计算电压和电流值的相对误差。

ABSTOL：定义计算电流值的绝对误差，默认值是 1 pA，其中 1 μA=1 000 000 pA。

VNTOL：定义计算电压值的绝对误差。

TRTOL：定义影响集成估算错误的因数。

NRVABS：运用 Newton-Raphson 算法逼近时的最小差值。当小于这个值时，将停止继续逼近计算。

DTMIN：信号时域分析时最小步长，默认值是 1 fs，其中 1 ns=1 000 000 fs。

ITL：运用 Newton-Raphson 插值算法时的最大多项式数目。

LIMPTS：输出文件中每个电压曲线允许的电压值的最大数目。

➢ 直流分析 DC_Analysis 选项卡，如图 11-67 所示。

在该选项卡中可以对斜坡长度 RAMP_FACT、步进时间宽度 DELTA _DC、传输线阻抗 ZLINE_DC、重复的最大数目 ITL_DC、两次步进时间的电压绝对容差 DELTAV_DC、两次步进时间的电流绝对容差 DELTAI_DC 及每次重复的电压绝对容差 DV_ITERAT_DC 进行设置。其中，每次重复的电压绝对容差会影响直流分析的速度，每次重复的电压绝对容差越小则直流分析速度就越慢。

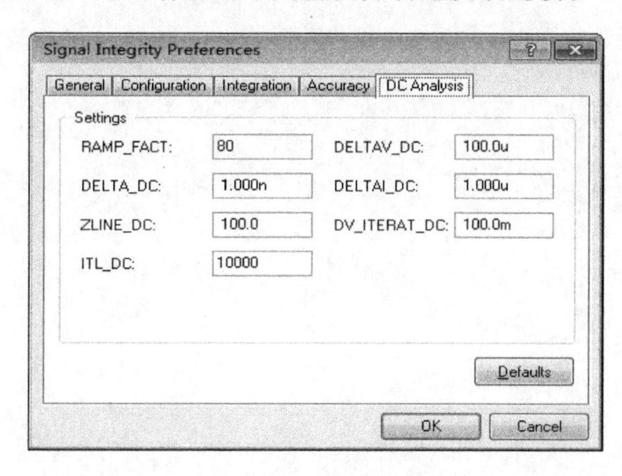

图 11-67　DC Analysis 选项卡

注意：在任一选项卡下单击 Defaults 按钮，则可以将该选项卡下各项的设置恢复为默认值。

完成各项设置后单击 OK 按钮关闭该信号完整性参数设置对话框。

⑦ Set Tolerances 命令，执行该命令后，系统将弹出设置屏蔽分析误差对话框，如图 11-68 所示，在其中可以设置信号分析的误差。

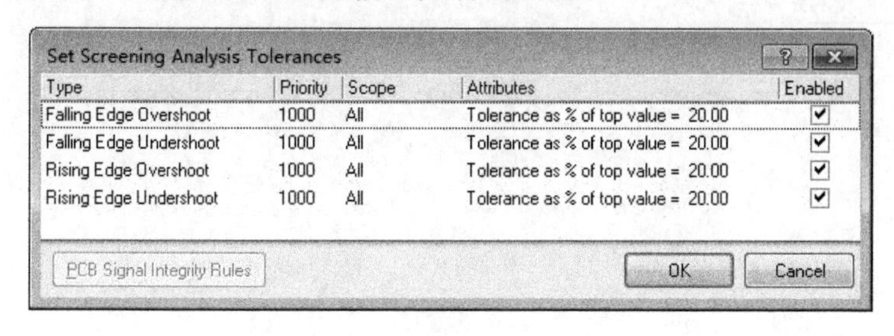

图 11-68　设置屏蔽分析对话框

⑧ Reflection 按钮，单击该按钮就可启动波形分析器对信号进行反射分析，分析结果将以图形方式显示在波形编辑器中，详见 11.5 节介绍。

⑨ Crosstalk 按钮，单击该按钮将对选中的网络标号进行串扰分析，分析结果同样将以图形方式显示在波形编辑器中，具体讲解参见 11.5 节。

练习题

11.1 Altium Designer Winter 09 信号完整性分析主要包括哪些规则？

11.2 简述 PCB 信号完整性分析的基本过程。

11.3 简述原理图信号完整性分析的基本过程。

11.4 对第 8 章设计的 PCB 板进行信号完整性分析。

Altium Designer Winter 09 快捷键

Protel DXP 2004 快捷键表如表 A－1 所列。

表 A－1　快捷键表

快捷键	功　能	快捷键	功　能
F1	说明	Shifr＋E	取消格点吸附功能
PageUp	窗口放大	Ctrl＋G	指定移动格点大小
PageDown	窗口缩小	G	指定移动格点大小(选单模式)
Ctrl＋C	复制所选取图件	N	移动零件时及时隐藏鼠标
Ctrl＋V	粘贴所选取图件	L	移动零件时及时切换到下层
Ctrl＋X	剪切所选取图件	Ctrl＋H	选取两连接的走线
Del	删除所选取图件	L	层别显示与颜色设定
Tab	移动元器件时,进入元件编辑	Ctrl	暂时取消格点吸附功能
End	刷新	＋	切换到下一层
Spacebar	逆时针旋转	－	切换到上一层
Shift＋Spacebar	顺时针旋转	*	走到下一层走线
C	移动窗口以游标为中心	Q	公英制切换
Shift＋R	切换三种特殊走线方式	Shift＋S	单层显示开关

附录B 原理图设计快捷键速查表

B.1 常用快捷键

常用的快捷键，如表 B-1 所列。

表 B-1 常用快捷键

快捷键	功 能
X+A	撤销对所有处于选中状态图件的选择
V+D	将视图进行缩放以显示整个电路图文档
V+F	将视图进行缩放以刚好显示所有放置的对象
PgUp	放大视图
PgDn	缩小视图
Home	以光标为中心重画画面
End	刷新画面
Tab	用于图件呈悬浮状态时调出图件属性设置对话框
Spacebar	放置图件时将待放置的图件旋转 90°
X	用于图件呈悬浮状态时将图件在水平方向上折叠
Y	用于图件呈悬浮状态时将图件在垂直方向上折叠
Delete	放置导线、多边形时删除最后一个顶点
Spacebar	绘制导线时切换导线的走线模式
Esc	退出正在执行的操作，返回空闲状态
Ctrl+Tab	在多个打开的文档间来回切换
Alt+Tab	在窗口中多个应用程序间来回切换
F1	获得帮助信息

B.2 菜单快捷键

菜单快捷键，如表 B-2 所列。

表 B-2　菜单快捷键速查表

快捷键	功　能	快捷键	功　能
A	弹出 Edit/Align 子菜单	B	弹出 View/Toolbars 子菜单
E	弹出 Edit 菜单	F	弹出 File 菜单
H	弹出 Help 菜单	J	弹出 Edit/Jump 子菜单
L	弹出 Edit/Set Location Marks 子菜单	M	弹出 Edit/Move 子菜单
O	弹出 Options 菜单	P	弹出 Place 菜单
R	弹出 Reports 菜单	S	弹出 Edit/Select 子菜单
T	弹出 Tools 菜单	V	弹出 View 菜单
W	弹出 Window 菜单	X	弹出 Edit/DeSelect 子菜单
Z	弹出 View/Zoom 子菜单		

B.3　命令快捷键

命令快捷键，如表 B-3 所列。

表 B-3　命令快捷键速查表

快捷键	功　能
Ctrl+Y	恢复上一次撤销的操作
Ctrl+Z	撤销上一次的操作
Ctrl+PgDn	尽可能的放大显示所有的图件
Ctrl+Home	将光标跳到坐标原点
Shift+Insert	将剪贴板中的图件复制到电路图上
Ctrl+Insert	将选取的图件复制到剪贴板中
Shift+Delete	将选取的图件剪贴到剪贴板中
Ctrl+Delete	删除选取的图件
键盘左箭头	光标左移一个电气栅格
Shift+键盘左箭头	光标左移 10 个电气栅格
Shift+键盘上箭头	光标上移 10 个电气栅格
键盘上箭头	光标上移一个电气栅格
键盘右箭头	光标右移一个电气栅格
Shift+键盘右箭头	光标右移 10 个电气栅格

续表 B-3

快捷键	功能
键盘下箭头	光标下移一个电气栅格
Shift+键盘下箭头	光标下移10个电气栅格
按住鼠标左键拖动	移动图件
Ctrl+按住鼠标左健拖动	拖动图件
鼠标左键双击	对选取图件的属性进行编辑
鼠标左键	选中单个图件
Ctrl+鼠标左键	拖动单个图件
Shift+鼠标左键	选取单个图件
Shift+ Ctrl+鼠标左键	移动单个图件
Shift+F5	将打开的文件层叠显示
Shift+F4	将打开的文件平铺显示
F3	查找下一个匹配的文本
F1	启动联机帮助画面
Ctrl+Shift+V	将选取的图件在上下边缘之间,垂直方向上均匀排列
Ctrl+R	将选取的图件以橡皮图章的方式进行拷贝、粘贴
Ctrl+L	将选取的图件以左边缘为基准,靠左对齐
Ctrl+H	将选取的图件以左右边缘之间的中线为基准,水平方向上居中对齐
Ctrl+ Shift+H	将选取的图件在左右边缘之间,水平方向上均匀排列
Ctrl+T	将选取的图件以上边缘为基准顶部对齐
Ctrl+B	将选取的图件以下边缘为基准底部对齐
Ctrl+V	将选取的图件以上下边缘间的中线为基准,沿垂直方向居中对齐
Ctrl+G	查找并替换文本
Ctrl+1	以元件原尺寸的大小显示图纸
Ctrl+2	以元件原尺寸200%的大小显示图纸
Ctrl+4	以元件原尺寸400%的大小显示图纸
Ctrl+5	以元件原尺寸50%的大小显示图纸
Ctrl+F	查找文本
Delete	删除选中的图件

附录 C

PCB 快捷键速查表

本附录中列出的是默认情况下常用的 PCB 快捷键，包括 4 部分：菜单快捷键、命令快捷键、特殊模式快捷键和手工布线快捷键。

C.1 菜单快捷键

PCB 菜单快捷键速查表，如表 C-1 所列。

表 C-1 菜单快捷键速查表

快捷键	功 能	快捷键	功 能
A	弹出 Auto Route 菜单	B	弹出 View/Toolbars 菜单
D	弹出 Design 菜单	E	弹出 Edit 菜单
F	弹出 File 菜单	G	弹出电气栅格点间距设置菜单
H	弹出 Help 菜单	J	弹出 Edit/Jump 菜单
M	弹出 Edit/Move 菜单	O	弹出环境设置菜单
P	弹出 Place 菜单	R	弹出 Reports 菜单
S	弹出 Edit/Select 菜单	T	弹出 Tools 菜单
U	弹出 Tools/Un－route 菜单	V	弹出 View 菜单
W	弹出 Window 菜单	X	弹出 Edit/DeSelect 菜单
Z	弹出窗口缩放菜单		

C.2 命令快捷键

PCB 部分的命令快捷键也非常多，如表 C-2 所列。

表 C-2 命令快捷键速查表

快捷键	功 能	快捷键	功 能
L	弹出文档参数设置 Board Layers 对话框	Q	切换单位制
Ctrl＋G	弹出电气栅格点间距设置对话框	Ctrl＋H	执行 Edit/Select/Physical Net 命令

续表 C-2

快捷键	功 能	快捷键	功 能
Ctrl+P	运行处理程序	Ctrl+Z	进行交叉互探
PageUp	放大画面	PageDown	缩小画面
Ctrl+PageUp	将画面放大到最大	Ctrl+PageDown	将画面缩小到最小
Shift+PageUp	以设定步长的0.1放大画面	Shift+PageDown	以设定步长的0.1缩小画面
Home	以光标所在位置为中心放大画面	End	刷新视图
Ctrl+Home	将光标快速跳到绝对原点	Ctrl+End	将光标快速跳到当前原点
Ctrl+Ins	将选取的内容复制到剪贴板中	Ctrl+Del	删除处于选中状态的图件
Shift+Ins	将剪贴板中的内容粘贴到电路板图中	Shift+Del	将选取的图件搬移到剪贴板中
Ctrl+z	撤销上一次操作	Ctrl+Y	恢复刚撤销的操作
Shift+F4	窗口级联放置	Shift+F5	窗口平铺放置
*	切换打开的信号板层	+和—	在所有打开的板层间切换
F1	打开帮助系统	左箭头	光标左移一个电气栅格
Shift+左箭头	光标左移10个电气栅格	上箭头	光标上移一个电气栅格
Shift+上箭头	光标上移10个电气栅格	下箭头	光标下移电气栅格
Shift+下箭头	光标下移10个电气栅格	右箭头	光标右移电气栅格
Shift+右箭头	光标右移10个电气栅格		

C.3 特殊模式快捷键

特殊模式快捷键速查表，如表C-3所列。

表C-3 特殊模式快捷键速查表

快捷键	功 能
Tab	放置图件时弹出图件属性设置对话框
Spacebar	在"开始"和"结束"跟踪放置模式之间切换；放置图件时按照逆时针方向旋转图件，放弃重画画面操作
Shift+Spacebar	切换跟踪模式；放置图件时按照顺时针方向旋转图件
Shift	控制自动摇镜头中画面变化的速度，通过Preferences对话框进行设置

C.4 手工布线常用快捷键

利用手工布线快捷键可以大大提高布线的效率，我们将这些快捷键列在表C-4中，以供读者查阅。

表C-4　手工布线常用快捷键速查表

快捷键	功　能	快捷键	功　能
Backspace	删除上一次布下的铜膜线	*	在打开的信号板层间切换
Tab	放置图件时弹出图件的属性对话框	Spacebar	在起始角和终止角跟踪模式间切换
Shift＋Spacebar	切换跟踪模式;放置图件时按照顺时针方向旋转图件	Shift＋R	在布线模之间的切换
End	刷新视图		

参考文献

[1] 王振营. Protel DXP 2004 电路设计与制版实用教程[M]. 北京:中国铁道出版社,2006.

[2] 张松. Protel 2004电路设计教程[M]. 北京:清华大学出版社,2006.

[3] 张义和. 例说 Protel 2004[M]. 北京:人民邮电出版社,2006.

[4] 赵景波. Protel 2004 电路设计应用范[M]. 北京:清华大学出版社,2006.

[5] 胡烨,姚鹏翼,江思敏. Protel 99 SE 电路设计与仿真教程[M]. 北京:机械工业出版社,2005.

[6] 王振红. 综合电子设计与实践[M]. 北京:清华大学出版社,2005.

[7] 王庆. Protel 99 SE&DXP 电路设计教程[M]. 北京:电子工业出版社,2006.

[8] 及力. Protel 99 SE 与 PCB 设计教程[M]. 北京:电子工业出版社,2006.

[9] 清源科技. Protel 2004 电路原理图及 PCB 设计[M]. 北京:机械工业出版社,2005.

[10] 刘文涛. Protel 2004 完全学习手册[M]. 北京:电子工业出版社,2005.

[11] 于强,余素先. 印制线路板多层自动布线的设计与实现[M]. 北京:中国科学技术出版社,1993.

[12] 韩国栋. Altium Designer Winter 09 电路设计入门与提高[M]. 北京:化学工业出版社,2010.

[13] 王静. Altium Designer Winter 09 电路设计案例教程[M]. 北京:中国水利水电出版社,2010.

[14] 史久贵. 基于 Altium Designer 的原理图与 PCB 设计[M]. 北京:机械工业出版社,2010.

[15] 江思敏,胡烨. Altium Designer(Protel)原理图与 PCB 设计教程[M]. 北京:机械工业出版社,2009.